Berliner Studienreihe zur Mathematik

herausgegeben von

H. Begehr und R. Gorenflo

Fachbereich Mathematik
Freie Universität
Berlin

Heldermann Verlag

Norbert Heldermann
Fachbereich Produktion und Wirtschaft
Hochschule Ostwestfalen-Lippe
32657 Lemgo

Alle Rechte vorbehalten. Das Werk einschließlich aller seiner Teile ist urheberrechtlich geschützt. Jede Verwertung außerhalb der engen Grenzen des Urheberrechtsgesetzes ist ohne Zustimmung des Verlages unzulässig und strafbar. Das gilt insbesondere für Vervielfältigungen, Übersetzungen, Mikroverfilmungen und die Einspeicherung und Verarbeitung in elektronischen Systemen.
Gedruckt auf säurefreiem Papier.

© Copyright 2012 by Heldermann Verlag, Langer Graben 17, 32657 Lemgo, Germany; www.heldermann.de. All rights reserved.

ISBN 978-3-88538-122-8

Berliner Studienreihe zur Mathematik
Band 22

Norbert Heldermann

Höhere Mathematik 1

Lösungen der Aufgaben

Heldermann Verlag

Inhaltsverzeichnis. Lösungen der Aufgaben

Vorwort vii

Kapitel 1: Allgemeine Grundlagen

   1.1 Geschichte der Mathematik 1
   1.2 Mengenschreibweisen 2
   1.3 Funktionen 4
   1.4 Die natürlichen Zahlen 6
   1.5 Dezimal-, Dual-, Hexadezimalzahlen 10
   1.6 Die ganzen Zahlen 12
   1.7 Die Primzahlen 13
   1.8 Die rationalen Zahlen 14
   1.9 Die reellen Zahlen 20
   1.10 Gleichungen und Ungleichungen 24
   1.11 Binomische Ausdrücke 28

Kapitel 2: Lineare Formen

   2.1 Lineare Funktionen 33
   2.2 Dreiecke 39
   2.3 Lineare Betragsfunktionen 50
   2.4 Lineare Gleichungssysteme 77

Kapitel 3: Quadratische Formen und Polynome

   3.1 Parabeln 83
   3.2 Kreise 94
   3.3 Ellipsen 102
   3.4 Polynome 104

Kapitel 4: Ableitungen

   4.1 Zahlenfolgen 121
   4.3 Ableitungen und Tangenten 122
   4.4 Höhere Ableitungen und Kurvendiskussion 132
   4.5 Das Newton-Verfahren 138
   4.6 Formoptimierung 143
   4.7 Umkehrfunktionen 148

Kapitel 5: Reihen

    5.1 Geometrische Reihen 152

    5.2 Allgemeine Reihen 156

    5.3 Der Satz von Taylor 160

    5.4 Exponentialfunktion und Logarithmus 165

Kapitel 6: Trigonometrie

    6.1 Das rechtwinklige Dreieck 185

    6.2 Die trigonometrischen Funktionen 187

    6.3 Allgemeine Dreiecke und Additionstheoreme 191

    6.4 Reihenentwicklungen von Sinus und Cosinus 201

    6.5 Trigonometrische Umkehrfunktionen 223

Kapitel 7: Anwendungen der Differentialrechnung

    7.1 Krümmung von Funktionen 231

    7.2 Berechnung von Grenzwerten 238

    7.3 Funktionen von zwei Variablen 240

Vorwort

Das Buch enthält ausführliche Lösungen zu allen Aufgaben des Buches "Höhere Mathematik 1" des Autors, das in derselben "Berliner Studienreihe zur Mathematik" als Band 21 erschienen ist.

Mein herzlicher Dank gilt Herrn Michael Klau, der viel Zeit und Mühe aufwandte, um die Richtigkeit der Lösungen zu prüfen und satztechnische Schwierigkeiten zu meistern. Alle verbliebenen Fehler sind jedoch ausschließlich vom Autor zu verantworten.

Lemgo, den 04.10.2012

Kapitel 1. Allgemeine Grundlagen

1.1 Geschichte der Mathematik

A1.1.1 Zeigen Sie, dass in Figur 1.1.1 die Summe der Zahlen 1212, 815 und 446 dargestellt ist.

In Figur 1.1.1 gibt es auf der rechten Seite des Abacus 1 M-Kugel = 1000, 2 D-Kugeln = 1000, 3 C-Kugeln = 300, 2 L-Kugeln = 100, 5 X-Kugeln = 50, 4 V-Kugeln = 20, 3 I-Kugeln = 3, zusammen 2473. Das ist auch die Summe der Zahlen 1212, 815 und 446.

A1.1.2 Schreiben Sie die folgenden Zahlen in römischer Form: 79, 489, 698, 891, 1234, 1449, 1634.

79 = LXXIX, 489 = CDLXXXIX, 698 = DCXCVIII, 891 = DCCCXCI, 1234 = MCCXXXIV, 1449 = MCDXLIX, 1634 = MDCXXXIV. Weitere Beispiele: 1999 = MCMXCIX, 2012 = MMXII.

A1.1.3 Schreiben Sie die folgenden römischen Zahlen in der heute üblichen Form: XLIX, CXCVIII, DCCXCVI, MMCDXLIV.

XLIX = 49, CXCVIII = 198, DCCXCVI = 796, MMCDXLIV = 2444.

A1.1.4 Welche Zahlen verstecken sich in den folgenden Zitaten?
  (a) **L**V**TETIA MATER NATOS SVOS DEVORAVI**T (= Mutter Lutetia hat ihre eigenen Kinder verschlungen.)
  (b) Z**V IHRER SIBENTEN IV**BE**LFEIER WVRDE LOTHARS STIFTVNG NEV GESCHMVECT** (Am Kaiserdom in Königslutter.)
  (c) Die Mathemat**I**k gle**I**cht e**I**nem **V**ielfarbigen **SC**hmu**C**kstü**C**k: s**I**e ist **SC**hi**XX**al, Ju**X** und Lu**X**us. (Wann wurde der Autor geboren?)

(a) $50 + 5 + 1 + 1000 + 5 + 500 + 5 + 5 + 1 = 1572$. Das ist das Jahr der Bartholomäusnacht, in der die protestantischen Anhänger des neugekrönten französischen Königs Henry IV in Paris ermordet wurden.

(b) $5+1+1+1+5+50+1+5+500+50+1+5+5+100+1000+5+100 = 1835$. In diesem Jahr wurde der Innenraum des Kaiserdoms zur 700-Jahr-Feier restauriert.

(c) $500+1000+1+1+1+5+100+100+100+1+100+10+10+10+10 = 1949$.

1.2 Mengenschreibweisen

A1.2.1 Bestimmen Sie die Menge $V_3 \cap V_5$.
$V_3 \cap V_5 = \{0, 3, 6, 9, 12, 15, 18, 21, 24, 27, 30, \ldots\} \cap \{0, 5, 10, 15, 20, 25, 30, \ldots\}$
$= \{0, 15, 30, 45, \ldots\} = V_{15}$.

A1.2.2 Bestimmen Sie die Menge $V_4 \cap V_6$.
$V_4 \cap V_6 = \{0, 4, 8, 12, 16, 20, 24, 28, 32, \ldots\} \cap \{0, 6, 12, 18, 24, 30, \ldots\}$
$= \{0, 12, 24, 36, \ldots\} = V_{12}$.

Offenbar gilt für $k, n \in \mathbb{N}$: $V_k \cap V_n = V_l$, wobei l das kleinste gemeinsame Vielfache von n und k bezeichnet.

A1.2.3 Bestimmen Sie die Menge $V_4 \cap \{4n + 1 \mid n \in \mathbb{N}_0\}$.
$V_4 \cap \{4n + 1 \mid n \in \mathbb{N}_0\} = \{0, 4, 8, 12, 16, 20, 24, \ldots\} \cap \{1, 5, 9, 13, 17, 21, \ldots\} = \emptyset$.

A1.2.4 Gilt $\mathbb{N} \setminus V_3 = \{3n + 1 \mid n \in \mathbb{N}_0\} \cup \{3n + 2 \mid n \in \mathbb{N}_0\}$?
Wir rechnen die Elemente der linken und rechten Seite getrennt aus:
$A := \mathbb{N} \setminus V_3 = \{1, 2, 3, 4, 5, \ldots\} \setminus \{0, 3, 6, 9, 12, 15, \ldots\} = \{1, 2, 4, 5, 7, 8, 10, 11, \ldots\}$,
$B := \{3n + 1 \mid n \in \mathbb{N}_0\} \cup \{3n + 2 \mid n \in \mathbb{N}_0\} = \{1, 4, 7, 10, \ldots\} \cup \{2, 5, 8, 11, \ldots\}$
$= \{1, 2, 4, 5, 7, 8, 10, 11, \ldots\}$.
Wegen $A \subset B$ und $B \subset A$ gilt $A = B$.

A1.2.5 Gilt $A \cup (B \cap C) = (A \cup B) \cap (A \cup C)$?
In der folgenden Tabelle sind in den ersten drei Spalten alle Möglichkeiten dargestellt, die ein Element x hinsichtlich seiner Zugehörigkeit zu A, B oder C erfüllen kann. Wir schreiben $\in$, wenn x zu der im Spaltenkopf angegebenen Menge gehört, und $\notin$, wenn x nicht zu der im Spaltenkopf angegebenen Menge gehört. In den nachfolgenden Spalten wird dann geprüft, ob x zu den jeweils im Spaltenkopf angegebenen Mengen gehört, oder nicht. Dabei verwenden wir die folgenden Bezeichnungen:
$D := B \cap C$, $\quad E := A \cup D$, $\quad F := A \cup B$, $\quad G := A \cup C$ und $H := F \cap G$.
Dann ist zu zeigen, dass $E = H$. Die Gleichheit gilt, sofern sich in den Spalten E und H exakt dieselben Zugehörigkeiten ergeben.

A	B	C	D	E	F	G	H
$\in$	$\in$	$\in$	$\in$	$\in$	$\in$	$\in$	$\in$
$\notin$	$\in$	$\in$	$\in$	$\in$	$\in$	$\in$	$\in$
$\in$	$\notin$	$\in$	$\notin$	$\in$	$\in$	$\in$	$\in$
$\in$	$\in$	$\notin$	$\notin$	$\in$	$\in$	$\in$	$\in$
$\notin$	$\notin$	$\in$	$\notin$	$\notin$	$\notin$	$\in$	$\notin$
$\in$	$\notin$	$\notin$	$\notin$	$\in$	$\in$	$\in$	$\in$
$\notin$	$\in$	$\notin$	$\notin$	$\notin$	$\in$	$\notin$	$\notin$
$\notin$	$\notin$	$\notin$	$\notin$	$\notin$	$\notin$	$\notin$	$\notin$

Nach der Fertigstellung der Tabelle erkennt man die Übereinstimmung der Spalten E und H. Die beiden Mengen sind demnach gleich.

A1.2.6 Gilt $A \cap (B \cup C) = (A \cap B) \cup (A \cap C)$?

Wir verfahren genauso wie in A1.2.5 und stellen eine entsprechende Tabelle her. Dazu verwenden wir die folgenden Bezeichnungen:
$D := B \cup C, \quad E := A \cap D, \quad F := A \cap B, \quad G := A \cap C$ und $H := F \cup G$.
Dann ist zu zeigen, dass $E = H$. Die Gleichheit gilt, sofern sich in den Spalten E und H exakt dieselben Zugehörigkeiten ergeben.

A	B	C	D	E	F	G	H
$\in$	$\in$	$\in$	$\in$	$\in$	$\in$	$\in$	$\in$
$\notin$	$\in$	$\in$	$\in$	$\notin$	$\notin$	$\notin$	$\notin$
$\in$	$\notin$	$\in$	$\in$	$\in$	$\notin$	$\in$	$\in$
$\in$	$\in$	$\notin$	$\in$	$\in$	$\in$	$\notin$	$\in$
$\notin$	$\notin$	$\in$	$\in$	$\notin$	$\notin$	$\notin$	$\notin$
$\in$	$\notin$	$\notin$	$\notin$	$\notin$	$\notin$	$\notin$	$\notin$
$\notin$	$\in$	$\notin$	$\in$	$\notin$	$\notin$	$\notin$	$\notin$
$\notin$	$\notin$	$\notin$	$\notin$	$\notin$	$\notin$	$\notin$	$\notin$

Die Tabelle bestätigt die Gleichheit von E und H.

A1.2.7 Gilt $A \setminus (B \cup C) = (A \setminus B) \cap (A \setminus C)$?

Wir verfahren erneut wie in A1.2.5 und stellen eine entsprechende Tabelle her. Dazu verwenden wir die folgenden Bezeichnungen:
$D := B \cup C, \quad E := A \setminus D, \quad F := A \setminus B, \quad G := A \setminus C$ und $H := F \cap G$.
Dann ist zu zeigen, dass $E = H$. Die Gleichheit gilt, sofern sich in den Spalten E und H exakt dieselben Zugehörigkeiten ergeben.

A	B	C	D	E	F	G	H
$\in$	$\in$	$\in$	$\in$	$\notin$	$\notin$	$\notin$	$\notin$
$\notin$	$\in$	$\in$	$\in$	$\notin$	$\notin$	$\notin$	$\notin$
$\in$	$\notin$	$\in$	$\in$	$\notin$	$\in$	$\notin$	$\notin$
$\in$	$\in$	$\notin$	$\in$	$\notin$	$\notin$	$\in$	$\notin$
$\notin$	$\notin$	$\in$	$\in$	$\notin$	$\notin$	$\notin$	$\notin$
$\in$	$\notin$	$\notin$	$\notin$	$\in$	$\in$	$\in$	$\in$
$\notin$	$\in$	$\notin$	$\in$	$\notin$	$\notin$	$\notin$	$\notin$
$\notin$	$\notin$	$\notin$	$\notin$	$\notin$	$\notin$	$\notin$	$\notin$

Die Tabelle bestätigt die Gleichheit von E und H.

1.3 Funktionen

A1.3.1 Konstruieren Sie eine Bijektion zwischen V_2 und V_3.

In der folgenden Tabelle sind die Elemente von V_2 und V_3 dargestellt.

V_2	0	2	4	6	8	10	12	14	16	...
V_3	0	3	6	9	12	15	18	21	24	...

Wir benötigen jetzt zur Definition einer Bijektion $f\colon V_2 \to V_3$ eine Berechnungsvorschrift, die aus jeder oberen Zahl die darunterstehende erzeugt. Die Lösung lautet:
$$n \in V_2 \mapsto \frac{3 \cdot n}{2}.$$

A1.3.2 Konstruieren Sie eine Bijektion zwischen V_3 und V_6.

Wir verfahren genauso wie in der Lösung von A1.3.1. Die entsprechende Tabelle lautet:

V_3	0	3	6	9	12	15	18	21	24	...
V_6	0	6	12	18	24	30	36	42	48	...

Die gesuchte Bijektion ist dann: $\quad f\colon V_3 \to V_6, \quad n \mapsto \dfrac{6 \cdot n}{3}.$

A1.3.3 Lösen Sie das Hilbertsche Problem mit abzählbar unendlich vielen Bussen.

Die nachfolgende Lösung greift unserem derzeitigen Wissensstand weit voraus. Wir benötigen Eigenschaften der natürlichen Zahlen (Kapitel 1.4), Potenzrechnung (Kapitel 1.4) und Eigenschaften der Primzahlen (Kapitel 1.7). Es wäre aber falsch gewesen, diese Gedankenspielerei an späterer Stelle im Buch zu platzieren, da dieses Thema nicht wieder angesprochen wird.

Wir müssen also die Hotelgäste im ausgebuchten Hotel so umquartieren, dass Platz für die unendlichen vielen Insassen von abzählbar unendlich vielen Bussen entsteht. Folgende Ansagen lösen das Problem.

Im Hotel: "Lieber Hotelgast! Bitte schauen Sie auf Ihre Zimmernummer n. Packen Sie dann Ihre Sachen zusammen und ziehen Sie in das Zimmer mit der Nummer 2^n!"

Dann wandert der Gast in Zimmer 1 nach Zimmer 2, der Gast in Zimmer 2 nach Zimmer $2^2 = 4$, der Gast in Zimmer 3 nach Zimmer $2^3 = 8$, usw.

Die Busse sind ebenfalls durchnummeriert. Sicher haben Sie solche Busse schon auf der Autobahn im Konvoi gesehen. Die Busnummern sind immer auf der Innenseite der Windschutzscheibe in großen Buchstaben angebracht. Natürlich sind auch die Sitze – und damit die Passagiere – in jedem Bus durchnummeriert.

1. Allgemeine Grundlagen

Die Primzahlen lauten 2, 3, 5, 7, 11, 13, 17, 19, ... und bilden eine unendliche Teilmenge der natürlichen Zahlen (Satz 1.7.6). Wir nummerieren auch die Primzahlen und erhalten $p_1 = 2$, $p_2 = 3$, $p_3 = 5$, $p_4 = 7$, $p_5 = 11$, $p_6 = 13, \ldots$. Wir nehmen an, dass allen Passagieren diese Primzahlkette bekannt ist – keine besonders ausgefallene Annahme in einer Welt mit einer unendlich großen Bevölkerung!

Dann lautet die Ansage in Bus Nummer k:

> "Lieber Fahrgast im Bus Nummer k! Bitte schauen Sie auf Ihre Sitznummer m. Steigen Sie dann aus und gehen Sie bitte in das Zimmer mit der Nummer p_{k+1}^m."

Wir schauen uns einmal an, in welche Zimmer die Fahrgäste aus Bus Nummer 4 wandern. Da $k = 4$, ist $k + 1 = 5$ und $p_{k+1} = p_5 = 11$. Die Fahrgäste wandern deshalb in die Zimmer: 11, $11^2 = 121$, $11^3 = 1331$, ... Damit kommen diese Fahrgäste den anderen Fahrgästen und den alten Hotelgästen nicht ins Gehege, da es keine natürliche Zahl l gibt, die als Potenz von zwei verschiedenen Primzahlen dargestellt werden kann.

Schaut man sich einmal an, welche Zimmer im Bereich der Zimmernummern 1 bis 100 nun belegt sind, stellt man fest, dass sehr viele Zimmer frei geblieben sind. Gibt es ein Verfahren, das garantiert, dass kein Zimmer frei bleibt?

Hier ist ein solches Belegungsverfahren dargestellt. Gehen Sie bitte hin und rechnen Sie aus, in welche Zimmer die ersten 10 Hotelgäste und die jeweils ersten 10 Buspassagiere der ersten 10 Busse geschickt werden.

Die Ansagen lauten:

Im Hotel: "Lieber Hotelgast! Wenn Sie sich im Zimmer Nummer n befinden, gehen Sie bitte in das Zimmer Nummer $0.5\,n^2 - 0.5\,n + 1$."

In Bus 1: "Lieber Fahrgast! Wenn Sie auf Sitz Nummer n sitzen, gehen Sie bitte in das Zimmer Nummer $0.5\,n^2 + 0.5\,n + 2$."

In Bus 2: "Lieber Fahrgast! Wenn Sie auf Sitz Nummer n sitzen, gehen Sie bitte in das Zimmer Nummer $0.5\,n^2 + 1.5\,n + 4$."

In Bus 3: "Lieber Fahrgast! Wenn Sie auf Sitz Nummer n sitzen, gehen Sie bitte in das Zimmer Nummer $0.5\,n^2 + 2.5\,n + 7$."

In Bus 4: "Lieber Fahrgast! Wenn Sie auf Sitz Nummer n sitzen, gehen Sie bitte in das Zimmer Nummer $0.5\,n^2 + 3.5\,n + 11$."

In Bus k: "Lieber Fahrgast! Wenn Sie auf Sitz Nummer n sitzen, gehen Sie bitte in das Zimmer Nummer $0.5\,n^2 + (k - 0.5)\,n + (0.5k^2 + 0.5k + 1)$."

Wir können aus Aufgabe 1.3.3 lernen, dass die gedankliche Vorstellung von unendlichen Mengen zu sehr seltsamen Folgen führt.

1.4 Die natürlichen Zahlen $(\mathbb{N}_0, +, \cdot, \leq)$

A1.4.1 Berechnen Sie: $\sum_{i=1}^{3} n$.

Der Summand enthält den Laufindex i nicht. Die Summe wird deshalb dreimal durchlaufen, ohne dass sich an dem Summand etwas ändert:

$$\sum_{i=1}^{3} n = n + n + n = 3n \ .$$

A1.4.2 Berechnen Sie: $\sum_{n=1}^{3} (n^2 - 2n + 1)$.

In der nachfolgenden Rechnung entspricht der erste Klammerausdruck dem Wert $n = 1$ des Laufindexes, der zweite Klammerausdruck dem Wert $n = 2$ und der dritte Klammerausdruck dem Wert $n = 3$:

$\sum_{n=1}^{3}(n^2 - 2n + 1) = (1^2 - 2 \cdot 1 + 1) + (2^2 - 2 \cdot 2 + 1) + (3^2 - 2 \cdot 3 + 1)$

$\qquad = 1 - 2 + 1 + 4 - 4 + 1 + 9 - 6 + 1 = 5 \ .$

A1.4.3 Zeigen Sie: $\sum_{i=m}^{n} c a_i = c \sum_{i=m}^{n} a_i$.

$\sum_{i=m}^{n} c a_i = c a_m + c a_{m+1} + \ldots + c a_n = c(a_m + a_{m+1} + \ldots + a_n) = c \sum_{i=m}^{n} a_i$.

A1.4.4 Zeigen Sie: $\sum_{i=m}^{n}(a_i + b_i) = \sum_{i=m}^{n} a_i + \sum_{i=m}^{n} b_i$.

$\sum_{i=m}^{n}(a_i + b_i) = (a_m + b_m) + (a_{m+1} + b_{m+1}i) + \ldots + (a_n + b_n)$

$\qquad = (a_m + a_{m+1} + \ldots + a_n) + (b_m + b_{m+1} + \ldots + b_n) = \sum_{i=m}^{n} a_i + \sum_{i=m}^{n} b_i$.

A1.4.5 Berechnen Sie: $\sum_{i=1}^{3} \sum_{j=1}^{3} i^j$.

$\sum_{i=1}^{3} \sum_{j=1}^{3} i^j = (\sum_{j=1}^{3} 1^j) + (\sum_{j=1}^{3} 2^j) + (\sum_{j=1}^{3} 3^j)$

$\qquad = (1^1 + 1^2 + 1^3) + (2^1 + 2^2 + 2^3) + (3^1 + 3^2 + 3^3)$

$\qquad = 1 + 1 + 1 + 2 + 4 + 8 + 3 + 9 + 27 = 56 \ .$

A1.4.6 Gilt $\sum_{i=1}^{3} \left(a_i \sum_{j=1}^{3} b_j \right) = \left(\sum_{i=1}^{3} a_i \right) \cdot \left(\sum_{j=1}^{3} b_j \right)$?

Wir rechnen beide Seiten aus, um zu sehen, ob sich gleiche Ausdrücke ergeben.

$\sum_{i=1}^{3}(a_i \sum_{j=1}^{3} b_j) = (a_1 \sum_{j=1}^{3} b_j) + (a_2 \sum_{j=1}^{3} b_j) + (a_3 \sum_{j=1}^{3} b_j)$

$\qquad = a_1(b_1 + b_2 + b_3) + a_2(b_1 + b_2 + b_3) + a_3(b_1 + b_2 + b_3)$

$\qquad = a_1 b_1 + a_1 b_2 + a_1 b_3 + a_2 b_1 + a_2 b_2 + a_2 b_3 + a_3 b_1 + a_3 b_2 + a_3 b_3$

$(\sum_{i=1}^{3} a_i) \cdot (\sum_{j=1}^{3} b_j) = (a_1 + a_2 + a_3) \cdot (b_1 + b_2 + b_3)$
$$= a_1b_1 + a_1b_2 + a_1b_3 + a_2b_1 + a_2b_2 + a_2b_3 + a_3b_1 + a_3b_2 + a_3b_3 \ .$$

Beide Ergebnisse sind gleich. In der Aussage der Aufgabe 1.4.6 gilt deshalb tatsächlich die Gleichheit.

A1.4.7 Berechnen Sie: $\sum_{k=0}^{3} \sum_{l=0}^{k} (k+l)$.

$\sum_{k=0}^{3} \sum_{l=0}^{k} (k+l) = (\sum_{l=0}^{0} (0+l)) + (\sum_{l=0}^{1} (1+l)) + (\sum_{l=0}^{2} (2+l)) + (\sum_{l=0}^{3} (3+l))$
$$= (0) + (1+2) + (2+3+4) + (3+4+5+6) = 30 \ .$$

A1.4.8 Berechnen Sie: $\sum_{k=0}^{2} \sum_{l=1}^{k+1} k^l l^k$.

$\sum_{k=0}^{2} \sum_{l=1}^{k+1} k^l l^k = (\sum_{l=1}^{1} 0^l l^0) + (\sum_{l=1}^{2} 1^l l^1) + (\sum_{l=1}^{3} 2^l l^2)$
$$= (0^1 1^0) + (1^1 1^1 + 1^2 2^1) + (2^1 1^2 + 2^2 2^2 + 2^3 3^2)$$
$$= 1 + 2 + 2 + 16 + 72 = 93.$$

A1.4.9 Zeigen Sie durch vollständige Induktion für $n \geq 1$:

$$\sum_{i=1}^{n} (i+1) = \frac{1}{2} n (n+3) \ . \tag{1.1}$$

Induktions-Anfang: $n = 1$.

    Linke Seite: $\sum_{i=1}^{1} (i+1) = (1+1) = 2$.

    Rechte Seite: $\frac{1}{2} \cdot 1 \cdot 4 = 2$.

Die beiden Seiten sind gleich und damit ist die Aussage für $n = 1$ bewiesen.

Induktions-Sprung: Wir nehmen nun an, dass für ein $k \geq 1$ die Gleichung (1.1) erfüllt ist, dass also gilt

$$\sum_{i=1}^{k} (i+1) = \frac{1}{2} k (k+3) \ . \tag{1.2}$$

Zu zeigen ist nun, dass diese Gleichheit auf den Nachfolger $k+1$ von k "vererbt" wird, dass also gilt:

$$\sum_{i=1}^{k+1} (i+1) = \frac{1}{2} (k+1)(k+4) \ . \tag{1.3}$$

Um Gleichung (1.3) zu beweisen, bringen wir zunächst die linke Seite in eine möglichst einfache Form. Unser wichtigstes Hilfsmittel ist natürlich die Induktions-Annahme (1.2). Zuerst wird die Summe zerlegt in die ersten k Terme und den $(k+1)$-ten Term, dann setzt man für die erste Summe (1.2) ein.

$$\sum_{i=1}^{k+1}(i+1) = \sum_{i=1}^{k}(i+1) + ((k+1)+1) = \tfrac{1}{2}k(k+3) + (k+2)$$
$$= \tfrac{1}{2}(k^2 + 3k + 2k + 4) = \tfrac{1}{2}(k^2 + 5k + 4) \ . \tag{1.4}$$

Jetzt multiplizieren wir die rechte Seite von (1.3) aus und erhalten direkt dasselbe Ergebnis wie in (1.4):

$$\frac{1}{2}(k+1)(k+4) = \frac{1}{2}(k^2 + 5k + 4) \ .$$

Damit ist der Beweis abgeschlossen.

A1.4.10 Zeigen Sie durch vollständige Induktion, dass für alle geraden $n \in \mathbb{N}$ mit $n \geq 2$ gilt:

$$(2 + 4 + 6 + \ldots + n) = \frac{1}{4}n(n+2) \ . \tag{1.5}$$

Induktions-Anfang: $n = 2$.

    Linke Seite: 2.
    Rechte Seite: $\tfrac{1}{4} \cdot 2 \cdot 4 = 2$.

Die beiden Seiten sind gleich und damit ist die Aussage für $n = 2$ bewiesen.

Induktions-Sprung: Wir nehmen nun an, dass für eine gerade Zahl $k \geq 2$ die Gleichung (1.5) erfüllt ist, dass also gilt

$$(2 + 4 + 6 + \ldots + k) = \frac{1}{4}k(k+2) \ . \tag{1.6}$$

Der Nachfolger von k ist $k+2$, nicht $k+1$, da die Gleichung nur für gerade Zahlen behauptet wird. Zu zeigen ist demnach, dass (1.6) für $k+2$ an Stelle von k gilt:

$$(2 + 4 + 6 + \ldots + k + (k+2)) = \frac{1}{4}(k+2)(k+4) \ . \tag{1.7}$$

Zum Nachweis von (1.7) rechnen wir eine Kette und verwenden dabei natürlich unser wichtigstes Hilfsmittel, die Induktions-Annahme (1.6):

$$(2 + 4 + 6 + \ldots + k + (k+2)) = [2 + 4 + 6 + \ldots + k] + (k+2)$$
$$= \tfrac{1}{4}k(k+2) + (k+2) = \tfrac{1}{4}[k(k+2) + 4(k+2)]$$
$$= \tfrac{1}{4}(k+2)(k+4).$$

Damit ist der Beweis abgeschlossen.

A1.4.11 Zeigen Sie durch vollständige Induktion, dass für alle ungeraden $n \in \mathbb{N}$ gilt:
$$(1 + 3 + 5 + \ldots + n) = \frac{1}{4}(n+1)^2 \, . \tag{1.8}$$

Diese Aufgabe ist fast identisch mit Aufgabe 1.4.10 und kann deshalb fast wortgleich gelöst werden.

Induktions-Anfang: $n = 1$.

    Linke Seite: 1 .

    Rechte Seite: $\frac{1}{4} \cdot (1+1)^2 = 1$.

Die beiden Seiten sind gleich und damit ist die Aussage für $n = 1$ bewiesen.

Induktions-Sprung: Wir nehmen nun an, dass für eine ungerade Zahl $k \geq 1$ die Gleichung (1.8) erfüllt ist, dass also gilt
$$(1 + 3 + 5 + \ldots + k) = \frac{1}{4}(k+1)^2 \, . \tag{1.9}$$

Der Nachfolger von k ist $k + 2$, nicht $k + 1$, da die Gleichung nur für ungerade Zahlen behauptet wird und diese bekanntlich einen Abstand von 2 haben. Zu zeigen ist demnach, dass (1.9) für $k + 2$ an Stelle von k gilt:
$$(1 + 3 + 5 + \ldots + k + (k+2)) = \frac{1}{4}(k+3)^2 \, . \tag{1.10}$$

Zum Nachweis von (1.10) rechnen wir eine Kette und verwenden dabei natürlich unser wichtigstes Hilfsmittel, die Induktions-Annahme (1.9):

$$(1 + 3 + 5 + \ldots + k + (k+2)) = [1 + 3 + 5 + \ldots + k] + (k+2)$$
$$= \tfrac{1}{4}(k+1)^2 + (k+2) = \tfrac{1}{4}[(k+1)^2 + 4(k+2)]$$
$$= \tfrac{1}{4}[k^2 + 2k + 1 + 4k + 8] = \tfrac{1}{4}[k^2 + 6k + 9] = \tfrac{1}{4}(k+3)^2 \, .$$

Damit ist der Beweis abgeschlossen.

A1.4.12 Zeigen Sie durch vollständige Induktion für $n \geq 1$:
$$\sum_{k=1}^{n} k^3 = \left(\sum_{k=1}^{n} k\right)^2 \, . \tag{1.11}$$

Gleichung (1.11) lässt sich natürlich auch in der Form
$$(1^3 + 2^3 + 3^3 + \ldots + n^3) = (1 + 2 + 3 + \ldots + n)^2 \tag{1.12}$$

schreiben, wenn man mit den Summenzeichen noch nicht völlig vertraut ist.

Induktions-Anfang: $n = 1$.

Linke Seite: $\quad 1^3 = 1$.
Rechte Seite: $\quad 1^2 = 1$.

Die beiden Seiten sind gleich und damit ist die Aussage für $n = 1$ bewiesen.

Induktions-Sprung: Wir nehmen nun an, dass für eine Zahl $k \geq 1$ die Gleichung (1.12) erfüllt ist, dass also gilt

$$(1^3 + 2^3 + 3^3 + \ldots + k^3) = (1 + 2 + 3 + \ldots + k)^2 . \tag{1.13}$$

Der Nachfolger von k ist $k + 1$. Zu zeigen ist demnach, dass (1.13) auch für $k+1$ an Stelle von k gilt:

$$(1^3 + 2^3 + 3^3 + \ldots + k^3 + (k+1)^3) = (1 + 2 + 3 + \ldots + k + (k+1))^2 . \tag{1.14}$$

Zum Nachweis von (1.14) rechnen wir eine Kette und verwenden dabei natürlich unser wichtigstes Hilfsmittel, die Induktions-Annahme (1.13). Wir multiplizieren beide Seiten von (1.14) getrennt aus und hoffen, dass sich dasselbe Ergebnis einstellt.

$$(1^3 + 2^3 + 3^3 + \ldots + k^3 + (k+1)^3) = (1^3 + 2^3 + 3^3 + \ldots + k^3) + (k+1)^3$$

$$= (1 + 2 + 3 + \ldots + k)^2 + (k+1)^3 \tag{1.15}$$

$$(1 + 2 + 3 + \ldots + k + (k+1))^2 =$$

$$= (1 + 2 + 3 + \ldots + k)^2 + 2(1 + 2 + 3 + \ldots + k)(k+1) + (k+1)^2$$

$$= (1 + 2 + 3 + \ldots + k)^2 + 2\left(\tfrac{1}{2} k(k+1)\right)(k+1) + (k+1)^2 \quad \text{(Beispiel 1.4.13)}$$

$$= (1 + 2 + 3 + \ldots + k)^2 + k(k+1)^2 + (k+1)^2$$

$$= (1 + 2 + 3 + \ldots + k)^2 + (k+1)^2(k+1)$$

$$= (1 + 2 + 3 + \ldots + k)^2 + (k+1)^3 . \tag{1.16}$$

Da die Ergebnisse (1.15) und (1.16) beider Seiten gleich sind, ist der Beweis abgeschlossen.

1.5 Dezimal-, Dual- und Hexadezimalzahlen

A1.5.1 Wandeln Sie die folgenden dezimalen Zahlen in duale und hexadezimale Zahlen um.

(a) 345   (b) 2734   (c) 5409

Das Umrechnungsverfahren von dezimal nach dual wurde in 1.5.5, von dual nach hexadezimal in 1.5.7 beschrieben.

$0345 = 1 \cdot 256 + 0 \cdot 128 + 1 \cdot 64 + 0 \cdot 32 + 1 \cdot 16 + 1 \cdot 8 + 0 \cdot 4 + 0 \cdot 2 + 1 \cdot 1$
$ = 0001\ 0101\ 1001_{\text{dual}} = 159_{\text{hex}}.$

$2734 = 1 \cdot 2048 + 0 \cdot 1024 + 1 \cdot 512 + 0 \cdot 256 + 1 \cdot 128 + 0 \cdot 64 + 1 \cdot 32$
$ + 0 \cdot 16 + 1 \cdot 8 + 1 \cdot 4 + 1 \cdot 2 + 0 \cdot 1$
$ = 1010\ 1010\ 1110_{\text{dual}} = AAE_{\text{hex}}.$

$5409 = 1 \cdot 4096 + 0 \cdot 2048 + 1 \cdot 1024 + 0 \cdot 512 + 1 \cdot 256 + 0 \cdot 128 + 0 \cdot 64 +$
$ + 1 \cdot 32 + 0 \cdot 16 + 0 \cdot 8 + 0 \cdot 4 + 0 \cdot 2 + 1 \cdot 1$
$ = 0001\ 0101\ 0010\ 0001_{\text{dual}} = 1521_{\text{hex}}.$

A1.5.2 Wandeln Sie die folgenden dualen Zahlen in dezimale und hexadezimale Zahlen um.

(a) 1010 1100   (b) 0110 1010 0011   (c) 1001 1001 1001

$0000\ 1010\ 1100 = 4 + 8 + 32 + 128 = 172_{\text{dez}} = AC_{\text{hex}}.$
$0110\ 1010\ 0011 = 1 + 2 + 32 + 128 + 512 + 1024 = 1699_{\text{dez}} = 6A3_{\text{hex}}.$
$1001\ 1001\ 1001 = 1 + 8 + 16 + 128 + 256 + 2048 = 2457_{\text{dez}} = 999_{\text{hex}}.$

A1.5.3 Wandeln Sie die folgenden hexadezimalen Zahlen in duale und dezimale Zahlen um.

(a) $A0B1$ (b) $1F94$ (c) $CCCC$

$A0B1 = 1010\ 0000\ 1011\ 0001_{\text{dual}} = 10 \cdot 16^3 + 11 \cdot 16^1 + 1 \cdot 16^0$
$\phantom{A0B1 } = 40960 + 176 + 1 = 41137_{\text{dez}}.$
$1F94 = 0001\ 1111\ 1001\ 0100_{\text{dual}} = 1 \cdot 16^3 + 15 \cdot 16^2 + 9 \cdot 16^1 + 4 \cdot 16^0$
$\phantom{1F94 } = 4096 + 3840 + 144 + 4 = 8084_{\text{dez}}.$
$CCCC = 1100\ 1100\ 1100\ 1100_{\text{dual}} = 12 \cdot 16^3 + 12 \cdot 16^2 + 12 \cdot 16^1 + 12 \cdot 16^0$
$ = 49152 + 3072 + 192 + 12 = 52428_{\text{dez}}.$

A1.5.4 Addieren Sie die dualen Zahlen 0110 1110 und 0110 1011 stellenweise, und machen Sie die dezimale Probe.

Zunächst rechnen wir die Dualzahlen in dezimale Zahlen um.
$0110\ 1110 = 2+4+8+32+64 = 110_{\text{dez}}$, $0110\ 1011 = 1+2+8+32+64 = 107_{\text{dez}}$.
Dann addieren wir die beiden Dualzahlen, wobei wir berücksichtigen, dass in der dualen Rechnung gilt: $0 + 1 = 1$, $1 + 0 = 1$, $1 + 1 = 10$, $1 + 1 + 1 = 11$, $1+1+1+1 = 100$, und so weiter. Wenn also zwei Einsen übereinander stehen, ist die Summe 10, was im Rahmen einer Spaltenrechnung eine Null bedeutet mit einer

1 als Übertrag in die nächste Spalte. Diese Überträge sind in der nachfolgenden Rechnung in der dritten Zeile verkleinert und fett widergegeben.

$$
\begin{array}{r}
0\ 1\ 1\ 0\ 1\ 1\ 1\ 0 \\
+\ 0\ 1\ 1\ 0\ 1\ 0\ 1\ 1 \\
\mathbf{1\ 1}\mathbf{1\ 1\ 1} \\ \hline
1\ 1\ 0\ 1\ 1\ 0\ 0\ 1
\end{array}
$$

Wir rechnen das duale Ergebnis in die dezimale Entsprechung um und erhalten $1101\ 1001 = 1 + 8 + 16 + 64 + 128 = 217_{\text{dez}}$, was der dezimalen Summe von 110 und 107 entspricht. Man kann also mit dualen Zahlen genauso in Spalten rechnen, wie mit dezimalen.

1.6 Die ganzen Zahlen $(\mathbb{Z}, +, \cdot, \leq)$

A1.6.1 Multiplizieren Sie aus: $-(x - 2y) + (x - y) - (-2x - 6y)$.
$-(x - 2y) + (x - y) - (-2x - 6y) = -x + 2y + x - y + 2x + 6y = 2x + 7y$.

A1.6.2 Multiplizieren Sie aus: $a - [-(4a + b)]$.
$a - [-(4a + b)] = a + (4a + b) = a + 4a + b = 5a + b$.

A1.6.3 Multiplizieren Sie aus: $a + 2b - (a - b)(c - d)$.
$$a + 2b - (a - b)(c - d) = a + 2b - [ac - ad - bc + bd] = a + 2b - ac + ad + bc - bd$$
$$= a(1 - c + d) + b(2 + c - d).$$

A1.6.4 Zeigen Sie, dass $\mathbb{Z}$ abzählbar unendlich ist.

Gemäß Definition 1.3.12 ist $\mathbb{Z}$ abzählbar unendlich, sofern eine bijektive Funktion $f\colon \mathbb{N} \to \mathbb{Z}$ existiert. Eine solche Funktion f ist beispielsweise durch die folgende Zuordnung gegeben: $f(1) = 0$, $f(2) = 1$, $f(3) = -1$, $f(4) = 2$, $f(5) = -2$, $f(6) = 3$, $f(7) = -3$, und so weiter. Jedem ist nun klar, wie diese Funktion gemeint ist, aber eine ordentliche mathematische Definition ist das noch nicht. Eine solche könnte lauten:

$$f(n) := \begin{cases} n/2, & \text{wenn } n \text{ gerade ist,} \\ (1 - n)/2, & \text{wenn } n \text{ ungerade ist.} \end{cases}$$

A1.6.5 Berechnen Sie den Wert der folgenden Doppelsumme:

$$\sum_{k=0}^{3} \sum_{l=1}^{k+1} (-1)^l l^k$$

Wir wandeln zuerst das erste Summenzeichen in eine Summe von vier Termen um, denen anschließend vier Klammern entsprechen, die dann leicht zusammengerechnet werden können.

1. Allgemeine Grundlagen

$$\sum_{k=0}^{3}\sum_{l=1}^{k+1}(-1)^l l^k = \sum_{l=1}^{1}(-1)^l l^0 + \sum_{l=1}^{2}(-1)^l l^1 + \sum_{l=1}^{3}(-1)^l l^2 + \sum_{l=1}^{4}(-1)^l l^3$$

$$= [(-1)^1 1^0] + [(-1)^1 1^1 + (-1)^2 2^1] + [(-1)^1 1^2 + (-1)^2 2^2 + (-1)^3 3^2]$$

$$+ [(-1)^1 1^3 + (-1)^2 2^3 + (-1)^3 3^3 + (-1)^4 4^3]$$

$$= [(-1)] + [(-1) + 2] + [(-1) + 4 - 9] + [(-1) + 8 - 27 + 64] = 38.$$

1.7 Die Primzahlen $\mathbb{P}$

A1.7.1 Gibt es Primzahldrillinge, also Primzahlen der Form n, $n+2$, $n+4$?

Natürlich nicht. Denn jede dritte natürlich Zahl ist durch 3 teilbar. Wenn n und $n+2$ Primzahlen sind, muss $n+1$ durch 3 teilbar sein, und damit auch $n+4$. $n+4$ kann deshalb keine Primzahl sein – ein Widerspruch.

A1.7.2 Eine natürliche Zahl n mit $n \geq 6$ heißt "isoliert", wenn $n-1$ und $n+1$ Primzahlen sind. Beweisen Sie, dass das Produkt von zwei isolierten Zahlen stets durch 36 teilbar ist.

Da jede dritte natürliche Zahl durch 3 teilbar ist, jedoch $n-1$ und $n+1$ Primzahlen sind, muss n durch 3 teilbar sein. Da jede zweite natürliche Zahl durch 2 teilbar ist und $n-1$ eine Primzahl ist, muss n überdies durch 2 teilbar sein. Folglich ist n durch 2 und durch 3 teilbar. n ist also ein Vielfaches von 2 und 3, und damit ein Vielfaches von 6; siehe Beispiel 1.2.9.

Damit haben wir gezeigt, dass jede isolierte Zahl ein Vielfaches von 6 ist. Das Produkt von zwei isolierten Zahlen ist folglich ein Vielfaches von $6^2 = 36$, und ist deshalb durch 36 teilbar.

A1.7.3 Zeigen Sie, dass $m \cdot n + 1$ stets eine Quadratzahl ist, wenn m und n Primzahlzwillinge sind.

Wir nehmen an, dass m der kleinere Primzahlzwilling ist. Dann gilt $n = m + 2$. Es folgt: $mn + 1 = m(m+2) + 1 = m^2 + 2m + 1 = (m+1)^2$. Das war zu zeigen.

A1.7.4 Zeigen Sie durch vollständige Induktion, dass für alle $n \in \mathbb{N}$ gilt:

$$4|(5^n - 1).$$

In Definition 1.7.1 wurde festgelegt, dass eine natürliche Zahl l durch 4 teilbar heißt, wofür wir $4|l$ schreiben, wenn es ein $k \in \mathbb{N}$ gibt mit der Eigenschaft $l = 4k$.

Induktionsanfang: $n = 1$.
Zu zeigen ist: $4|(5^1 - 1)$, also $4|4$. Das ist banalerweise erfüllt.

Induktions-Sprung: Wir nehmen nun an, dass für ein $k \geq 1$ die Zahl $5^k - 1$ durch 4 teilbar ist, dass also ein $m \in \mathbb{N}$ existiert, mit

$$5^k - 1 = 4m \ . \tag{1.17}$$

Zu zeigen ist nun, dass auch $5^{(k+1)} - 1$ durch 4 teilbar ist, dass also eine Zahl m' existiert mit $5^{(k+1)} - 1 = 4m'$. Natürlich hoffen wir, dass wir beim Nachweis dieser Gleichheit die Induktions-Voraussetzung (1.17) einsetzen können, da wir andere Hilfsmittel nicht haben.

$$5^{(k+1)} - 1 = 5^k \cdot 5 - 1 = 5^k \cdot 5 - 5 + 4 = 5(5^k - 1) + 4 = 5(4m) + 4 = 4(5m+1) = 4m' \ ,$$

wenn man $m' := 5m + 1$ definiert. Damit ist der Beweis vollständig.

A1.7.5 Sei $k \in \mathbb{N}$, $k \geq 2$. Zeigen Sie durch vollständige Induktion, dass für alle $n \in \mathbb{N}$ gilt: $k | ((k+1)^n - 1)$.

Diese Aussage verallgemeinert die Aussage der Aufgabe 1.7.4. Der Beweis wird deshalb ähnlich ablaufen mit allgemeineren Argumenten.

Induktionsanfang: $n = 1$.
Zu zeigen ist: $k | ((k+1)^1 - 1)$, also $k | k$. Das ist banalerweise erfüllt.

Induktions-Sprung: Wir nehmen nun an, dass für ein $n \geq 1$ die Zahl $(k+1)^n - 1$ durch k teilbar ist, dass also ein $m \in \mathbb{N}$ existiert, mit

$$(k+1)^n - 1 = km \ . \tag{1.18}$$

Zu zeigen ist nun, dass auch $(k+1)^{(n+1)} - 1$ durch k teilbar ist, dass also eine Zahl m' existiert mit $(k+1)^{(n+1)} - 1 = km'$. Natürlich hoffen wir, dass wir beim Nachweis dieser Gleichheit die Induktions-Voraussetzung (1.18) einsetzen können, da wir keine anderen Hilfsmittel haben.

$$\begin{aligned}(k+1)^{(n+1)} - 1 &= (k+1) \cdot (k+1)^n - 1 = (k+1) \cdot (k+1)^n - (k+1) + k \\ &= (k+1)((k+1)^n - 1) + k = (k+1)(km) + k \\ &= k[m(k+1) + 1] = km' \ ,\end{aligned}$$

wenn man $m' := m(k+1) + 1$ definiert. Damit ist der Beweis vollständig.

1.8 Die rationalen Zahlen $(\mathbb{Q}, +, \cdot, \leq)$

A1.8.1 Führen Sie die nachfolgenden Rechnungen aus und fassen Sie das Ergebnis bestmöglich zusammen.

1. Allgemeine Grundlagen

(a) $\dfrac{a-b}{a+1} + \dfrac{a-b}{2a+2} - \dfrac{a+b}{3a+3} = \dfrac{a-b}{a+1} + \dfrac{a-b}{2(a+1)} - \dfrac{a+b}{3(a+1)}$

$= \dfrac{6(a-b)}{6(a+1)} + \dfrac{3(a-b)}{)6(a+1)} - \dfrac{2(a+b)}{6(a+1)}$

$= \dfrac{6a-6b+3a-3b-2a-2b}{6(a+1)} = \dfrac{7a-11b}{6(a+1)}$.

(b) $\dfrac{x+y}{4a+4b} \cdot \dfrac{5a+5b}{x-y} = \dfrac{(x+y)\,5\,(a+b)}{4(a+b)(x-y)} = \dfrac{5(x+y)}{4(x-y)}$.

(c) $(\dfrac{1}{a}+\dfrac{1}{b})(a-b) + (a+b)(\dfrac{1}{a}-\dfrac{1}{b}) = \dfrac{b+a}{ab}(a-b) + (a+b)\dfrac{b-a}{ab}$

$= \dfrac{(b+a)(a-b) + (a+b)(b-a)}{ab}$

$= \dfrac{ab - b^2 + a^2 - ab + ab - a^2 + b^2 - ab}{ab} = 0$.

(d) $\dfrac{\dfrac{a-b}{a+b} - \dfrac{a+b}{a-b}}{1 + \dfrac{b^2}{a^2-b^2}} = \left[\dfrac{a-b}{a+b} - \dfrac{a+b}{a-b}\right] : \left[1 + \dfrac{b^2}{a^2-b^2}\right]$

$= \dfrac{(a-b)^2 - (a+b)^2}{(a+b)(a-b)} : \dfrac{a^2-b^2+b^2}{a^2-b^2}$

$= \dfrac{(a^2-2ab+b^2) - (a^2+2ab+b^2)}{(a^2-b^2)} \cdot \dfrac{(a^2-b^2)}{a^2}$

$= \dfrac{(a^2-2ab+b^2-a^2-2ab-b^2)(a^2-b^2)}{(a^2-b^2)\,a^2} = \dfrac{-4ab}{a^2} = \dfrac{-4b}{a}$.

(e) $\dfrac{15}{2}x(\dfrac{5}{3x} - \dfrac{a}{15}) - \dfrac{2}{13x}(2x - \dfrac{13}{4}bx) = \dfrac{15x \cdot 5}{2 \cdot 3x} - \dfrac{15x \cdot a}{2 \cdot 15} - \dfrac{2 \cdot 2x}{13x} + \dfrac{2 \cdot 13bx}{13x \cdot 4}$

$= \dfrac{25}{2} - \dfrac{ax}{2} - \dfrac{4}{13} + \dfrac{b}{2} = \dfrac{13 \cdot 25 - 13ax - 8 + 13b}{2 \cdot 13}$

$= \dfrac{317 - 13ax + 13b}{26}$.

(f) $\dfrac{\dfrac{5x-3y}{15a} - \dfrac{9x-8y}{12b}}{\dfrac{4b-9a}{4y} - \dfrac{3b-10a}{5x}} = \left[\dfrac{5x-3y}{15a} - \dfrac{9x-8y}{12b}\right] : \left[\dfrac{4b-9a}{4y} - \dfrac{3b-10a}{5x}\right]$

$= \dfrac{(5x-3y)\cdot 12b - 15a(9x-8y)}{15a \cdot 12b} : \dfrac{(4b-9a)\cdot 5x - 4y \cdot (3b-10a)}{4y \cdot 5x}$

$$= \frac{(60bx - 36by - 135ax + 120ay)}{180ab} \cdot \frac{20xy}{(20bx - 45ax - 12by + 40ay)}$$

$$= \frac{3(20bx - 45ax - 12by + 40ay)xy}{9ab(20bx - 45ax - 12by + 40ay)} = \frac{xy}{3ab}.$$

(g) $\quad a + \dfrac{a}{\dfrac{1-a}{a} + 1} = a + \dfrac{a}{1} : \left[\dfrac{1-a}{a} + 1\right] = a + \dfrac{a}{1} : \dfrac{1-a+a}{a}$

$$= a + \frac{a}{1} \cdot \frac{a}{1} = a + a^2 \,.$$

(h) Zur Vereinfachung des Mehrfachbruchs

$$\frac{(x+1)^2 + x}{x + \dfrac{1}{1 + \dfrac{1}{x+1}}}$$

bietet es sich an, den Ausdruck im Nenner zuerst getrennt zu betrachten:

$$x + \frac{1}{1 + \frac{1}{x+1}} = x + \left[\frac{1}{1}\right] : \left[1 + \frac{1}{x+1}\right] = x + \left[\frac{1}{1}\right] : \left[\frac{x+1+1}{x+1}\right]$$

$$= x + \frac{x+1}{x+2} = \frac{x(x+2) + x + 1}{x+2} = \frac{x^2 + 2x + x + 1}{x+2} = \frac{x^2 + 3x + 1}{x+2}\,.$$

Jetzt erst setzen wir den ursprünglichen Bruch zusammen:

$$\frac{(x+1)^2 + x}{x + \dfrac{1}{1 + \dfrac{1}{x+1}}} = \frac{(x+1)^2 + x}{1} : \frac{x^2 + 3x + 1}{x+2} = \frac{(x^2 + 2x + 1 + x)(x+2)}{(x^2 + 3x + 1)}$$

$$= \frac{(x^2 + 3x + 1)(x+2)}{(x^2 + 3x + 1)} = x + 2\,.$$

A1.8.2 Entfernen Sie den Wurzelausdruck aus dem Nenner durch geschickte Erweiterung.

(a) $\quad \dfrac{5}{2 + \sqrt{3}} = \dfrac{5(2 - \sqrt{3})}{(2 + \sqrt{3})(2 - \sqrt{3})} = \dfrac{5(2 - \sqrt{3})}{(4 - 3)} = 5(2 - \sqrt{3})$

(b) $\quad \dfrac{3 + \sqrt{x}}{3 - \sqrt{x}} = \dfrac{(3 + \sqrt{x})^2}{(3 - \sqrt{x})(3 + \sqrt{x})} = \dfrac{(3 + \sqrt{x})^2}{(9 - x)}$

(c) $\quad \dfrac{\sqrt{y} - \sqrt{x}}{\sqrt{x} - \sqrt{y}} = \dfrac{-(\sqrt{x} - \sqrt{y})}{\sqrt{x} - \sqrt{y}} = -1\,.$

A1.8.3 Ersetzen Sie die Wurzeln durch Potenzausdrücke und bilden Sie daraus eine Summe von Potenzen.

(a) $\dfrac{\sqrt[3]{x^4}+\sqrt[2]{x^5}}{\sqrt[5]{x^2}} = x^{-\frac{2}{5}}(x^{\frac{4}{3}}+x^{\frac{5}{2}}) = x^{-\frac{2}{5}+\frac{4}{3}}+x^{-\frac{2}{5}+\frac{5}{2}} = x^{\frac{-6+20}{15}}+x^{\frac{-4+25}{10}} = x^{\frac{14}{15}}+x^{\frac{21}{10}}$

(b) $\dfrac{\sqrt[3]{x^5}-\sqrt[3]{x^6}}{\sqrt[3]{x^7}} = x^{-\frac{7}{3}}(x^{\frac{5}{3}}-x^{\frac{6}{3}}) = x^{-\frac{7}{3}+\frac{5}{3}}-x^{-\frac{7}{3}+\frac{6}{3}} = x^{-\frac{2}{3}}-x^{-\frac{1}{3}}$

(c) $\dfrac{\sqrt[3]{x^2}-\sqrt[2]{x^3}}{\sqrt[3]{x^3}} = x^{-\frac{3}{3}}(x^{\frac{2}{3}}-x^{\frac{3}{2}}) = x^{-1+\frac{2}{3}}-x^{-1+\frac{3}{2}} = x^{-\frac{1}{3}}-x^{\frac{1}{2}}$

A1.8.4 Grenzen Sie $\sqrt{3}$ durch eine Folge von rationalen Zahlen bis auf 3 Stellen nach dem Komma ein.

$$1 < \sqrt{3} < 2, \text{ da } 1^2 = 1 < 3 < 2^2 = 4$$
$$1.7 < \sqrt{3} < 1.8, \text{ da } 1.7^2 = 2.89 < 3 < 1.8^2 = 3.24$$
$$1.73 < \sqrt{3} < 1.74, \text{ da } 1.73^2 = 2.9929 < 3 < 1.74^2 = 3.0276$$
$$1.732 < \sqrt{3} < 1.733, \text{ da } 1.732^2 = 2.999824 < 3 < 1.733^2 = 3.003289$$

und so weiter

A1.8.5 Zeigen Sie: Es gibt keine rationale Zahl mit der Eigenschaft $x^2 = 8$.

Wir beweisen indirekt und nehmen an, es gäbe eine rationale Zahl x mit $x = \sqrt{8}$. Wegen $\sqrt{8} = \sqrt{4 \cdot 2} = 2\sqrt{2}$ folgt, dass $\frac{x}{2} = \sqrt{2}$. Da $\frac{x}{2}$ eine rationale Zahl ist, steht diese Aussage im Widerspruch zu Satz 1.8.17(b).

A1.8.6 Zeigen Sie, dass aus $\sqrt{2} \notin \mathbb{Q}$ folgt: $5 + \sqrt{2} \notin \mathbb{Q}$.

Wir argumentieren erneut indirekt und nehmen an, dass $x := 5+\sqrt{2}$ eine rationale Zahl sei. Dann ist aber auch $x - 5 = \sqrt{2}$ eine rationale Zahl, was im Widerspruch zu Satz 1.8.17(b) steht.

A1.8.7 Zeigen Sie:

(a) Für jedes $n \in \mathbb{N}$ gilt: $3|n \Leftrightarrow 3|n^2$.

(b) Es gibt kein $x \in \mathbb{Q}$ mit $x^2 = 3$.

Wir zeigen zunächst Aussage (a).

"$\Rightarrow$": Aus $3|n$ folgt, dass es ein $k \in \mathbb{N}$ gibt mit $n = 3k$, siehe Definition 1.7.1. Dann ist $n^2 = 3(3k^2)$. n^2 ist demnach das Produkt von 3 und der Zahl $3k^2$, so dass aus Definition 1.7.1 folgt: $3|n^2$.

"$\Leftarrow$": Wir wissen, dass $3|n^2$ und müssen zeigen, dass $3|n$ gilt. Wir schließen indirekt. Wir nehmen an, dass n nicht durch 3 teilbar sei. Dann gilt entweder

(1) $n = 3l + 1$ für ein $l \in \mathbb{N}$, oder
(2) $n = 3l + 2$ für ein $l \in \mathbb{N}$.

Fall (1): Aus $n = 3l + 1$ folgt $n^2 = (3l+1)^2 = 9l^2 + 6l + 1 = 3(3l^2 + 2l) + 1$; das bedeutet, dass n^2 nicht durch 3 teilbar ist. Ein Widerspruch!

Fall (2): Aus $n = 3l + 2$ folgt $n^2 = (3l+2)^2 = 9l^2 + 12l + 4 = 3(3l^2 + 4l + 1) + 1$; das bedeutet auch, dass n^2 nicht durch 3 teilbar ist. Erneut ein Widerspruch!

Somit wurde die Annahme in jedem möglichen Fall zum Widerspruch geführt, so dass die Behauptung gilt.

A1.8.8 Berechnen Sie den Wert von $\sqrt[4]{\sum_{n=0}^{3}(-1)^{n+1}\sum_{k=n}^{2n}(2k-n)}$.

Wir berechnen zuerst den Wert unter der Wurzel. Dazu lösen wir zunächst die äußere Summe auf, was zu 4 Ausdrücken in eckigen Klammern führt. Dann berechnen wir die Ausdrücke in den 4 Klammern und fassen abschließend zusammen.

$$\sum_{n=0}^{3}(-1)^{n+1}\sum_{k=n}^{2n}(2k-n) = [(-1)^1 \sum_{k=0}^{0}(2k)] + [(-1)^2 \sum_{k=1}^{2}(2k-1)]$$
$$+ [(-1)^3 \sum_{k=2}^{4}(2k-2)] + [(-1)^4 \sum_{k=3}^{6}(2k-3)]$$
$$= [(-1)(0)] + [(2-1) + (4-1)] + [(-1)((4-2) + (6-2) + (8-2))]$$
$$+ [(6-3) + (8-3) + (10-3) + (12-3)]$$
$$= [0] + [1+3] + [(-1)(2+4+6)] + [3+5+7+9] = 4 - 12 + 24 = 16 .$$

Damit ist die Lösung $\sqrt[4]{16} = \pm 2$.

A1.8.9 Berechnen Sie den Wert von $\sum_{n=0}^{4}(-1)^n \sum_{k=0}^{n} \frac{1}{2+(-1)^k}$.

Wir verfahren genauso wie in Aufgabe 1.8.8 und lösen zunächst die äußere Summe in 5 Ausdrücke mit eckigen Klammern auf. Danach berechnen wir die 5 Klammerausdrücke und fassen abschließend zusammen.

$$\sum_{n=0}^{4}(-1)^n \sum_{k=0}^{n}\frac{1}{2+(-1)^k} = \left[(-1)^0 \sum_{k=0}^{0}\frac{1}{2+(-1)^k}\right] + \left[(-1)^1 \sum_{k=0}^{1}\frac{1}{2+(-1)^k}\right]$$
$$+ \left[(-1)^2 \sum_{k=0}^{2}\frac{1}{2+(-1)^k}\right] + \left[(-1)^3 \sum_{k=0}^{3}\frac{1}{2+(-1)^k}\right] + \left[(-1)^4 \sum_{k=0}^{4}\frac{1}{2+(-1)^k}\right]$$
$$= \left[\frac{1}{2+(-1)^0}\right] + \left[(-1)\left(\frac{1}{2+(-1)^0} + \frac{1}{2+(-1)^1}\right)\right]$$

$$+ \left[\frac{1}{2+(-1)^0} + \frac{1}{2+(-1)^1} + \frac{1}{2+(-1)^2} \right]$$
$$+ \left[(-1) \left(\frac{1}{2+(-1)^0} + \frac{1}{2+(-1)^1} + \frac{1}{2+(-1)^2} + \frac{1}{2+(-1)^3} \right) \right]$$
$$+ \left[\frac{1}{2+(-1)^0} + \frac{1}{2+(-1)^1} + \frac{1}{2+(-1)^2} + \frac{1}{2+(-1)^3} + \frac{1}{2+(-1)^4} \right]$$
$$= \frac{1}{3} + \left[(-1) \left(\frac{1}{3} + \frac{1}{1} \right) \right] + \left[\frac{1}{3} + \frac{1}{1} + \frac{1}{3} \right] + \left[(-1) \left(\frac{1}{3} + \frac{1}{1} + \frac{1}{3} + \frac{1}{1} \right) \right]$$
$$+ \left[\frac{1}{3} + \frac{1}{1} + \frac{1}{3} + \frac{1}{1} + \frac{1}{3} \right]$$
$$= \frac{1}{3} - \frac{4}{3} + \frac{5}{3} - \frac{8}{3} + \frac{9}{3} = \frac{3}{3} = 1 \ .$$

A1.8.10 (a) Stellen Sie die Dualzahl 1101,011 als Dezimalzahl dar.

(b) Stellen Sie die Dezimalzahl 26,125 als Dualzahl dar.

(a) $1101{,}011 = 1 \cdot 2^3 + 1 \cdot 2^2 + 0 \cdot 2^1 + 1 \cdot 2^0 + 0 \cdot 2^{-1} + 1 \cdot 2^{-2} + 1 \cdot 2^{-3}$

$\qquad\qquad\quad = 8 + 4 + 1 + \frac{1}{4} + \frac{1}{8} = 13\frac{3}{8} = 13{.}375 \,_{\text{dez}}$.

Zur Lösung der Aufgabe (b) verfährt man genauso, wie schon bei der Lösung der Aufgabe A1.5.1, das heißt, man "füllt" mit den Zweierpotenzen auf, beginnend mit der größten, die in die gegebene Dezimalzahl hineinpassen. Im vorliegenden Fall lauten die relevanten Zweierpotenzen

$$16, \ 8, \ 4, \ 2, \ 1, \ \frac{1}{2}, \ \frac{1}{4}, \ \frac{1}{8}, \ \frac{1}{16} \ \ldots$$

Die Zweierpotenzen, die kleiner als 1 sind, ergeben die Nachkommastellen der Dualzahl.

(b) $26{,}125 = 1 \cdot 16 + 1 \cdot 8 + 0 \cdot 4 + 1 \cdot 2 + 0 \cdot 1 + 0 \cdot \frac{1}{2} + 0 \cdot \frac{1}{4} + 1 \cdot \frac{1}{8}$

$\qquad\qquad = 1 \cdot 2^4 + 1 \cdot 2^3 + 0 \cdot 2^2 + 1 \cdot 2^1 + 0 \cdot 2^0 + 0 \cdot 2^{-1} + 0 \cdot 2^{-2} + 1 \cdot 2^{-3}$

$\qquad\qquad = 0001\ 1010{,}0010 \,_{\text{dual}}$.

Die als Ergebnis dargestellte Dualzahl wurde in Pakete zu je vier Ziffern aufgefüllt und eingeteilt.

Die hier vorgestellte Rechnung ist etwas mühsam. Es lohnt sich aber für unsere Zwecke nicht, einen Divisionsalgorithmus vorzustellen, der das Ergebnis auf einem eleganteren Weg zu ermitteln vermag. Es sei noch angemerkt, dass eine Dezimalzahl mit endlich vielen Stellen nach dem Komma durchaus zu einer Dualzahl mit unendlich vielen Stellen nach dem Komma führen kann.

A1.8.11 Zeigen Sie durch vollständige Induktion für $n \geq 1$:

$$\sum_{k=1}^{n} \frac{k}{2^k} = 2 - \frac{n+2}{2^n} \, . \tag{1.19}$$

Induktions-Anfang: $n = 1$.

Linke Seite: $\sum_{k=1}^{1} \frac{k}{2^k} = \frac{1}{2}$.

Rechte Seite: $2 - \frac{1+2}{2} = 2 - \frac{3}{2} = \frac{1}{2}$.

Die beiden Seiten sind gleich und damit ist die Aussage für $n = 1$ bewiesen.

Induktions-Sprung: Wir nehmen nun an, dass für eine Zahl $m \geq 1$ die Gleichung (1.19) erfüllt ist, dass also gilt

$$\sum_{k=1}^{m} \frac{k}{2^k} = 2 - \frac{m+2}{2^m} \, . \tag{1.20}$$

Der Nachfolger von m ist $m+1$. Zu zeigen ist demnach, dass (1.20) auch für $m+1$ an Stelle von m gilt:

$$\sum_{k=1}^{m+1} \frac{k}{2^k} = 2 - \frac{m+3}{2^{m+1}} \, . \tag{1.21}$$

Zum Nachweis von (1.21) rechnen wir eine Kette und verwenden dabei natürlich unser wichtigstes Hilfsmittel, die Induktions-Annahme (1.20).

$$\sum_{k=1}^{m+1} \frac{k}{2^k} = \sum_{k=1}^{m} \frac{k}{2^k} + \frac{m+1}{2^{m+1}} = 2 - \frac{m+2}{2^m} + \frac{m+1}{2^{m+1}}$$

$$= 2 - \left(\frac{2(m+2)}{2^{m+1}} - \frac{m+1}{2^{m+1}} \right) = 2 - \frac{2m+4-m-1}{2^{m+1}} = 2 - \frac{m+3}{2^{m+1}} \, .$$

Damit ist der Beweis abgeschlossen.

1.9 Die reellen Zahlen $(\mathbb{R}, +, \cdot, \leq)$

A1.9.1

(a) Wandeln Sie die folgenden Brüche in Dezimalzahlen um: $\frac{3}{7}, \frac{11}{9}, \frac{15}{13}$.

(b) Wandeln Sie die folgenden Dezimalzahlen in Brüche um: $0{,}483$; $7{,}6543$; $1{,}0098$; $3{,}22\overline{4}$; $4{,}12\overline{34}$.

(a) Ob man zur Kennzeichnung der Schnittstelle zwischen "Vorkomma"- und "Nachkomma"-Stellen ein Komma oder einen Punkt verwendet, ist gleichgültig, sofern die Bedeutung eindeutig klar ist. Wir verfahren wie in Beispiel 1.8.18 und erhalten:
$$e(\tfrac{3}{7}) = 0.\overline{428571}\,, \quad e(\tfrac{11}{9}) = 1.\overline{2}\,, \quad e(\tfrac{15}{13}) = 1.\overline{153846}\,.$$

(b) Wir verfahren wie in Beispiel 1.9.3 und erhalten:
$$0.483 = \frac{483}{1000}\,, \quad 7.6543 = \frac{76\,543}{10\,000}\,, \quad 1.0098 = \frac{10\,098}{10\,000}\,.$$

Wegen $x = 3.22\overline{4} = 3.22444\ldots$ gilt $100x = 322.444\ldots$ und $1000x = 3\,224.444\ldots$ Folglich ist $1000x - 100x = 900x = 3\,224.444\ldots - 322.444\ldots = 3\,224 - 322 = 2\,902$.
Damit lautet das Ergebnis: $\quad x = \frac{2\,902}{900}$.

Wegen $x = 4.12\overline{34} = 4.12343434\ldots$ gilt $100x = 412.343434\ldots$ und $10\,000x = 41\,234.343434\ldots$ Folglich ist $10\,000x - 100x = 9\,900x = 41\,234.343434\ldots - 412.343434\ldots = 40\,822$.
Damit lautet das Ergebnis: $\quad x = \frac{40\,822}{9\,900}$.

A1.9.2 Konstruieren Sie eine Bijektion zwischen

(a) den offenen Intervallen $(0,1)$ und $(2,3)$;

(b) den halboffenen Intervallen $(0,1]$ und $[2,3)$;

(c) dem offenen Intervall $(0,1)$ und dem halboffenen Intervall $(2,3]$;

(d) dem halboffenen Intervall $(0,1]$ und dem abgeschlossenen Intervall $[2,3]$;

(e) dem offenen Intervall $(0,1)$ und dem abgeschlossenen Intervall $[2,3]$.

(a) Die einfachste Lösung ist $f\colon (0,1) \to (2,3)$, $x \mapsto x+2$. Natürlich ist auch $f\colon (0,1) \to (2,3)$, $x \mapsto 3-x$, eine Lösung.

(b) Nun muss man darauf achten, dass der rechte "Eckpunkt" des halboffenen Intervalls $(0,1]$ auf den linken Eckpunkt von $[2,3)$ abgebildet wird:
$$f\colon (0,1] \to [2,3)\,, \quad x \mapsto 3-x\,.$$
Die andere Lösung $f(x) = x+2$ ist hier keine Lösung!
Die Aussage lässt sich mühelos verallgemeinern: Gilt $a < b$ und $c < d$, so gibt es eine Bijektion von $(a,b]$ nach $[c,d)$.

(c) Jetzt wird es schwierig. Lösungen dieser Aufgabe sind in vielen Büchern und Internetforen dargestellt. Die nachfolgende Formulierung erhebt keinen Anspruch auf Originalität. Sie greift allerdings weit über unseren bisherigen Wissensstand hinaus.
Zuerst definieren wir die Folge $\{a_n \mid a_n = 2 + \frac{1}{2^n},\ n \in \mathbb{N}_0\}$, deren erste Terme $a_0 = 3$, $a_1 = 2.5$, $a_2 = 2.25$, $a_3 = 2.125$, $a_4 = 2.0625$, $\ldots$ lauten. Diese Punkte

a_n des halboffenen Intervalls $(2,3]$ verwenden wir nun zur Definition von Teilintervallen, die paarweise disjunkt sind, deren Vereinigung aber das ganze Intervall $(2,3]$ ergibt: $(2,3] = (2.5, 3] \cup (2.25, 2.5] \cup (2.125, 2.25] \cup \ldots$

In (b) haben wir gezeigt, dass jedes dieser Teilintervalle $(a_{n+1}, a_n]$ bijektiv auf $[a_{n+1} - 2, a_n - 2)$ abgebildet werden kann. Da die Vereinigung der paarweise disjunkten Intervalle $[a_{n+1} - 2, a_n - 2)$ das Intervall $(0,1)$ ergibt, können wir die gesuchte Bijektion in der folgenden Form angeben:

$$f \colon (2,3] \to (0,1), \ x \mapsto a_{n+1} + a_n - 2 - x, \text{ wenn } x \in (a_{n+1}, a_n] \ .$$

Wir berechnen beispielhaft die Werte von $f(3)$, $f(2.9)$, $f(2.6)$, $f(2.5)$, $f(2.4)$, $f(2.3)$, $f(2.2)$, $f(2.1)$, $f(2.05)$, $f(2.01)$, um die Funktionsweise der Bijektion zu erkennen.

$3 \in (2.5, 3] = (a_1, a_0] \Rightarrow f(3) = a_1 + a_0 - 2 - x = 2.5 + 3 - 2 - 3 = 0.5$

$2.9 \in (2.5, 3] = (a_1, a_0] \Rightarrow f(2.9) = a_1 + a_0 - 2 - x = 2.5 + 3 - 2 - 2.9 = 0.6$

$2.6 \in (2.5, 3] = (a_1, a_0] \Rightarrow f(2.6) = a_1 + a_0 - 2 - x = 2.5 + 3 - 2 - 2.6 = 0.9$

$2.5 \in (2.25, 2.5] = (a_2, a_1] \Rightarrow f(2.5) = a_2 + a_1 - 2 - x = 2.25 + 2.5 - 2 - 2.5 = 0.25$

$2.4 \in (2.25, 2.5] = (a_2, a_1] \Rightarrow f(2.4) = a_2 + a_1 - 2 - x = 2.25 + 2.5 - 2 - 2.4 = 0.35$

$2.3 \in (2.25, 2.5] = (a_2, a_1] \Rightarrow f(2.3) = a_2 + a_1 - 2 - x = 2.25 + 2.5 - 2 - 2.3 = 0.45$

$2.2 \in (2.125, 2.25] = (a_3, a_2] \Rightarrow$

$$f(2.2) = a_3 + a_2 - 2 - x = 2.125 + 2.25 - 2 - 2.2 = 0.175$$

$2.1 \in (2.0625, 2.125] = (a_4, a_3] \Rightarrow$

$$f(2.1) = a_4 + a_3 - 2 - x = 2.0625 + 2.125 - 2 - 2.1 = 0.0875$$

$2.05 \in (2.03125, 2.0625] = (a_5, a_4] \Rightarrow$

$$f(2.05) = a_5 + a_4 - 2 - x = 2.03125 + 2.0625 - 2 - 2.05 = 0.04375$$

$2.01 \in (2.0078125, 2.015625] = (a_7, a_6] \Rightarrow$

$$f(2.01) = a_7 + a_6 - 2 - x = 2.0078125 + 2.015625 - 2 - 2.01 = 0.0134375 \ .$$

(d) Man erhält die Lösung direkt aus (b) und (c). Gemäß (c) gibt es eine Bijektion f von $(2,3]$ nach $(0,1)$. Dann ist auch

$$g \colon [2,3] \to [0,1); \ g(2) := 0, \ g(x) := f(x) \text{ für } 2 < x \leq 3$$

eine Bijektion. Gemäß (b) gibt es eine Bijektion h von $[0,1)$ nach $(0,1]$. Die Verkettung von g und h, für die man

$$h \circ g \colon [2,3] \to (0,1], \ x \mapsto h(g(x))$$

schreibt, ist die gesuchte Lösung der Aufgabe.

(e) Gemäß (c) gibt es eine Bijektion f von $(0,1)$ nach $(2,3]$. Gemäß (d) gibt es eine Bijektion g von $(2,3]$ nach $[2,3]$. Dann ist die Verkettung

$$g \circ f \colon (0,1) \to [2,3], \ x \mapsto g(f(x))$$

eine Bijektion, die Aufgabe (e) löst.

A1.9.3 Zeigen Sie durch Induktion über $n \in \mathbb{N}_0$: Besteht eine Menge M aus n verschiedenen Elementen, so besitzt $P(M)$ genau 2^n Elemente.

Induktionsanfang: $n = 0$.
Dann ist $M = \emptyset$ und $P(M) = \{\emptyset\}$. $P(M)$ besitzt also $1 = 2^0$ Elemente, was zu zeigen war.
Induktions-Sprung: Wir nehmen nun an, dass die Aussage für ein $n \geq 0$ erfüllt ist, das heißt: besteht eine Menge M aus n verschiedenen Elementen, so besitzt $P(M)$ genau 2^n Elemente.
Zu zeigen ist, dass eine Menge $\overline{M}$ mit $n+1$ Elementen 2^{n+1} Teilmengen besitzt. Wenn wir $\overline{M} = \{x_1, x_2, x_3, \ldots, x_{n+1}\}$ schreiben, ist $M := \{x_1, x_2, \ldots, x_n\}$ eine Menge mit n Elementen. Die Anwendung der Induktions-Annahme ergibt, dass $P(M)$ genau 2^n Teilmengen besitzt. Wir können deshalb schreiben:
$$P(M) = \{A_1, A_2, A_3, \ldots, A_{2^n}\} ,$$
wobei jedes A_i eine Teilmenge von M ist, also nur aus den Elementen $x_1, \ldots, x_n$ besteht. Wie entsteht nun $P(\overline{M})$ aus $P(M)$?
Jede Teilmenge von $\overline{M}$ enthält entweder das Element x_{n+1}, oder nicht. Ist A eine Teilmenge von M, so ist sowohl A eine Teilmenge von $\overline{M}$, als auch $A \cup \{x_{n+1}\}$:
$$P(\overline{M}) = \{A_i \mid i = 1, \ldots, 2^n\} \cup \{A_i \cup \{x_{n+1}\} \mid i = 1, \ldots, 2^n\} .$$
Die Anzahl der Elemente in $P(\overline{M}))$ beträgt folglich $2 \cdot 2^n = 2^{n+1}$, was zu zeigen war.

A1.9.4 Zeigen Sie:
(a) Jede reelle Zahl ist das Infimum einer Menge von rationalen Zahlen.
(b) Jede reelle Zahl ist das Supremum einer Menge von rationalen Zahlen.

Wir erklären (a) und (b) in einer gemeinsamen Argumentation. Die Begriffe "Infimum" und "Supremum" wurden in Satz 1.9.13 eingeführt. Wir müssen zu jeder reellen Zahl $a \in \mathbb{R}$ eine Menge $O \subset \mathbb{Q}$ und eine Menge $U \subset \mathbb{Q}$ finden, so dass $a = \inf(O) = \sup(U)$ gilt.

Wir verzichten auf einen allgemeinen Beweis, sondern führen die Beweisidee an einer sehr speziellen reellen Zahl vor, nämlich an
$$\pi = 3,1415926654\ldots$$
Genauso, wie in Beispiel 1.8.18 die reelle Zahl $\sqrt{2}$ zwischen rationalen Zahlen eingeschachtelt wurde, verfahren wir nun mit π:
$3 < \pi < 4$; $3,1 < \pi < 3,2$; $3,14 < \pi < 3,15$; $3,141 < \pi < 3,142$; $3,1415 < \pi < 3,1416$; und so weiter.

Alle unteren Schranken fassen wir nun zur Menge U zusammen, alle oberen zur Menge O:
$$U := \{3; 3,1; 3,14; 3,141; 3,1415; \ldots\}, \quad O := \{4; 3,2; 3,15; 3,142; 3,1416; \ldots\}$$

Dann gilt $U \subset \mathbb{Q}$ und $O \subset \mathbb{Q}$. Es bleibt zu zeigen, dass $\pi = \inf(O) = \sup(U)$. Wir beweisen die erste Gleichung. Die Definition des Infimums verlangt, dass wir zu jedem $\varepsilon \in \mathbb{R}$, $\varepsilon > 0$, ein $x \in O$ finden, so dass $\pi \leq x < \pi + \varepsilon$.

Dazu nummerieren wir die Elemente von O: $x_0 := 4$; $x_1 := 3,2$; $x_2 := 3,15$; $x_3 := 3,142$; $x_4 := 3,1416$; ... Dann gilt $\pi \leq x_0 < \pi + 1$; $\pi \leq x_1 < \pi + 0,1$; $\pi \leq x_2 < \pi + 0,01$; $\pi \leq x_3 < \pi + 0,001$; ...; allgemein: $\pi \leq x_n < \pi + 10^{-n}$ für alle $n \in \mathbb{N}_0$.

Sei nun ein beliebiges $\varepsilon \in \mathbb{R}$, $\varepsilon > 0$, gegeben. Dann existiert ein $n \in \mathbb{N}_0$ mit $10^{-n} < \varepsilon$. Folglich ist x_n ein Element in O, das die Bedingung
$$\pi \leq x_n < \pi + 10^{-n} < \pi + \varepsilon$$
erfüllt. Damit ist gezeigt, dass $\pi = \inf(O)$.

Zum Beweis von $\pi = \sup(U)$ verfährt man analog: man nummeriert die Elemente von $U = \{y_0, y_1, y_2, \ldots\}$ und zeigt $\pi - 10^{-n} < y_n \leq \pi$ für alle $n \in \mathbb{N}_0$. Daraus folgert man $\pi = \sup(U)$.

Im allgemeinen Fall einer beliebigen reellen Zahl a geht man genauso vor. Für jedes $n \in \mathbb{N}_0$ schachtelt man a zwischen den rationalen Zahlen x_n und $x_n + 10^{-n}$ ein, wobei x_n aus a entsteht, in dem man genau n Stellen nach dem Komma stehen lässt und alle weiteren abschneidet. Eine Fallunterscheidung zwischen $a \geq 0$ und $a < 0$ ist nützlich und vereinfacht die Argumentation. Damit wollen wir die Betrachtung dieser Aufgabe abschließen.

1.10 Gleichungen und Ungleichungen

A1.10.1 Lösen Sie die Gleichung $W = fm^2 \left(\dfrac{1}{r_1} - \dfrac{1}{r_2} \right)$ nach f, m, r_1 und r_2 auf.

Wir bringen die Gleichung erst in eine Form, aus der die Auflösung nach den einzelnen Parametern leicht erfolgen kann.

$$W = fm^2 \left(\frac{1}{r_1} - \frac{1}{r_2} \right) \iff W = fm^2 \frac{r_2 - r_1}{r_1 r_2} \iff r_1 r_2 W = fm^2 (r_2 - r_1)$$

Es folgt
$$f = \frac{r_1 r_2 W}{m^2 (r_2 - r_1)} \quad \text{und} \quad m = \pm \sqrt{\frac{r_1 r_2 W}{f (r_2 - r_1)}} \,.$$

Die Auflösung nach r_1 und r_2 erfordert einen Zwischenschritt:
$$r_1 r_2 W = fm^2 (r_2 - r_1) \iff r_1 r_2 W - fm^2 r_2 + fm^2 r_1 = 0 \,.$$

Daraus folgt
$$r_1 (r_2 W + fm^2) = fm^2 r_2 \quad \text{und} \quad r_2 (r_1 W - fm^2) = -fm^2 r_1$$

und schließlich
$$r_1 = \frac{fm^2 r_2}{(r_2 W + fm^2)} \quad \text{und} \quad r_2 = \frac{-fm^2 r_1}{(r_1 W - fm^2)}.$$

A1.10.2 Fritz müsste 24 Spiele am Stück gegen Frieda gewinnen, um seine Gewinnquote von 40% auf 60% zu steigern. Wieviele Spiele wurden bislang gespielt?

Diese Aufgabe ist eine Variante des Beispiels 1.10.4. Wir nehmen an, dass bislang x Spiele gespielt wurden, $x \in \mathbb{N}$. Multipliziert man Fritzens Gewinnquote von 40% mit der Anzahl x der bislang gespielten Spiele, erhält man die Anzahl der von Fritz gewonnenen Spiele. Zu dieser Anzahl müssen dann noch 24 Spiele dazukommen, um die Gewinnquote auf 60% der dann gespielten Spiele zu steigern, deren Anzahl $(x + 24)$ beträgt. Das führt zu der Gleichung

$$\frac{40}{100} x + 24 = \frac{60}{100} (x + 24). \tag{1.22}$$

Wir formen (1.22) äquivalent um und lösen nach x auf:
$$40x + 2400 = 60x + 60 \cdot 24 \iff 20x = 2400 - 1440 = 960 \iff x = \frac{960}{20} = 48.$$
Es wurden bislang 48 Spiele gespielt.

A1.10.3 Lösen Sie die folgende Gleichung nach x auf:

$$\sum_{n=1}^{2} \sum_{k=1}^{n} \frac{x+k}{x+n+1} = \frac{11}{x+2}. \tag{1.23}$$

Wir lösen zunächst die Doppelsumme auf:
$$\sum_{n=1}^{2} \sum_{k=1}^{n} \frac{x+k}{x+n+1} = \left[\sum_{k=1}^{1} \frac{x+k}{x+1+1}\right] + \left[\sum_{k=1}^{2} \frac{x+k}{x+2+1}\right]$$
$$= \left[\frac{x+1}{x+2}\right] + \left[\frac{x+1}{x+3} + \frac{x+2}{x+3}\right] = \frac{x+1}{x+2} + \frac{2x+3}{x+3}.$$

Aus Gleichung 1.23 wird dadurch der Reihe nach
$$\frac{x+1}{x+2} + \frac{2x+3}{x+3} = \frac{11}{x+2}$$
$$\frac{x-10}{x+2} = -\frac{2x+3}{x+3}$$
$$(x-10)(x+3) = -(2x+3)(x+2)$$
$$x^2 + 3x - 10x - 30 = -2x^2 - 4x - 3x - 6$$
$$3x^2 = 24$$
$$x = \pm\sqrt{8}$$

A1.10.4 Ein Rechteck hat eine Fläche von 22 cm². Es ist mindestens 5.5 cm lang. Wie breit ist es höchstens?

Wir bezeichnen mit x die Länge des Rechtecks und mit y seine Breite. Dann wissen wir aus der Aufgabenstellung: (1) $x \cdot y = 22$, und (2) $x \geq 5.5$.

Aus (2) folgt $\frac{1}{x} \leq \frac{1}{5.5}$, was man in (1) einsetzen kann: $y = \frac{22}{x} \leq \frac{22}{5.5} = 4$.

Das Rechteck ist höchstens 4 cm lang.

A1.10.5 Für welche $x \in \mathbb{R}$ ist $\dfrac{3x-1}{2x+4} \geq 1$, $(2x+4 \neq 0)$?

Es wäre schön, wenn man die Gleichung

$$\frac{3x-1}{2x+4} \geq 1 \tag{1.24}$$

einfach nach x auflösen könnte. Das geht aber nicht, weil der Nenner $2x+4$ negativ oder positiv sein kann. Die Multiplikation mit dem Nenner würde im ersten Fall das Ungleichheitszeichen herumdrehen, im zweiten Fall aber nicht. Deshalb müssen wir eine Fallunterscheidung durchführen.

Fall 1: $2x + 4 > 0$. Das ist äquivalent zu $x > -2$.

Unter dieser Zusatzbedingung können wir jetzt die Ungleichung (1.24) nach x auflösen:

$$\frac{3x-1}{2x+4} \geq 1 \quad \Longleftrightarrow \quad 3x - 1 \geq 2x + 4 \quad \Longleftrightarrow \quad x \geq 5 \ .$$

Damit haben wir ein erstes Ergebnis erzielt: im Bereich $x > -2$ erfüllen alle $x \geq 5$ die Ungleichung (1.24).

Fall 2: $2x + 4 < 0$, was äquivalent ist zu $x < -2$.

Wir lösen (1.24) unter dieser Zusatzbedingung auf. Da der Nenner negativ ist, dreht sich das Ungleichheitszeichen nach Multiplikation mit $2x+4$ um!

$$\frac{3x-1}{2x+4} \geq 1 \quad \Longleftrightarrow \quad 3x - 1 \leq 2x + 4 \quad \Longleftrightarrow \quad x \leq 5 \ .$$

Im Bereich $x < -2$ erfüllen somit alle $x \leq 5$ die Ungleichung (1.24) – und das sind alle $x < -2$!

Jetzt setzen wir die beiden Teillösungen zusammen und erhalten, dass $x \in \mathbb{R}$ die Ungleichung (1.24) erfüllt, genau dann, wenn $x < -2$ oder $x \geq 5$.

A1.10.6 Geben Sie eine Lösung der folgenden Gleichung an. Probe!

$$2 = x + \cfrac{1}{1 - \cfrac{1}{1 + \cfrac{1}{1 - \cfrac{1}{x}}}}$$

Wir vereinfachen zuerst den Mehrfachbruch, in dem wir ihn "von unten nach oben" in Einzelteile zerlegen, die wir A_1, A_2, A_3 und A_4 benennen und zusammenfassen. Figur 1.10.1 verdeutlicht die Vorgehensweise.

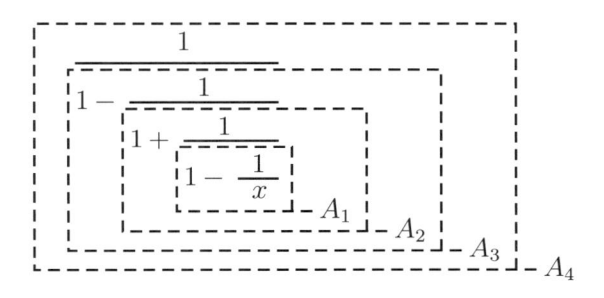

Figur 1.10.1

$$A_1 = 1 - \frac{1}{x} = \frac{x-1}{x}$$

$$A_2 = 1 + \frac{1}{A_1} = 1 + \frac{x}{x-1} = \frac{x-1+x}{x-1} = \frac{2x-1}{x-1}$$

$$A_3 = 1 - \frac{1}{A_2} = 1 - \frac{x-1}{2x-1} = \frac{(2x-1)-(x-1)}{2x-1} = \frac{2x-1-x+1}{2x-1} = \frac{x}{2x-1}$$

$$A_4 = \frac{1}{A_3} = \frac{2x-1}{x}$$

Nachdem der Mehrfachbruch die Form eines einfachen Bruches angenommen hat, können wir ihn in die Gleichung einsetzen und nach x auflösen.

$$2 = x + \frac{2x-1}{x} = \frac{x^2 + 2x - 1}{x} \iff x^2 + 2x - 1 = 2x$$
$$\iff x^2 - 1 = 0 \iff x^2 = 1 \iff x = \pm 1$$

Die Einsetzung von $x = 1$ in die Ausgangsgleichung ergibt eine Division durch Null und ist deshalb keine Lösung. Die Einsetzung von $x = -1$ führt jedoch auf der rechten Seite zu dem gewünschten Wert 2 und stellt damit die einzige Lösung dar.

1.11 Binomische Ausdrücke

A1.11.1 Berechnen Sie:

(a) $\binom{19}{5}$ (b) $\binom{49}{6}$ (c) $\binom{90}{3}$

Wir wenden Satz 1.11.4 an und rechnen

$$\binom{19}{5} = \frac{19!}{5!\,14!} = \frac{1\cdot 2\cdot 3\cdots 19}{5!\,1\cdot 2\cdot 3\cdots 14} = \frac{15\cdot 16\cdot 17\cdot 18\cdot 19}{1\cdot 2\cdot 3\cdot 4\cdot 5} = 3\cdot 4\cdot 17\cdot 3\cdot 19 = 11\,628.$$

$$\binom{49}{6} = \frac{49!}{6!\,43!} = \frac{1\cdot 2\cdot 3\cdots 49}{6!\,1\cdot 2\cdot 3\cdots 43} = \frac{44\cdot 45\cdot 46\cdot 47\cdot 48\cdot 49}{1\cdot 2\cdot 3\cdot 4\cdot 5\cdot 6}$$
$$= 3\cdot 44\cdot 46\cdot 47\cdot 49 = 13\,983\,816\,.$$

$$\binom{90}{3} = \frac{90!}{3!\,87!} = \frac{1\cdot 2\cdot 3\cdots 90}{3!\,1\cdot 2\cdot 3\cdots 87} = \frac{88\cdot 89\cdot 90}{1\cdot 2\cdot 3} = 88\cdot 89\cdot 15 = 117\,480\,.$$

A1.11.2 Multiplizieren Sie aus und fassen Sie zusammen:

(a) $(x-4)^5$ (b) $(x^2-1)^6$ (c) $(\sqrt{x}+2)^4$
(d) $(3x-2y)^3$ (e) $(x^2+2y)^4$ (f) $(a+2b)^2 - (2a-b)^2 + 3(a-b)^2$

Da die Exponenten der Aufgaben (a)–(f) klein sind, empfiehlt es sich, die Binomialkoeffizienten aus dem Pascalschen Dreieck abzulesen.

(a) $(x-4)^5 = (x+(-4))^5$
$$= 1\cdot x^5(-4)^0 + 5\cdot x^4(-4)^1 + 10\cdot x^3(-4)^2 + 10\cdot x^2(-4)^3 + 5\cdot x^1(-4)^4$$
$$+ 1\cdot x^0(-4)^5$$
$$= x^5 - 20x^4 + 160x^3 - 640x^2 + 1280x - 1024$$

(b) $(x^2-1)^6 = (x^2+(-1))^6$
$$= 1\cdot (x^2)^6(-1)^0 + 6\cdot (x^2)^5(-1)^1 + 15\cdot (x^2)^4(-1)^2 + 20\cdot (x^2)^3(-1)^3$$
$$+ 15\cdot (x^2)^2(-1)^4 + 6\cdot (x^2)^1(-1)^5 + 1\cdot (x^2)^0(-1)^6$$
$$= x^{12} - 6x^{10} + 15x^8 - 20x^6 + 15x^4 - 6x^2 + 1$$

(c) $(\sqrt{x}+2)^4 = (x^{\frac{1}{2}}+2)^4$
$$= 1\cdot (x^{\frac{1}{2}})^4\cdot 2^0 + 4\cdot (x^{\frac{1}{2}})^3\cdot 2^1 + 6\cdot (x^{\frac{1}{2}})^2\cdot 2^2 + 4\cdot (x^{\frac{1}{2}})^1\cdot 2^3 + 1\cdot (x^{\frac{1}{2}})^0\cdot 2^4$$
$$= x^2 + 8x^{\frac{3}{2}} + 24x + 32x^{\frac{1}{2}} + 16 = x^2 + 8x\sqrt{x} + 24x + 32\sqrt{x} + 16$$

(d) $(3x - 2y)^3 = (3x + (-2y))^3$

$= 1 \cdot (3x)^3(-2y)^0 + 3 \cdot (3x)^2(-2y)^1 + 3 \cdot (3x)^1(-2y)^2 + 1 \cdot (3x)^0(-2y)^3$

$= 27x^3 - 54x^2y + 36xy^2 - 8y^3$

(e) $(x^2 + 2y)^4 = 1 \cdot (x^2)^4(2y)^0 + 4 \cdot (x^2)^3(2y)^1 + 6 \cdot (x^2)^2(2y)^2$

$\quad + 4 \cdot (x^2)^1(2y)^3 + 1 \cdot (x^2)^0(2y)^4$

$= x^8 + 8x^6y + 24x^4y^2 + 32x^2y^3 + 16y^4$

(f) $(a + 2b)^2 - (2a - b)^2 + 3(a - b)^2 =$

$= (a^2 + 4ab + 4b^2) - (4a^2 - 4ab + b^2) + 3(a^2 - 2ab + b^2)$

$= a^2 + 4ab + 4b^2 - 4a^2 + 4ab - b^2 + 3a^2 - 6ab + 3b^2$

$= 2ab + 6b^2 = 2b(a + 3b)\,.$

A1.11.3 Schreiben Sie die Brüche als Summen von Potenzen:

(a) $\dfrac{(x^2+2)^4}{\sqrt[3]{x}}$ (b) $\dfrac{(\sqrt[2]{x}+\sqrt[3]{x})^3}{\sqrt[4]{x}}$ (c) $\dfrac{\left((\sqrt[3]{x})^4 - 2\sqrt[6]{x^8}\right)^3}{x^2}$

(d) $\dfrac{\left(\sqrt[3]{x^2} - 3\sqrt[2]{x^3}\right)^4}{\sqrt[5]{\frac{1}{x^2}}}$ (e) $\dfrac{\left(\sqrt[7]{x^2} - 2\sqrt[5]{x^3}\right)^3}{\sqrt[7]{\frac{1}{x}}}$

(a) $\dfrac{(x^2+2)^4}{\sqrt[3]{x}} = x^{-\frac{1}{3}}(x^8 + 8x^6 + 24x^4 + 32x^2 + 16)$

$= x^{7\frac{2}{3}} + 8x^{5\frac{2}{3}} + 24x^{3\frac{2}{3}} + 32x^{1\frac{2}{3}} + 16x^{-\frac{1}{3}}$

$= x^{\frac{23}{3}} + 8x^{\frac{17}{3}} + 24x^{\frac{11}{3}} + 32x^{\frac{5}{3}} + 16x^{-\frac{1}{3}}$

(b) $\dfrac{(\sqrt[2]{x}+\sqrt[3]{x})^3}{\sqrt[4]{x}} = x^{-\frac{1}{4}}(x^{\frac{1}{2}} + x^{\frac{1}{3}})^3 = x^{-\frac{1}{4}}(x^{\frac{3}{2}} + 3x^1 x^{\frac{1}{3}} + 3x^{\frac{1}{2}} x^{\frac{2}{3}} + x^1)$

$= x^{\frac{6-1}{4}} + 3x^{\frac{12+4-3}{12}} + 3x^{\frac{6+8-3}{12}} + x^{\frac{3}{4}}$

$= x^{\frac{5}{4}} + 3x^{\frac{13}{12}} + 3x^{\frac{11}{12}} + x^{\frac{3}{4}}$

(c) $\dfrac{\left((\sqrt[3]{x})^4 - 2\sqrt[6]{x^8}\right)^3}{x^2} = x^{-2}(x^{\frac{4}{3}} - 2x^{\frac{4}{3}})^3 = x^{-2}(-x^{\frac{4}{3}})^3 = x^{-2}(-x^4) = -x^2$

(d) $\dfrac{\left(\sqrt[3]{x^2} - 3\sqrt[2]{x^3}\right)^4}{\sqrt[5]{\frac{1}{x^2}}} = \dfrac{(x^{\frac{2}{3}} - 3x^{\frac{3}{2}})^4}{(x^{-2})^{\frac{1}{5}}}$

$= x^{\frac{2}{5}}\left((x^{\frac{2}{3}})^4 - 4(x^{\frac{2}{3}})^3(3x^{\frac{3}{2}})^1 + 6(x^{\frac{2}{3}})^2(3x^{\frac{3}{2}})^2\right.$

$\left. -4(x^{\frac{2}{3}})^1(3x^{\frac{3}{2}})^3 + (3x^{\frac{3}{2}})^4\right)$

$= x^{\frac{2}{5}}(x^{\frac{8}{3}} - 12x^2 x^{\frac{3}{2}} + 54x^{\frac{4}{3}}x^3 - 108x^{\frac{2}{3}}x^{\frac{9}{2}} + 81x^6)$

$= x^{\frac{6+40}{15}} - 12x^{\frac{4+20+15}{10}} + 54x^{\frac{6+20+45}{15}} - 108x^{\frac{12+20+135}{30}} + 81x^{\frac{2+30}{5}})$

$= x^{\frac{46}{15}} - 12x^{\frac{39}{10}} + 54x^{\frac{71}{15}} - 108x^{\frac{167}{30}} + 81x^{\frac{32}{5}})$

(e) $\dfrac{\left(\sqrt[7]{x^2} - 2\sqrt[5]{x^3}\right)^3}{\sqrt[7]{\frac{1}{x}}} = \dfrac{(x^{\frac{2}{7}} - 2x^{\frac{3}{5}})^3}{(x^{-1})^{\frac{1}{7}}}$

$= x^{\frac{1}{7}}\left((x^{\frac{2}{7}})^3 - 3(x^{\frac{2}{7}})^2(2x^{\frac{3}{5}})^1 + 3(x^{\frac{2}{7}})^1(2x^{\frac{3}{5}})^2 - (2x^{\frac{3}{5}})^3)\right)$

$= x^{\frac{1}{7}}(x^{\frac{6}{7}} - 6x^{\frac{4}{7}}x^{\frac{3}{5}} + 12x^{\frac{2}{7}}x^{\frac{6}{5}} - 8x^{\frac{9}{5}})$

$= x^{\frac{1+6}{7}} - 6x^{\frac{5+20+21}{35}} + 12x^{\frac{5+10+42}{35}} - 8x^{\frac{5+63}{35}}$

$= x - 6x^{\frac{46}{35}} + 12x^{\frac{57}{35}} - 8x^{\frac{68}{35}}$

A1.11.4 Zeigen Sie durch vollständige Induktion, dass die Summe der Binomialkoeffizienten in jeder Zeile n des Pascalschen Dreiecks gerade 2^n beträgt; also

$$\sum_{k=0}^{n} \binom{n}{k} = 2^n \quad \text{für alle } n \in \mathbb{N}_0 \ . \tag{1.25}$$

Induktionsanfang: $n = 0$.

In Zeile 0 des Pascalschen Dreiecks steht nur eine 1. Die Summe der Elemente in dieser Zeile ist damit 1, was dasselbe ist wie

$$\sum_{k=0}^{0} \binom{n}{k} = \binom{0}{0} = 2^0 = 1 \ .$$

Induktions-Sprung: Wir nehmen nun an, dass die Aussage (1.25) für ein $n \geq 0$ erfüllt ist, das heißt, die Summe der Elemente in Zeile Nummer n des Pascalschen Dreiecks beträgt 2^n.

Zu zeigen ist, dass die Summe der Elemente in Zeile $(n+1)$ gerade 2^{n+1} beträgt:

$$\sum_{k=0}^{n+1} \binom{n+1}{k} = 2^{n+1} \ . \tag{1.26}$$

1. Allgemeine Grundlagen

Dazu sollten wir uns in Erinnerung rufen, wie die Zeile Nummer $(n+1)$ aus der Zeile Nummer n entsteht:

$$\begin{array}{ccccccccc} \binom{n}{0} & \binom{n}{1} & \binom{n}{2} & \cdots & \binom{n}{k} & \binom{n}{k+1} & \cdots & \binom{n}{n-1} & \binom{n}{n} \\ \searrow\swarrow & \searrow\swarrow & & & \searrow\swarrow & & & \searrow\swarrow & \\ \binom{n+1}{0} & \binom{n+1}{1} & \binom{n+1}{2} & \cdots & \binom{n+1}{k+1} & & \cdots & \binom{n+1}{n} & \binom{n+1}{n+1} \end{array}$$

Man sieht, dass das zweite Element der unteren Zeile, nämlich $\binom{n+1}{1}$, und alle folgenden Elemente bis zum zweitletzten Element, nämlich $\binom{n+1}{n}$, durch Summation der links und rechts darüberstehenden Elemente der Zeile Nummer n entstehen. Nur das erste und das letzte Element in Zeile Nummer $n+1$ entstehen nicht durch Summation, sondern haben gemäß Definition beide den Wert 1.

Zum Nachweis von (1.26) rechnen wir nun eine Kette:

$$\sum_{k=0}^{n+1} \binom{n+1}{k} = \binom{n+1}{0} + \binom{n+1}{1} + \ldots + \binom{n+1}{n} + \binom{n+1}{n+1}$$

$$= 1 + \left[\binom{n}{0} + \binom{n}{1}\right] + \left[\binom{n}{1} + \binom{n}{2}\right] + \ldots + \left[\binom{n}{n-1} + \binom{n}{n}\right] + 1$$

$$= 1 + \binom{n}{0} + 2\binom{n}{1} + 2\binom{n}{2} + \ldots + 2\binom{n}{n-1} + \binom{n}{n} + 1$$

und da $\binom{n}{0} = \binom{n}{n} = 1$, können wir die Rechnung fortsetzen mit

$$= 2\binom{n}{0} + 2\binom{n}{1} + 2\binom{n}{2} + \ldots + 2\binom{n}{n-1} + 2\binom{n}{n}$$

$$= 2\sum_{k=0}^{n} \binom{n}{k} = 2^{n+1} \text{ , gemäß der Induktionsvoraussetzung (1.25).}$$

Das war zu beweisen.

A1.11.5 Es sei $x > -1$. Beweisen Sie mittels vollständiger Induktion für alle $n \geq 0$ die Ungleichung von Bernoulli: $\quad (1+x)^n \geq 1 + nx.$ $\quad$ (1.27)

Induktionsanfang: $n = 0$.

Zu zeigen ist: $(1+x)^0 \geq 1 + 0x$. Das ist erfüllt, da $(1+x)^0 = 1$.

Induktions-Sprung: Wir nehmen nun an, dass die Aussage (1.27) für ein $n \geq 0$ erfüllt ist, das heißt,

$$(1+x)^n \geq 1 + nx \tag{1.28}$$

Zu zeigen ist, dass (1.28) auch für den Nachfolger von n gilt, also

$$(1+x)^{n+1} \geq 1 + n + 1x \tag{1.29}$$

Zum Nachweis von (1.29) rechnen wir eine Kette. Natürlich ist dabei die Induktionsvoraussetzung (1.28) das wichtigste Argument.

$$\begin{aligned}
(1+x)^{n+1} &= (1+x)^n \cdot (1+x) \\
&\geq (1+nx) \cdot (1+x) \quad [\text{da } (1+x) > 0, \text{ gilt } \geq, \text{ nicht } \leq !] \\
&= 1 + x + nx + nx^2 \geq 1 + nx + x \quad [\text{da } nx^2 \geq 0] \\
&= 1 + (n+1)x \ .
\end{aligned}$$

Das war zu beweisen.

Kapitel 2. Lineare Formen

2.1 Lineare Funktionen

A2.1.1 Zeichnen Sie die folgenden Funktionen:

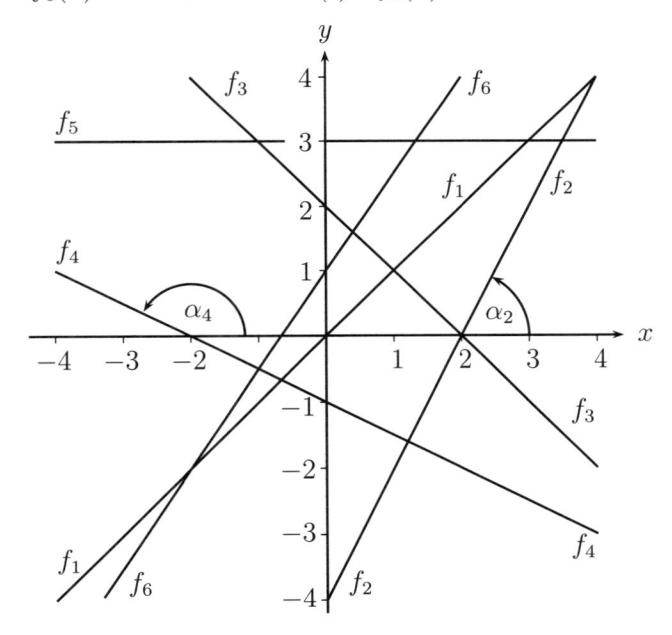

(a) $f_1(x) = x$
(b) $f_2(x) = 2x - 4$
(c) $f_3(x) = -x + 2$
(d) $f_4(x) = -0.5x - 1$
(e) $f_5(x) = 3$
(f) $f_6(x) = 1.5x + 1$

Figur 2.1.1

A2.1.2 Schätzen Sie die Steigungswinkel $\alpha_1, \ldots, \alpha_6$ der Funktionen in A2.1.1.

Die Steigungswinkel für die Geraden f_2 und f_4 wurden in Figur 2.1.1 eingezeichnet. Alle anderen, die in derselben Weise gegen den Uhrzeigersinn von der x-Achse zur Geraden gemessen werden müssen, wurden nicht eingezeichnet. Wir schätzen:
$\alpha_1 \approx 45°$, $\alpha_2 \approx 60°$, $\alpha_3 \approx 135°$, $\alpha_4 \approx 150°$, $\alpha_5 = 0°$, $\alpha_6 \approx 55°$,

A2.1.3 Die Punkte $P_1 = (1, 4)$, $P_2 = (5, 3)$, $P_3 = (4, -3)$, $P_4 = (-3, -4)$ und $P_5 = (-2, 3)$ seien gegeben.

(a) Berechnen Sie die Verbindungsgeraden der nachfolgenden Punktepaare und schätzen Sie die Steigungswinkel: P_1P_2, P_1P_4, P_3P_5, P_2P_4.

(b) Berechnen Sie den Schnittpunkt von P_1P_2 und P_3P_5 und schätzen Sie die Schnittwinkel.

(c) Berechnen Sie den Schnittpunkt von P_1P_4 und P_3P_5 und schätzen Sie die Schnittwinkel.

Zunächst fertigen wir eine Skizze an. Man zeichnet die 5 Punkte in ein Koordinatensystem und verbindet die Punktepaare der Aufgabe (a) mit Geraden.

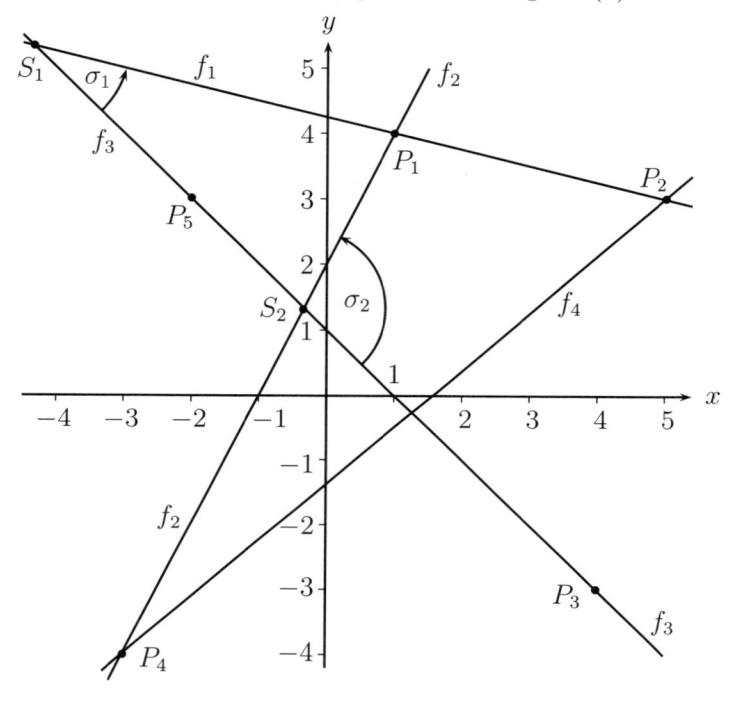

Figur 2.1.2

(a) Wir benennen die Verbindungsgerade von P_1 und P_2 mit $f_1(x) = ax + b$. Dann sind a und b zu bestimmen. Dazu verwenden wir die Formeln des Satzes 2.1.7 und erhalten

$$a = \frac{3-4}{5-1} = -0.25, \quad b = 4 - (-0.25) \cdot 1 = 4.25 \quad \Longrightarrow \quad f_1(x) = -0.25x + 4.25 \;.$$

In derselben Art und Weise berechnen wir nun die anderen drei linearen Funktionen. Die Verbindungsgerade von P_1 und P_4 sei $f_2(x) = ax + b$.

$$a = \frac{-4-4}{-3-1} = 2, \quad b = 4 - 2 \cdot 1 = 2 \quad \Longrightarrow \quad f_2(x) = 2x + 2 \;.$$

Die Verbindungsgerade von P_3 und P_5 sei $f_3(x) = ax + b$.

$$a = \frac{3+3}{-2-4} = -1, \quad b = -3 - (-1) \cdot 4 = 1 \quad \Longrightarrow \quad f_3(x) = -x + 1 \;.$$

Die Verbindungsgerade von P_2 und P_4 sei $f_4(x) = ax + b$.

$$a = \frac{-4-3}{-3-5} = 0.875, \quad b = 3 - 0.875 \cdot 5 = -1.375 \quad \Longrightarrow \quad f_4(x) = 0.875x - 1.375\,.$$

(b) Die Aufgabe besteht darin, den Schnittpunkt der linearen Funktionen $f_1(x)$ und $f_3(x)$ zu berechnen. Dazu setzt man die Gleichungen der beiden Funktionen gleich und löst nach x auf:

$f_1(x) = f_3(x) \Leftrightarrow -0.25x + 4.25 = -x + 1 \Leftrightarrow 0.75x = -3.25 \Leftrightarrow x_1 = -4.33$.

Dann setzt man $x_1 = -4.33$ in f_1 ein und erhält $f_1(x_1) = 5.33$. Der Schnittpunkt S_1 hat demnach die Koordinaten $(-4.33, 5.33)$. Man schätzt den Schnittwinkel σ_1 auf $30°$.

(c) Man setzt die Funktionen f_2 und f_3 gleich und löst nach x auf:

$f_2(x) = f_3(x) \quad \Leftrightarrow \quad 2x + 2 = -x + 1 \quad \Leftrightarrow \quad 3x = -1 \quad \Leftrightarrow \quad x_2 = -0.33$.

Dann setzt man $x_2 = -0.33$ in f_2 ein und erhält $f_2(x_2) = 1.33$. Der Schnittpunkt S_2 hat demnach die Koordinaten $(-0.33, 1.33)$. Man schätzt den Schnittwinkel σ_2 auf $100°$.

A2.1.4 Eine Produktionseinrichtung verbraucht im Zeitraum T gleichmäßig N Teile einer bestimmten Art. Im Takt von T werden jeweils $N - n$ Teile angeliefert, $0 \leq n \leq N$. Zum Zeitpunkt $t = 0$ sind N Teile vorhanden. Wie lange läuft die Produktion? Ermitteln Sie die Lösung zeichnerisch und rechnerisch.

Offenbar geht es in dieser Aufgabe um zwei gegenläufige Prozesse. Zum einen werden in jeder Zeiteinheit T gerade N Teile aus dem Lager für die Produktion entnommen, zum anderen wird das Lager pro Zeiteinheit T um $N - n$ Teile aufgefüllt. Wir bezeichnen die Einlagerung in das Lager bis zum Zeitpunkt t mit $E(t)$, die Entnahme aus dem Lager für den Verbrauch in der Produktion bis zum Zeitpunkt t mit $V(t)$. Der Lagerbestand zum Zeitpunkt t ist dann gerade $B(t) := E(t) - V(t)$.

Was wissen wir über $E(t)$? Wir kennen $E(0) = N$, den Lagerbestand zum Zeitpunkt $t = 0$. Zum Zeitpunkt $t = T$ sind dem Lager zusätzlich $N - n$ Teile hinzugefügt worden, so dass $E(T) = (N - n) + N = 2N - n$. Nach einer weiteren Zeiteinheit T ist die Einlagerung auf $E(2T) = (2N - n) + (N - n) = 3N - 2n$ angewachsen. Und so geht es linear weiter.

Demgegenüber werden dem Lager pro Zeiteinheit N Teile entnommen, was bedeutet, dass $V(0) = 0$, $V(T) = N$, $V(2T) = 2N$, ... Beide Funktionen sind Geraden, die in Figur 2.1.3 beispielhaft dargestellt sind.

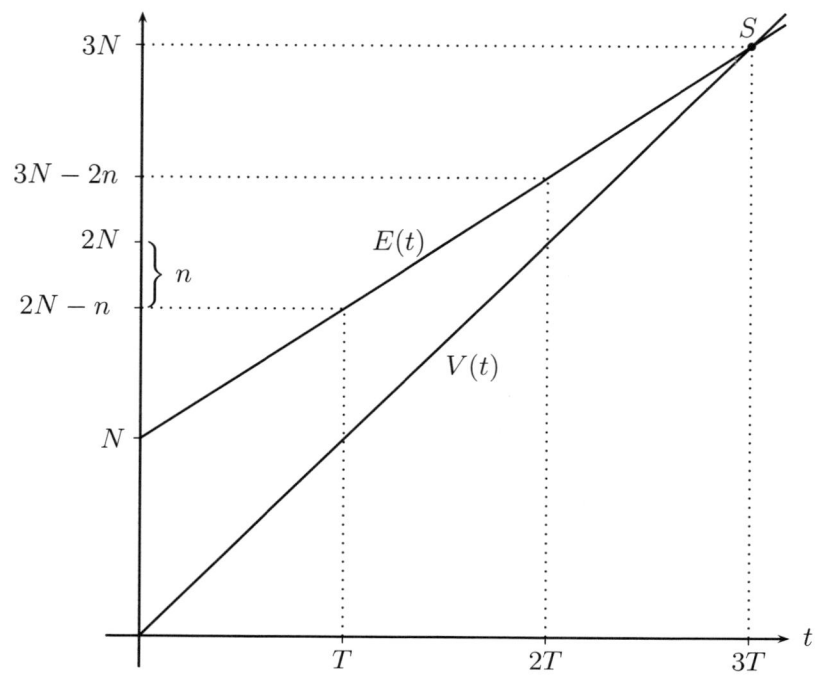

Figur 2.1.3

Die beiden Geraden schneiden sich, da $E(t)$ eine geringere Steigung besitzt als $V(t)$. Im Schnittpunkt, der in Figur 2.1.3 mit S bezeichnet wurde, ist der Lagerbestand $B(t)$ auf Null gesunken, so dass für die Produktion keine Teile mehr zur Verfügung stehen. Die Produktion muss eingestellt werden.

Zur rechnerischen Lösung brauchen wir nur die beiden Funktionen $E(t)$ und $V(t)$ anzugeben und den Schnittpunkt zu berechnen. Die Zunahme von E beträgt pro Zeiteinheit T gerade $N - n$, und da $E(0) = N$ lautet die Gleichung für die Einlagerung

$$E(t) = \frac{N-n}{T} t + N \;.$$

Da $V(0) = 0$, und da die Zunahme von V pro Zeiteinheit T gerade N beträgt, lautet die Gleichung für den Verbrauch

$$V(t) = \frac{N}{T} t \;.$$

Da $\frac{N-n}{T} \leq \frac{N}{T}$ schneiden sich die Geraden im Fall $n > 0$. Nur im Fall $n = 0$ verlaufen die beiden Geraden parallel.

Wir verfolgen den Fall $n > 0$ weiter. Gleichsetzung von $E(t)$ und $V(t)$ und anschließende Auflösung nach t ergibt:

$$\frac{N-n}{T} t + N = \frac{N}{T} t \;\Leftrightarrow\; (N-n)t + NT = Nt \;\Leftrightarrow\; nt = NT \;\Leftrightarrow\; t = \frac{NT}{n} \;.$$

2. Lineare Formen

Im Fall $n > 0$ kommt die Produktion nach der Zeit $t = NT/n$ zum Erliegen. Nur im Fall $n = 0$ ist Einlagerung und Verbrauch ausgeglichen, so dass die Produktion dauerhaft fortgeführt werden kann.

A2.1.5 Zwei Fußgänger kommen sich entgegen, nachdem sie gleichzeitig von zwei Punkten gestartet waren, die 1000 Meter auseinander liegen. Der eine geht mit einer gleichmäßigen Geschwindigkeit von $v_1 = 1$ m/sec, der andere mit einer gleichmäßigen Geschwindigkeit von $v_2 = 1.5$ m/sec.

(a) Nach wievielen Sekunden treffen sie sich? Ermitteln Sie die Lösung zeichnerisch und rechnerisch.

(b) Ein Hund startet zusammen mit dem ersten Fußgänger und bewegt sich mit einer gleichmäßigen Geschwindigkeit von $v_3 = 4$ m/sec zwischen den beiden Fußgängern hin und her: wenn er den einen erreicht hat, dreht er sofort um. Zeichnen Sie ein Diagramm, aus dem der Ort des Hundes zu jedem Zeitpunkt ablesbar ist.

(c) Welche Strecke legt der Hund zurück?

(a) Wir betrachten zuerst die zeichnerische Lösung in Figur 2.1.4.

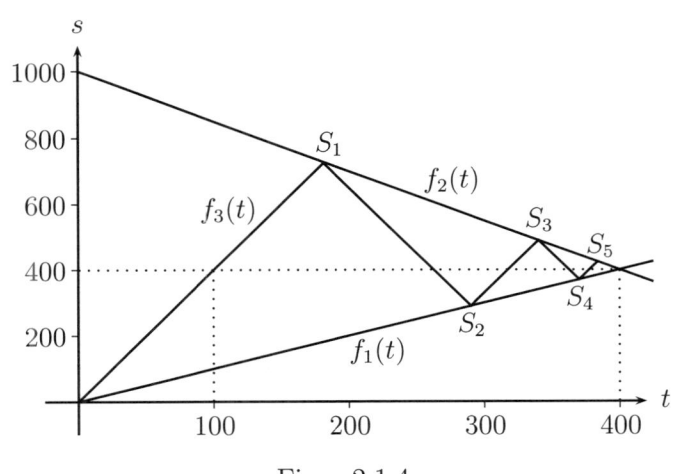

Figur 2.1.4

Wir beginnen die Zeichnung, indem wir auf der s- und t-Achse eine angemessene Skalierung wählen. Auf der s-Achse beträgt die Maßeinheit Meter (m), auf der t-Achse sind es Sekunden (sec). Die s-Achse muss bis 1000 gehen, da die beiden Startpunkte 1000 m auseinanderliegen. Der erste Fußgänger geht mit einer Geschwindigkeit von 1 m/sec. Er legt also in 200 sec eine Strecke von 200 m zurück, in 400 sec eine Strecke von 400 m. Seinem Weg entspricht die Gerade $f_1(t)$. Der entgegenkommende Fußgänger startet im Punkt $(0, 1000)$ und geht mit einer Geschwindigkeit von 1.5 m/sec in die entgegengesetzte Richtung, das heißt, nach

100 Sekunden befindet er sich im Punkt $(100, 850)$, nach 200 Sekunden im Punkt $(200, 700)$. Die so entstandene Gerade $f_2(t)$ wird fortgesetzt und schneidet $f_1(t)$ im Punkt $(400, 400)$. Die zeichnerische Lösung von (a) ist damit erreicht.

(b) Der Hund startet im Punkt $(0, 0)$ mit einer Geschwindigkeit von 4 m/sec. Seine Gerade geht deshalb vom Nullpunkt durch den Punkt $(100, 400)$ weiter, bis sie die Gerade f_2 schneidet. Dort kehrt sich seine Laufrichtung um: die fortsetzende Gerade hat die Steigung -4 und reicht bis zum Schnittpunkt mit f_1. Von dort aus geht es wieder parallel zur Anfangsgeraden weiter bis zum nächsten Schnittpunkt, und so weiter. Es entsteht eine Zackenlinie innerhalb der Geraden f_1 und f_2, die sich in die Spitze hinein fortsetzt.

(c) Auch die von dem Hund zurückgelegte Strecke lässt sich aus der Zeichnung zumindest ungefähr entnehmen. Dazu lesen wir die Koordinaten der Schnittpunkt ab, so gut es geht: $S_1 = (180, 750)$, $S_2 = (290, 300)$, $S_3 = (340, 500)$, $S_4 = (375, 350)$, und so weiter. Die zurückgelegte Strecke s_H des Hundes ergibt sich nun als der Summe der Zahlen

$$s_H = 750 + (750 - 300) + (500 - 300) + (500 - 350) + \ldots$$
$$= 750 + 450 + 200 + 150 + \ldots \approx 1600 \text{ m}.$$

Rechnerische Lösung: Dazu vollzieht man die zeichnerische Lösung algebraisch nach. Die Geraden f_1, f_2 und f_3 haben die Gleichungen $f_1(t) = t$, $f_2(t) = -1.5t + 1000$, $f_3(t) = 4t$. Der Treffpunkt der Fußgänger ergibt sich nun als Schnittpunkt der Geraden f_1 und f_2:

$f_1(t) = f_2(t) \Leftrightarrow t = 1.5t + 1000 \Leftrightarrow 2.5t = 1000 \Leftrightarrow t = 400$.

Die Fußgänger treffen sich folglich nach 400 Sekunden. In dieser Zeit hat der Hund eine Strecke von $s_H = 4 \cdot 400 = 1600$ m zurückgelegt.

A2.1.6 Der besten Schulnote von 1.0 bei uns entsprechen an einer italienischen Universität 30 Punkte, während einer 4.0 genau 18 Punkte entsprechen. Wie lautet die lineare Umrechnungsfunktion von deutschen Noten x in italienische Noten y? Wie lautet die Umkehrfunktion?

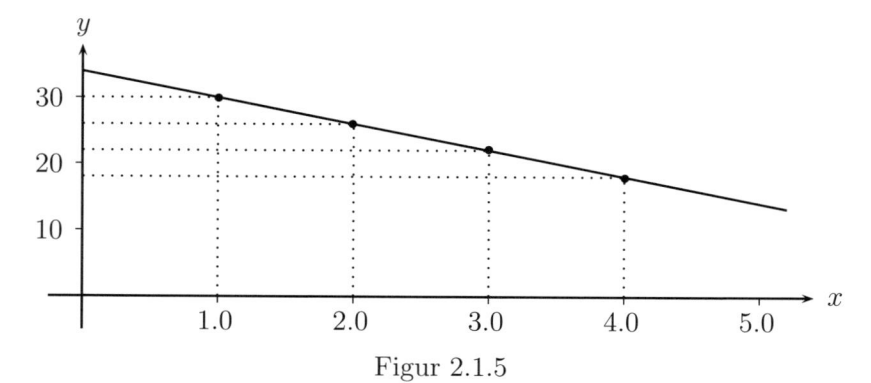

Figur 2.1.5

Die Umrechnungsgerade $f(x) = ax + b$ ist bestimmt durch die Punkte $(1, 30)$ und $(4, 18)$. Gemäß Satz 2.1.7 ist

$$a = \frac{18 - 30}{4 - 1} = -4; \quad b = 30 - (-4) \cdot 1 = 34; \quad f(x) = -4\,x + 34 \ .$$

Die Funktion f rechnet deutsche Noten in italienische Punktzahlen um. Um die Berechnungvorschrift in der umgekehrten Richtung zu erhalten, schreiben wir $y = -4x + 34$ und lösen nach x auf. Wir erhalten $x = (34 - y)/4$. Das ist die Berechnungsvorschrift, wenn man italienische Punktezahlen in deutsche Noten umrechnen möchte.

2.2 Dreiecke

A2.2.1 Die Ecken $A = (2, 1)$, $B = (10, 6)$ und $C = (3, 5)$ bilden ein Dreieck.
(a) Berechnen Sie den Umfang des Dreiecks.
(b) Wie lauten die Geradengleichungen $a(x)$, $b(x)$ und $c(x)$ der drei Seiten a, b und c?
(c) Wie lautet die Geradengleichung $h(x)$ der Höhe h auf c durch C?
(d) Berechnen Sie den Schnittpunkt von $h(x)$ und $c(x)$.
(e) Berechnen Sie die Länge von h.
(f) Berechnen Sie die Fläche des Dreiecks. [Hinweis: die Fläche F eines Dreiecks ist gegeben durch $F = \frac{1}{2} \cdot$ Grundseite $\cdot$ Höhe.]

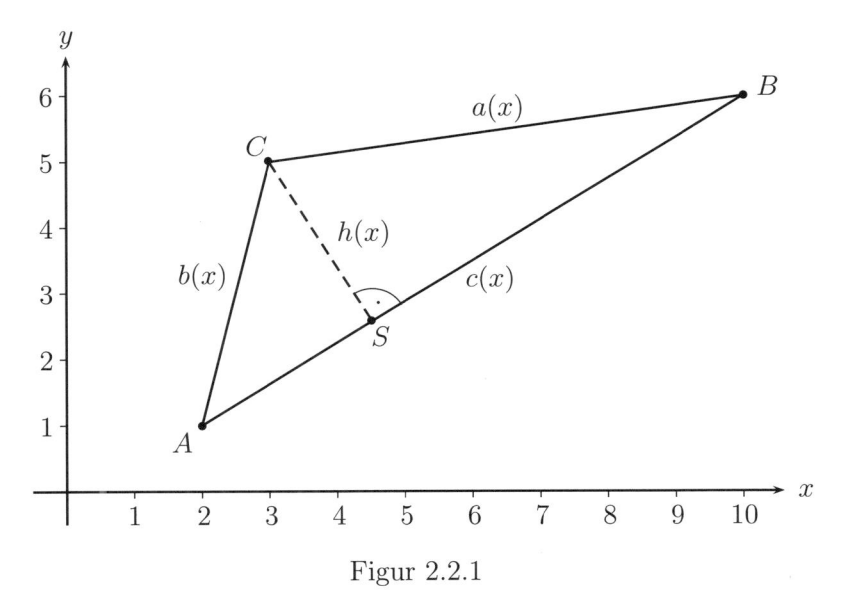

Figur 2.2.1

(a) Der Umfang des Dreiecks ist die Summe der Abstände zwischen den Eckpunkten. Diese berechnet man nach der Formel des Satzes 2.2.7:

$d(A,B) = \sqrt{(10-2)^2 + (6-1)^2} = \sqrt{64+25} = \sqrt{99} \approx 9.95$.
$d(A,C) = \sqrt{(3-2)^2 + (5-1)^2} = \sqrt{1+16} = \sqrt{17} \approx 4.12$.
$d(C,B) = \sqrt{(10-3)^2 + (6-5)^2} = \sqrt{49+1} = \sqrt{50} \approx 7.07$.

Der Umfang des Dreiecks beträgt demnach $U \approx 9.95 + 4.12 + 7.07 = 21.14$.

(b) Die Geradengleichungen der drei Seiten ermittelt man mit den Formeln des Satzes 2.1.7.

$a(x) = a_1 x + a_2; \quad a_1 = \dfrac{6-5}{10-3} = \dfrac{1}{7} \approx 0.143 \; ; \quad a_2 = 6 - \dfrac{1}{7} \cdot 10 = \dfrac{32}{7} \approx 4.57 \; ;$

$b(x) = b_1 x + b_2; \quad b_1 = \dfrac{5-1}{3-2} = 4 \; ; \quad b_2 = 5 - 4 \cdot 3 = -7 \; ;$

$c(x) = c_1 x + c_2; \quad c_1 = \dfrac{6-1}{10-2} = \dfrac{5}{8} = 0.625 \; ; \quad c_2 = 6 - 0.625 \cdot 10 = -0.25$.

(c) Die Höhe $h(x) = h_1 x + h_2$ durch C berechnet man mit der Formel des Satzes 2.2.10: $h_1 = -1/c_1 = -1/0.625 = -1.6$. Setzt man die Koordinaten des Punktes C in $h(x)$ ein, erhält man $h(3) = -1.6 \cdot 3 + h_2 = 5$. Daraus folgt $h_2 = 9.8$ und $h(x) = -1.6x + 9.8$.

(d) Den Schnittpunkt $S = (x_S, y_S)$ zwischen $c(x)$ und $h(x)$ erhält man durch Gleichsetzung der Geraden.

$c(x) = h(x) \Leftrightarrow 0.625x - 0.25 = -1.6x + 9.8 \Leftrightarrow 2.225x = 10.05$
$\Leftrightarrow x_S \approx 4.517; \; y_S = 2.573$.

(e) Die Länge von h ist der Abstand zwischen den Punkten C und S, den man mit der Formel des Satzes 2.2.7 berechnet:

$$h = \sqrt{(3-4.517)^2 + (5-2.573)^2} \approx 2.862 \; .$$

(f) Die Fläche F ist dann gegeben durch

$$F = 0.5 \cdot c \cdot h = 0.5 \cdot 9.95 \cdot 2.86 \approx 14.23 \; .$$

A2.2.2 Lösen Sie Aufgabe A2.2.1 für die Ecken $A = (2,3)$, $B = (5,-1)$ und $C = (-3,-3)$.

(a) Der Umfang des Dreiecks ist die Summe der Abstände zwischen den Eckpunkten. Diese berechnet man nach der Formel des Satzes 2.2.7:

$d(A,B) = \sqrt{(2-5)^2 + (3+1)^2} = \sqrt{9+16} = 5$.
$d(A,C) = \sqrt{(2+3)^2 + (3+3)^2} = \sqrt{25+36} = \sqrt{61} \approx 7.81$.
$d(C,B) = \sqrt{(-3-5)^2 + (-3+1)^2} = \sqrt{64+4} = \sqrt{68} \approx 8.24$.

2. Lineare Formen

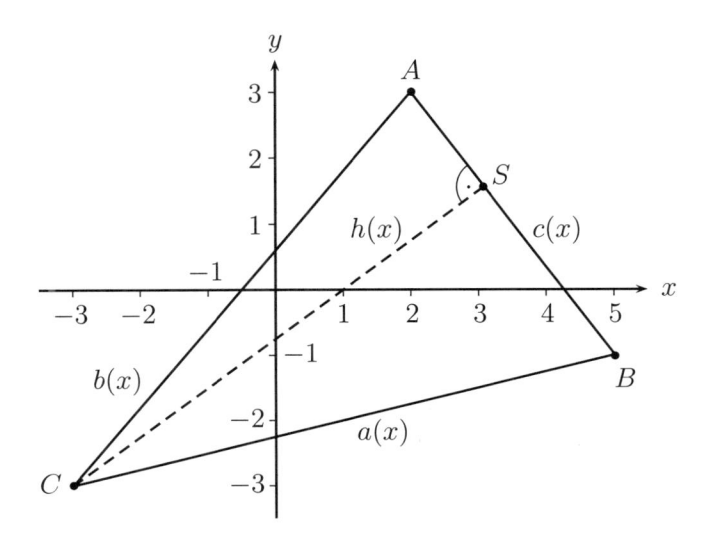

Figur 2.2.2

Der Umfang des Dreiecks beträgt demnach $U \approx 5 + 7.81 + 8.24 = 21.05$.

(b) Die Geradengleichungen der drei Seiten ermittelt man mit den Formeln des Satzes 2.1.7.

$a(x) = a_1 x + a_2; \quad a_1 = \dfrac{-1+3}{5+3} = \dfrac{2}{8} = 0.25 \; ; \quad a_2 = -3 - \dfrac{1}{4} \cdot (-3) = -2.25 \; ;$

$b(x) = b_1 x + b_2; \quad b_1 = \dfrac{3+3}{2+3} = \dfrac{6}{5} = 1.2; \quad b_2 = 3 - 1.2 \cdot 2 = 0.6 \; ;$

$c(x) = c_1 x + c_2; \quad c_1 = \dfrac{3+1}{2-5} = \dfrac{-4}{3} \approx -1.33 \; ; \quad c_2 = 3 + 1.33 \cdot 2 \approx 5.67 \; .$

(c) Die Höhe $h(x) = h_1 x + h_2$ durch C berechnet man mit der Formel des Satzes 2.2.10: $h_1 = -1/c_1 = -1/-1.33 = 0.75$. Setzt man die Koordinaten des Punktes C in $h(x)$ ein, erhält man $h(-3) = 0.75 \cdot (-3) + h_2 = -3$. Daraus folgt $h_2 = -0.75$ und $h(x) = 0.75x - 0.75$.

(d) Den Schnittpunkt $S = (x_S, y_S)$ zwischen $c(x)$ und $h(x)$ erhält man durch Gleichsetzung der Geraden.

$c(x) = h(x) \Leftrightarrow -1.33x + 5.67 = 0.75x - 0.75 \Leftrightarrow 25x = 77$

$\Leftrightarrow x_S = 3.08; \; y_S = 1.56 \; .$

(e) Die Länge von h ist der Abstand zwischen den Punkten C und S, den man mit der Formel des Satzes 2.2.7 berechnet:

$$h = \sqrt{(-3 - 3.08)^2 + (-3 - 1.56)^2} = 7.6 \; .$$

(f) Die Fläche F ist dann gegeben durch

$$F = 0.5 \cdot c \cdot h = 0.5 \cdot 5 \cdot 7.6 = 19 \; .$$

A2.2.3 An welchen Ecken sind die folgenden Dreiecke rechtwinklig?
(a) $A_1 = (-1.5, 1)$, $B_1 = (0, -2)$, $C_1 = (2.5, 3)$.
(b) $A_2 = (-2, 4)$, $B_2 = (1, -2)$, $C_2 = (4, 0)$.

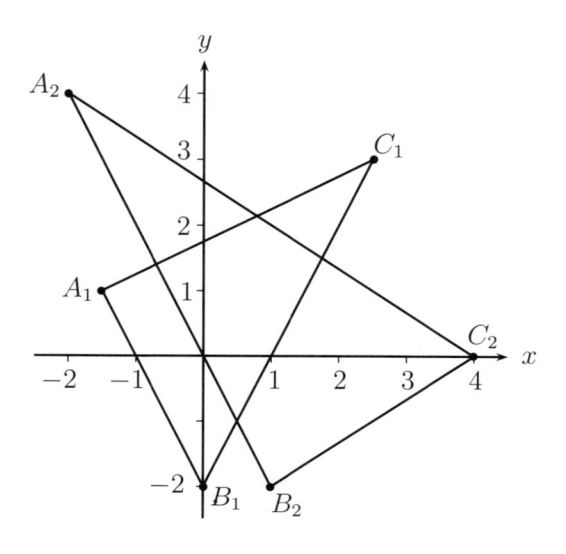

Figur 2.2.3

(a) Wir benennen die Seite gegenüber dem Eckpunkt A_1 mit $a_1(x)$ und berechnen die Steigung $\bar{a}_1$ dieser Geraden: $\bar{a}_1 = \frac{3+2}{2.5-0} = 2$.

Genauso verfahren wir mit den beiden anderen Dreiecksseiten und erhalten:
$\bar{b}_1 = \frac{3-1}{2.5+1.5} = 0.5$, $\bar{c}_1 = \frac{-2-1}{0+1.5} = -2$.

Da $\bar{b}_1 = -1/\bar{c}_1$, stehen die Seiten b_1 und c_1 senkrecht aufeinander. Die Steigungen der anderen Dreiecksseiten haben paarweise kein negativ-reziprokes Verhältnis zueinander und bilden deshalb Winkel, die von 90° verschieden sind.

(b) Wir benennen die Steigungen der Seiten mit $\bar{a}_2$, $\bar{b}_2$ und $\bar{c}_2$ und erhalten:
$\bar{a}_2 = \frac{0+2}{4-1} = \frac{2}{3}$, $\bar{b}_2 = \frac{0-4}{4+1.5} = -\frac{8}{11}$, $\bar{c}_2 = \frac{-2-4}{1+2} = -2$.

Alle drei Winkel sind von 90° verschieden.

A2.2.4 Führen Sie den Beweis zu Fall 2 in Satz 2.2.10 aus.

Fall 1 des Beweises entsprach einer steigenden Gerade $f(x) = ax + b$, $a > 0$. Jetzt betrachten wir den Fall 2 einer fallenden Gerade $f(x) = ax + b$, $a < 0$, wie er in Figur 2.2.4 dargestellt ist. Die Normale $g(x) = cx + d$ hat nun eine ansteigende Gestalt.

2. Lineare Formen

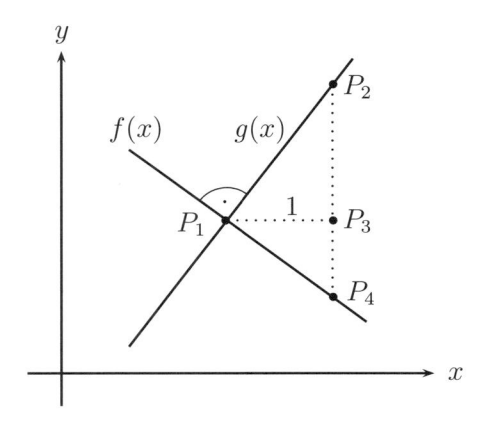

Figur 2.2.4

Die Steigung a von $f(x)$ hat den Wert $a = -P_3P_4/P_1P_3 = -P_3P_4$, da $P_1P_3 = 1$. Man beachte, dass die Abstände zwischen den Punkten P_i immer positiv sind!

Die Steigung c von $g(x)$ hat den Wert $c = P_2P_3/P_1P_3 = P_2P_3$. Aus dem Höhensatz 2.2.9 folgt nun $1 = P_2P_3 \cdot P_3P_4 = c(-a)$, also $c = -1/a$. Das war zu zeigen.

A2.2.5 Die Punkte $A = (-a, 0)$, $B = (a, 0)$, $C = (0, b)$, mit $a > 0$ und $b > 0$, bilden ein Dreieck.
  (a) Berechnen Sie den Umfang des Dreiecks.
  (b) In das Dreieck wird ein Kreis einbeschrieben, der alle drei Seiten berührt. Welchen Radius hat er?

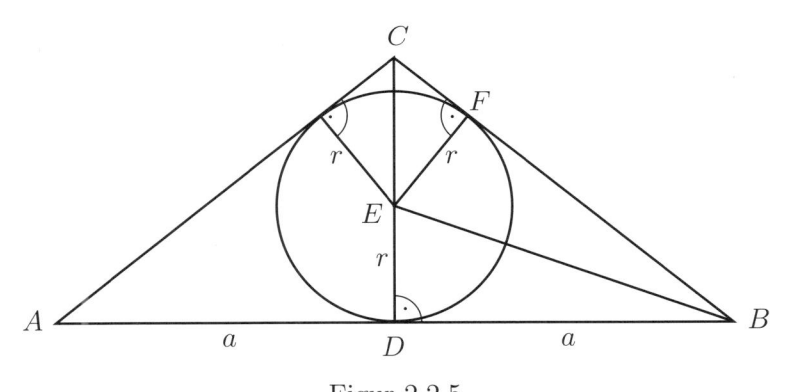

Figur 2.2.5

In Figur 2.2.5 ist ein der Aufgabe entsprechendes Dreieck dargestellt. Da die Koordinatenachsen ohne Bedeutung sind, wurden sie weggelassen. Aus der Aufgabenstellung ist bekannt, dass $AB = 2a$ und $CD = b$. Alle Resultate müssen jetzt unter ausschließlicher Verwendung der Parameter a und b angegeben werden.

(a) Wegen der Symmetrie des Dreiecks ist sein Umfang U gegeben durch $U = AB + 2BC$. Mit Hilfe des Satzes von Pythagoras erhält man $U = 2a + 2\sqrt{a^2 + b^2}$.

(b) Die Berechnung des Radius r des Inkreises ist ungleich schwieriger.
Zunächst stellen wir fest, dass einerseits $EB^2 = a^2 + r^2$ gilt, aber andererseits auch $EB^2 = BF^2 + r^2$. Daraus folgt $BF = a$. Dann ist $CF = BC - BF = \sqrt{a^2+b^2} - a$ und $CE = b - r$.
Wegen $CF^2 + r^2 = CE^2$ erhalten wir eine Gleichung, in der nur noch eine Unbekannte, nämlich r, auftaucht:
$\left(\sqrt{a^2+b^2} - a\right)^2 + r^2 = (b-r)^2 \Leftrightarrow a^2 + b^2 - 2a\sqrt{a^2+b^2} + a^2 + r^2 = b^2 - 2br + r^2$
$\Leftrightarrow 2br = 2a\sqrt{a^2+b^2} - 2a^2 \Leftrightarrow r = \frac{a}{b}\left(\sqrt{a^2+b^2} - a\right)$.

A2.2.6 Beweisen Sie für das rechtwinklige Dreieck ABC der Figur 2.2.11: (a) $a^2 = cx$, (b) $b^2 = c(c-x)$. Fertigen Sie eine Skizze zur Verdeutlichung des Resultats an, indem Sie das Quadrat über c durch die Fortsetzung der Höhe h unterteilen.

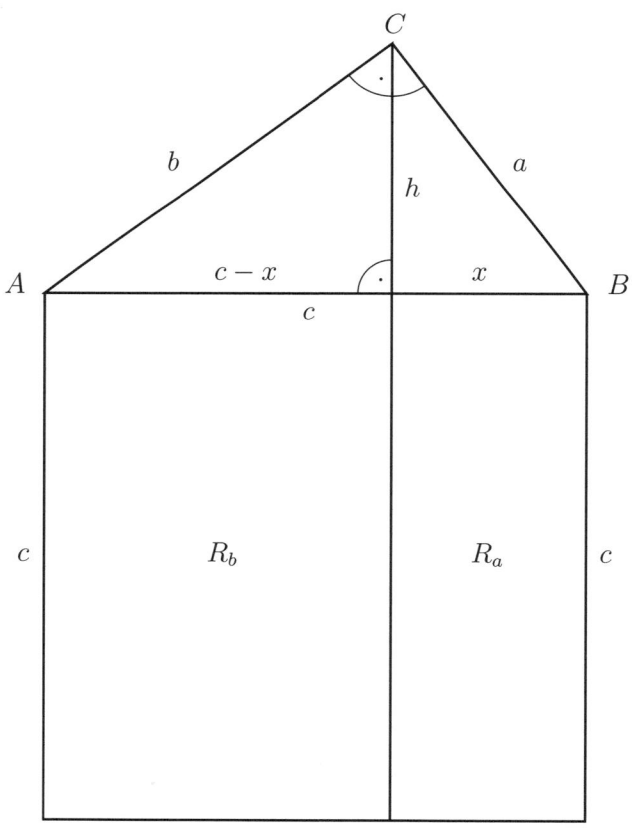

Figur 2.2.6

Das Quadrat über c wird durch die nach unten verlängerte Höhe h in ein linkes Rechteck R_b und in ein rechtes Rechteck R_a geteilt, deren Flächen wir ebenfalls mit R_b und R_a bezeichnen. Offenbar gilt $R_a = cx$ und $R_b = c(c-x)$. Dann ist zu zeigen, dass $R_b = b^2$ und $R_a = a^2$.

Das ist mit der Hilfe des Höhensatzes nicht weiter schwer.

(a) $a^2 = x^2 + h^2 = x^2 + x(c-x) = x^2 + cx - x^2 = cx = R_a$.

(b) $R_b = c^2 - R_a = c^2 - a^2 = b^2$.

A2.2.7 Die Eckpunkte $P_1 = (0,0)$, $P_2 = (x_2, y_2)$ und $P_3 = (x_3, y_3)$ eines Dreiecks seien im Uhrzeigersinn nummeriert. Zeigen Sie für die Fläche F des Dreiecks: $F = \frac{1}{2}(x_3 y_2 - x_2 y_3)$.

Die Situation ist in Figur 2.2.7 dargestellt.

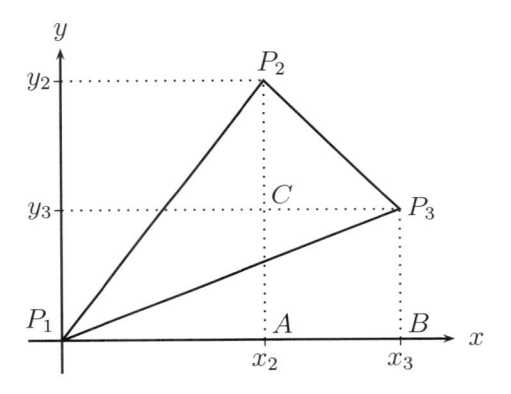

Figur 2.2.7

Die Punkte $A = (x_2, 0)$, $B = (x_3, 0)$ und $C = (x_2, y_3)$ sind bei der Berechnung nützlich. Mit $F(XYZ)$ bezeichnen wir die Fläche des Dreiecks mit den Eckpunkten X, Y und Z, mit $F(VXYZ)$ die Fläche des Quadrats mit den Eckpunkten V, X, Y und Z. Dann gilt:

$$F = F(P_1 P_2 P_3) = F(P_1 A P_2) + F(P_2 C P_3) + F(A C P_3 B) - F(P_1 B P_3)$$
$$= \tfrac{1}{2} x_2 y_2 + \tfrac{1}{2}(y_2 - y_3)(x_3 - x_2) + (x_3 - x_2) y_3 - \tfrac{1}{2} x_3 y_3$$
$$= \tfrac{1}{2}(x_2 y_2 + x_3 y_2 - x_2 y_2 - x_3 y_3 + x_2 y_3 + 2 x_3 y_3 - 2 x_2 y_3 - x_3 y_3)$$
$$= \tfrac{1}{2}(x_3 y_2 - x_2 y_3) .$$

A2.2.8 Die Eckpunkte $P_1 = (x_1, y_1)$, $P_2 = (x_2, y_2)$ und $P_3 = (x_3, y_3)$ eines Dreiecks seien im Uhrzeigersinn nummeriert. Zeigen Sie für die Fläche F des Dreiecks: $F = \frac{1}{2}[y_1(x_2 - x_3) + y_2(x_3 - x_1) + y_3(x_1 - x_2)]$. [Hinweis: Verschieben Sie das Dreieck so, dass P_1 in den Ursprung gelangt. Dann können Sie A2.2.7 verwenden.]

Gegenüber der Situation in Aufgabe 2.2.7 hat sich nur die Tatsache verändert, dass P_1 nicht im Nullpunkt liegen muss, sondern eine allgemeine Lage angenommen hat, siehe Figur 2.2.8.

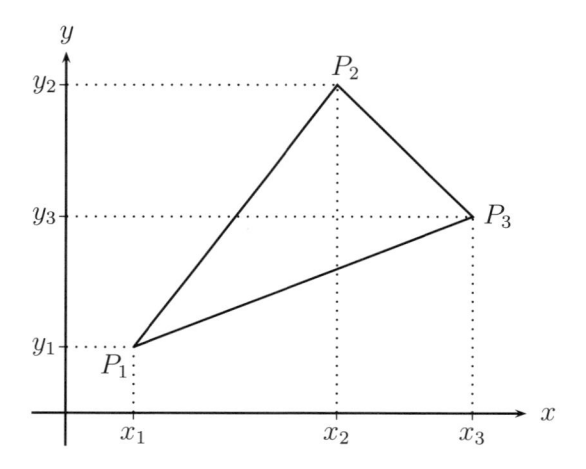

Figur 2.2.8

Wir verschieben das Dreieck $P_1P_2P_3$ in Gedanken um x_1 Schritte nach links und um y_1 Schritte nach unten. Dann entsteht aus dem alten Dreieck ein neues Dreieck mit den Ecken $P_1' = (0,0)$, $P_2' = (x_2 - x_1, y_2 - y_1)$, $P_3' = (x_3 - x_1, y_3 - y_1)$, das dieselbe Fläche besitzt.

Das neue Dreieck $P_1P_2P_3$ erfüllt die Bedingungen der Aufgabe 2.2.7, so dass wir die Fläche nach der dort bewiesenen Formel berechnen können:

$$\begin{aligned} F &= F(P_1P_2P_3) = F(P_1'P_2'P_3') = \tfrac{1}{2}\left[(x_3 - x_1)(y_2 - y_1) - (x_2 - x_1)(y_3 - y_1)\right] \\ &= \tfrac{1}{2}\left[y_1(x_1 - x_3) + y_2(x_3 - x_1) + y_3(x_1 - x_2) + y_1(x_2 - x_1)\right] \\ &= \tfrac{1}{2}\left[y_1(x_1 - x_3 + x_2 - x_1) + y_2(x_3 - x_1) + y_3(x_1 - x_2)\right] \\ &= \tfrac{1}{2}\left[y_1(x_2 - x_3) + y_2(x_3 - x_1) + y_3(x_1 - x_2)\right]. \end{aligned}$$

A2.2.9 Die Punkte $P_1 = (x_1, y_1)$, $P_2 = (x_2, y_2)$, ..., $P_n = (x_n, y_n)$, $n \geq 3$, seien paarweise verschieden und zu einem geschlossenen Streckenzug $P_1P_2, P_2P_3, \ldots, P_{n-1}P_n, P_nP_1$ verbunden. Keine der Verbindungslinien schneide eine andere, die Nummerierung erfolge im Uhrzeigersinn, siehe Figur 2.2.9. Dann gilt für die umschlossene Fäche F:

$$F = \frac{1}{2}\left[\sum_{i=1}^{n} y_i(x_{i+1} - x_{i-1})\right], \tag{2.1}$$

wobei $x_{n+1} := x_1$ und $x_0 := x_n$ gesetzt wird. [Hinweis: Beweisen Sie die Aussage durch vollständige Induktion. Der Fall $n = 3$ wurde in A2.2.8 behandelt.]

2. Lineare Formen 47

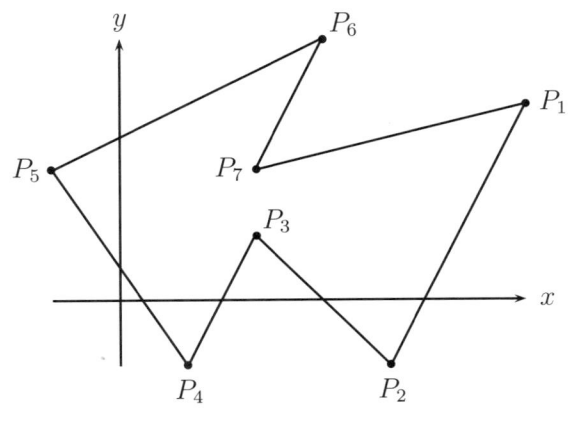

Figur 2.2.9

In dieser Aufgabe werden Vielecke betrachtet, die aus einem ersten Dreieck D_1 durch Anfügung neuer Dreiecke D_2, D_3, ..., D_n entstanden sind. Dies wird durch Figur 2.2.10 verdeutlicht. Nach der Anfügung eines neues Dreiecks ist es oft nötig, die Nummerierung der Ecken neu vorzunehmen. Man erkennt auch, dass n Dreiecke ein $(n+2)$-Eck ergeben.

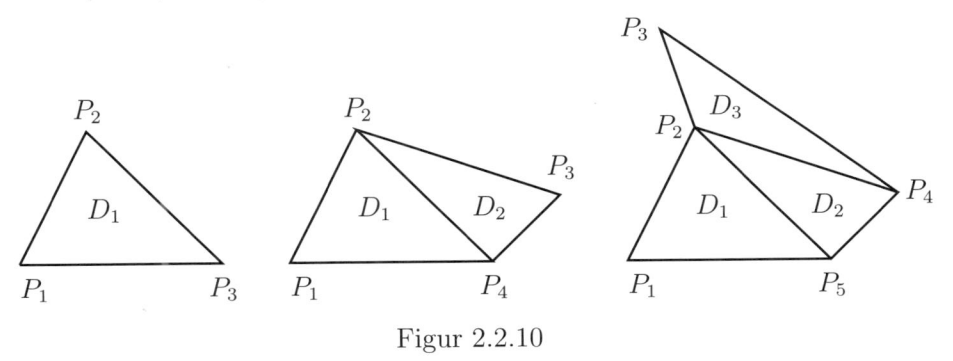

Figur 2.2.10

Durch die schrittweise Entstehung der betrachteten Vielecke durch Anfügung jeweils eines neuen Dreiecks, bietet es sich an, den Beweis für die Flächenformel (2.1) durch vollständige Induktion zu führen.

Induktions-Anfang: $n = 3$.
In diesem Fall ist das Vieleck ein einziges Dreieck, wie es in A2.2.8 behandelt wurde. Ein Blick auf die dortige Flächenformel zeigt, dass sie identisch ist mit der hier behaupteten Formel (2.1) für den Fall $n = 3$.

Induktions-Sprung: Wir nehmen nun an, dass die Formel (2.1) für ein aus den Dreiecken D_1, D_2, ..., D_{n-2} gewachsenes Vieleck mit n Eckpunkten Gültigkeit besitzt. Zu zeigen ist nun, dass (2.1) auch für ein $(n+1)$-Eck gilt, dem noch das Dreieck D_{n-1} hinzugefügt wurde. Wir benennen die Eckpunkte im Uhrzeigersinn mit $P_1 = (x_1, y_1)$, $P_2 = (x_2, y_2)$, ..., $P_{n+1} = (x_{n+1}, y_{n+1})$, $n \geq 3$. Dann ist $P_1 P_2$, $P_2 P_3$, ..., $P_n P_{n+1}$, $P_{n+1} P_1$ ein geschlossener Streckenzug, ohne dass sich

Verbindungslinien kreuzen. Es ist zu zeigen, dass für die umschlossene Fläche F gilt:

$$F = \frac{1}{2}\left[\sum_{i=1}^{n+1} y_i(x_{i+1} - x_{i-1})\right], \qquad (2.2)$$

wobei $x_{n+2} := x_1$ und $x_0 := x_{n+1}$ gesetzt wurde.

Geometrisch ist der Beweis leicht zu verstehen: wir schneiden von dem $(n+1)$-Eck die letzte Ecke ab, die durch Anfügung des Dreiecks D_{n-1} hinzugekommen ist. Dadurch ist ein n-Eck aus den Dreiecken $D_1, D_2, \ldots, D_{n-2}$ entstanden, dessen Fläche F_n durch (2.1) berechenbar ist. Anschließend addieren wir die Fläche F_D des abgeschnittenen Dreiecks D_{n-1} zur Fläche F_n des n-Ecks hinzu und erhalten die Formel (2.2) für die Fläche F_{n+1} des $(n+1)$-Ecks.

Sei also P_{k+1} die letzte Ecke, die durch Anfügung des Dreiecks $D_{n-1} = P_k P_{k+1} P_{k+2}$ entstand. Diese Situation ist in Figur 2.2.11 dargestellt. Durch die Definition $P_{n+2} := P_1$ und $P_0 := P_{n+1}$ ist auch $k = n$ oder $k = n+1$ denkbar.

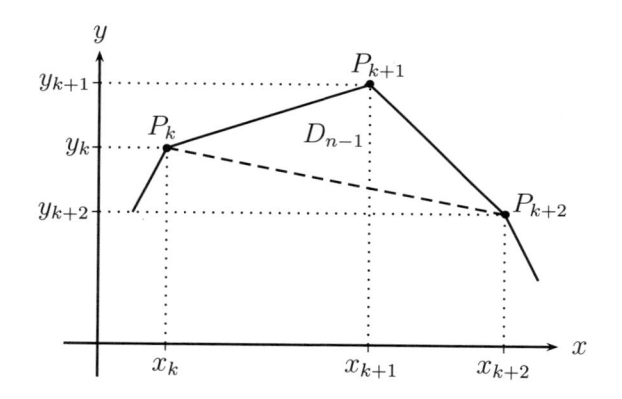

Figur 2.2.11

Die Fläche F_n des n-Ecks $P_1 P_2 \ldots P_k P_{k+2} \ldots P_n P_{n+1} P_1$, $n \geq 3$, ist gemäß Induktionsvoraussetzung gegeben durch die Formel (2.1):

$$F_n = \frac{1}{2}\left[y_1(x_2 - x_{n+1}) + y_2(x_3 - x_1) + \ldots + y_k(x_{k+2} - x_{k-1})\right.$$
$$\left. + y_{k+2}(x_{k+3} - x_k) + \ldots + y_{n+1}(x_1 - x_n)\right].$$

Das abgetrennte Dreieck D_{n-1} hat die Fläche

$$F_D = \frac{1}{2}\left[y_k(x_{k+1} - x_{k+2}) + y_{k+1}(x_{k+2} - x_k) + y_{k+2}(x_k - x_{k+1})\right].$$

Die gesuchte Fläche F_{n+1}, die der Formel (2.2) entsprechen muss, erhält man nun durch

2. Lineare Formen

$$\begin{aligned}
F_{n+1} &= F_n + F_D \\
&= \tfrac{1}{2}\bigl[\ y_1(x_2 - x_{n+1}) + y_2(x_3 - x_1) + \ldots \\
&\quad + y_k(x_{k+2} - x_{k-1}) + y_{k+2}(x_{k+3} - x_k) + \ldots + y_{n+1}(x_1 - x_n) \\
&\quad + y_k(x_{k+1} - x_{k+2}) + y_{k+1}(x_{k+2} - x_k) + y_{k+2}(x_k - x_{k+1})\bigr] \\
&= \tfrac{1}{2}\bigl[\ y_1(x_2 - x_{n+1}) + y_2(x_3 - x_1) + \ldots \\
&\quad + y_k(x_{k+2} - x_{k-1} + x_{k+1} - x_{k+2}) + y_{k+1}(x_{k+2} - x_k) \\
&\quad + y_{k+2}(x_{k+3} - x_k + x_k - x_{k+1}) + \ldots + y_{n+1}(x_1 - x_n)\bigr] \\
&= \tfrac{1}{2}\bigl[\ y_1(x_2 - x_{n+1}) + y_2(x_3 - x_1) + \ldots \\
&\quad + y_k(x_{k+1} - x_{k-1}) + y_{k+1}(x_{k+2} - x_k) + y_{k+2}(x_{k+3} - x_{k+1}) + \ldots \\
&\quad + y_{n+1}(x_1 - x_n)\bigr] \\
&= \tfrac{1}{2}\left[\sum_{i=1}^{n+1} y_i(x_{i+1} - x_{i-1})\right] \ .
\end{aligned}$$

Damit ist der Beweis abgeschlossen.

A2.2.10 Benutzen Sie die Formel aus A2.2.9, um die Flächen zu berechnen, die durch die folgenden Streckenzüge umschlossen werden:
(a) $(6,3), (4,-1), (2,1), (1,-1), (-1,2), (3,4), (2,2), (6,3)$.
(b) $(-40,0), (0,40), (40,0), (0,30), (-20,10), (0,20), (20,0), (-40,0)$.

(a) Die Gestalt des 7-Ecks ist in Figur 2.2.12 dargestellt.

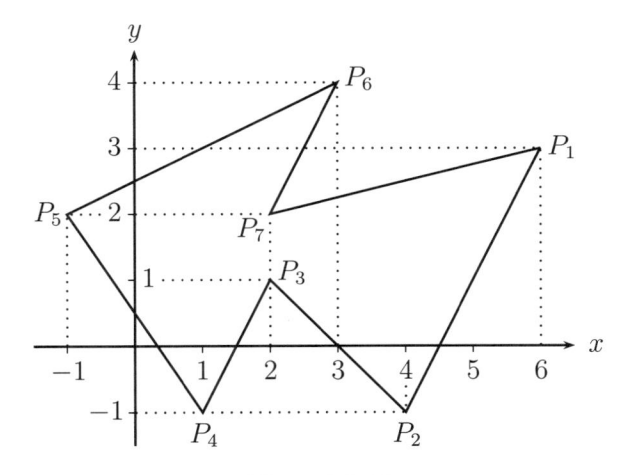

Figur 2.2.12

$$\begin{aligned}
F_a &= \tfrac{1}{2}[\,3(4-2) - 1(2-6) + 1(1-4) - 1(-1-2) + 2(3-1) + 4(2+1) + 2(6-3)\,] \\
&= \tfrac{1}{2}[\,6 + 4 - 3 + 3 + 4 + 12 + 6\,] = 16\ .
\end{aligned}$$

(b) Die Gestalt des 7-Ecks ist in Figur 2.2.13 grau dargestellt.

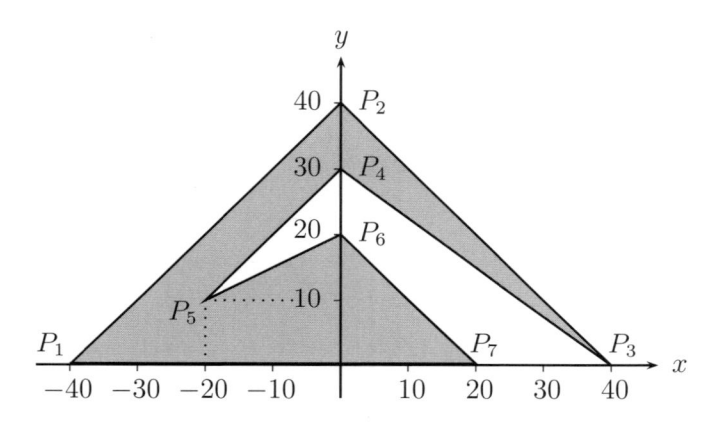

Figur 2.2.13

$$F_b = \tfrac{1}{2}\left[\,0(0-20+40(40+40)+0(0-0)+30(-20-40)+10(0-0)\right.$$
$$\left.+20(20+20)+0(-40-0)\,\right] = \tfrac{1}{2}\left[\,3200-1800+800\,\right] = 1100\ .$$

2.3 Lineare Betragsfunktionen

A2.3.1 Zeichnen Sie die folgenden Mengen.

(a) $M := \{(x,y) \in \mathbb{R}^2 \mid |x+y| \leq 1\}$.

(b) $M := \{(x,y) \in \mathbb{R}^2 \mid |x|-|y| \leq 1\}$.

(c) $M := \{(x,y) \in \mathbb{R}^2 \mid |x|+|x-y| \leq 1\}$.

(d) $M := \{(x,y) \in \mathbb{R}^2 \mid |x+y+1|-|x-y+1| \geq 2\}$.

(e) $M := \{(x,y) \in \mathbb{R}^2 \mid x+|y| \geq |x|+y\}$.

(f) $M := \{(x,y) \in \mathbb{R}^2 \mid |x-y|+|x|+y \leq 2\}$.

(g) $M := \{(x,y) \in \mathbb{R}^2 \mid |x+y|+x-|y| \geq 2\}$.

(h) $M := \{(x,y) \in \mathbb{R}^2 \mid |2x-y|+|x+y| \leq 2\}$.

(i) $M := \{(x,y) \in \mathbb{R}^2 \mid |3x+y|-|3y-x| \geq 4\}$.

(j) $M := \{(x,y) \in \mathbb{R}^2 \mid |2x-y|+|x-2y| \leq 3\}$.

(k) $M := \{(x,y) \in \mathbb{R}^2 \mid |x-y|-|x|+y \leq 2\}$.

2. Lineare Formen   51

A2.3.1 (a) $M := \{(x,y) \in \mathbb{R}^2 \mid |x+y| \leq 1\}$

Die Menge enthält nur einen Betragsausdruck, so dass man mit nur einer Fallunterscheidung, wie in Beispiel 2.3.7, zum Ziel gelangen kann.

Fall 1: $x + y \geq 0 \Leftrightarrow y \geq -x$.

$(x,y) \in M \Leftrightarrow |x+y| = x+y \leq 1 \Leftrightarrow y \leq -x + 1$.

Die Elemente von M liegen also im Fall 1 wie ein Streifen zwischen den Geraden $y = -x$ und $y = -x + 1$.

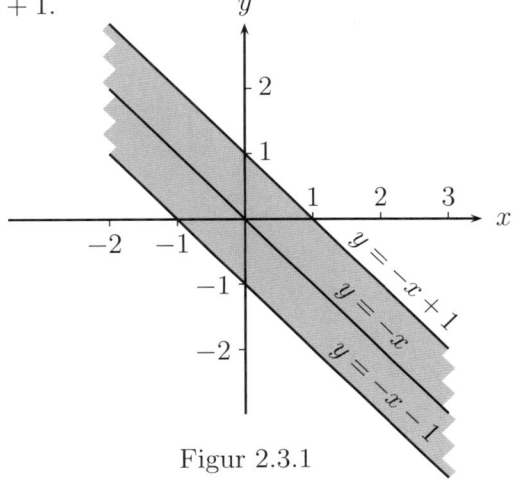

Figur 2.3.1

Fall 2: $x + y < 0 \Leftrightarrow y < -x$.

$(x,y) \in M \Leftrightarrow |x+y| = -(x+y) \leq 1 \Leftrightarrow -x - y \leq 1 \Leftrightarrow y \geq -x - 1$.

Die Elemente von M liegen im Fall 2 wie ein Streifen zwischen den Geraden $y = -x$ und $y = -x - 1$.

Die Vereinigung M der beiden Teilmengen aus den beiden Fällen ist in Figur 2.3.1 im Bereich $-2 \leq x \leq 3$ grau hinterlegt. Natürlich setzt sich der graue Streifen nach links und rechts ins Unendliche fort, was durch die Zackenlinie angedeutet wird. Die mit durchgezogenen Linien gezeichnete Umrandung des grauen Bereichs gehört zu M dazu.

A2.3.1 (b) $M := \{(x,y) \in \mathbb{R}^2 \mid |x| - |y| \leq 1\}$.

Die Menge enthält zwei Betragsausdrücke, so dass vier Fallunterscheidungen nötig sind, wie sie in Beispiel 2.3.8 erklärt wurden. Dadurch werden vier Sektoren festgelegt, in denen die Elemente von M getrennt bestimmt werden. So entstehen vier Teilmengen M_1, M_2, M_3 und M_4 von M, deren Vereinigung die gesuchte Menge M ergibt.

Fall 1: $x \geq 0$ und $y \geq 0$.

Sektor 1 ist folglich der erste Quadrant, der in Figur 2.3.2 durch einen Kreisbogen gekennzeichnet wurde.

$(x,y) \in M \Leftrightarrow |x| - |y| = x - y \leq 1 \Leftrightarrow y \geq x - 1$.

Die Teilmenge M_1 liegt folglich im Sektor 1 oberhalb der Geraden $y = x - 1$. Die Gerade selbst gehört zu M_1 dazu.

Fall 2: $x < 0$ und $y \geq 0$. Sektor 2 ist der zweite Quadrant.

$(x,y) \in M \Leftrightarrow |x| - |y| = -x - y \leq 1 \Leftrightarrow y \geq -x - 1$.

Die Teilmenge M_2 liegt folglich im Sektor 2 oberhalb der Geraden $y = -x - 1$. Die Gerade selbst gehört zu M_2 dazu.

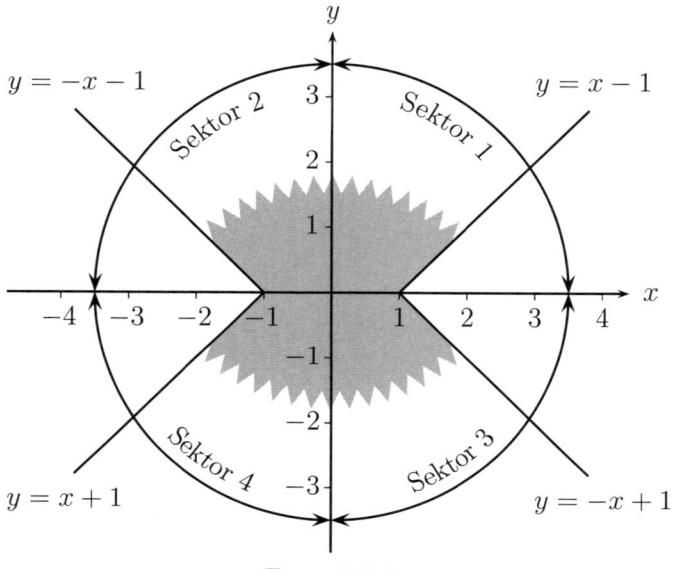

Figur 2.3.2

Fall 3: $x \geq 0$ und $y < 0$. Sektor 3 ist der vierte Quadrant.

$(x,y) \in M \Leftrightarrow |x| - |y| = x - (-y) \leq 1 \Leftrightarrow y \leq -x + 1$.

Die Teilmenge M_3 liegt folglich im Sektor 3 oberhalb der Geraden $y = -x + 1$. Die Gerade selbst gehört zu M_3 dazu.

Fall 4: $x < 0$ und $y < 0$. Sektor 4 ist der dritte Quadrant.

$(x,y) \in M \Leftrightarrow |x| - |y| = (-x) - (-y) \leq 1 \Leftrightarrow y \leq x + 1$.

Die Teilmenge M_4 liegt folglich im Sektor 4 unterhalb der Geraden $y = x + 1$. Die Gerade selbst gehört zu M_4 dazu.

Die Vereinigung M der Teilmengen $M_1, \ldots, M_4$ ist in Figur 2.3.2 im Bereich $-2.5 \leq x \leq 2.5$ grau hinterlegt. Natürlich geht der graue Bereich nach oben und unten weiter, was durch Zackenlinie angedeutet wurde. Die durchgezogenen Randlinien des grauen Bereichs gehören zu M dazu.

2. Lineare Formen   53

A2.3.1 (c) $M := \{(x,y) \in \mathbb{R}^2 \mid |x| + |x - y| \leq 1\}$.

Die Menge enthält zwei Betragsausdrücke, so dass vier Fallunterscheidungen nötig sind, wie sie in Beispiel 2.3.8 erklärt wurden. Dadurch werden vier Sektoren festgelegt, in denen die Elemente von M getrennt bestimmt werden. So entstehen vier Teilmengen M_1, M_2, M_3 und M_4 von M, deren Vereinigung die gesuchte Menge M ergibt.

Fall 1: $[\,x \geq 0 \text{ und } x - y \geq 0\,] \;\Leftrightarrow\; [\,x \geq 0 \text{ und } y \leq x\,]$.

Sektor 1 wurde, wie alle folgenden Sektoren, durch einen Kreisbogen dargestellt und in Figur 2.3.3 eingezeichnet.

$(x,y) \in M \;\Leftrightarrow\; |x| + |x - y| = x + (x - y) = 2x - y \leq 1 \;\Leftrightarrow\; y \geq 2x - 1$.

Die Teilmenge M_1 liegt folglich im Sektor 1 oberhalb der Geraden $y = 2x - 1$. Die Gerade selbst gehört zu M_1 dazu.

Fall 2: $[\,x < 0 \text{ und } x - y \geq 0\,] \;\Leftrightarrow\; [\,x < 0 \text{ und } y \leq x\,]$.

$(x,y) \in M \;\Leftrightarrow\; |x| + |x - y| = -x + (x - y) = -y \leq 1 \;\Leftrightarrow\; y \geq -1$.

Die Teilmenge M_2 liegt im Sektor 2 oberhalb der Geraden $y = -1$. Die Gerade selbst gehört zu M_2 dazu.

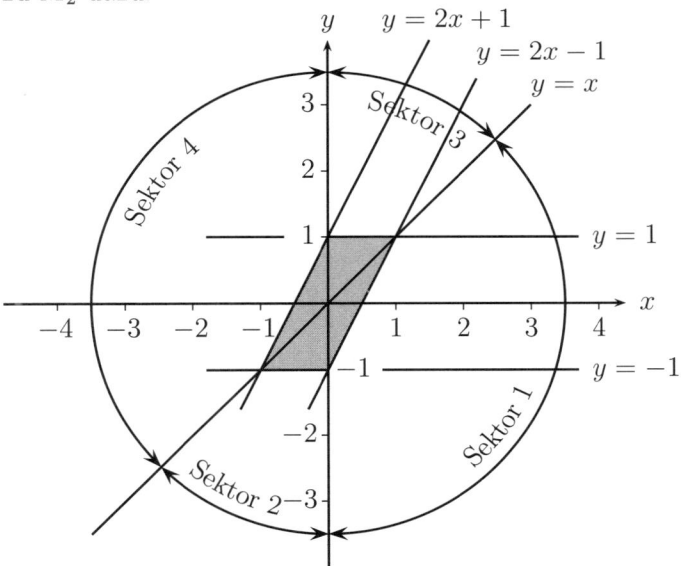

Figur 2.3.3

Fall 3: $[\,x \geq 0 \text{ und } x - y < 0\,] \;\Leftrightarrow\; [\,x \geq 0 \text{ und } y > x\,]$.

$(x,y) \in M \;\Leftrightarrow\; |x| + |x - y| = x - (x - y) = y \leq 1$.

Die Teilmenge M_3 liegt im Sektor 3 unterhalb der Geraden $y = 1$. Die Gerade selbst gehört zu M_3 dazu.

Fall 4: $[\,x < 0 \text{ und } x - y < 0\,] \Leftrightarrow [\,x < 0 \text{ und } y > x\,]$.

$(x, y) \in M \Leftrightarrow |x| + |x - y| = -x - (x - y) = -2x + y \leq 1 \Leftrightarrow y \leq 2x + 1$.

Die Teilmenge M_4 liegt folglich im Sektor 4 unterhalb der Geraden $y = 2x + 1$. Die Gerade selbst gehört zu M_4 dazu.

Die Vereinigung M der Teilmengen $M_1, \ldots, M_4$ hat die Gestalt eines Parallelogramms und ist in Figur 2.3.3 grau hinterlegt. Die durchgezogenen Randlinien von M signalisieren, dass sie zu M dazugehören.

A2.3.1 (d) $M := \{(x, y) \in \mathbb{R}^2 \mid |x + y + 1| - |x - y + 1| \geq 2\}$.

Die Menge enthält zwei Betragsausdrücke, so dass vier Fallunterscheidungen nötig sind. Dadurch werden vier Sektoren festgelegt, in denen die Elemente von M getrennt bestimmt werden. So entstehen vier Teilmengen M_1, M_2, M_3 und M_4 von M, deren Vereinigung die gesuchte Menge M ergibt.

Fall 1: $[\,x + y + 1 \geq 0 \text{ und } x - y + 1 \geq 0\,] \Leftrightarrow [\,y \geq -x - 1 \text{ und } y \leq x + 1\,]$.

Sektor 1 ist, wie alle folgenden Sektoren, in Figur 2.3.4 durch einen Kreisbogen gekennzeichnet.

$(x, y) \in M \Leftrightarrow |x + y + 1| - |x - y + 1| = (x + y + 1) - (x - y + 1) \geq 2$
$\Leftrightarrow x + y + 1 - x + y - 1 \geq 2 \Leftrightarrow 2y \geq 2 \Leftrightarrow y \geq 1$.

Die Teilmenge M_1 liegt folglich im Sektor 1 oberhalb der Geraden $y = 1$. Die Gerade selbst gehört zu M_1 dazu.

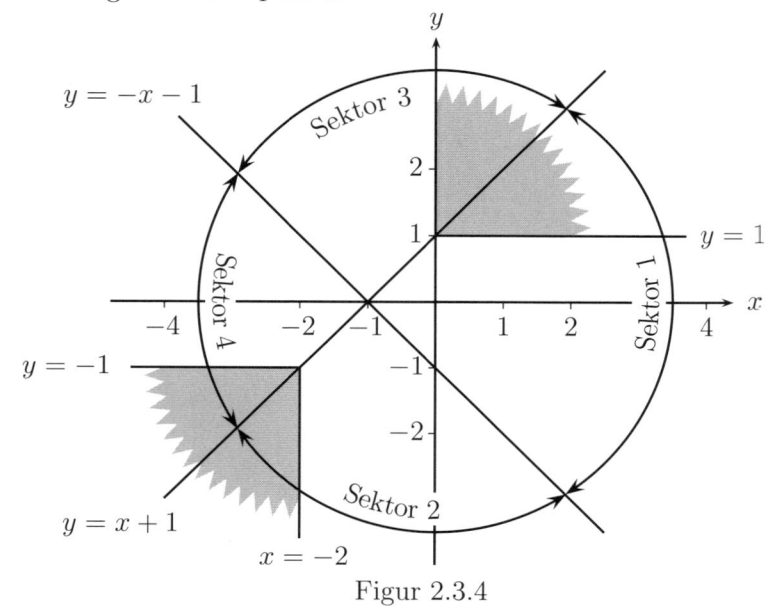

Figur 2.3.4

Fall 2: $[x+y+1<0$ und $x-y+1\geq 0] \Leftrightarrow [y<-x-1$ und $y\leq x+1]$.
$(x,y)\in M \Leftrightarrow |x+y+1|-|x-y+1| = -(x+y+1)-(x-y+1)\geq 2$
$\Leftrightarrow -x-y-1-x+y-1\geq 2 \Leftrightarrow -2x-2\geq 2 \Leftrightarrow x\leq -2$.

Die Teilmenge M_2 liegt im Sektor 2 links der Geraden $x=-2$. Die Gerade selbst gehört zu M_2 dazu.

Fall 3: $[x+y+1\geq 0$ und $x-y+1<0] \Leftrightarrow [y\geq -x-1$ und $y>x+1]$.
$(x,y)\in M \Leftrightarrow |x+y+1|-|x-y+1| = (x+y+1)+(x-y+1)\geq 2$
$\Leftrightarrow x+y+1+x-y+1\geq 2 \Leftrightarrow 2x+2\geq 2 \Leftrightarrow x\geq 0$.

Die Teilmenge M_3 liegt im Sektor 3 zwischen den Geraden $y=x+1$ und der y-Achse.

Fall 4: $[x+y+1<0$ und $x-y+1<0] \Leftrightarrow [y<-x-1$ und $y>x+1]$.
$(x,y)\in M \Leftrightarrow |x+y+1|-|x-y+1| = -(x+y+1)+(x-y+1)\geq 2$
$\Leftrightarrow -x-y-1+x-y+1\geq 2 \Leftrightarrow -2y\geq 2 \Leftrightarrow y\leq -1$.

Die Teilmenge M_4 liegt im Sektor 4 unterhalb der Geraden $y=-1$.

Die Vereinigung M der Teilmengen $M_1,\ldots,M_4$ ist in Figur 2.3.4 im Bereich $-4\leq x\leq 3$ grau hinterlegt. Natürlich geht der graue Bereich nach rechts oben und links unten weiter, was durch Zackenlinien angedeutet wurde. Die durchgezogenen Randlinien des grauen Bereichs gehören zu M dazu.

A2.3.1 (e) $M := \{(x,y)\in\mathbb{R}^2 \mid x+|y|\geq |x|+y\}$.

Die Menge enthält zwei Betragsausdrücke, so dass vier Fallunterscheidungen nötig sind. Dadurch werden vier Sektoren festgelegt, die in Figur 2.3.5 dargestellt sind. In diesen Sektoren werden die Elemente von M getrennt bestimmt. So entstehen vier Teilmengen M_1, M_2, M_3 und M_4 von M, deren Vereinigung die gesuchte Menge M ergibt.

Fall 1: $x\geq 0$ und $y\geq 0$.
$(x,y)\in M \Leftrightarrow x+|y|\geq |x|+y \Leftrightarrow x+y\geq x+y$.
Das ist für jeden Punkte des Sektors 1 erfüllt, so dass die Teilmenge M_1 aus allen Punkten des Sektors 1 besteht.

Fall 2: $x\geq 0$ und $y<0$
$(x,y)\in M \Leftrightarrow x+|y|\geq |x|+y \Leftrightarrow x+(-y)\geq x+y \Leftrightarrow 2y\leq 0 \Leftrightarrow y\leq 0$.
Diese Bedingung erfüllen alle Punkte des Sektors 2, so dass die Teilmenge M_2 aus allen Punkten dieses Sektors besteht.

Fall 3: $x < 0$ und $y \geq 0$

$(x,y) \in M \Leftrightarrow x + |y| \geq |x| + y \Leftrightarrow x + y \geq (-x) + y \Leftrightarrow 2x \geq 0 \Leftrightarrow x \geq 0$.

Diese Bedingung erfüllt kein Punkt des Sektors 3! Die Teilmenge M_3 ist leer.

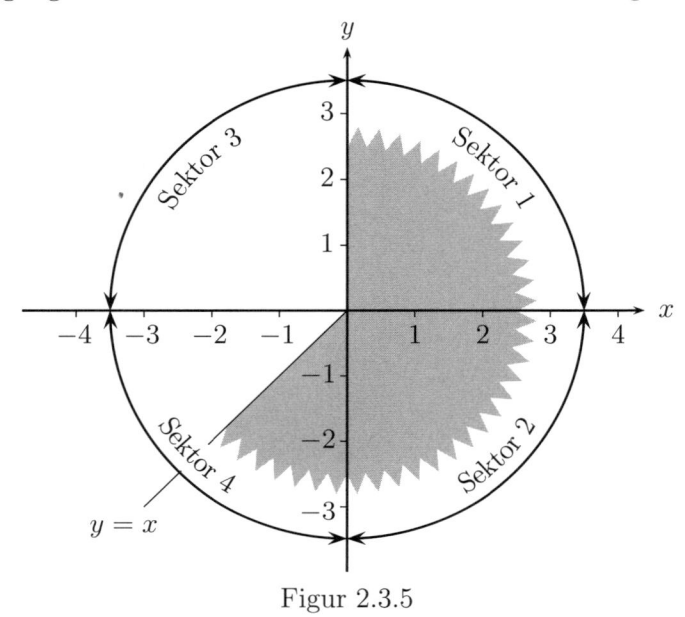

Figur 2.3.5

Fall 4: $x < 0$ und $y < 0$

$(x,y) \in M \Leftrightarrow x + |y| \geq |x| + y \Leftrightarrow x - y \geq -x + y \Leftrightarrow 2y \leq 2x \Leftrightarrow y \leq x$.

Diese Bedingung erfüllen alle Punkte des Sektors 4, die auf oder unterhalb der Geraden $y = x$ liegen.

Die Vereinigung M der Teilmengen $M_1, \ldots, M_4$ ist in Figur 2.3.5 grau dargestellt. Die durchgezogenen Randlinien von M gehören zu M. In der Richtung der Zackenlinie ist M unbeschränkt.

A2.3.1 (f) $M := \{(x,y) \in \mathbb{R}^2 \mid |x - y| + |x| + y \leq 2\}$.

Die Menge enthält zwei Betragsausdrücke, so dass vier Fallunterscheidungen nötig sind. Dadurch werden vier Sektoren festgelegt, die in Figur 2.3.6 durch Kreisbögen gekennzeichnet sind. In jedem Sektor werden die Elemente von M getrennt bestimmt. So entstehen vier Teilmengen M_1, M_2, M_3 und M_4 von M, deren Vereinigung die gesuchte Menge M ergibt.

Fall 1: $[\,x - y \geq 0$ und $x \geq 0\,] \Leftrightarrow [\,y \leq x$ und $x \geq 0\,]$.

$(x,y) \in M \Leftrightarrow |x-y| + |x| + y \leq 2 \Leftrightarrow (x-y) + x + y \leq 2 \Leftrightarrow 2x \leq 2 \Leftrightarrow x \leq 1$

Die Teilmenge M_1 liegt folglich im Sektor 1 links der Geraden $x=1$. Die Gerade selbst gehört zu M_1 dazu.

Fall 2: $[\,x-y \geq 0 \text{ und } x<0\,] \Leftrightarrow [\,y \leq x \text{ und } x<0\,]$.

$(x,y) \in M \Leftrightarrow |x-y|+|x|+y \leq 2 \Leftrightarrow (x-y)-x+y \leq 2 \Leftrightarrow 0 \leq 2$.

Diese Bedingung erfüllen alle Punkte des Sektors 2. M_2 besteht folglich aus allen Punkten des Sektors 2.

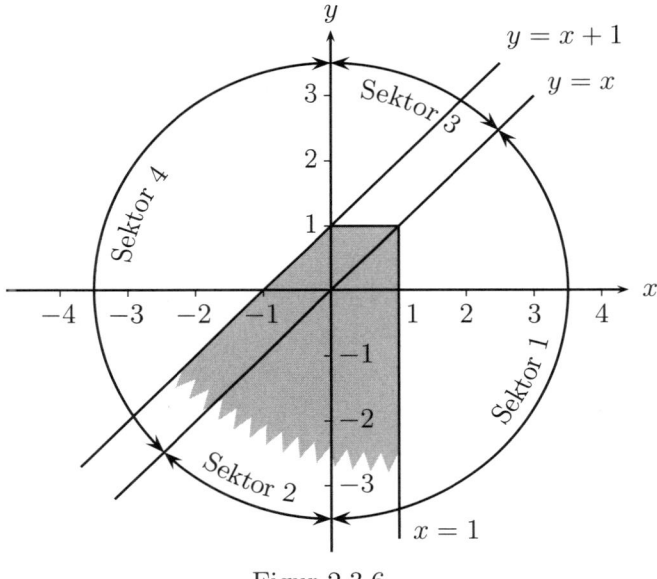

Figur 2.3.6

Fall 3: $[\,x-y < 0 \text{ und } x \geq 0\,] \Leftrightarrow [\,y > x \text{ und } x \geq 0\,]$.

$(x,y) \in M \Leftrightarrow |x-y|+|x|+y \leq 2 \Leftrightarrow -(x-y)+x+y \leq 2 \Leftrightarrow 2y \leq 2 \Leftrightarrow y \leq 1$.

M_3 besteht folglich aus alle Punkten des Sektors 3, die unterhalb der Geraden $y=1$ liegen.

Fall 4: $[\,x-y < 0 \text{ und } x<0\,] \Leftrightarrow [\,y > x \text{ und } x<0\,]$.

$(x,y) \in M \Leftrightarrow |x-y|+|x|+y \leq 2 \Leftrightarrow -(x-y)-x+y \leq 2$
$\Leftrightarrow -2x+2y \leq 2 \Leftrightarrow y \leq x+1$.

M_4 besteht folglich aus alle Punkten des Sektors 4, die unterhalb der Geraden $y=x+1$ liegen.

Die Vereinigung M der Teilmengen $M_1, \ldots, M_4$ ist in Figur 2.3.6 grau dargestellt. Nach unten ist M unbeschränkt, was durch eine Zackenlinie angedeutet wird. Die durchgezogenen Randlinien des grauen Bereichs gehören zu M dazu.

A2.3.1 (g) $M := \{(x,y) \in \mathbb{R}^2 \mid |x+y| + x - |y| \geq 2\}$.

Die Menge enthält zwei Betragsausdrücke, so dass vier Fallunterscheidungen nötig sind. Dadurch werden vier Sektoren festgelegt, die in Figur 2.3.7 durch Kreisbögen gekennzeichnet sind. In jedem Sektor werden die Elemente von M getrennt bestimmt. So entstehen vier Teilmengen M_1, M_2, M_3 und M_4 von M, deren Vereinigung die gesuchte Menge M ergibt.

Fall 1: $[x+y \geq 0 \text{ und } y \geq 0] \Leftrightarrow [y \geq -x \text{ und } y \geq 0]$.

$(x,y) \in M \Leftrightarrow |x+y| + x - |y| \geq 2 \Leftrightarrow (x+y) + x - y \geq 2 \Leftrightarrow 2x \geq 2 \Leftrightarrow x \geq 1$

Die Teilmenge M_1 liegt folglich im Sektor 1 rechts der Geraden $x = 1$. Die Gerade selbst gehört zu M_1 dazu.

Fall 2: $[x+y \geq 0 \text{ und } y < 0] \Leftrightarrow [y \geq -x \text{ und } y < 0]$.

$(x,y) \in M \Leftrightarrow |x+y| + x - |y| \geq 2 \Leftrightarrow (x+y) + x - (-y) \geq 2 \Leftrightarrow 2x + 2y \geq 2 \Leftrightarrow y \geq -x + 1$

M_2 besteht folglich aus allen Punkten des Sektors 2 oberhalb der Geraden $y = -x + 1$. Die Randlinie gehört zu M_2 dazu.

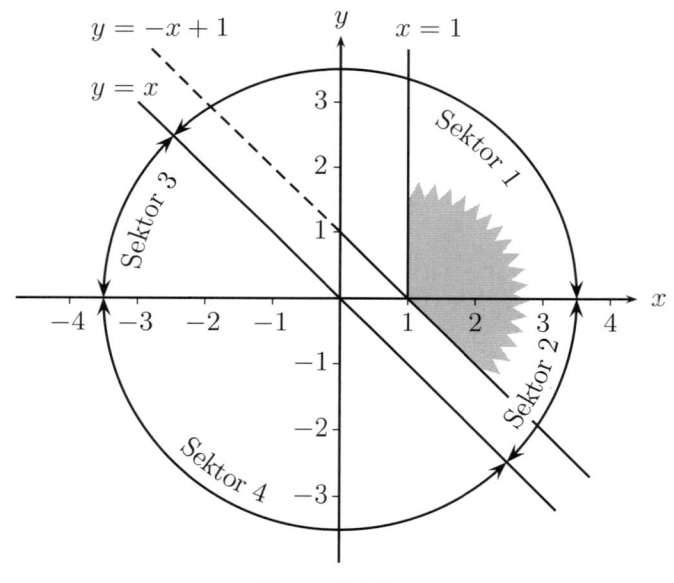

Figur 2.3.7

Fall 3: $[x+y < 0 \text{ und } y \geq 0] \Leftrightarrow [y < -x \text{ und } y \geq 0]$.

$(x,y) \in M \Leftrightarrow |x+y| + x - |y| \geq 2 \Leftrightarrow -(x+y) + x - y \geq 2 \Leftrightarrow -2y \geq 2 \Leftrightarrow y \leq -1$.

Kein Punkt des Sektors 3 erfüllt diese Bedingung, so dass M_3 leer ist.

2. Lineare Formen   59

Fall 4: $[\,x+y<0\text{ und }y<0\,] \;\Leftrightarrow\; [\,y<-x\text{ und }y<0\,]$.

$(x,y) \in M \;\Leftrightarrow\; |x+y|+x-|y| \geq 2 \;\Leftrightarrow\; -(x+y)+x-(-y) \geq 2 \;\Leftrightarrow\; 0 \geq 2$.

Da kein Punkt des Sektors 4 diese Bedingung erfüllt, ist auch M_4 leer.

Die Vereinigung M der Teilmengen $M_1,\ldots,M_4$ ist in Figur 2.3.7 grau dargestellt. Nach rechts und oben ist M unbeschränkt, was durch eine Zackenlinien angedeutet wird. Die durchgezogenen Randlinien des grauen Bereichs gehören zu M dazu.

A2.3.1 (h) $\quad M := \{(x,y) \in \mathbb{R}^2 \mid |2x-y|+|x+y| \leq 2\}$.

Die Menge enthält zwei Betragsausdrücke, so dass vier Fallunterscheidungen nötig sind. Dadurch werden vier Sektoren festgelegt, in denen die Elemente von M getrennt bestimmt werden. So entstehen vier Teilmengen M_1, M_2, M_3 und M_4 von M, deren Vereinigung die gesuchte Menge M ergibt.

Fall 1: $[\,2x-y \geq 0 \text{ und } x+y \geq 0\,] \;\Leftrightarrow\; [\,y \leq 2x \text{ und } y \geq -x\,]$.

Sektor 1 wurde, wie alle folgenden Sektoren, durch einen Kreisbogen dargestellt und in Figur 2.3.8 eingezeichnet.

$(x,y) \in M \;\Leftrightarrow\; |2x-y|+|x+y| \leq 2 \;\Leftrightarrow\; 2x-y+x+y \leq 2 \;\Leftrightarrow\; 3x \leq 2 \;\Leftrightarrow\; x \leq 2/3$

Die Teilmenge M_1 liegt im Sektor 1 links der Geraden $x = 2/3$. Die Gerade selbst gehört zu M_1 dazu.

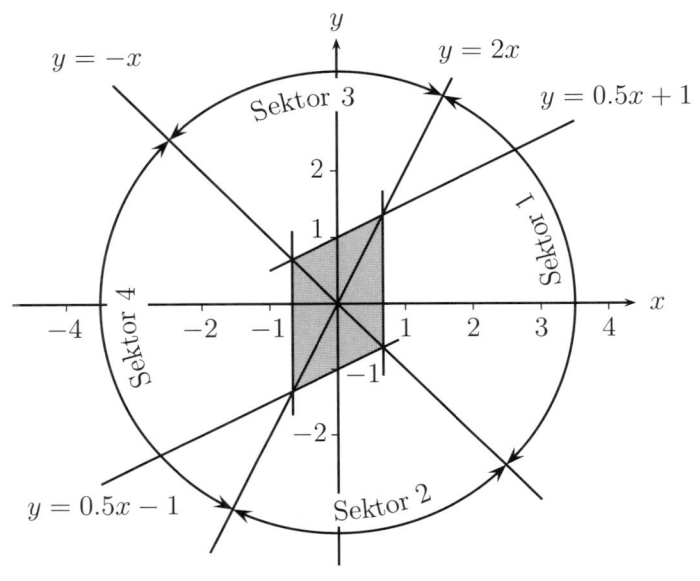

Figur 2.3.8

Fall 2: $[\,2x - y \geq 0 \text{ und } x + y < 0\,] \;\Leftrightarrow\; [\,y \leq 2x \text{ und } y < -x\,]$.

$(x,y) \in M \;\Leftrightarrow\; |2x - y| + |x + y| \leq 2 \;\Leftrightarrow\; (2x - y) - (x + y) \leq 2$
$\Leftrightarrow\; x - 2y \leq 2 \;\Leftrightarrow\; x \geq 0.5x - 1$.

Die Teilmenge M_2 liegt im Sektor 2 oberhalb der Geraden $y = 0.5x - 1$. Die Gerade selbst gehört zu M_2 dazu.

Fall 3: $[\,2x - y < 0 \text{ und } x + y \geq 0\,] \;\Leftrightarrow\; [\,y > 2x \text{ und } y \geq -x\,]$.

$(x,y) \in M \;\Leftrightarrow\; |2x - y| + |x + y| \leq 2 \;\Leftrightarrow\; -(2x - y) + (x + y) \leq 2$
$\Leftrightarrow\; -x + 2y \leq 2 \;\Leftrightarrow\; y \leq 0.5x + 1$.

Die Teilmenge M_3 liegt im Sektor 3 unterhalb der Geraden $y = 0.5x + 1$. Die Gerade selbst gehört zu M_3 dazu.

Fall 4: $[\,2x - y < 0 \text{ und } x + y < 0\,] \;\Leftrightarrow\; [\,y > 2x \text{ und } y < -x\,]$.

$(x,y) \in M \;\Leftrightarrow\; |2x - y| + |x + y| \leq 2 \;\Leftrightarrow\; -(2x - y) - (x + y) \leq 2$
$\Leftrightarrow\; -3x \leq 2 \;\Leftrightarrow\; x \geq -2/3$.

Die Teilmenge M_4 liegt im Sektor 4 rechts der Geraden $x = -2/3$. Die Gerade selbst gehört zu M_4 dazu.

Die Vereinigung M der Teilmengen $M_1, \ldots, M_4$ hat die Gestalt eines Parallelogramms und ist in Figur 2.3.8 grau dargestellt. Die durchgezogenen Randlinien von M gehören zu M dazu.

A2.3.1 (i) $M := \{(x,y) \in \mathbb{R}^2 \mid |3x + y| - |3y - x| \geq 4\}$.

Die Menge enthält zwei Betragsausdrücke, so dass vier Fallunterscheidungen nötig sind. Dadurch werden vier Sektoren festgelegt, die in Figur 2.3.9 durch Kreisbögen gekennzeichnet sind. In jedem Sektor werden die Elemente von M getrennt bestimmt. So entstehen vier Teilmengen M_1, M_2, M_3 und M_4 von M, deren Vereinigung die gesuchte Menge M ergibt.

Fall 1: $[\,3x + y \geq 0 \text{ und } 3y - x \geq 0\,] \;\Leftrightarrow\; [\,y \geq -3x \text{ und } y \geq \frac{1}{3}x\,]$.

$(x,y) \in M \;\Leftrightarrow\; |3x + y| - |3y - x| \geq 4 \;\Leftrightarrow\; (3x + y) - (3y - x) \geq 4$
$\Leftrightarrow\; 4x - 2y \geq 4 \;\Leftrightarrow\; y \leq 2x - 2$.

Die Teilmenge M_1 liegt im Sektor 1 unterhalb der Geraden $y = 2x - 2$. Die Gerade selbst gehört zu M_1 dazu.

Fall 2: $[\,3x + y \geq 0 \text{ und } 3y - x < 0\,] \;\Leftrightarrow\; [\,y \geq -3x \text{ und } y < \frac{1}{3}x\,]$.

$(x,y) \in M \;\Leftrightarrow\; |3x + y| - |3y - x| \geq 4 \;\Leftrightarrow\; (3x + y) + (3y - x) \geq 4$
$\Leftrightarrow\; 2x + 4y \geq 4 \;\Leftrightarrow\; y \geq -\frac{1}{2}x + 1$.

2. Lineare Formen

Die Teilmenge M_2 liegt im Sektor 2 oberhalb der Geraden $y = \frac{1}{2}x + 1$. Die Gerade selbst gehört zu M_2 dazu.

Fall 3: $[\,3x + y < 0 \text{ und } 3y - x \geq 0\,] \;\Leftrightarrow\; [\,y < -3x \text{ und } y \geq \frac{1}{3}x\,]$.
$(x, y) \in M \;\Leftrightarrow\; |3x + y| - |3y - x| \geq 4 \;\Leftrightarrow\; -(3x + y) - (3y - x) \geq 4$
$\Leftrightarrow\; -2x - 4y \geq 4 \;\Leftrightarrow\; y \leq -\frac{1}{2}x - 1$.

Die Teilmenge M_3 liegt im Sektor 3 unterhalb der Geraden $y = -\frac{1}{2}x - 1$. Die Gerade selbst gehört zu M_3 dazu.

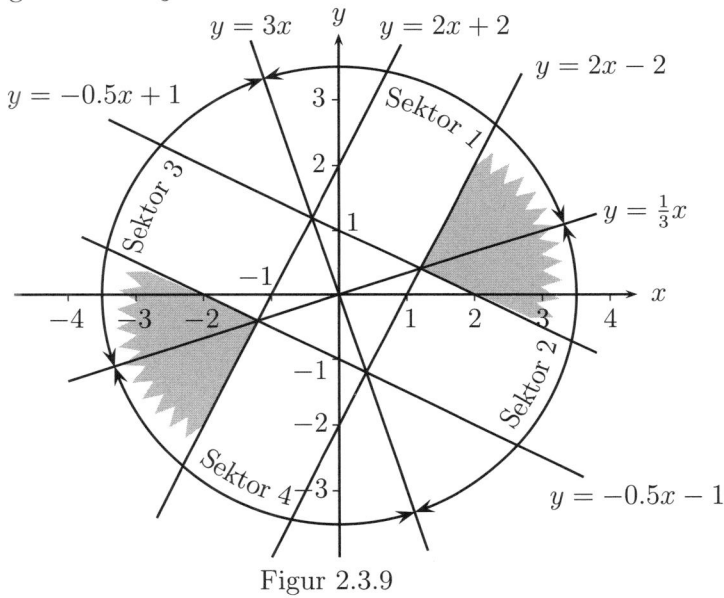

Figur 2.3.9

Fall 4: $[\,3x + y < 0 \text{ und } 3y - x < 0\,] \;\Leftrightarrow\; [\,y < -3x \text{ und } y < \frac{1}{3}x\,]$.
$(x, y) \in M \;\Leftrightarrow\; |3x + y| - |3y - x| \geq 4 \;\Leftrightarrow\; -(3x + y) + (3y - x) \geq 4$
$\Leftrightarrow\; -4x + 2y \geq 4 \;\Leftrightarrow\; y \geq 2x + 2$.

Die Teilmenge M_4 liegt im Sektor 4 oberhalb der Geraden $y = 2x + 2$. Die Gerade selbst gehört zu M_4 dazu.

Die Vereinigung M der Teilmengen $M_1, \ldots, M_4$ ist in Figur 2.3.9 grau dargestellt. Nach links und rechts ist M unbeschränkt, was durch Zackenlinien angedeutet wird. Die durchgezogenen Randlinien des grauen Bereichs gehören zu M dazu.

A2.3.1 (j) $M := \{(x, y) \in \mathbb{R}^2 \mid |2x - y| + |x - 2y| \leq 3\}$.

Die Menge enthält zwei Betragsausdrücke, so dass vier Fallunterscheidungen nötig sind. Dadurch werden vier Sektoren festgelegt, in denen die Elemente von M getrennt bestimmt werden. So entstehen vier Teilmengen M_1, M_2, M_3 und M_4 von M, deren Vereinigung die gesuchte Menge M ergibt.

Fall 1: $[\,2x - y \geq 0 \text{ und } x - 2y \geq 0\,] \Leftrightarrow [\,y \leq 2x \text{ und } y \leq \frac{1}{2}x\,]$.

Sektor 1 wurde, wie alle folgenden Sektoren, durch einen Kreisbogen dargestellt und in Figur 2.3.10 eingezeichnet.

$(x,y) \in M \Leftrightarrow |2x-y| + |x-2y| \leq 3 \Leftrightarrow (2x-y) + (x-2y) \leq 3$
$\Leftrightarrow 3x - 3y \leq 3 \Leftrightarrow y \geq x - 1$.

Die Teilmenge M_1 liegt im Sektor 1 oberhalb der Geraden $y = x - 1$. Die Gerade selbst gehört zu M_1 dazu.

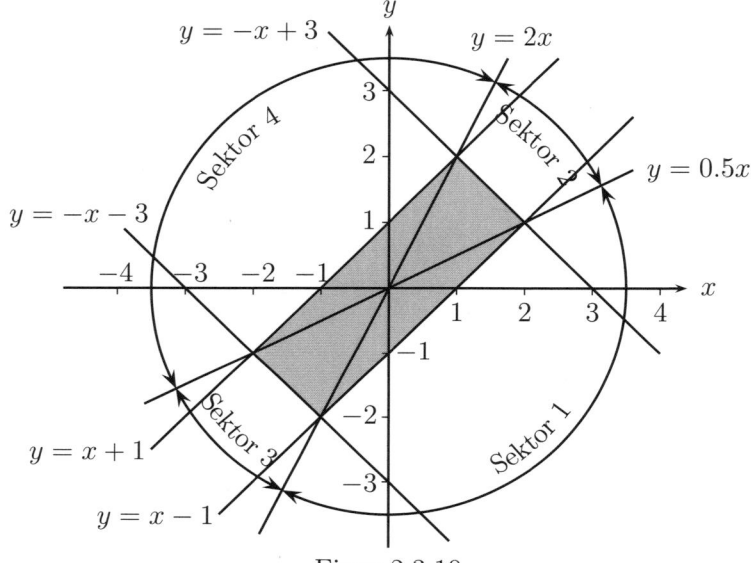

Figur 2.3.10

Fall 2: $[\,2x - y < 0 \text{ und } x - 2y \geq 0\,] \Leftrightarrow [\,y \leq 2x \text{ und } y > \frac{1}{2}x\,]$.

$(x,y) \in M \Leftrightarrow |2x-y| + |x-2y| \leq 3 \Leftrightarrow (2x-y) - (x-2y) \leq 3$
$\Leftrightarrow x + y \leq 3 \Leftrightarrow y \leq -x + 3$.

Die Teilmenge M_2 liegt im Sektor 2 unterhalb der Geraden $y = -x + 3$. Die Gerade selbst gehört zu M_2 dazu.

Fall 3: $[\,2x - y < 0 \text{ und } x - 2y \geq 0\,] \Leftrightarrow [\,y > 2x \text{ und } y \leq \frac{1}{2}x\,]$.

$(x,y) \in M \Leftrightarrow |2x-y| + |x-2y| \leq 3 \Leftrightarrow -(2x-y) + (x-2y) \leq 3$
$\Leftrightarrow -x - y \leq 3 \Leftrightarrow y \geq -x - 3$.

Die Teilmenge M_3 liegt im Sektor 3 oberhalb der Geraden $y = -x - 3$. Die Gerade selbst gehört zu M_3 dazu.

Fall 4: $[\,2x - y < 0 \text{ und } x - 2y < 0\,] \Leftrightarrow [\,y > 2x \text{ und } y > \frac{1}{2}x\,]$.

$(x,y) \in M \Leftrightarrow |2x-y| + |x-2y| \leq 3 \Leftrightarrow -(2x-y) - (x-2y) \leq 3$
$\Leftrightarrow -3x + 3y \leq 3 \Leftrightarrow y \leq x + 1$.

2. Lineare Formen 63

Die Teilmenge M_4 liegt im Sektor 4 unterhalb der Geraden $y = x+1$. Die Gerade selbst gehört zu M_4 dazu.

Die Vereinigung M der Teilmengen $M_1, \ldots, M_4$ hat die Gestalt eines Parallelogramms und ist in Figur 2.3.10 grau dargestellt. Die durchgezogenen Randlinien von M gehören zu M dazu.

A2.3.1 (k) $M := \{(x, y) \in \mathbb{R}^2 \mid |x - y| - |x| + y \leq 2\}$.

Die Menge enthält zwei Betragsausdrücke, so dass vier Fallunterscheidungen nötig sind. Dadurch werden vier Sektoren festgelegt, die in Figur 2.3.11 durch Kreisbögen gekennzeichnet sind. In jedem Sektor werden die Elemente von M getrennt bestimmt. So entstehen vier Teilmengen M_1, M_2, M_3 und M_4 von M, deren Vereinigung die gesuchte Menge M ergibt.

Fall 1: $[\, x - y \geq 0 \text{ und } x \geq 0 \,] \;\Leftrightarrow\; [\, y \leq x \text{ und } x \geq 0 \,]$.

$(x, y) \in M \;\Leftrightarrow\; |x - y| - |x| + y \leq 2 \;\Leftrightarrow\; (x - y) - (x) + y \leq 2 \;\Leftrightarrow\; 0 \leq 2$.

Diese Bedingung ist immer erfüllt, so dass alle Punkte des Sektors 1 die Teilmenge M_1 bilden.

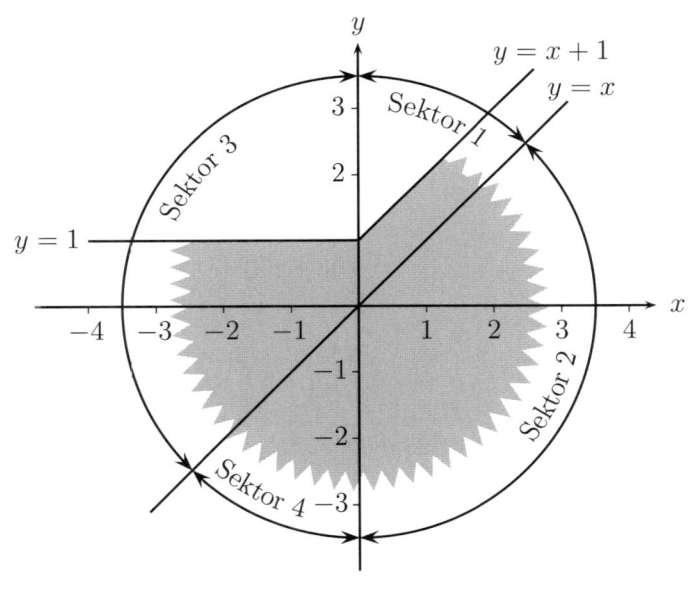

Figur 2.3.11

Fall 2: $[\, x - y \geq 0 \text{ und } x < 0 \,] \;\Leftrightarrow\; [\, y \leq x \text{ und } x < 0 \,]$.

$(x, y) \in M \;\Leftrightarrow\; |x - y| - |x| + y \leq 2 \;\Leftrightarrow\; (x - y) - (-x) + y \leq 2 \;\Leftrightarrow\; x \leq 1$.

Diese Bedingung wird von allen Punkten des Sektors 2 erfüllt, so dass alle Punkte des Sektors 2 die Teilmenge M_2 bilden.

Fall 3: $[x - y < 0 \text{ und } x \geq 0] \Leftrightarrow [y > x \text{ und } x \geq 0]$.
$(x, y) \in M \Leftrightarrow |x - y| - |x| + y \leq 2 \Leftrightarrow -(x - y) - (x) + y \leq 2$.
$\Leftrightarrow -2x + 2y \leq 2 \Leftrightarrow y \leq x + 1$.

Die Teilmenge M_3 liegt im Sektor 3 unterhalb der Geraden $y = x + 1$. Die Gerade selbst gehört zu M_3 dazu.

Fall 4: $[x - y < 0 \text{ und } x < 0] \Leftrightarrow [y > x \text{ und } x < 0]$.
$(x, y) \in M \Leftrightarrow |x - y| - |x| + y \leq 2 \Leftrightarrow -(x - y) - (-x) + y \leq 2 \Leftrightarrow y \leq 1$.

Die Teilmenge M_4 liegt im Sektor 4 unterhalb der Geraden $y = 1$. Die Gerade selbst gehört zu M_3 dazu.

Die Vereinigung M der Teilmengen $M_1, \ldots, M_4$ ist in Figur 2.3.11 grau dargestellt. Nach links, unten und rechts ist M unbeschränkt, was durch eine Zackenlinien angedeutet wird. Die durchgezogenen Randlinien des grauen Bereichs gehören zu M dazu.

A2.3.2 Zeichnen Sie die folgenden Mengen.

(a) $M := \{(x, y) \in \mathbb{R}^2 \mid \frac{x+y}{x-y} \geq 2,\ y \neq x\}$.

(b) $M := \{(x, y) \in \mathbb{R}^2 \mid \frac{1}{x-|y|} \geq 1,\ |y| \neq x\}$.

(c) $M := \{(x, y) \in \mathbb{R}^2 \mid \frac{|x-y|}{x+y} \geq 1,\ y \neq x\}$.

(d) $M := \{(x, y) \in \mathbb{R}^2 \mid \frac{|x|}{x} + |y| \leq 1,\ x \neq 0\}$.

(e) $M := \{(x, y) \in \mathbb{R}^2 \mid \frac{1}{|x|+y} \geq 1,\ y \neq -|x|\}$.

(f) $M := \{(x, y) \in \mathbb{R}^2 \mid \frac{1}{|x|-y} \geq 1,\ y \neq -|x|\}$.

(g) $M := \{(x, y) \in \mathbb{R}^2 \mid \frac{|x|}{y} \geq 1,\ y \neq 0\}$.

(h) $M := \{(x, y) \in \mathbb{R}^2 \mid \frac{x+2y}{2x+|y|} \leq 1,\ |y| \neq -2x\}$.

(i) $M := \{(x, y) \in \mathbb{R}^2 \mid \frac{x}{1+|y|} \geq 2\}$.

A2.3.2 (a) $M := \{(x, y) \in \mathbb{R}^2 \mid \frac{x+y}{x-y} \geq 2,\ y \neq x\}$.

Da die Definition von M keine Betragsausdrücke enthält, können wir sofort mit der Berechnung der Elemente von M beginnen.

$(x, y) \in M \quad \Leftrightarrow \quad \frac{x+y}{x-y} \geq 2.$ \hfill (2.3)

Leider können wir an dieser Stelle nicht einfach weiterrechnen, da eine Auflösung nach y es erforderlich macht, mit dem Nenner $x - y$ zu multiplizieren. $x - y$ kann

2. Lineare Formen

jedoch positiv – denken Sie an $(5,2)$, – oder negativ sein – denken Sie an $(2,5)$. Deshalb müssen wir die Ebene in zwei Sektoren einteilen: Sektor 1 besteht aus allen Punkten der Ebene, für die $x - y > 0$ gilt, Sektor 2 aus allen Punkten, für die $x - y < 0$. Die Punkte der Geraden $x - y = 0$ gehören nicht zu M, da sie eine Division durch Null auslösen.

Fall 1: $x - y > 0 \quad \Leftrightarrow \quad y < x$.

Im Sektor 1 können wir die Rechnung (2.3) nun fortsetzen:

$(x, y) \in M \Leftrightarrow x + y \geq 2(x - y) \Leftrightarrow x + y \geq 2x - 2y \Leftrightarrow 3y \geq x \Leftrightarrow y \geq \tfrac{1}{3}x$.

Die Elemente von M bilden im Sektor 1 einen Keil zwischen den Geraden $y = x$ und $y = \tfrac{1}{3}x$.

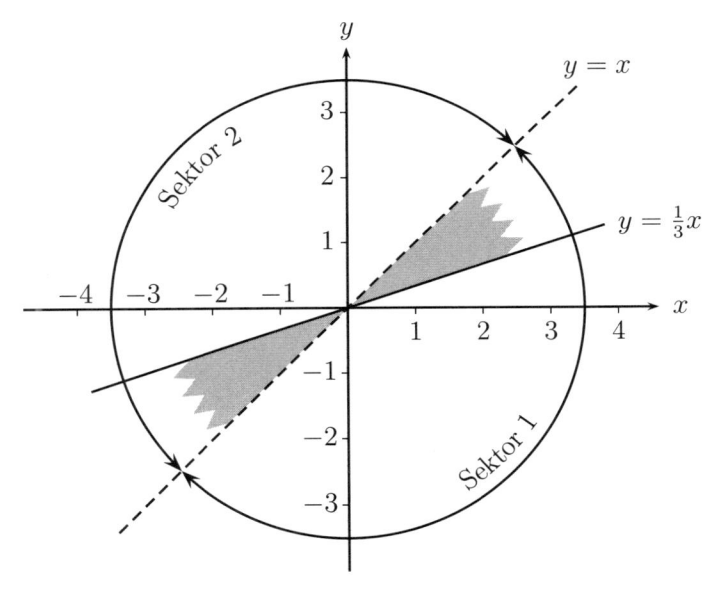

Figur 2.3.12

Fall 2: $x - y < 0 \quad \Leftrightarrow \quad y > x$.

Die Fortsetzung der Rechnung (2.3) im Sektor 2 führt zu:

$(x, y) \in M \Leftrightarrow x + y \leq 2(x - y) \Leftrightarrow x + y \leq 2x - 2y \Leftrightarrow 3y \leq x \Leftrightarrow y \leq \tfrac{1}{3}x$.

Die Elemente von M bilden im Sektor 2 ebenfalls einen Keil zwischen den Geraden $y = x$ und $y = \tfrac{1}{3}x$.

Die Menge M besteht somit aus zwei Keilen, die in Figur 2.3.12 grau dargestellt sind. Die durchgezogene Randlinie gehört zu M dazu, die gestrichelte jedoch nicht. Nach links und rechts ist M unbeschränkt, was durch die Zackenlinien angedeutet wurde.

A2.3.2 (b) $M := \{(x,y) \in \mathbb{R}^2 \mid \frac{1}{x-|y|} \geq 1,\ |y| \neq x\}$.

Die Definition von M enthält nur einen Betragsausdruck, so dass eine Fallunterscheidung mit 2 Fällen zunächst einmal genügt.

Fall 1: $y \geq 0$.

$(x,y) \in M \quad \Leftrightarrow \quad \frac{1}{x-|y|} \geq 1 \quad \Leftrightarrow \quad \frac{1}{x-y} \geq 1.$ \hfill (2.4)

Hier kann die Rechnung nicht fortgesetzt werden, da der Nenner in (2.4) sowohl positiv wie negativ sein könnte. Eine untergeordnete Fallunterscheidung in die Fälle 1a und 1b ist notwendig.

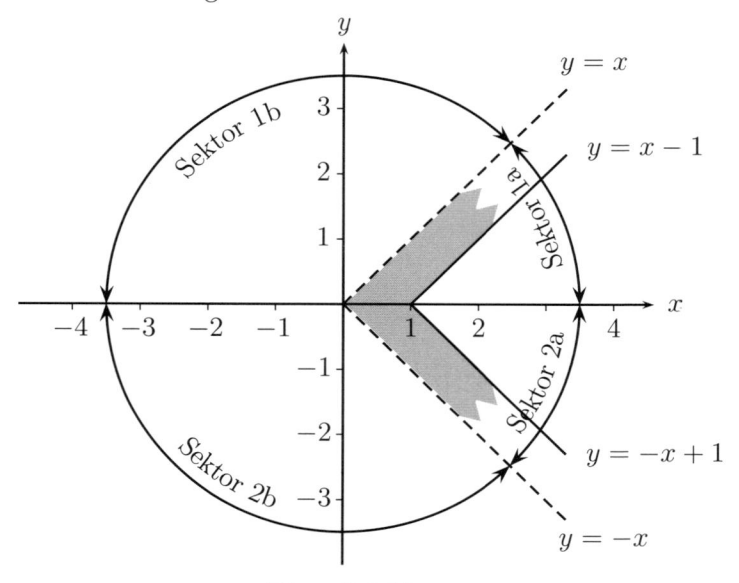

Figur 2.3.13

Fall 1a: $x - y > 0 \quad \Leftrightarrow \quad y < x$.

Im Sektor 1a können wir die Rechnung (2.4) nun fortsetzen:

$(x,y) \in M \quad \Leftrightarrow \quad 1 \geq x - y \quad \Leftrightarrow \quad y \geq x - 1$.

Die Elemente von M liegen im Sektor 1a demnach oberhalb der Geraden $y = x-1$.

Fall 1b: $x - y < 0 \Leftrightarrow y > x$.

Die Fortsetzung der Rechnung (2.4) im Sektor 1b führt zu:

$(x,y) \in M \quad \Leftrightarrow \quad 1 \leq x - y \quad \Leftrightarrow \quad y \leq x - 1$.

Die Elemente von M liegen im Sektor 1b unterhalb der Geraden $y = x - 1$. Da es solche Punkte nicht gibt, ist M_{1b} leer.

Fall 2: $y < 0$.

$(x,y) \in M \quad \Leftrightarrow \quad \frac{1}{x-|y|} \geq 1 \quad \Leftrightarrow \quad \frac{1}{x-(-y)} \geq 1 \quad \Leftrightarrow \quad \frac{1}{x+y} \geq 1$. \hfill (2.5)

Hier kann die Rechnung nicht fortgesetzt werden, da der Nenner in (2.5) sowohl positiv wie negativ sein könnte. Eine untergeordnete Fallunterscheidung in die Fälle 2a und 2b ist notwendig.

Fall 2a: $x + y > 0 \Leftrightarrow y > -x$.

Im Sektor 2a können wir die Rechnung (2.5) nun fortsetzen:

$(x, y) \in M \Leftrightarrow 1 \geq x + y \Leftrightarrow y \leq -x + 1$.

Die Elemente von M liegen im Sektor 2a unterhalb der Geraden $y = -x + 1$.

Fall 2b: $x + y < 0 \Leftrightarrow y < -x$.

Die Fortsetzung der Rechnung (2.5) im Sektor 2b führt zu:

$(x, y) \in M \Leftrightarrow 1 \leq x + y \Leftrightarrow y \geq -x + 1$.

Die Elemente von M liegen im Sektor 2b oberhalb der Geraden $y = -x + 1$. Da es solche Punkte nicht gibt, ist M_{2b} leer.

Die Menge M besteht somit aus zwei Streifen, die in Figur 2.3.13 grau dargestellt sind. Die durchgezogene Randlinie gehört zu M dazu, die gestrichelte jedoch nicht. Nach rechts sind die Streifen nicht beschränkt, was durch Zackenlinien angedeutet wurde.

A2.3.2 (c) $M := \{(x, y) \in \mathbb{R}^2 \mid \frac{|x-y|}{x+y} \geq 1,\ y \neq x\}$.

Die Definition von M enthält nur einen Betragsausdruck, so dass eine Fallunterscheidung mit 2 Fällen zunächst einmal genügt.

Fall 1: $x - y \geq 0 \Leftrightarrow y \leq x$.

$(x, y) \in M \Leftrightarrow \frac{|x-y|}{x-y} \geq 1 \Leftrightarrow \frac{x-y}{x+y} \geq 1.$ \hfill (2.6)

Hier kann die Rechnung nicht fortgesetzt werden, da der Nenner in (2.6) sowohl positiv wie negativ sein könnte. Eine untergeordnete Fallunterscheidung in die Fälle 1a und 1b ist notwendig.

Fall 1a: $x + y > 0 \Leftrightarrow y > -x$.

Im Sektor 1a können wir die Rechnung (2.6) nun fortsetzen:

$(x, y) \in M \Leftrightarrow x - y \geq x + y \Leftrightarrow 2y \leq 0 \Leftrightarrow y \leq 0$.

Die Elemente von M liegen im Sektor 1a demnach keilartig zwischen der Geraden $y = -x$ und der x-Achse.

Fall 1b: $x + y < 0 \Leftrightarrow y < -x$.

Fortsetzung der Rechnung (2.6) ergibt im Sektor 1b:

$(x, y) \in M \Leftrightarrow x - y \leq x + y \Leftrightarrow 2y \geq 0 \Leftrightarrow y \geq 0$.

Kein Punkt im Sektor 1b erfüllt diese Bedingung, so dass M_{1b} leer ist.

Fall 2: $x - y < 0 \Leftrightarrow y > x$.

$$(x,y) \in M \quad \Leftrightarrow \quad \frac{|x-y|}{x+y} \geq 1 \quad \Leftrightarrow \quad \frac{-(x-y)}{x+y} \geq 1 \quad \Leftrightarrow \quad \frac{y-x}{x+y} \geq 1. \tag{2.7}$$

Hier kann die Rechnung nicht fortgesetzt werden, da der Nenner in (2.7) sowohl positiv wie negativ sein könnte. Eine untergeordnete Fallunterscheidung in die Fälle 2a und 2b ist notwendig.

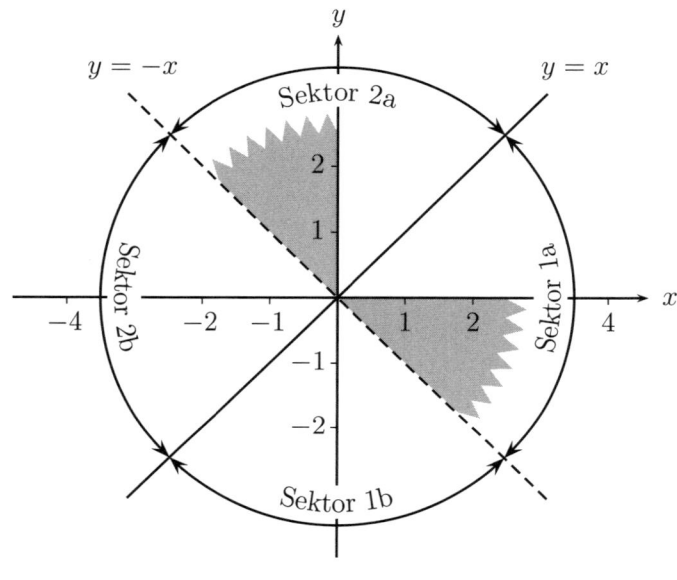

Figur 2.3.14

Fall 2a: $x + y > 0 \Leftrightarrow y > -x$.

Im Sektor 2a können wir die Rechnung (2.7) nun fortsetzen:

$$(x,y) \in M \quad \Leftrightarrow \quad y - x \geq x + y \quad \Leftrightarrow \quad 2x \leq 0 \quad \Leftrightarrow \quad x \leq 0.$$

Die Elemente von M liegen im Sektor 2a demnach keilartig zwischen der Geraden $y = -x$ und der y-Achse.

Fall 2b: $x + y < 0 \Leftrightarrow y < -x$.

Fortsetzung der Rechnung (2.7) ergibt im Sektor 2b:

$$(x,y) \in M \quad \Leftrightarrow \quad y - x \leq x + y \quad \Leftrightarrow \quad 2x \geq 0 \quad \Leftrightarrow \quad x \geq 0.$$

Kein Punkt im Sektor 2b erfüllt diese Bedingung, so dass M_{2b} leer ist.

Die Menge M besteht somit aus zwei Keilen, die in Figur 2.3.14 grau dargestellt sind. Die durchgezogenen Randlinien gehören zu M dazu, die gestrichelte jedoch nicht. Nach oben und nach rechts sind die Keile nicht beschränkt, was durch Zackenlinien angedeutet wurde.

2. Lineare Formen

A2.3.2 (d) $M := \{(x,y) \in \mathbb{R}^2 \mid \frac{|x|}{x} + |y| \leq 1,\ x \neq 0\}$.

Die Menge enthält zwei Betragsausdrücke, so dass vier Fallunterscheidungen nötig sind. Dadurch werden vier Sektoren festgelegt, die in Figur 2.3.15 durch Kreisbögen gekennzeichnet sind. In jedem Sektor werden die Elemente von M getrennt bestimmt. So entstehen vier Teilmengen M_1, M_2, M_3 und M_4 von M, deren Vereinigung die gesuchte Menge M ergibt.

Fall 1: $x > 0$ und $y \geq 0$.

$(x,y) \in M \Leftrightarrow \frac{|x|}{x} + |y| \leq 1 \Leftrightarrow \frac{x}{x} + y \leq 1 \Leftrightarrow y \leq 0$.

Diese Bedingung erfüllen im Sektor 1 nur die Punkte der positiven x-Achse, die somit die Teilmenge M_1 bilden.

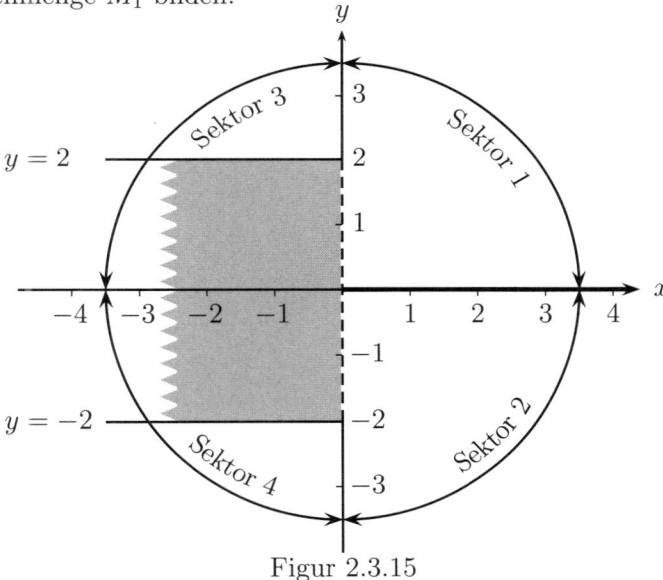

Figur 2.3.15

Fall 2: $x > 0$ und $y < 0$.

$(x,y) \in M \Leftrightarrow \frac{|x|}{x} + |y| \leq 1 \Leftrightarrow \frac{x}{x} + (-y) \leq 1 \Leftrightarrow y \geq 0$.

Kein Punkt im Sektor 2 erfüllt die Bedingung, so dass M_2 leer ist.

Fall 3: $x < 0$ und $y \geq 0$.

$(x,y) \in M \Leftrightarrow \frac{|x|}{x} + |y| \leq 1 \Leftrightarrow \frac{-x}{x} + y \leq 1 \Leftrightarrow y \leq 2$.

Die Teilmenge M_3 des Sektors 3 liegt wie ein Streifen zwischen der Geraden $y = 2$ und der x-Achse.

Fall 4: $x < 0$ und $y < 0$.

$(x,y) \in M \Leftrightarrow \frac{|x|}{x} + |y| \leq 1 \Leftrightarrow \frac{-x}{x} + (-y) \leq 1 \Leftrightarrow y \geq -2$.

Die Teilmenge M_4 des Sektors 4 liegt wie ein Streifen zwischen der Geraden $y = -2$ und der x-Achse.

Die Vereinigung M der Teilmengen $M_1, \ldots, M_4$ ist in Figur 2.3.15 grau dargestellt. Links der y-Achse bildet M einen breiten Streifen, dessen Randlinien zu M dazugehören. Die Punkte der y-Achse gehören jedoch nicht zu M. Der Streifen ist nach linkes nicht beschränkt, was durch eine Zackenlinie angedeutet wurde. Rechts der y-Achse besteht M aus den Punkten der x-Achse.

A2.3.2 (e) $M := \{(x,y) \in \mathbb{R}^2 \mid \frac{1}{|x|+y} \geq 1,\ y \neq -|x|\}$.

Die Definition von M enthält nur einen Betragsausdruck, so dass eine Fallunterscheidung mit 2 Fällen zunächst einmal genügt.

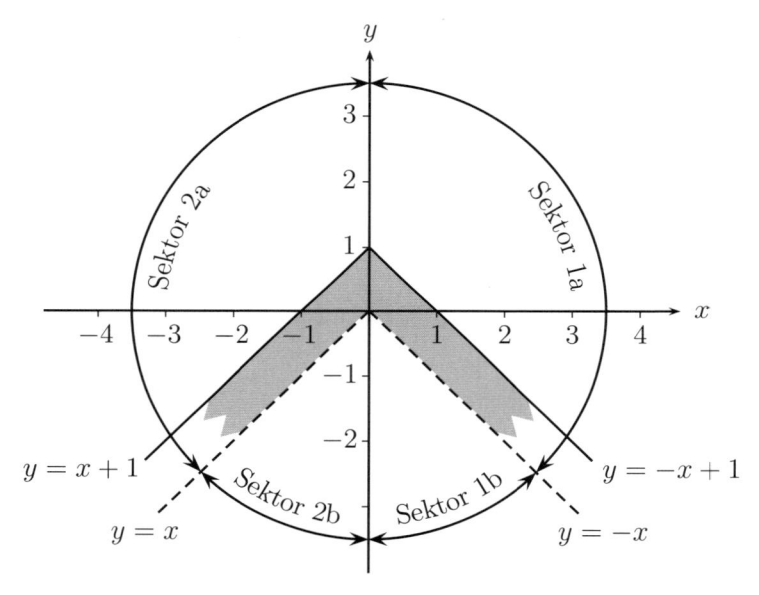

Figur 2.3.16

Fall 1: $x \geq 0$.

$(x,y) \in M \quad \Leftrightarrow \quad \frac{1}{|x|+y} \geq 1 \quad \Leftrightarrow \quad \frac{1}{x+y} \geq 1.$ \hfill (2.8)

Hier kann die Rechnung nicht fortgesetzt werden, da der Nenner in (2.8) sowohl positiv wie negativ sein könnte. Eine untergeordnete Fallunterscheidung in die Fälle 1a und 1b ist notwendig.

Fall 1a: $x + y > 0 \quad \Leftrightarrow \quad y > -x$.

Im Sektor 1a können wir die Rechnung (2.8) nun fortsetzen:

$(x,y) \in M \quad \Leftrightarrow \quad 1 \geq x + y \quad \Leftrightarrow \quad y \leq -x + 1$.

Die Elemente von M bilden im Sektor 1a einen Streifen zwischen den Geraden $y = -x$ und $y = -x + 1$.

2. Lineare Formen

Fall 1b: $x + y < 0 \iff y < -x$.

Fortsetzung der Rechnung (2.8) ergibt im Sektor 1b:

$(x, y) \in M \iff 1 \leq x + y \iff y \geq -x + 1$.

Kein Punkt im Sektor 1b erfüllt diese Bedingung, so dass M_{1b} leer ist.

Fall 2: $x < 0$.

$$(x, y) \in M \iff \tfrac{1}{|x|+y} \geq 1 \iff \tfrac{1}{-x+y} \geq 1. \tag{2.9}$$

Hier kann die Rechnung nicht fortgesetzt werden, da der Nenner in (2.9) sowohl positiv wie negativ sein könnte. Eine untergeordnete Fallunterscheidung in die Fälle 2a und 2b ist notwendig.

Fall 2a: $-x + y > 0 \iff y > x$.

Im Sektor 2a können wir die Rechnung (2.9) nun fortsetzen:

$(x, y) \in M \iff 1 \geq -x + y \iff y \leq x + 1$.

Die Elemente von M bilden im Sektor 2a einen Streifen zwischen den Geraden $y = x$ und $y = x + 1$.

Fall 2b: $-x + y < 0 \iff y < x$.

Fortsetzung der Rechnung (2.9) ergibt im Sektor 2b:

$(x, y) \in M \iff 1 \leq -x + y \iff y \geq x + 1$.

Kein Punkt im Sektor 2b erfüllt diese Bedingung, so dass M_{2b} leer ist.

Die Menge M besteht somit aus zwei Streifen, die in Figur 2.3.16 grau dargestellt sind. Die durchgezogenen Randlinien gehören zu M dazu, die gestrichelten jedoch nicht. Nach links und rechts sind die Streifen nicht beschränkt, was durch Zackenlinien angedeutet wurde.

A2.3.2 (f) $M := \{(x, y) \in \mathbb{R}^2 \mid \tfrac{1}{|x|-y} \geq 1, \ y \neq -|x|\}$.

Die Definition von M enthält nur einen Betragsausdruck, so dass eine Fallunterscheidung mit 2 Fällen zunächst einmal genügt.

Fall 1: $x \geq 0$.

$$(x, y) \in M \iff \tfrac{1}{|x|-y} \geq 1 \iff \tfrac{1}{x-y} \geq 1. \tag{2.10}$$

Hier kann die Rechnung nicht fortgesetzt werden, da der Nenner in (2.10) sowohl positiv wie negativ sein kann. Eine untergeordnete Fallunterscheidung in die Fälle 1a und 1b ist notwendig.

Fall 1a: $x - y > 0 \Leftrightarrow y < x$.

Im Sektor 1a können wir die Rechnung (2.10) nun fortsetzen:

$(x, y) \in M \Leftrightarrow 1 \geq x - y \Leftrightarrow y \geq x - 1$.

Die Elemente von M bilden im Sektor 1a einen Streifen zwischen den Geraden $y = x$ und $y = x - 1$.

Fall 1b: $x - y < 0 \Leftrightarrow y > x$.

Fortsetzung der Rechnung (2.10) ergibt im Sektor 1b:

$(x, y) \in M \Leftrightarrow 1 \leq x - y \Leftrightarrow y \leq x - 1$.

Kein Punkt im Sektor 1b erfüllt diese Bedingung, so dass M_{1b} leer ist.

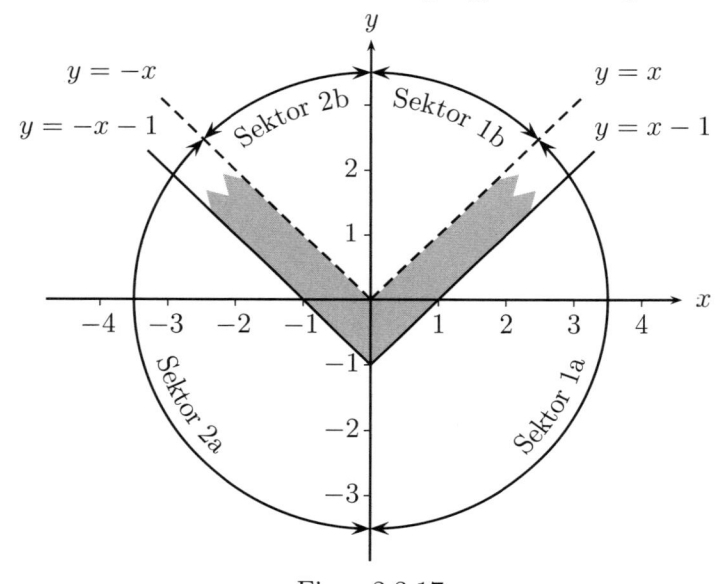

Figur 2.3.17

Fall 2: $x < 0$.

$(x, y) \in M \Leftrightarrow \frac{1}{|x| - y} \geq 1 \Leftrightarrow \frac{1}{-x - y} \geq 1.$ (2.11)

Hier kann die Rechnung nicht fortgesetzt werden, da der Nenner in (2.11) sowohl positiv wie negativ sein kann. Eine untergeordnete Fallunterscheidung in die Fälle 2a und 2b ist notwendig.

Fall 2a: $-x - y > 0 \Leftrightarrow y < -x$.

Im Sektor 2a können wir die Rechnung (2.11) nun fortsetzen:

$(x, y) \in M \Leftrightarrow 1 \geq -x - y \Leftrightarrow y \geq -x - 1$.

Die Elemente von M bilden im Sektor 2a einen Streifen zwischen den Geraden $y = -x$ und $y = -x - 1$.

2. Lineare Formen

Fall 2b: $-x - y < 0 \Leftrightarrow y > -x$.

Fortsetzung der Rechnung (2.11) ergibt im Sektor 2b:

$(x,y) \in M \quad \Leftrightarrow \quad 1 \leq -x - y \quad \Leftrightarrow \quad y \leq -x - 1$.

Kein Punkt im Sektor 2b erfüllt diese Bedingung, so dass M_{2b} leer ist.

Die Menge M besteht somit aus zwei Streifen, die in Figur 2.3.17 grau dargestellt sind. Die durchgezogenen Randlinien gehören zu M dazu, die gestrichelten jedoch nicht. Nach links und rechts sind die Streifen nicht beschränkt, was durch Zackenlinien angedeutet wurde.

A2.3.2 (g) $M := \{(x, y) \in \mathbb{R}^2 \mid \frac{|x|}{y} \geq 1, y \neq 0\}$.

Die Definition von M enthält nur einen Betragsausdruck, so dass eine Fallunterscheidung mit 2 Fällen zunächst einmal genügt.

Fall 1: $x \geq 0$.

$$(x,y) \in M \quad \Leftrightarrow \quad \frac{|x|}{y} \geq 1 \quad \Leftrightarrow \quad \frac{x}{y} \geq 1. \tag{2.12}$$

Hier kann die Rechnung nicht fortgesetzt werden, da der Nenner in (2.12) sowohl positiv wie negativ sein kann. Eine untergeordnete Fallunterscheidung in die Fälle 1a und 1b ist notwendig.

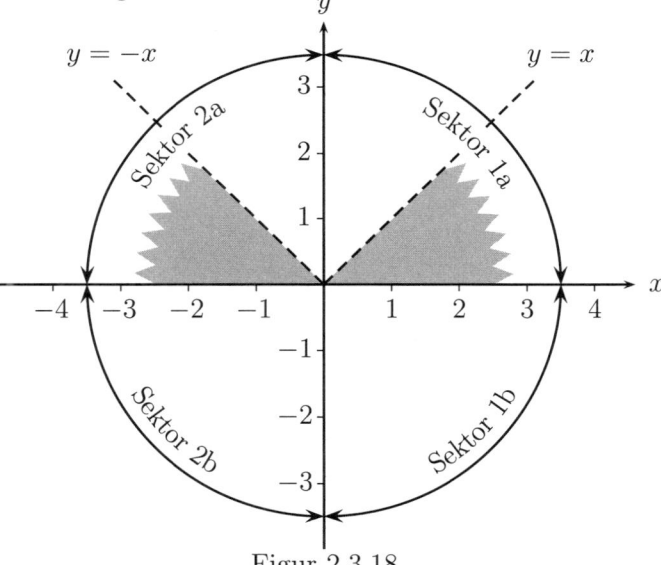

Figur 2.3.18

Fall 1a: $y > 0$.

Im Sektor 1a können wir die Rechnung (2.12) nun fortsetzen:

$(x,y) \in M \quad \Leftrightarrow \quad x \geq y \quad \Leftrightarrow \quad y \leq x$.

Die Elemente von M liegen im Sektor 1a demnach keilartig zwischen der Geraden $y = x$ und der x-Achse.

Fall 1b: $y < 0$.

Fortsetzung der Rechnung (2.12) ergibt im Sektor 1b:

$(x, y) \in M \quad \Leftrightarrow \quad x \leq y \quad \Leftrightarrow \quad y \geq x$.

Kein Punkt im Sektor 1b erfüllt diese Bedingung, so dass M_{1b} leer ist.

Fall 2: $x < 0$.

$$(x, y) \in M \quad \Leftrightarrow \quad \frac{|x|}{y} \geq 1 \quad \Leftrightarrow \quad \frac{-x}{y} \geq 1. \tag{2.13}$$

Hier kann die Rechnung nicht fortgesetzt werden, da der Nenner in (2.13) sowohl positiv wie negativ sein kann. Eine untergeordnete Fallunterscheidung in die Fälle 2a und 2b ist notwendig.

Fall 2a: $y > 0$.

Im Sektor 2a können wir die Rechnung (2.13) nun fortsetzen:

$(x, y) \in M \quad \Leftrightarrow \quad -x \geq y \quad \Leftrightarrow \quad y \leq -x$.

Die Elemente von M liegen im Sektor 2a demnach keilartig zwischen der Geraden $y = -x$ und der x-Achse.

Fall 2b: $y < 0$.

Fortsetzung der Rechnung (2.13) ergibt im Sektor 2b:

$(x, y) \in M \quad \Leftrightarrow \quad -x \leq y \quad \Leftrightarrow \quad y \geq -x$.

Kein Punkt im Sektor 2b erfüllt diese Bedingung, so dass M_{2b} leer ist.

Die Menge M besteht somit aus zwei Keilen, die in Figur 2.3.18 grau dargestellt sind. Die durchgezogenen Randlinien gehören zu M dazu, die gestrichelten jedoch nicht. Nach links und nach rechts sind die Keile nicht beschränkt, was durch Zackenlinien angedeutet wurde.

A2.3.2 (h) $M := \{(x, y) \in \mathbb{R}^2 \mid \frac{x+2y}{2x+|y|} \leq 1, \; |y| \neq -2x\}$.

Die Definition von M enthält nur einen Betragsausdruck, so dass eine Fallunterscheidung mit 2 Fällen zunächst einmal genügt.

Fall 1: $y \geq 0$.

$$(x, y) \in M \quad \Leftrightarrow \quad \frac{x+2y}{2x+|y|} \leq 1 \quad \Leftrightarrow \quad \frac{x+2y}{2x+y} \leq 1. \tag{2.14}$$

Hier kann die Rechnung nicht fortgesetzt werden, da der Nenner in (2.14) sowohl positiv wie negativ sein kann. Eine untergeordnete Fallunterscheidung in die Fälle 1a und 1b ist notwendig, denen die Sektoren 1a und 1b in Figur 2.3.19 entsprechen.

2. Lineare Formen   75

Fall 1a: $2x + y > 0 \Leftrightarrow y > -2x$.

Im Sektor 1a können wir die Rechnung (2.14) nun fortsetzen:

$(x, y) \in M \Leftrightarrow x + 2y \leq 2x + y \Leftrightarrow y \leq x$.

Die Elemente von M liegen im Sektor 1a keilartig zwischen der Geraden $y = x$ und der x-Achse.

Fall 1b: $2x + y < 0 \Leftrightarrow y < -2x$.

Fortsetzung der Rechnung (2.14) ergibt im Sektor 1b:

$(x, y) \in M \Leftrightarrow x + 2y \geq 2x + y \Leftrightarrow y \geq x$.

Alle Punkte des Sektors 1b erfüllen diese Bedingung!

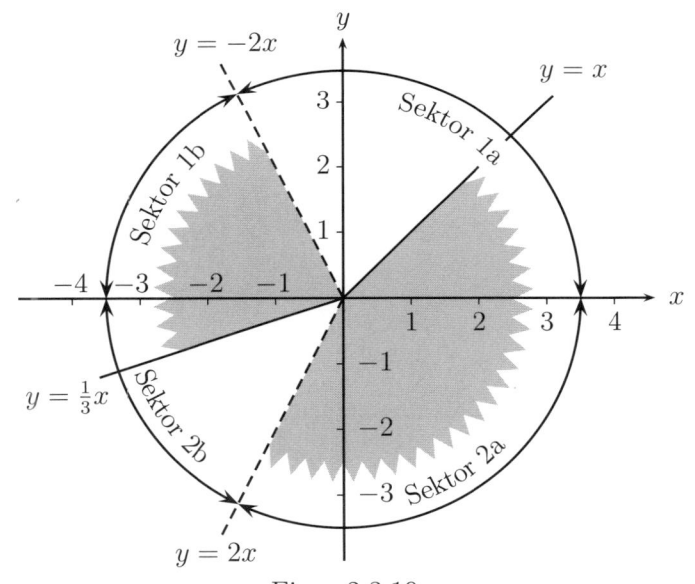

Figur 2.3.19

Fall 2: $y < 0$.

$(x, y) \in M \Leftrightarrow \frac{x+2y}{2x+|y|} \leq 1 \Leftrightarrow \frac{x+2y}{2x-y} \leq 1.$ (2.15)

Hier kann die Rechnung nicht fortgesetzt werden, da der Nenner in (2.15) sowohl positiv wie negativ sein kann. Eine untergeordnete Fallunterscheidung in die Fälle 2a und 2b ist notwendig.

Fall 2a: $2x - y > 0 \Leftrightarrow y < 2x$.

Im Sektor 2a können wir die Rechnung (2.15) nun fortsetzen:

$(x, y) \in M \Leftrightarrow x + 2y \leq 2x - y \Leftrightarrow y \leq \frac{1}{3}x$.

Alle Punkte des Sektors 2a erfüllen diese Bedingung!

Fall 2b: $2x - y < 0 \Leftrightarrow y > 2x$.

Fortsetzung der Rechnung (2.15) ergibt im Sektor 2b:

$(x,y) \in M \Leftrightarrow x + 2y \geq 2x - y \Leftrightarrow y \geq \frac{1}{3}x$.

Die Elemente von M liegen im Sektor 2b keilartig zwischen der Geraden $y = \frac{1}{3}x$ und der x-Achse.

Die Menge M ist in Figur 2.3.19 grau dargestellt. Die durchgezogenen Randlinien gehören zu M dazu, die gestrichelten jedoch nicht. Nach links und nach rechts ist M nicht beschränkt, was durch Zackenlinien angedeutet wurde.

A2.3.2 (i) $M := \{(x,y) \in \mathbb{R}^2 \mid \frac{x}{1+|y|} \geq 2\}$.

Die Definition von M enthält nur einen Betragsausdruck, so dass eine Fallunterscheidung mit 2 Fällen zunächst einmal genügt. Diesen beiden Fällen entsprechen in der Figur 2.3.20 die Sektoren 1 und 2.

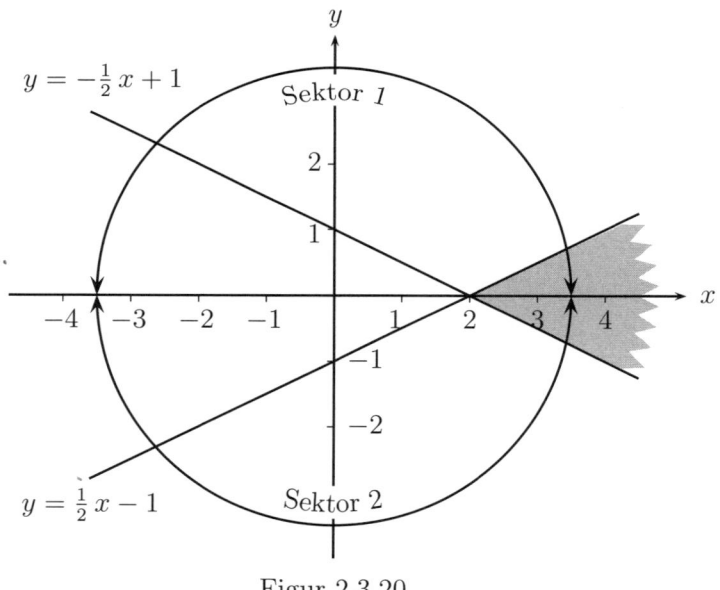

Figur 2.3.20

Fall 1: $y \geq 0$.

$(x,y) \in M \Leftrightarrow \frac{x}{1+|y|} \geq 2 \Leftrightarrow \frac{x}{1+y} \geq 2.$ \hfill (2.16)

Da $y \geq 0$ ist der Nenner $1 + y > 0$. Die Ungleichung (2.16) kann deshalb nach y aufgelöst werden.

$(x,y) \in M \Leftrightarrow x \geq 2(1+y) \Leftrightarrow 2y \leq x - 2 \Leftrightarrow y \leq \frac{1}{2}x - 1$.

Die Elemente von M liegen im Sektor 1 keilartig zwischen der Geraden $y = \frac{1}{2}x - 1$ und der x-Achse.

Fall 2: $y < 0$.

$(x,y) \in M \quad \Leftrightarrow \quad \frac{x}{1+|y|} \geq 2 \quad \Leftrightarrow \quad \frac{x}{1-y} \geq 2.$ \hfill (2.17)

Da $y < 0$ ist der Nenner $1 - y > 0$. Die Ungleichung (2.17) kann deshalb nach y aufgelöst werden.

$(x,y) \in M \quad \Leftrightarrow \quad x \geq 2(1-y) \quad \Leftrightarrow \quad 2y \geq -x + 2 \quad \Leftrightarrow \quad y \geq -\frac{1}{2}x + 1$.

Die Elemente von M liegen folglich im Sektor 2 keilartig zwischen der Geraden $y = -\frac{1}{2}x + 1$ und der x-Achse.

Die Menge M ist in Figur 2.3.20 grau dargestellt. Die durchgezogenen Randlinien gehören zu M dazu, die gestrichelten jedoch nicht. Nach rechts ist M nicht beschränkt, was durch eine Zackenlinie angedeutet wurde.

2.4 Lineare Gleichungssysteme

Bringen Sie die folgenden Gleichungssysteme in Diagonalform, ermitteln Sie die Lösungen rekursiv und stellen Sie unendliche Lösungsmengen vektoriell dar.

A2.4.1
$$\begin{aligned} 2x_1 - x_2 + x_3 &= 0 \\ 3x_1 - 2x_2 - x_3 &= 1 \\ -x_1 + x_2 - x_3 &= 2 \\ 4x_1 - 2x_2 - x_3 &= 3 \end{aligned}$$

Es handelt sich um ein Gleichungssystem mit drei Variablen, aber 4 Gleichungen. Nur wenn sich wenigstens eine Gleichung als "faul" herausstellt, kann es eine Lösung geben. Andernfalls ist das System "überbestimmt" und hat keine Lösung.

	x_1	x_2	x_3	$r.S.$	
[1]	2	-1	1	0	
[2]	3	-2	-1	1	
[3]	-1	1	-1	2	
[4]	4	-2	-1	3	
[5], 1. AWG	1	-1	1	-2	$(-1) \cdot [3]$
[6], 2. AWG	0	1	-1	4	$[1] - 2 \cdot [5]$
[7]	0	1	-4	7	$[2] - 3 \cdot [5]$
[8]	0	2	-5	11	$[4] - 4 \cdot [5]$
[9]	0	0	-3	3	$[7] - [6]$
[10]	0	0	-3	3	$[8] - 2 \cdot [6]$
[11], 3. AWG	0	0	1	-1	$[9] : (-3)$
[12], 1. AWG	1	-1	1	-2	[5]
[13], 2. AWG	0	1	-1	4	[6]
[14], 3. AWG	0	0	1	-1	[11]

Die Gleichheit der Gleichungen [9] und [10] zeigt, dass das Ausgangssystem eine "faule" Gleichung enthielt. Die Diagonalform besteht aus den drei Gleichungen [12], [13] und [14], die eine eindeutige Lösung bedingen. Die rekursive Auflösung ergibt: $x_3 = -1$; $x_2 = x_3 + 4 = 3$; $x_1 = x_2 - x_3 - 2 = 3 + 1 - 2 = 2$.

A2.4.2
$$2x_1 + 2x_2 - 3x_3 = 1$$
$$3x_1 - 2x_2 + x_3 = -1$$
$$x_1 - 4x_2 + 4x_3 = -1$$

Wir bringen das System in seine vereinfachte Darstellung und rechnen los.

	x_1	x_2	x_3	$r.S.$	
[1]	2	2	-3	1	
[2]	3	-2	1	-1	
[3], 1. AWG	1	-4	4	-1	
[4]	0	10	-11	3	$[1] - 2 \cdot [3]$
[5]	0	10	-11	2	$[2] - 3 \cdot [3]$

Die beiden Gleichungen [4] und [5] stehen zueinander im Widerspruch! Das Gleichungssystem hat demzufolge keine Lösung. Wir schließen daraus, dass zwei der drei Ebenen, die den drei Gleichungen entsprechen, zueinander parallel im Raum liegen müssen.

A2.4.3
$$2x_1 + 2x_2 - x_3 - 2x_4 = 1$$
$$3x_1 - x_2 + 2x_3 - x_4 = 0$$
$$4x_1 - 2x_2 + x_3 - 2x_4 = -1$$
$$-x_1 + 2x_2 - x_3 + x_4 = 4$$

	x_1	x_2	x_3	x_4	$r.S.$	
[1]	2	2	-1	-2	1	
[2]	3	-1	2	-1	0	
[3]	4	-2	1	-2	-1	
[4]	-1	2	-1	1	4	
[5], 1. AWG	1	-2	1	-1	-4	$(-1) \cdot [4]$
[6]	0	6	-3	0	9	$[1] - 2 \cdot [5]$
[7]	0	5	-1	2	12	$[2] - 3 \cdot [5]$
[8]	0	6	-3	2	15	$[3] - 4 \cdot [5]$
[9], 2. AWG	0	1	-0.5	0	1.5	$[6] : 6$
[10]	0	0	1.5	2	4.5	$[7] - 5 \cdot [9]$
[11]	0	0	0	-2	-6	$[8] - 6 \cdot [9]$

	x_1	x_2	x_3	x_4	$r.S.$	
[12], 3. AWG	0	0	1	4/3	3	[10] : 1.5
[13], 4. AWG	0	0	0	1	3	[11] : (−2)
[14], 1. AWG	1	−2	1	−1	−4	[5]
[15], 2. AWG	0	1	−0.5	0	1.5	[9]
[16], 3. AWG	0	0	1	4/3	3	[12]
[17], 4. AWG	0	0	0	1	3	[13]

Damit ist eine eindeutige Lösung erreicht. Die Diagonalform besteht aus den Gleichungen [14]–[17]. Rekursive Auflösung ergibt:

$x_4 = 3$; $x_3 = -\frac{4}{3}x_4 + 3 = -1$; $x_2 = \frac{1}{2}x_3 + 1.5 = 1$; $x_1 = 2x_2 - x_3 + x_4 - 4 = 2$.

A2.4.4

$$\begin{aligned} x_1 + 2x_2 - x_3 - x_4 &= 1 \\ -x_1 - 3x_2 + 2x_3 - x_4 &= 2 \\ 2x_1 \quad\quad - x_3 + x_4 &= 0 \\ 2x_1 - x_2 \quad\quad - x_4 &= 3 \end{aligned}$$

	x_1	x_2	x_3	x_4	$r.S.$	
[1], 1. AWG	1	2	−1	−1	1	
[2]	−1	−3	2	−1	2	
[3]	2	0	−1	1	0	
[4]	2	−1	0	−1	3	
[5]	0	−1	1	−2	3	[2] + [1]
[6]	0	−4	1	3	−2	[3] − 2 · [1]
[7]	0	−5	2	1	1	[4] − 2 · [1]
[8], 2. AWG	0	1	−1	2	−3	(−1) · [5]
[9]	0	0	−3	11	−14	[6] + 4 · [8]
[10]	0	0	−3	11	−14	[7] + 5 · [8]
[11], 3. AWG	0	0	1	−11/3	14/3	[9] : (−3)
[12], 1. AWG	1	2	−1	−1	1	[1]
[13], 2. AWG	0	1	−1	2	−3	[8]
[14], 3. AWG	0	0	1	−11/3	14/3	[11]

Da sich eine Gleichung als "faul" herausstellte, ist die Variable x_4 in der Diagonalform [12]–[14] unbestimmt geblieben. Wir können für x_4 jeden beliebigen Wert $\lambda \in \mathbb{R}$ einsetzen und erhalten durch rekursive Auflösung:

$x_4 = \lambda$; $x_3 = \frac{11}{3}x_4 + \frac{14}{3} = \frac{11}{3}\lambda + \frac{14}{3}$;

$x_2 = x_3 - 2x_4 - 3 = \frac{11}{3}\lambda + \frac{14}{3} - 2\lambda - 3 = \frac{5}{3}\lambda + \frac{5}{3}$;

$x_1 = -2x_2 + x_3 + x_4 + 1 = -2(\frac{5}{3}\lambda + \frac{5}{3}) + (\frac{11}{3}\lambda + \frac{14}{3}) + \lambda + 1 = \frac{4}{3}\lambda + \frac{7}{3}$.

Jetzt fasst man die reinen Zahlen und die λ-Ausdrücke in den Lösungen für x_1, x_2 x_3 und x_4 getrennt zusammen und erhält die vektorielle Darstellung

$$\mathbb{L} = \left\{ \begin{bmatrix} x_1 \\ x_2 \\ x_3 \\ x_4 \end{bmatrix} = \begin{bmatrix} \frac{7}{3} \\ \frac{5}{3} \\ \frac{14}{3} \\ 0 \end{bmatrix} + \lambda \begin{bmatrix} \frac{4}{3} \\ \frac{5}{3} \\ \frac{11}{3} \\ 1 \end{bmatrix} , \lambda \in \mathbb{R} \right\} .$$

Die vektorielle Darstellung verdeutlicht, dass der Lösungsraum eine Gerade im 4-dimensionalen Raum bildet.

A2.4.5
$$\begin{aligned} 2x_1 + 3x_2 - x_3 - 4x_4 &= 5 \\ x_1 + 2x_2 - x_3 - x_4 &= 1 \\ -x_1 - 3x_2 + 2x_3 - x_4 &= 2 \end{aligned}$$

	x_1	x_2	x_3	x_4	r.S.	
[1]	2	3	−1	−4	5	
[2], 1. AWG	1	2	−1	−1	1	
[3]	−1	−3	2	−1	2	
[4]	0	−1	1	−2	3	[1] − 2 · [2]
[5]	0	−1	1	−2	3	[3] + [2]
[6], 2. AWG	0	1	−1	2	−3	(−1) · [4]
[7], 1. AWG	1	2	−1	−1	1	[2]
[8], 2. AWG	0	1	−1	2	−3	[6]

Da sich eine Gleichung als "faul" herausstellte, sind die Variablen x_3 und x_4 in der Diagonalform [7]–[8] unbestimmt geblieben. Wir können für beide Variablen beliebige Werte λ und μ einsetzen und erhalten durch rekursive Auflösung:

$x_4 = \lambda$; $x_3 = \mu$; $x_2 = x_3 - 2x_4 - 3 = \mu - 2\lambda - 3$;

$x_1 = -2x_2 + x_3 + x_4 + 1 = -2(\mu - 2\lambda - 3) + \mu + \lambda + 1 = -\mu + 5\lambda + 7$.

2. Lineare Formen

Jetzt fasst man die reinen Zahlen, die μ- und die λ-Ausdrücke in den Lösungen für x_1, x_2 x_3 und x_4 getrennt zusammen und erhält die vektorielle Darstellung

$$\mathbb{L} = \left\{ \begin{bmatrix} x_1 \\ x_2 \\ x_3 \\ x_4 \end{bmatrix} = \begin{bmatrix} 7 \\ -3 \\ 0 \\ 0 \end{bmatrix} + \lambda \begin{bmatrix} 5 \\ -2 \\ 0 \\ 1 \end{bmatrix} + \mu \begin{bmatrix} -1 \\ 1 \\ 1 \\ 0 \end{bmatrix} \, , \, \lambda, \mu \in \mathbb{R} \right\} \, .$$

Die vektorielle Darstellung verdeutlicht, dass der Lösungsraum eine Ebene im 4-dimensionalen Raum bildet.

A2.4.6
$$\begin{aligned} x_1 + x_2 - x_3 + x_4 - x_5 &= 1 \\ -x_1 + x_2 - x_3 + x_4 - x_5 &= -1 \\ -x_1 + x_2 + x_3 + x_4 - x_5 &= 1 \\ -x_1 - x_2 - x_3 - x_4 + x_5 &= -3 \end{aligned}$$

	x_1	x_2	x_3	x_4	x_5	r.S.	
[1], 1. AWG	1	1	-1	1	-1	1	
[2]	-1	1	-1	1	-1	-1	
[3]	-1	1	1	1	-1	1	
[4]	-1	-1	-1	-1	1	-3	
[5]	0	2	-2	2	-2	0	[2] + [1]
[6]	0	2	0	2	-2	2	[3] + [1]
[7]	0	0	-2	0	0	-2	[4] + [1]
[8], 2. AWG	0	1	0	1	-1	1	[6] : 2
[9]	0	0	-2	0	0	-2	[5] $-$ 2 · [8]
[10], 3. AWG	0	0	1	0	0	1	[9] : (-2)
[11], 1. AWG	1	1	-1	1	-1	1	[1]
[12], 2. AWG	0	1	0	1	-1	1	[8]
[13], 3. AWG	0	0	1	0	0	1	[10]

Da sich eine Gleichung als "faul" herausstellte, sind die Variablen x_4 und x_5 in der Diagonalform [11]–[13] unbestimmt geblieben. Wir können für beide Variablen beliebige Werte λ und μ einsetzen und erhalten durch rekursive Auflösung:

$x_5 = \lambda \, ; \quad x_4 = \mu \, ; \quad x_3 = 1 \, ; \quad x_2 = -x_4 + x_5 + 1 = -\mu + \lambda + 1 \, ;$

$x_1 = -x_2 + x_3 - x_4 + x_5 + 1 = -(-\mu + \lambda + 1) + 1 - \mu + \lambda + 1 = 1 \, .$

Jetzt fasst man jeweils die reinen Zahlen, die μ- und die λ-Ausdrücke in der Darstellung der Lösungsmenge zusammen und erhält die vektorielle Darstellung

$$\mathbb{L} = \left\{ \begin{bmatrix} x_1 \\ x_2 \\ x_3 \\ x_4 \\ x_5 \end{bmatrix} = \begin{bmatrix} 1 \\ 1 \\ 1 \\ 0 \\ 0 \end{bmatrix} + \lambda \begin{bmatrix} 0 \\ 1 \\ 0 \\ 0 \\ 1 \end{bmatrix} + \mu \begin{bmatrix} 0 \\ -1 \\ 0 \\ 1 \\ 0 \end{bmatrix} \; , \; \lambda, \mu \in \mathbb{R} \right\} \; .$$

Die vektorielle Darstellung verdeutlicht, dass der Lösungsraum eine zweidimensionale Ebene im 5-dimensionalen Raum bildet.

Kapitel 3. Quadratische Formen und Polynome

3.1 Parabeln

A3.1.1 Fritz, Frieda und ihre Mutter sind alle zwischen 10 und 50 Jahren alt. In 10 Jahren werden Fritz und Frieda zusammen so alt sein wie ihre Mutter. Vor 7 Jahren war die Mutter dreimal so alt wie Fritz. Schreibt man das Alter von Frieda vor das Alter von Fritz, entsteht dieselbe Zahl, wie wenn man die Alter von Fritz und der Mutter miteinander multipliziert und 700 addiert.

Wir bezeichnen das Alter von Fritz mit x, das von Frieda mit y und das der Mutter mit z. Dann können wir aus den Angaben der Aufgabe die folgenden Gleichungen und Ungleichungen entnehmen:

(1) $10 \leq x, y, z \leq 50$
(2) $(x + 10) + (y + 10) = (z + 10)$
(3) $3(x - 7) = (z - 7)$
(4) $100y + x = xz + 700$

Gleichung (4) ergibt sich aus der Tatsache, dass das Alter von Fritz zweistellig ist und das Alter von Frieda deshalb um 2 Stellen nach links verschoben werden muss, was einer Multiplikation mit 100 entspricht. Gleichungen (2) und (3) lassen sich vereinfachen:

(5) $x + y - z = -10$
(6) $3x - z = 14$

Man subtrahiert (5) von (6) und erhält:

(7) $2x - y = 24 \quad \Leftrightarrow \quad y = 2x - 24$.

Aus (6) gewinnt man

(8) $z = 3x - 14$.

Nun setzt man (7) und (8) in (4) ein und erhält

(9) $100(2x - 24) + x = x(3x - 14) + 700$.

Diese Gleichung gilt es nun nach x aufzulösen. Man erhält:

$200x - 2400 + x = 3x^2 - 14x + 700 \quad \Leftrightarrow \quad 3x^2 - 215x + 3100 = 0$.

Anwendung der *abc*-Formel (Satz 3.1.7) ergibt:

$x_{1/2} = \frac{1}{6}(215 \pm \sqrt{215^2 - 4 \cdot 3 \cdot 3100}) = \frac{1}{6}(215 \pm 95) = 51\frac{2}{3} \,/\, 20$.

Da die erste Lösung wegen (1) wegfällt, lautet die eindeutige Lösung: $x = 20$, $y = 16$ und $z = 46$.

A3.1.2 Lösen Sie die folgende Gleichung nach x auf. Probe!

$$1 - \frac{1 + \dfrac{1}{x+1}}{1 - \dfrac{1}{1 + \dfrac{1}{x}}} = -3 \qquad (3.1)$$

Wir fassen zunächst den Zähler des großen Bruchs zusammen:

$$1 + \frac{\dfrac{1}{x+1}}{x-1} = 1 + \frac{1}{x+1} : \frac{x-1}{1} = 1 + \frac{1}{(x+1)(x-1)}$$

$$= \frac{(x+1)(x-1) + 1}{(x+1)(x-1)} = \frac{x^2 - 1 + 1}{(x+1)(x-1)} = \frac{x^2}{(x+1)(x-1)}.$$

Jetzt fassen wir den Nenner des großen Bruchs zusammen:

$$1 - \frac{1}{1 + \dfrac{1}{x}} = 1 - \frac{1}{\dfrac{x+1}{x}} = 1 - \frac{x}{x+1} = \frac{(x+1) - x}{x+1} = \frac{1}{x+1}.$$

Dann lautet die linke Seite von Gleichung (3.1) in vereinfachter Form:

$$1 - \frac{\dfrac{x^2}{(x+1)(x-1)}}{\dfrac{1}{x+1}} = 1 - \frac{x^2}{(x+1)(x-1)} : \frac{1}{x+1}$$

$$= 1 - \frac{x^2(x+1)}{(x+1)(x-1)} = 1 - \frac{x^2}{(x-1)}.$$

Jetzt kann (3.1) leicht aufgelöst werden:

$$\frac{x^2}{(x-1)} = 4 \;\Leftrightarrow\; x^2 = 4x - 4 \;\Leftrightarrow\; x^2 - 4x + 4 = 0 \;\Leftrightarrow\; (x-2)^2 = 0 \;\Leftrightarrow\; x = 2.$$

Die Probe ergibt für die linke Seite von (3.1):

$$1 - \frac{1 + \frac{1}{3}}{1 - \frac{2}{3}} = 1 - \frac{4 \cdot 3}{3 \cdot 1} = -3.$$

Damit ist eine eindeutige Lösung für (3.1) gefunden.

A3.1.3 (a) Beweisen Sie den zweiten Teil der Ausage von Satz 3.1.11 (c).

(b) Beweisen Sie die Aussage (d) des Satzes 3.1.11.

(a) Im Beweis zu Satz 3.1.11(c) war nur gezeigt worden, dass eine nach oben geöffnete Parabel, also $a > 0$, im Bereich links der Symmetrieachse smf verläuft. Jetzt sollen wir zeigen, dass sie im Bereich rechts der Symmetrieachse einen sms Verlauf aufweist. Die Parabel hatte die Funktionsgleichung $f(x) = a(x-x_s)^2 + y_s$. Sei also $a > 0$ und $x_s \leq x_1 < x_2$. Es ist zu zeigen, dass $f(x_1) < f(x_2)$. Aus $x_1 < x_2$ folgt

$$(x_1 - x_s) < (x_2 - x_s). \tag{3.2}$$

Wegen $x_s \leq x_1$ gilt $(x_1 - x_s) \geq 0$. Multipliziert man (3.2) mit $(x_1 - x_s)$ erhält man

$$(x_1 - x_s)^2 \leq (x_1 - x_s)(x_2 - x_s). \tag{3.3}$$

Wegen $x_s \leq x_1 < x_2$ folgt $(x_2 - x_s) > 0$. Multipiziert man (3.2) mit $(x_2 - x_s)$ erhält man

$$(x_1 - x_s)(x_2 - x_s) < (x_2 - x_s)^2. \tag{3.4}$$

Zusammenfassung von (3.3) und (3.4) ergibt

$$(x_1 - x_s)^2 \leq (x_1 - x_s)(x_2 - x_s) < (x_2 - x_s)^2. \tag{3.5}$$

Da $a > 0$ folgt nun direkt das gewünschte Ergebnis:

$$a(x_1-x_s)^2 < a(x_2-x_s)^2 \Rightarrow a(x_1-x_s)^2+y_s < a(x_2-x_s)^2+y_s \Rightarrow f(x_1) < f(x_2).$$

(b) Die Aussage (d) des Satzes 3.1.11 behandelt eine nach unten offene Parabel, also den Fall $f(x) = a(x - x_s)^2 + y_s$ mit $a < 0$. Es ist zunächst zu zeigen, dass f links der Symmetrieachse $x = x_s$ sms verläuft. Sei dazu $x_1 < x_2 \leq x_s$. Zu zeigen ist $f(x_1) < f(x_2)$.

Da $(-a) > 0$ ist die Parabel $g(x) = (-a)(x - x_s)^2 + y_s$ links der Symmetrieachse $x = x_s$ gemäß (c) smf. Es gilt also $g(x_1) > g(x_2)$. Daraus folgt $(-a)(x_1 - x_s)^2 + y_s > (-a)(x_2 - x_s)^2 + y_s$. Multiplikation mit (-1) ergibt $a(x_1 - x_s)^2 + y_s < a(x_2 - x_s)^2 + y_s$, also $f(x_1) < f(x_2)$. Das war zu zeigen.

Es verbleibt zu zeigen, dass f rechts der Symmetrieachse smf verläuft. Diese Aussage erreicht man durch eine völlig gleichartige Argumentation.

A3.1.4 Bestimmen Sie Scheitelpunkt, Symmetrieachse, Nullstellen und multiplikative Zerlegung für die vier Parabeln des Beispiels 3.1.6 und zeichnen Sie diese.

Aus den quadratischen Ergänzungen des Beispiels 3.1.6 können wir für die vier Parabeln die Scheitelpunkte, Symmetrieachsen und Scheitelpunktformen direkt ablesen. Daraus erhält man unmittelbar die Nullstellen und die multiplikativen Zerlegungen.

(a) $S_a = (-3, -11)$, $x_s = -3$, $f_a(x) = (x+3)^2 - 11$.

$f_a(x) = 0 \;\Rightarrow\; (x+3)^2 - 11 = 0 \;\Rightarrow\; x + 3 = \pm\sqrt{11} \;\Rightarrow\; x_{1/2} = -3 \pm \sqrt{11}$.
$\Rightarrow\; f_a(x) = (x + 3 + \sqrt{11})(x + 3 - \sqrt{11})$.

(b) $S_b = (4, -14)$, $x_s = 4$, $f_b(x) = (x-4)^2 - 14$.

$f_b(x) = 0 \;\Rightarrow\; (x-4)^2 - 14 = 0 \;\Rightarrow\; x - 4 = \pm\sqrt{14} \;\Rightarrow\; x_{1/2} = 4 \pm \sqrt{14}$.
$\Rightarrow\; f_b(x) = (x - 4 + \sqrt{14})(x - 4 - \sqrt{14})$.

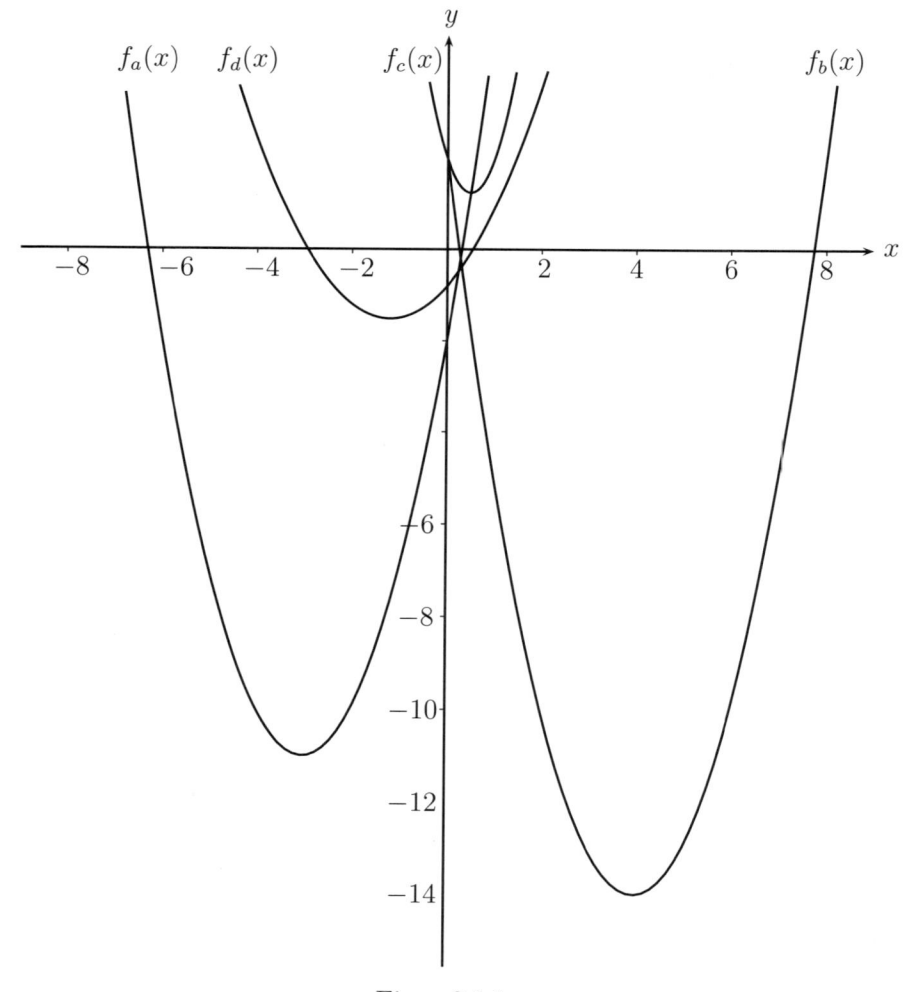

Figur 3.1.1

3. Quadratische Formen und Polynome

(c) $S_c = (0.5, 1.25)$, $x_s = 0.5$, $f_c(x) = 3(x - 0.5)^2 + 1.25$.

$f_c(x) = 0 \Rightarrow 3(x - 0.5)^2 + 1.25 = 0$.

Der Versuch einer weiteren Auflösung nach x führt zu einer negativen Wurzel, woraus wir entnehmen, dass die Parabel f_c keine Nullstellen besitzt und nicht multiplikativ zerlegt werden kann.

(d) $S_d = (-1.2, -1.52)$, $x_s = -1.2$, $f_d(x) = 0.5(x + 1.25)^2 - 1.52$.

$f_d(x) = 0 \Rightarrow 0.5(x + 1.25)^2 - 1.52 = 0 \Rightarrow x + 1.25 = \pm\sqrt{3.04}$

$\Rightarrow x_{1/2} = -1.25 \pm \sqrt{3.04}$

$\Rightarrow f_d(x) = (x - 1.25 + \sqrt{3.04})(x - 1.25 - \sqrt{3.04})$.

A3.1.5 Nachfolgend sind jeweils drei Punkte gegeben. Bestimmen Sie dazu jeweils die eindeutige Parabel, die durch diese Punkte verläuft und berechnen Sie ihre Nullstellen, Scheitelform, Scheitelpunkt, Symmetrieachse und multiplikative Zerlegung. Zeichnen Sie die Parabeln.

(a) $P_1 = (1, -8)$, $P_2 = (2, -4)$, $P_3 = (6, -18)$,

(b) $P_1 = (-2, 17)$, $P_2 = (-1, 6)$, $P_3 = (1, 2)$,

(c) $P_1 = (-2, -4)$, $P_2 = (2, -10)$, $P_3 = (4, -7)$.

(a) Wir verfahren wie in Beispiel 3.1.13. Sei $f_a(x) = ax^2 + bx + c$ die gesuchte Parabel, die durch die Punkte $P_1 = (1, -8)$, $P_2 = (2, -4)$ und $P_3 = (6, -18)$ verläuft. Dann müssen die folgenden drei Gleichungen für die Parameter a, b und c erfüllt sein:

$P_1: \quad f_a(1) = -8 \quad \Leftrightarrow \quad a \cdot 1^2 + b \cdot 1 + c = a + b + c = -8$
$P_2: \quad f_a(2) = -4 \quad \Leftrightarrow \quad a \cdot 2^2 + b \cdot 2 + c = 4a + 2b + c = -4$
$P_3: \quad f_a(6) = -18 \quad \Leftrightarrow \quad a \cdot 6^2 + b \cdot 6 + c = 36a + 6b + c = -18$

Wir lösen das Gleichungssystem mit der Hilfe des GSA auf:

	a	b	c	r.S.	
[1], 1. AWG	1	1	1	-8	
[2]	4	2	1	-4	
[3]	36	6	1	-18	
[4]	0	-2	-3	28	$[2] - 4 \cdot [1]$
[5]	0	-30	-35	270	$[3] - 36 \cdot [1]$
[6], 2. AWG	0	1	1.5	-14	$[4] : (-2)$
[7]	0	6	7	-54	$[5] : (-5)$
[8]	0	0	-2	30	$[7] - 6 \cdot [6]$
[9], 3. AWG	0	0	1	-15	$[8] : (-2)$

Die rekursive Auflösung ergibt: $c = -15$; $b = -1.5c - 14 = 22.5 - 14 = 8.5$; $a = -b - c - 8 = -8.5 + 15 - 8 = -1.5$. Die gesuchte Parabel, dargestellt in Figur 3.1.2, lautet demnach: $f_a(x) = -1.5x^2 + 8.5x - 15$.

Die Probe bestätigt die Richtigkeit der Lösung: $f_a(1) = -8$, $f_a(2) = -4$ und $f_a(6) = -18$. Die Nullstellen ermittelt man mit der *abc*-Formel:

$$f_a(x) = 0 \;\Leftrightarrow\; x_{1/2} = -\frac{1}{3}(-8.5 \pm \sqrt{8.5^2 - 4 \cdot (-1.5) \cdot (-15)}$$

Da die Diskriminante $D = 8.5^2 - 4 \cdot (-1.5) \cdot (-15) = 72.25 - 90 = -17.75$ negativ ist, hat f_a keine Nullstellen und deswegen auch keine multiplikative Zerlegung. Der Scheitelpunkt S hat gemäß Satz 3.1.11 die Koordinaten

$$x_s = \frac{8.5}{3} = \frac{17}{6} \approx 2.83 \quad \text{und} \quad y_s = \frac{1}{6}D = -\frac{17.75}{6} \approx -2.46.$$

Die Symmetrieachse liegt in $x = x_s$, und die Scheitelform der Parabel lautet:
$$f_a(x) = -1.5(x - \tfrac{17}{6})^2 - \tfrac{71}{24}.$$

(b) Sei $f_b(x) = ax^2 + bx + c$ die Parabel, die durch die Punkte $P_1 = (-2, 17)$, $P_2 = (-1, 6)$ und $P_3 = (1, 2)$ verläuft. Dann müssen die folgenden drei Gleichungen für die Parameter a, b und c erfüllt sein:

$P_1:$ $\quad f_b(-2) = 17 \;\Leftrightarrow\; a \cdot (-2)^2 + b \cdot (-2) + c = 4a - 2b + c = 17$
$P_2:$ $\quad f_b(-1) = 6 \;\Leftrightarrow\; a \cdot (-1)^2 + b \cdot (-1) + c = a - b + c = 6$
$P_3:$ $\quad f_b(1) = 2 \;\Leftrightarrow\; a \cdot 1^2 + b \cdot 1 + c = a + b + c = 2$

Wir lösen das Gleichungssystem mit der Hilfe des GSA auf:

	a	b	c	r.S.	
[1]	4	−2	1	17	
[2]	1	−1	1	6	
[3], 1. AWG	1	1	1	2	
[4]	0	−6	−3	9	[1] − 4 · [3]
[5]	0	−2	0	4	[2] − [3]
[6], 2. AWG	0	1	0	−2	[5] : (−2)
[7]	0	−2	−1	3	[4] : 3
[8]	0	0	−1	−1	[7] + 2 · [6]
[9], 3. AWG	0	0	1	1	[8] · (−1)

Die rekursive Auflösung ergibt: $c = 1$; $b = -2$; $a = -b - c + 2 = 2 - 1 + 2 = 3$. Die gesuchte Parabel, dargestellt in Figur 3.1.2, lautet deshalb:
$$f_b(x) = 3x^2 - 2x + 1.$$

3. Quadratische Formen und Polynome

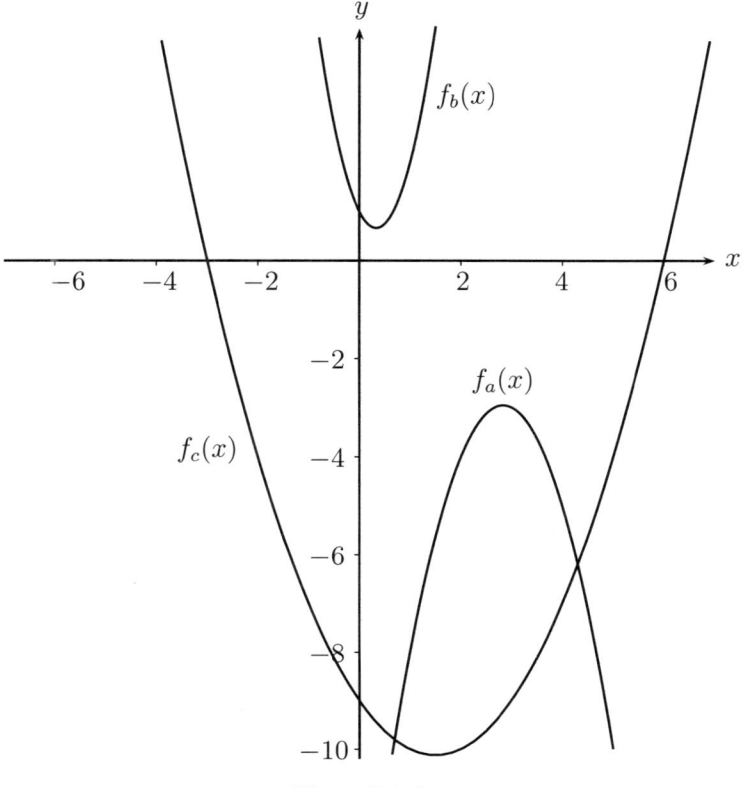

Figur 3.1.2

Die Probe bestätigt die Richtigkeit der Lösung: $f_b(-2) = 17$, $f_b(-1) = 6$ und $f_b(1) = 2$. Die Nullstellen ermittelt man mit der *abc*-Formel:

$$f_b(x) = 0 \Leftrightarrow x_{1/2} = \frac{1}{6}(2 \pm \sqrt{2^2 - 4 \cdot 3 \cdot 1})$$

Da die Diskriminante $D = 4 - 12 = -8$ negativ ist, hat f_b keine Nullstellen und deswegen auch keine multiplikative Zerlegung. Der Scheitelpunkt S hat gemäß Satz 3.1.11 die Koordinaten

$$x_s = -\frac{-2}{6} = \frac{1}{3} \approx 0.33 \quad \text{und} \quad y_s = -\frac{1}{12}D = -\frac{-8}{12} = \frac{2}{3} \approx 0.67 \ .$$

Die Symmetrieachse liegt in $x = x_s$ und die Scheitelform der Parabel lautet:

$$f_b(x) = 3(x - \frac{1}{3})^2 + \frac{2}{3} \ .$$

(c) Sei $f_c(x) = ax^2 + bx + c$ die Parabel, die durch die Punkte $P_1 = (-2, -4)$, $P_2 = (2, -10)$ und $P_3 = (4, -7)$ verläuft. Dann müssen die folgenden drei Gleichungen für die Parameter a, b und c erfüllt sein:

$P_1:$ $f_c(-2) = -4$ $\Leftrightarrow$ $a \cdot (-2)^2 + b \cdot (-2) + c = 4a - 2b + c = -4$
$P_2:$ $f_c(2) = -10$ $\Leftrightarrow$ $a \cdot 2^2 + b \cdot 2 + c = 4a + 2b + c = -10$
$P_3:$ $f_c(4) = -7$ $\Leftrightarrow$ $a \cdot 4^2 + b \cdot 4 + c = 16a + 4b + c = -7$

Wir lösen das Gleichungssystem mit der Hilfe des GSA auf:

	a	b	c	$r.S.$	
[1]	4	-2	1	-4	
[2]	4	2	1	-10	
[3]	16	4	1	-7	
[4], 1. AWG	1	0.5	0.25	-2.5	[2] : 4
[5]	0	4	0	-6	[2] − [1]
[6]	0	-4	-3	33	[3] − 4 · [2]
[7], 2. AWG	0	1	0	-1.5	[5] : 4
[8]	0	0	-3	27	[5] + [6]
[9], 3. AWG	0	0	1	-9	[5] + [6]

Die rekursive Auflösung ergibt: $c = -9$; $b = -1.5$; $a = -0.5b - 0.25c - 2.5 = 0.75 + 2.25 - 2.5 = 0.5$. Die gesuchte Parabel, dargestellt in Figur 3.1.2, lautet demnach:
$$f_c(x) = 0.5x^2 - 1.5x - 9 .$$

Die Probe bestätigt die Richtigkeit der Lösung: $f_c(-2) = -4$, $f_c(2) = -10$ und $f_c(4) = -7$. Die Nullstellen ermittelt man mit der abc-Formel:

$$f_c(x) = 0 \quad \Leftrightarrow \quad x_{1/2} = 1.5 \pm \sqrt{2.25 - 4 \cdot 0.5 \cdot (-9)} = 1.5 \pm 4.5 = 6 \; / \; -3 .$$

Die multiplikative Zerlegung lautet dann:
$$f_c(x) = 0.5(x - 6)(x + 3) .$$

Der Scheitelpunkt S hat gemäß Satz 3.1.11 die Koordinaten
$$x_s = -\frac{1.5}{1} = -1.5 \quad \text{und} \quad y_s = f_c(-1.5) = -10.125 .$$

Die Symmetrieachse liegt in $x = x_s$ und die Scheitelform der Parabel lautet:
$$f_c(x) = 0.5(x + 1.5)^2 - 10.125 .$$

A3.1.6 Sei $f(x) = ax^2 + bx + c$, $a, b, c \in \mathbb{R}$, $a \neq 0$, eine Parabel und $\bar{x} = -\frac{b}{2a}$. Zeigen Sie, dass $f(x)$ symmetrisch ist zu $\bar{x}$, indem Sie durch direkte Rechnung die Gleichung $f(\bar{x} + t) = f(\bar{x} - t)$ für beliebiges $t \in \mathbb{R}$ nachweisen.

3. Quadratische Formen und Polynome

Wir setzen $\bar{x} + t$ in f ein:

$$f(\bar{x}+t) = f(-\tfrac{b}{2a}+t) = a(-\tfrac{b}{2a}+t)^2 + b(-\tfrac{b}{2a}+t) + c$$
$$= \tfrac{ab^2}{4a^2} - \tfrac{2abt}{2a} + at^2 - \tfrac{b^2}{2a} + bt + c = \tfrac{b^2}{4a} - bt + at^2 - \tfrac{2b^2}{4a} + bt + c$$
$$= -\tfrac{b^2}{4a} + at^2 + c \ . \tag{3.6}$$

Nun setzen wir $\bar{x} - t$ in f ein und hoffen, dass sich dasselbe Ergebnis (3.6) einstellen wird:

$$f(\bar{x}-t) = f(-\tfrac{b}{2a}-t) = a(-\tfrac{b}{2a}-t)^2 + b(-\tfrac{b}{2a}-t) + c$$
$$= \tfrac{ab^2}{4a^2} + \tfrac{2abt}{2a} + at^2 - \tfrac{b^2}{2a} - bt + c = \tfrac{b^2}{4a} + bt + at^2 - \tfrac{2b^2}{4a} - bt + c$$
$$= -\tfrac{b^2}{4a} + at^2 + c \ . \tag{3.7}$$

Die Ergebnisse (3.6) und (3.7) sind tatsächlich gleich, so dass die behauptete Gleichheit bewiesen ist.

A3.1.7 Gibt es drei aufeinanderfolgende natürliche Zahlen n_1, n_2, n_3, so dass $n_1^2 + n_2^2 = n_3^2$? Auf diese Fragestellung, die auch in den nachfolgenden Aufgaben behandelt wird, hat mich H. Dalkowski und R. Gorenflo aufmerksam gemacht.

Wir schreiben x für n_1, $(x+1)$ für n_2 und $(x+2)$ für n_3, und erhalten die Gleichung

$$x^2 + (x+1)^2 = (x+2)^2 \ . \tag{3.8}$$

Da es sich um eine quadratische Gleichung handelt, sehen wir schon jetzt, dass es höchstens zwei Kandidaten für eine Lösung geben wird. Die fortgesetzte Rechnung ergibt: $x^2 + (x^2 + 2x + 1) = (x^2 + 4x + 4) \iff x^2 - 2x - 3 = 0$.
Die abc-Formel liefert die möglichen Lösungen:

$$x_{1/2} = \tfrac{1}{2}(2 \pm \sqrt{4+12}) = 1 \pm 2 = -1\ /\ 3 \ .$$

Da $x_1 = -1$ keine Lösung ist, bleibt nur $x_2 = 3$, was man durch eine Probe leicht bestätigen kann: $3^2 + 4^2 = 5^2$.

A3.1.8 Gibt es 5 aufeinanderfolgende natürliche Zahlen, $n_1, \ldots, n_5$, so dass $n_1^2 + n_2^2 + n_3^2 = n_4^2 + n_5^2$?

Gegenüber der letzten Aufgabe sind nun zwei Zahlen hinzugekommen. Wir verfahren nach demselben System und benennen die unbekannten Zahlen mit x, $(x+1)$, $(x+2)$, $(x+3)$ und $(x+4)$. Es muss gelten:

$$x^2 + (x+1)^2 + (x+2)^2 = (x+3)^2 + (x+4)^2 \ . \tag{3.9}$$

Da es sich um eine quadratische Gleichung handelt, wissen wir, dass es höchstens zwei Kandidaten für eine Lösung geben wird. Die fortgesetzte Rechnung ergibt:

$$x^2+(x^2+2x+1)+(x^2+4x+4) = (x^2+6x+9)+(x^2+8x+16) \Leftrightarrow x^2-8x-20 = 0.$$

Die *abc*-Formel liefert die möglichen Lösungen:

$$x_{1/2} = \tfrac{1}{2}(8 \pm \sqrt{64+80}) = 4 \pm 6 = -2 \ / \ 10 \ .$$

Da $x_1 = -2$ keine Lösung ist, bleibt nur $x_2 = 10$, was man durch eine Probe tatsächlich bestätigen kann: $10^2 + 11^2 + 12^2 = 13^2 + 14^2$!

A3.1.9 Gibt es 7 aufeinanderfolgende natürliche Zahlen, $n_1, \ldots, n_7$, so dass $n_1^2 + n_2^2 + n_3^2 + n_4^2 = n_5^2 + n_6^2 + n_7^2$?

Diese Aufgabe setzt die Fragestellung der vorausgehenden Aufgabe, die eine überraschende positive Lösung hatte, fort. Wie weit lassen sich die Gleichungen (3.8) und (3.9) erweitern?

Wir verfahren nach demselben System wie in den vorausgegangenen Aufgaben und benennen die unbekannten Zahlen mit x, $(x+1)$, $(x+2)$, $(x+3)$, $(x+4)$, $(x+5)$ und $(x+6)$. Es muss gelten:

$$x^2 + (x+1)^2 + (x+2)^2 + (x+3)^2 = (x+4)^2 + (x+5)^2 + (x+6)^2 \ . \tag{3.10}$$

Da es sich um eine quadratische Gleichung handelt, wird es erneut höchstens zwei Kandidaten für eine Lösung geben. Die fortgesetzte Rechnung ergibt:

$$x^2 + (x^2 + 2x + 1) + (x^2 + 4x + 4) + (x^2 + 6x + 9)$$
$$= (x^2 + 8x + 16) + (x^2 + 10x + 25) + (x^2 + 12x + 36)$$
$$\Leftrightarrow \quad x^2 - 18x - 63 = 0 \ .$$

Die *abc*-Formel liefert die möglichen Lösungen:

$$x_{1/2} = \tfrac{1}{2}(18 \pm \sqrt{324+252}) = 9 \pm 12 = -3 \ / \ 21 \ .$$

Da $x_1 = -3$ keine Lösung ist, bleibt nur $x_2 = 21$, was man durch eine Probe bestätigt: $21^2 + 22^2 + 23^2 + 24^2 = 25^2 + 26^2 + 27^2$!

A3.1.10 (Schwierig!) Zeigen Sie: Zu jeder natürlichen Zahl k gibt es eine natürliche Zahl n, die die Gleichung

$$n^2 + (n+1)^2 + \cdots + (n+k)^2 = (n+k+1)^2 + \cdots + (n+2k)^2 \tag{3.11}$$

erfüllt und es gilt $n = 2k^2 + k$.

3. Quadratische Formen und Polynome

Diese Aufgabe ist nun die endgültige Verallgemeinerung der letzten drei Aufgaben. Erneut muss mit (3.11) eine quadratische Gleichung gelöst werden. Wir multiplizieren zunächst die Klammern in (3.11) aus und erhalten

$$n^2 + [n^2 + 2n + 1] +$$
$$+ [n^2 + 4n + 4] +$$
$$+ [n^2 + 6n + 9] +$$
$$\vdots$$
$$+ [n^2 + 2kn + k^2]$$
$$=$$
$$[n^2 + 2(k+1)n + (k+1)^2] +$$
$$+ [n^2 + 2(k+2)n + (k+2)^2] +$$
$$\vdots$$
$$+ [n^2 + 2 \cdot 2k \cdot n + (2k)^2]. \qquad (3.12)$$

Wir bringen alle Terme auf die linke Seite. Da auf der linken Seite von (3.12) $(k+1)$ Mal n^2 steht, auf der rechten Seite jedoch nur k Mal, bleibt auf der linken Seite nur ein n^2 stehen. Wir erhalten

$$n^2 + 2n[1 + 2 + 3 + \ldots + k - (k+1) - (k+2) - \ldots - (k+k)] +$$
$$+ [1 + 4 + 9 + \ldots + k^2 - (k+1)^2 - (k+2)^2 - \ldots - (k+k)^2] = 0. \qquad (3.13)$$

Wir fassen die beiden Ausdrücke in eckigen Klammern einzeln zusammen.

$$[1 + 2 + 3 + \ldots + k - (k+1) - (k+2) - \ldots - (k+k)]$$
$$= 1 + 2 + 3 + \ldots + k - k - 1 - k - 2 - \ldots - k - k$$
$$= -k - k \ldots - k - k \ [k \text{ Mal } (-k)] \ = -k^2. \qquad (3.14)$$

$$[1 + 4 + 9 + \ldots + k^2 - (k+1)^2 - (k+2)^2 - \ldots - (k+k)^2]$$
$$= 1 + 4 + 9 + \ldots + k^2 - (k^2 + 2k + 1) - (k^2 + 4k + 4) - \ldots - (k^2 + 2k^2 + k^2)$$
$$= -k^2 - 2k - k^2 - 4k - \ldots - k^2 - 2k^2 = -k(k + 2 + k + 4 + \ldots + k + 2k)$$
$$= -k(k^2 + 2[1 + 2 + 3 + \ldots + k]) = -k(k^2 + 2[k(k+1)/2])$$
$$= -k(k^2 + k^2 + k) = -2k^3 - k^2 \ . \qquad (3.15)$$

In der letzten Zeile von (3.15) haben wir die Gleichung $1 + 2 + 3 + \ldots + k = k(k+1)/2$ benutzt, die in Beispiel 1.4.13 durch vollständige Induktion bewiesen worden war.

Wir setzen nun (3.14) und (3.15) in (3.13) ein und erhalten die quadratische Gleichung $n^2 - 2k^2 n - (2k^3 + k^2) = 0$. Die Anwendung der *abc*-Formel ergibt

$$n_{1/2} = \tfrac{1}{2}\left(2k^2 \pm \sqrt{4k^4 + 8k^3 + 4k^2}\right)$$
$$= k^2 \pm k\sqrt{k^2 + 2k + 1} = k^2 \pm k(k+1) = k^2 \pm (k^2 + k) = -k \ / \ 2k^2 + k \ .$$

Da die negative Lösung $-k$ ausscheidet, erhalten wir $n = 2k^2 + k$ als eindeutige Lösung, die sich auch durch eine Probe bestätigen lässt.

3.2 Kreise

A3.2.1 Wie lauten die Gleichungen der Kreise, die durch P_1, P_2 und P_3 gehen?

(a) $P_1 = (-2,3)$, $P_2 = (0,-3)$, $P_3 = (4,1)$,

(b) $P_1 = (-3,-1)$, $P_2 = (0,0)$, $P_3 = (5,3)$,

(c) $P_1 = (1,-3)$, $P_2 = (3,-7)$, $P_3 = (-2,-2)$.

(d) $P_1 = (0,0)$, $P_2 = (u,0)$, $P_3 = (0,v)$.

In Beispiel 3.2.4 war eine "geometrische" Lösung eines derartigen Problems vorgestellt worden, die dem folgenden Verfahren entsprach: (1) Berechne zwei Verbindungsgeraden f und g, (2) bestimme ihre Mittelpunkte Q_f und Q_g, (3) bestimme die Normale $\bar{f}$ zu f durch Q_f, (4) bestimme die Normale $\bar{g}$ zu g durch Q_g, (5) schneide $\bar{f}$ und $\bar{g}$ und erhalte den Mittelpunkt M des gesuchten Kreises, (6) bestimme den Abstand r zwischen einem Punkt P_i und M und erhalte den gesuchten Radius.

Dieses Verfahren würde uns auch im vorliegenden Fall zu den Lösungen führen, doch wollen wir hier einmal ausschließlich algebraisch vorgehen.

(a) Sei $(x - x_M)^2 + (y - y_M)^2 = r^2$ der gesuchte Kreis. Eine grobe Skizze sagt uns, dass $x_M \approx 0.5$, $y_M \approx 0.5$ und $r \approx 4$ sein könnten.

Wir setzen nun die Koordinaten der Punkte P_1, P_2 und P_3 in die allgemeine Kreisgleichung ein und lösen nach den Unbekannten x_M, y_M und r auf.

$P_1 = (-2,3):\quad (-2 - x_M)^2 + (3 - y_M)^2 = r^2$
$$\Rightarrow\quad x_M^2 + 4x_M + 4 + y_M^2 - 6y_M + 9 = r^2 \tag{3.16}$$

$P_2 = (0,-3):\quad (0 - x_M)^2 + (-3 - y_M)^2 = r^2$
$$\Rightarrow\quad x_M^2 + y_M^2 + 6y_M + 9 = r^2 \tag{3.17}$$

$P_3 = (4,1):\quad (4 - x_M)^2 + (1 - y_M)^2 = r^2$
$$\Rightarrow\quad x_M^2 - 8x_M + 16 + y_M^2 - 2y_M + 1 = r^2 \tag{3.18}$$

Gleichsetzung von (3.16) und (3.17) führt zu:
$$x_M^2 + 4x_M + 4 + y_M^2 - 6y_M + 9 = x_M^2 + y_M^2 + 6y_M + 9 \;.$$

Wir fassen zusammen und lösen nach y_M auf:
$$12 y_M = 4 x_M + 4 \quad\Rightarrow\quad y_M = \tfrac{1}{3} x_M + \tfrac{1}{3} \;. \tag{3.19}$$

Gleichsetzung von (3.17) und (3.18) führt zu:
$$x_M^2 + y_M^2 + 6y_M + 9 = x_M^2 - 8x_M + 16 + y_M^2 - 2y_M + 1 \;.$$

Wir fassen zusammen und lösen nach y_M auf:
$$8 y_M = -8 x_M + 7 \quad\Rightarrow\quad y_M = -x_M + \tfrac{7}{8} \;. \tag{3.20}$$

Gleichsetzung von (3.19) und (3.20) führt zu:
$$\tfrac{1}{3}x_M + \tfrac{1}{3} = -x_M + \tfrac{7}{8} \;\Rightarrow\; \tfrac{32}{3}x_M = \tfrac{13}{3}$$
$$\Rightarrow\; x_M = \tfrac{13}{32} \approx 0.41 \;;\; y_M = \tfrac{15}{32} \approx 0.47 \;.$$

Den gesuchten Radius erhält man beispielsweise aus (3.17):
$$r = \sqrt{\left[\tfrac{13}{32}\right]^2 + \left[\tfrac{15}{32}\right]^2 + \tfrac{6 \cdot 15}{32} + 9} = \tfrac{1}{32}\sqrt{12490} \approx 3.49 \;.$$

Damit ist die Aufgabe gelöst.

(b) Wir verfahren genauso wie in der Lösung der Aufgabe (a). Sei $(x - x_M)^2 + (y - y_M)^2 = r^2$ der gesuchte Kreis. Eine grobe Skizze sagt uns, dass $x_M \approx -5$, $y_M \approx 10$ und $r \approx 11$ sein könnten.

Wir setzen nun die Koordinaten der Punkte P_1, P_2 und P_3 in die allgemeine Kreisgleichung ein und lösen nach den Unbekannten x_M, y_M und r auf.

$P_1 = (-3, -1):\; (-3 - x_M)^2 + (-1 - y_M)^2 = r^2$
$$\Rightarrow\; x_M^2 + 6x_M + 9 + y_M^2 + 2y_M + 1 = r^2 \tag{3.21}$$

$P_2 = (0, 0):\quad (0 - x_M)^2 + (0 - y_M)^2 = r^2$
$$\Rightarrow\; x_M^2 + y_M^2 = r^2 \tag{3.22}$$

$P_3 = (5, 3):\quad (5 - x_M)^2 + (3 - y_M)^2 = r^2$
$$\Rightarrow\; x_M^2 - 10x_M + 25 + y_M^2 - 6y_M + 9 = r^2 \tag{3.23}$$

Gleichsetzung von (3.21) und (3.22) führt zu:
$$x_M^2 + 6x_M + 9 + y_M^2 + 2y_M + 1 = x_M^2 + y_M^2 \;.$$

Wir fassen zusammen und lösen nach y_M auf:
$$2y_M = -6x_M - 10 \;\Rightarrow\; y_M = -3x_M - 5 \;. \tag{3.24}$$

Gleichsetzung von (3.22) und (3.23) führt zu:
$$x_M^2 + y_M^2 = x_M^2 - 10x_M + 25 + y_M^2 - 6y_M + 9 \;.$$

Wir fassen zusammen und lösen nach y_M auf:
$$6y_M = -10x_M + 9 \;\Rightarrow\; y_M = -\tfrac{5}{3}x_M + \tfrac{2}{3} \;. \tag{3.25}$$

Gleichsetzung von (3.24) und (3.25) führt zu:
$$-3x_M - 5 = -\tfrac{5}{3}x_M + \tfrac{2}{3} \;\Rightarrow\; 8x_M = -39$$
$$\Rightarrow\; x_M = -\tfrac{39}{8} \approx -4.88 \;;\; y_M = \tfrac{77}{8} \approx 9.62 \;.$$

Den gesuchten Radius erhält man beispielsweise aus (3.22):
$$r = \sqrt{\left[\tfrac{39}{8}\right]^2 + \left[\tfrac{77}{8}\right]^2} = \tfrac{1}{8}\sqrt{7450} \approx 10.79 \;.$$

Damit ist die Aufgabe gelöst.

(c) Wir verfahren genauso wie in der Lösung der Aufgabe (a). Sei $(x - x_M)^2 + (y - y_M)^2 = r^2$ der gesuchte Kreis. Eine grobe Skizze sagt uns, dass $x_M \approx -2$, $y_M \approx -7$ und $r \approx 5$ sein könnten.

Wir setzen nun die Koordinaten der Punkte P_1, P_2 und P_3 in die allgemeine Kreisgleichung ein und lösen nach den Unbekannten x_M, y_M und r auf.

$$P_1 = (1, -3): \quad (1 - x_M)^2 + (-3 - y_M)^2 = r^2$$
$$\Rightarrow \quad x_M^2 - 2x_M + 1 + y_M^2 + 6y_M + 9 = r^2 \tag{3.26}$$

$$P_2 = (3, -7): \quad (3 - x_M)^2 + (-7 - y_M)^2 = r^2$$
$$\Rightarrow \quad x_M^2 - 6x_M + 9 + y_M^2 + 14y_M + 49 = r^2 \tag{3.27}$$

$$P_3 = (-2, -2): \quad (-2 - x_M)^2 + (-2 - y_M)^2 = r^2$$
$$\Rightarrow \quad x_M^2 + 4x_M + 4 + y_M^2 + 4y_M + 4 = r^2 \tag{3.28}$$

Gleichsetzung von (3.26) und (3.27) führt zu:
$$x_M^2 - 2x_M + 1 + y_M^2 + 6y_M + 9 = x_M^2 - 6x_M + 9 + y_M^2 + 14y_M + 49 \,.$$

Wir fassen zusammen und lösen nach y_M auf:
$$8y_M = 4x_M - 48 \quad \Rightarrow \quad y_M = 0.5x_M - 6 \,. \tag{3.29}$$

Gleichsetzung von (3.26) und (3.28) führt zu:
$$x_M^2 - 2x_M + 1 + y_M^2 + 6y_M + 9 = x_M^2 + 4x_M + 4 + y_M^2 + 4y_M + 4 \,.$$

Wir fassen zusammen und lösen nach y_M auf:
$$2y_M = 6x_M - 2 \quad \Rightarrow \quad y_M = 3x_M - 1 \,. \tag{3.30}$$

Gleichsetzung von (3.29) und (3.30) führt zu:
$$0.5x_M - 6 = 3x_M - 1 \quad \Rightarrow \quad 2.5x_M = -5$$
$$\Rightarrow \quad x_M = -2 \;;\; y_M = -7 \,.$$

Den gesuchten Radius erhält man beispielsweise aus (3.28):
$$r = \sqrt{4 - 8 + 4 + 49 - 28 + 4} = \sqrt{25} = 5 \,.$$

(d) Wir verfahren genauso wie in der Lösung der Aufgabe (a). Sei $(x - x_M)^2 + (y - y_M)^2 = r^2$ der gesuchte Kreis. Eine grobe Skizze sagt uns, dass $x_M \approx u/2$, $y_M \approx v/2$ und $r \approx 0.5\sqrt{u^2 + v^2}$ sein könnten.

Wir setzen nun die Koordinaten der Punkte P_1, P_2 und P_3 in die allgemeine Kreisgleichung ein und lösen nach den Unbekannten x_M, y_M und r auf.

$$P_1 = (0, 0): \quad (0 - x_M)^2 + (0 - y_M)^2 = r^2$$
$$\Rightarrow \quad x_M^2 + y_M^2 = r^2 \tag{3.31}$$

$P_2 = (u, 0):$ $(u - x_M)^2 + (0 - y_M)^2 = r^2$

$\Rightarrow x_M^2 - 2ux_M + u^2 + y_M^2 = r^2$ (3.32)

$P_3 = (0, v):$ $(0 - x_M)^2 + (v - y_M)^2 = r^2$

$\Rightarrow x_M^2 + y_M^2 - 2vy_M + v^2 = r^2$ (3.33)

Gleichsetzung von (3.31) und (3.32) führt zu:

$$x_M^2 + y_M^2 = x_M^2 - 2ux_M + u^2 + y_M^2 \ .$$

Wir fassen zusammen und lösen nach x_M auf:

$$2ux_M = u^2 \ \Rightarrow \ x_M = 0.5u \ . \tag{3.34}$$

Gleichsetzung von (3.31) und (3.33) führt zu:

$$x_M^2 + y_M^2 = x_M^2 + y_M^2 - 2vy_M + v^2 \ .$$

Wir fassen zusammen und lösen nach y_M auf:

$$2vy_M = v^2 \ \Rightarrow \ y_M = 0.5v \ . \tag{3.35}$$

Den gesuchten Radius erhält man beispielsweise aus (3.31):

$$r = \sqrt{\left[\frac{u}{2}\right]^2 + \left[\frac{v}{2}\right]^2} = \frac{1}{2}\sqrt{u^2 + v^2} \ .$$

A3.2.2 Berechnen Sie den Umkreis der Dreiecke ABC:

(a) $A = (-2, 0)$, $B = (3, -1)$, $C = (0, 8)$,

(b) $A = (-4, -1)$, $B = (3, -2)$, $C = (2, 1)$,

Im Gegensatz zu den Aufgaben A3.2.1 wollen wir zur Lösung dieser beiden Aufgaben nach der geometrischen Methode vorgehen, wie sie in Beispiel 3.2.4 vorgestellt wurde.

(a) Die Konstruktion ist in Figur 3.2.1 wiedergegeben. Wir berechnen zunächst die Verbindungsgerade $f(x)$ von A und B, dann die Verbindungsgerade $g(x)$ von A und C: $f(x) = -0.2x - 0.4$, $g(x) = 4x + 2$.

Der Punkt $Q_f = (0.5, 0.5)$ liegt genau in der Mitte zwischen A und B auf der Verbindungsgeraden f, siehe Beispiel 2.1.10. Entsprechend liegt $Q_g = (-1, 4)$ genau in der Mitte zwischen A und C auf der Verbindungsgeraden g.

Die Normale $\bar{f}(x)$ zu $f(x)$ hat die Steigung 5 und geht durch Q_f: $\bar{f}(0.5) = 5 \cdot 0.5 + a = -0.5$. Daraus folgt $a = -3$ und damit $\bar{f}(x) = 5x - 3$.

Die Normale $\bar{g}(x)$ zu $g(x)$ hat die Steigung -0.25 und geht durch Q_g: $\bar{g}(-1) = 0.25 + b = 4$. Daraus folgt $b = 3.75$ und damit $\bar{g}(x) = -0.25x + 3.75$.

Den Schnittpunkt M der beiden Normalen erhält man durch Gleichsetzung ihrer Funktionsgleichungen:

$5x - 3 = -0.25x + 3.75 \Rightarrow 5.25x = 6.75 \Rightarrow x_M = \frac{27}{21} \approx 1.29, y_M = \frac{62}{21} \approx 3.43.$

Der Radius beträgt $r = \sqrt{(-2 - x_M)^2 + (0 - y_M)^2} \approx 4.75$.

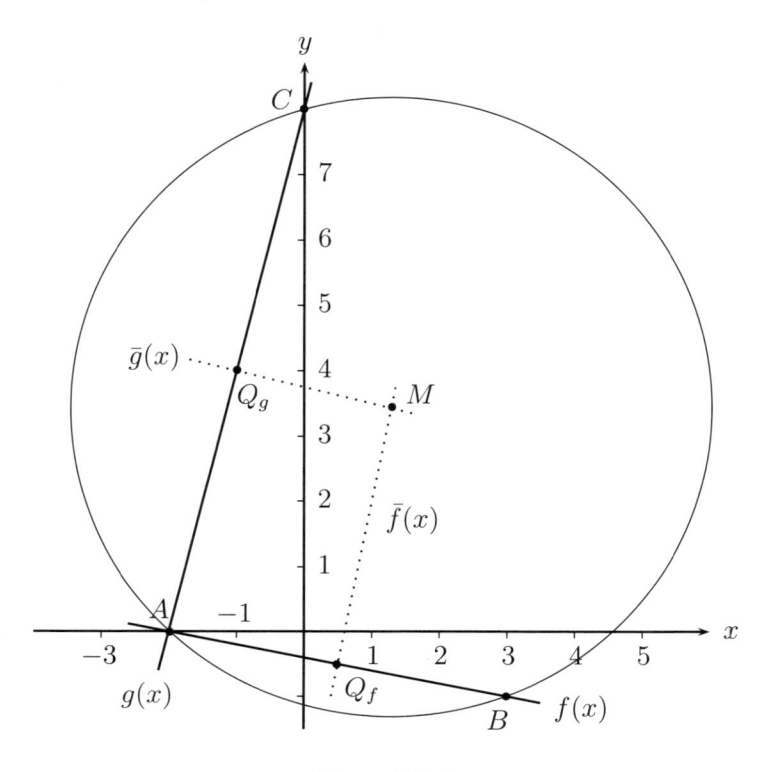

Figur 3.2.1

(b) Wir berechnen zunächst die Verbindungsgerade $f(x)$ von $A = (-4, -1)$ und $B = (3, -2)$, dann die Verbindungsgerade $g(x)$ von A und $C = (2, 1)$: $f(x) = -\frac{1}{7}x - \frac{11}{7}$, $g(x) = \frac{1}{3}x + \frac{1}{3}$.

Der Punkt $Q_f = (-0.5, -1.5)$ liegt genau in der Mitte zwischen A und B auf der Verbindungsgeraden f, siehe Beispiel 2.1.10. Entsprechend liegt $Q_g = (-1, 0)$ genau in der Mitte zwischen A und C auf der Verbindungsgeraden g.

Die Normale $\bar{f}(x)$ zu $f(x)$ hat die Steigung 7 und geht durch Q_f: $\bar{f}(-0.5) = 7 \cdot (-0.5) + a = -1.5$. Daraus folgt $a = 2$ und damit $\bar{f}(x) = 7x + 2$.

Die Normale $\bar{g}(x)$ zu $g(x)$ hat die Steigung -3 und geht durch Q_g: $\bar{g}(-1) = 3 \cdot (-1) + b = 0$. Daraus folgt $b = -3$ und damit $\bar{g}(x) = -3x - 3$.

Den Schnittpunkt M der beiden Normalen erhält man durch Gleichsetzung ihrer Funktionsgleichungen:

3. Quadratische Formen und Polynome

$7x + 2 = -3x - 3 \Rightarrow 10x = -5 \Rightarrow x_M = -0.5$, $y_M = -1.5$.

Wir stellen fest, dass $M = Q_f$, das heißt, M liegt auf der Verbindungslinie von A und B. Der Radius beträgt $r = \sqrt{(-4 - x_M)^2 + (-1 - y_M)^2} = \sqrt{12.5} \approx 3.54$.

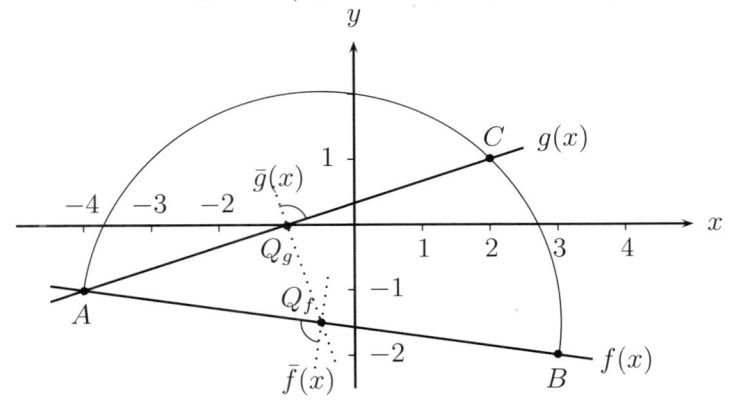

Figur 3.2.2

A3.2.3 Ermitteln Sie die Normalformen der folgenden Kreise:
(a) $x^2 + y^2 - 6x - 4y - 3 = 0$,
(b) $3x^2 + 3y^2 - 12x + 16y = 0$,
(c) $x^2 + y^2 - x = 0$,
(d) $x^2 + y^2 + 10x + 14y + 70 = 0$,
(e) $2x^2 + 2y^2 + x - 7y = 0$,
(f) $0.5x^2 + 0.5y^2 - 2x + 3y + 2 = 0$.

Gemäß Bemerkung 3.2.5 müssen wir die Ausdrücke (a)–(f) quadratisch ergänzen, um die Normalformen zu erhalten.

(a) $x^2 + y^2 - 6x - 4y - 3 = 0$
$\Leftrightarrow (x^2 - 6x + (-3)^2) + (y^2 - 4y + (-2)^2) - 3 = 9 + 4$
$\Leftrightarrow (x - 3)^2 + (y - 2)^2 = 16$

Das ist ein Kreis mit dem Mittelpunkt $M = (3, 2)$ und dem Radius $r = 4$.

(b) $3x^2 + 3y^2 - 12x + 16y = 0$
$\Leftrightarrow 3(x^2 - 4x + (-2)^2) + 3\left(y^2 + \frac{16}{3}y + \left[\frac{8}{3}\right]^2\right) = 12 + \frac{64}{3}$
$\Leftrightarrow (x - 2)^2 + (y + \frac{8}{3})^2 = \frac{100}{9}$

Das ist ein Kreis mit dem Mittelpunkt $M = (2, -\frac{8}{3})$ und dem Radius $r = \frac{10}{3}$.

(c) $x^2 + y^2 - x = 0$
$\Leftrightarrow \left(x^2 - x + [-\frac{1}{2}]^2\right) + y^2 = \frac{1}{4}$
$\Leftrightarrow (x - 0.5)^2 + (y - 0)^2 = 0.25$

Das ist ein Kreis mit dem Mittelpunkt $M = (0.5, 0)$ und dem Radius $r = 0.5$.

(d) $x^2 + y^2 + 10x + 14y + 70 = 0$
$\Leftrightarrow (x^2 + 10x + 5^2) + (y^2 + 14y + 7^2) + 70 = 25 + 49$
$\Leftrightarrow (x+5)^2 + (y+7)^2 = 4$

Das ist ein Kreis mit dem Mittelpunkt $M = (-5, -7)$ und dem Radius $r = 2$.

(e) $2x^2 + 2y^2 + x - 7y = 0$
$\Leftrightarrow 2(x^2 + 0.5x + 0.25^2) + 2(y^2 - 3.5y + (-1.75)^2) = 0.125 + 6.125$
$\Leftrightarrow (x + 0.25)^2 + (y - 1.75)^2 = 3.125$

Das ist ein Kreis mit dem Mittelpunkt $M = (-0.25, 1.75)$ und einem Radius von $r = \sqrt{3.125} \approx 1.77$.

(f) $0.5x^2 + 0.5y^2 - 2x + 3y + 2 = 0$
$\Leftrightarrow 0.5(x^2 - 4x + (-2)^2) + 0.5(y^2 + 6y + 3^2) + 2 = 2 + 4.5$
$\Leftrightarrow (x-2)^2 + (y+3)^2 = 9$

Dieser Kreis hat den Mittelpunkt $M = (2, -3)$ und den Radius $r = 3$.

A3.2.4 Vier gleichartige Kugeln vom Radius r werden so auf Berührung aneinander gelegt, daß ihre Mittelpunkte die Ecken eines Quadrats bilden. In die Mitte der Kugeln wird nun eine weitere derartige Kugel gelegt. Welche Höhe hat der Stapel?

Figur 3.2.3 zeigt die 5 Kugeln von oben, Figur 3.2.4 zeigt den Querschnitt entlang der Linie AC der linken Figur.

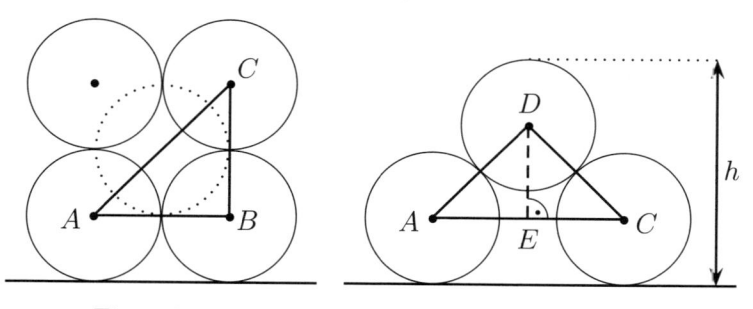

Figur 3.2.3 Figur 3.2.4

Die Radien aller Kreise betragen r. Da $AB = BC = 2r$, folgt

$$AC = \sqrt{AB^2 + BC^2} = \sqrt{8r^2} = 2r\sqrt{2} \ .$$

Deshalb ist $AE = r\sqrt{2}$. Da $AD = 2r$, folgt

$$DE = \sqrt{4r^2 - 2r^2} = \sqrt{2r^2} = r\sqrt{2} \ .$$

Damit ist die Aufgabe gelöst: $h = 2r + r\sqrt{2} = r(2 + \sqrt{2})$.

3. Quadratische Formen und Polynome

A3.2.5 In ein Rechteck mit den Maßen 800 × 1200 werden drei Kreise gezeichnet. Zwei Kreise mit gleichem Radius r werden in Ecken geschoben, so daß sie dieselbe Längsseite berühren. In den freien Raum zwischen den beiden wird der dritte Kreis mit Radius s gezeichnet, so daß er sie und die gegenüberliegende Längsseite berührt.
(a) Wenn r den maximalen Wert 300 annimmt, wie groß ist dann s?
(b) Wenn s den maximalen Wert 400 annimmt, wie groß ist dann r?

Die nachfolgende Figur 3.2.5 verdeutlicht Aufgabe (a), während Figur 3.2.6 zu Aufgabe (b) gehört.

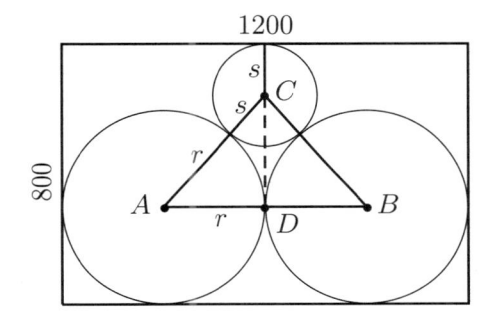

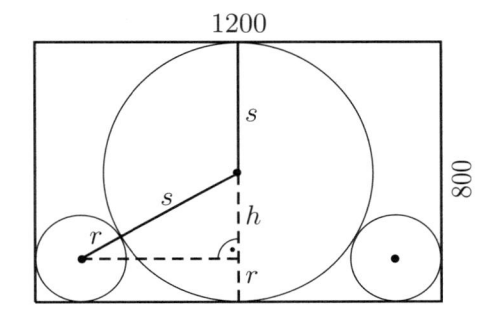

Figur 3.2.5   Figur 3.2.6

(a) Wir wissen: $r = 300$. Der Radius s des kleinen Kreises in Figur 3.2.5 soll ermittelt werden. Offenbar gilt $CD = \sqrt{(r+s)^2 - r^2} = \sqrt{s^2 + 2rs}$. Wegen $r + CD + s = 800$ folgt $\sqrt{s^2 + 2rs} = 800 - r - s$. Wir setzen $r = 300$ ein und erhalten $\sqrt{s^2 + 600s} = 500 - s$ Daraus folgt $s^2 + 600s = 250\,000 - 1000s + s^2$, dann $1600s = 250\,000$, und schließlich $s = 156.25$.

(b) Jetzt wissen wir: $s = 400$. Der Radius r der kleinen Kreise in Figur 3.2.6 soll ermittelt werden. Offenbar gilt

$$\begin{aligned}h^2 &= (r+s)^2 - (600-r)^2 = r^2 + 2rs + s^2 - 600^2 + 1\,200\,r - r^2 \\ &= 800\,r + 160\,000 - 360\,000 + 1\,200\,r = 2\,000\,r - 200\,000\,.\end{aligned}$$

Aus $h + r = 400$ folgt nun:

$$\begin{aligned}h^2 = (400-r)^2 \quad &\Rightarrow \quad 2\,000\,r - 200\,000 = 160\,000 - 800\,r + r^2 \\ &\Rightarrow \quad r^2 - 2\,800\,r + 360\,000 = 0 \\ &\Rightarrow \quad r_{1/2} = \tfrac{1}{2}(2\,800 \pm \sqrt{2800^2 - 4 \cdot 360\,000}) \\ &\qquad\qquad = 1400 \pm 400\sqrt{10} \approx 135.1 \,/\, 2664.9\end{aligned}$$

Da die zweite Lösung offenbar nicht passt, lautet die eindeutige Lösung $r \approx 135.1$, was auch durch Figur 3.2.6 bestätigt wird.

3.3 Ellipsen

A3.3.1 Skizzieren Sie die folgenden Ellipsen, die wie in Figur 3.3.1 bezeichnet wurden. Berechnen Sie jeweils die fehlenden Werte der Parameter A, B, C, D, E, F, M, a, b, e, ε.
(a) $M = (2, 3)$, $a = 5$, $b = 3$.
(b) $M = (-2, 1)$, $b = 2$, $e = \sqrt{5}$.
(c) $A = (3, -1)$, $D = (6, 2)$.
(d) $B = (-1, -2)$, $b = 3$, $\varepsilon = 0.5\sqrt{3}$.

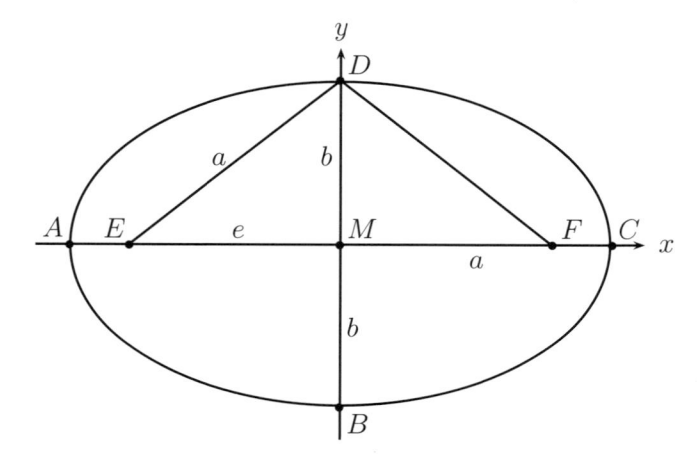

Figur 3.3.1

Figur 3.3.2 zeigt die Ellipsen (a)–(d), die nachfolgend berechnet werden.

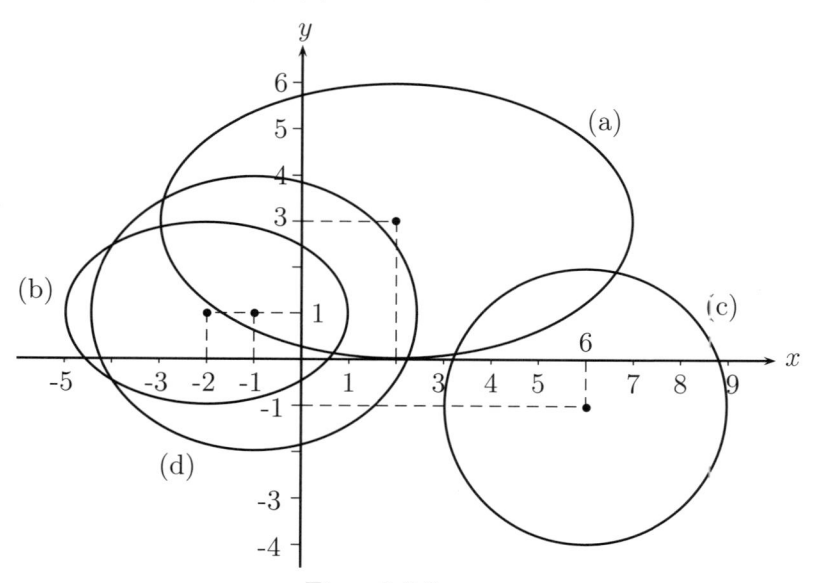

Figur 3.3.2

3. Quadratische Formen und Polynome

(a) $M = (2,3)$; $a = 5$; $b = 3$. Die restlichen 8 Parameter lassen sich nun leicht berechnen: $A = (2-5, 3) = (-3, 5)$; $B = (2, 3-3) = (2, 0)$; $C = (2+5, 3) = (7, 3)$; $D = (2, 3+3) = (2, 6)$; $e = \sqrt{5^2 - 3^2} = 4$; $E = (2-4, 3) = (-2, 3)$; $F = (2+4, 3) = (6, 3)$; $\varepsilon = 4/5 = 0.8$.

(b) $M = (-2, 1)$; $b = 2$; $e = \sqrt{5}$. Die restlichen 8 Parameter lassen sich nun leicht berechnen: $a = \sqrt{b^2 - e^2} = \sqrt{4+5} = 3$; $A = (-2-3, 1) = (-1, 1)$; $B = (-2, 1-2) = (-2, -1)$; $C = (-2+3, 1) = (1, 1)$; $D = (-2, 1+2) = (-2, 3)$; $E = (-2-\sqrt{5}, 1) = (-4.236, 1)$; $F = (-2+\sqrt{5}, 1) = (0.236, 1)$; $\varepsilon = e/a = \sqrt{5}/3 \approx 0.745$.

(c) $A = (3, -1)$; $D = (6, 2)$. Die restlichen 9 Parameter lassen sich nun leicht berechnen: $a = 3$; $b = 3$; $B = (3, -4)$; $C = (9, -1)$; $e = \sqrt{a^2 - b^2} = 0$; $E = M = F = (6, -1)$; $\varepsilon = e/a = 0$.

(d) $B = (-1, -2)$; $b = 3$; $\varepsilon = 0.5\sqrt{3}$. Die restlichen 8 Parameter lassen sich nun leicht berechnen: $M = (-1, 1)$; $D = (-1, 4)$; $\varepsilon = e/a \Rightarrow e = a\varepsilon \Rightarrow \sqrt{a^2 - b^2} = a\varepsilon \Rightarrow a^2 - b^2 = a^2\varepsilon^2 \Rightarrow a^2 - a^2\varepsilon^2 = b^2 \Rightarrow a^2(1-\varepsilon^2) = b^2 \Rightarrow a = b/\sqrt{1-\varepsilon^2} = 3/\sqrt{0.75} = 6/\sqrt{3} = 2\sqrt{3} \approx 3.46$; $A = (-4.46, 1)$; $C = (2.46, 1)$; $e = a\varepsilon = 2\sqrt{3} \cdot 0.5\sqrt{3} = 3$; $E = (-4, 1)$; $F = (2, 1)$.

A3.3.2 Ermitteln Sie die Normalformen der folgenden Ellipsen und skizzieren Sie diese.
(a) $16x^2 - 64x + 9y^2 - 54y + 1 = 0$
(b) $x^2 - 8x + 4y^2 = 0$
(c) $9x^2 - 36x + 4y^2 + 8y + 4 = 0$
(d) $16x^2 + 96x + 9y^2 - 36y + 36 = 0$

Als Vorlage für die Berechnungen wählen wir Beispiel 3.3.7, in dem gezeigt wurde, dass man die Normalformen durch quadratische Ergänzung erhält.

(a) $16x^2 - 64x + 9y^2 - 54y + 1 = 0$
$\Leftrightarrow 16(x^2 - 4x + (-2)^2) - 64 + 9(y^2 - 6y + (-3)^2) - 81 + 1 = 0$
$\Leftrightarrow 16(x-2)^2 + 9(y-3)^2 = 144 \Leftrightarrow \dfrac{(x-2)^2}{9} + \dfrac{(y-3)^2}{16} = 1$

Das ist eine Ellipse mit dem Mittelpunkt $M = (2, 3)$ und den Halbachsen $a = 3$ und $b = 4$.

(b) $x^2 - 8x + 4y^2 = 0 \Leftrightarrow (x^2 - 8x + (-4)^2) - 16 + 4y^2 = 0$
$\Leftrightarrow (x-4)^2 + 4y^2 = 16 \Leftrightarrow \dfrac{(x-4)^2}{16} + \dfrac{y^2}{4} = 1$

Das ist eine Ellipse mit dem Mittelpunkt $M = (4, 0)$ und den Halbachsen $a = 4$ und $b = 2$.

(c) $9x^2 - 36x + 4y^2 + 8y + 4 = 0$
$\Leftrightarrow 9(x^2 - 4x + (-2)^2) - 36 + 4(y^2 + 2y + 1^2)) - 4 + 4 = 0$
$\Leftrightarrow 9(x-2)^2 + 4(y+1)^2 = 36 \Leftrightarrow \dfrac{(x-2)^2}{4} + \dfrac{(y+1)^2}{9} = 1$

Das ist eine Ellipse mit dem Mittelpunkt $M = (2, -1)$ und den Halbachsen $a = 2$ und $b = 3$.

(d) $16x^2 + 96x + 9y^2 - 36y + 36 = 0$
$\Leftrightarrow 16(x^2 + 6x + 3^2) - 144 + 9(y^2 - 4y + (-2)^2) - 36 + 36 = 0$
$\Leftrightarrow 16(x+3)^2 + 9(y-2)^2 = 144 \Leftrightarrow \dfrac{(x+3)^2}{9} + \dfrac{(y-2)^2}{16} = 1$

Das ist eine Ellipse mit dem Mittelpunkt $M = (-3, 2)$ und den Halbachsen $a = 3$ und $b = 4$.

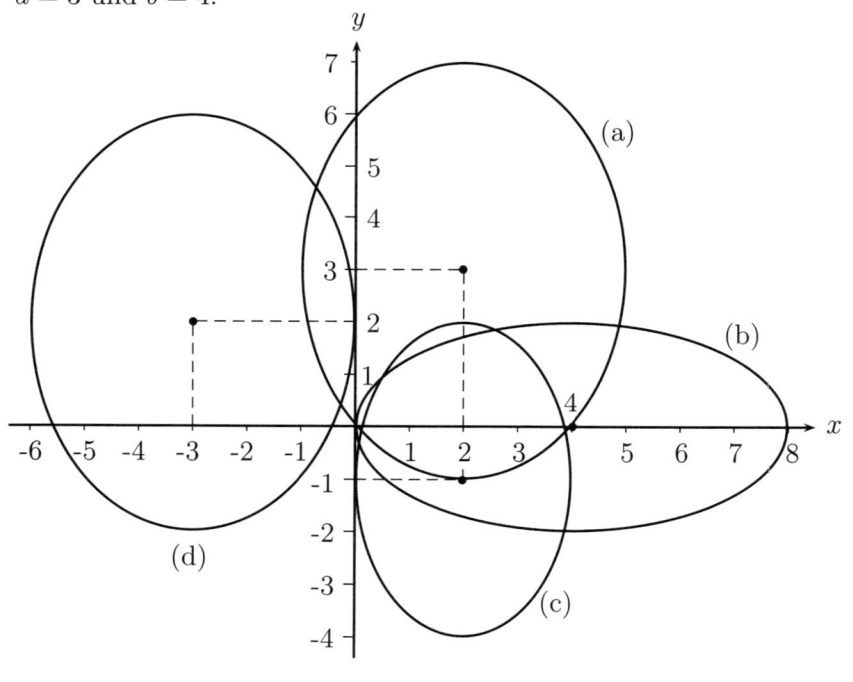

Figur 3.3.3

3.4 Polynome

A3.4.1 Die folgenden Polynome haben ganzzahlige Nullstellen im Bereich $-3 \leq x \leq 3$. Ermitteln Sie die multiplikativen Zerlegungen und skizzieren Sie die Funktionen.

(a) $f_a(x) = x^5 + 4x^4 + 2x^3 - 2x^2 + x - 6$
(b) $f_b(x) = x^5 - 3x^4 - x^3 + 7x^2 - 4$

3. Quadratische Formen und Polynome

(c) $f_c(x) = x^5 + x^4 - 5x^3 - x^2 + 8x - 4$
(d) $f_d(x) = x^6 + 4x^5 + 4x^4 - x^2 - 4x - 4$

Wir folgen dem Verfahren, das in Beispiel 3.4.15 vorgestellt wurde.

(a) Durch systematisches Probieren findet man beispielsweise die Nullstelle $x_1 = 1$ und dividiert $f_a(x)$ durch $(x-1)$:

$$
\begin{array}{l}
(x^5 + 4x^4 + 2x^3 - 2x^2 + x - 6) : (x-1) = x^4 + 5x^3 + 7x^2 + 5x + 6 \\
\underline{-(x^5 - x^4)} \\
 5x^4 + 2x^3 \\
 \underline{-(5x^4 - 5x^3)} \\
 7x^3 - 2x^2 \\
 \underline{-(7x^3 - 7x^2)} \\
 5x^2 + x \\
 \underline{-(5x^2 - 5x)} \\
 6x - 6 \\
 \underline{-(6x - 6)} \\
 =
\end{array}
$$

Als zweite Nullstelle findet man beispielsweise $x_2 = -2$ und dividiert das obige Ergebnis durch $(x+2)$:

$$
\begin{array}{l}
(x^4 + 5x^3 + 7x^2 + 5x + 6) : (x+2) = x^3 + 3x^2 + x + 3 \\
\underline{-(x^4 + 2x^3)} \\
 3x^3 + 7x^2 \\
 \underline{-(3x^3 + 6x^2)} \\
 x^2 + 5x \\
 \underline{-(x^2 + 2x)} \\
 3x + 6 \\
 \underline{-(3x + 6)} \\
 =
\end{array}
$$

Als dritte Nullstelle findet man beispielsweise $x_3 = -3$ und dividiert das obige Ergebnis durch $(x+3)$:

$$
\begin{array}{l}
(x^3 + 3x^2 + x + 3) : (x+3) = x^2 + 1 \\
\underline{-(x^3 + 3x^2)} \\
 x + 3 \\
 \underline{-(x + 3)} \\
 =
\end{array}
$$

Da $(x^2 + 1)$ keine Nullstelle hat, ist die multiplikative Zerlegung von f_a erreicht:

$$f_a(x) = (x-1)(x+2)(x+3)(x^2+1)\ .$$

Die Funktion $f_a(x)$ ist in Figur 3.3.4 skizzenhaft dargestellt.

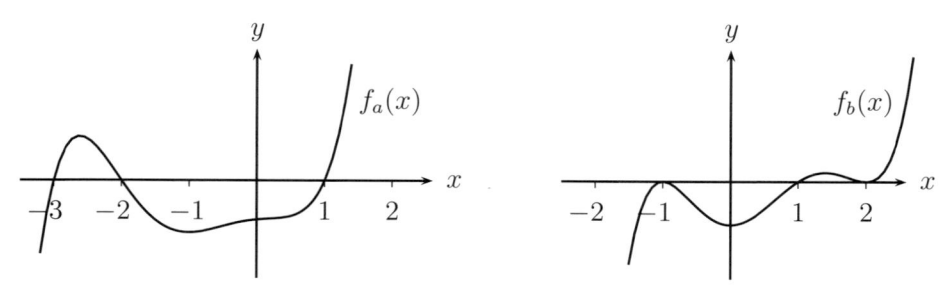

Figur 3.3.4

(b) Durch systematisches Probieren findet man beispielsweise die Nullstelle $x_1 = -1$ und dividiert $f_b(x)$ durch $(x+1)$:

$$
\begin{array}{l}
(x^5 - 3x^4 - x^3 + 7x^2 - 4) : (x+1) = x^4 - 4x^3 + 3x^2 + 4x - 4 \\
\underline{-(x^5 + x^4)} \\
-4x^4 - x^3 \\
\underline{-(-4x^4 - 4x^3)} \\
3x^3 + 7x^2 \\
\underline{-(3x^3 + 3x^2)} \\
4x^2 \\
\underline{-(4x^2 + 4x)} \\
-4x - 4 \\
\underline{-(-4x - 4)} \\
\overline{\overline{0}}
\end{array}
$$

Als zweite Nullstelle findet man beispielsweise erneut $x_2 = -1$ und dividiert das obige Ergebnis durch $(x+1)$:

$$
\begin{array}{l}
(x^4 - 4x^3 + 3x^2 + 4x - 4) : (x+1) = x^3 - 5x^2 + 8x - 4 \\
\underline{-(x^4 + x^3)} \\
-5x^3 + 3x^2 \\
\underline{-(-5x^3 - 5x^2)} \\
8x^2 + 4x \\
\underline{-(8x^2 + 8x)} \\
-4x - 4 \\
\underline{-(-4x - 4)} \\
\overline{\overline{0}}
\end{array}
$$

Als dritte Nullstelle findet man beispielsweise $x_3 = 1$ und dividiert das obige Ergebnis durch $(x-1)$:

3. Quadratische Formen und Polynome   107

$$
\begin{array}{l}
(x^3 - 5x^2 + 8x - 4) : (x - 1) = x^2 - 4x + 4 \\
\underline{-(x^3 - x^2)} \\
-4x^2 + 8x \\
\underline{-(-4x^2 + 4x)} \\
4x - 4 \\
\underline{-(4x - 4)} \\
\overline{}
\end{array}
$$

Da $(x^2 - 4x + 4) = (x - 2)^2$, lautet die gesuchte multiplikative Zerlegung $f_b(x) = (x + 1)^2 (x - 1)(x - 2)^2$. Die Funktion ist in Figur 3.3.4 dargestellt.

(c) Durch systematisches Probieren findet man beispielsweise die Nullstelle $x_1 = 1$ und dividiert $f_c(x)$ durch $(x - 1)$:

$$
\begin{array}{l}
(x^5 + x^4 - 5x^3 - x^2 + 8x - 4) : (x - 1) = x^4 + 2x^3 - 3x^2 - 4x + 4 \\
\underline{-(x^5 - x^4)} \\
2x^4 - 5x^3 \\
\underline{-(2x^4 - 2x^3)} \\
-3x^3 - x^2 \\
\underline{-(-3x^3 + 3x^2)} \\
-4x^2 + 8x \\
\underline{-(-4x^2 + 4x)} \\
4x - 4 \\
\underline{-(4x - 4)} \\
\overline{}
\end{array}
$$

Als zweite Nullstelle findet man beispielsweise erneut $x_2 = 1$ und dividiert das obige Ergebnis durch $(x - 1)$:

$$
\begin{array}{l}
(x^4 + 2x^3 - 3x^2 - 4x + 4) : (x - 1) = x^3 + 3x^2 - 4 \\
\underline{-(x^4 - x^3)} \\
3x^3 - 3x^2 \\
\underline{-(3x^3 - 3x^2)} \\
-4x + 4 \\
\underline{-(-4x + 4)} \\
\overline{}
\end{array}
$$

Als dritte Nullstelle findet man beispielsweise erneut $x_3 = 1$ und dividiert das obige Ergebnis durch $(x - 1)$:

$$\begin{array}{l}(x^3 + 3x^2 - 4) : (x - 1) = x^2 + 4x + 4\\ \underline{-(x^3 - x^2)}\\ 4x^2\\ \underline{-(4x^2 - 4x)}\\ 4x - 4\\ \underline{-(4x - 4)}\\ =\end{array}$$

Da $(x^2 + 4x + 4) = (x + 2)^2$, hat die gesuchte multiplikative Zerlegung die Form $f_c(x) = (x + 2)^2(x - 1)^3$. Die Funktion ist in Figur 3.3.5 dargestellt.

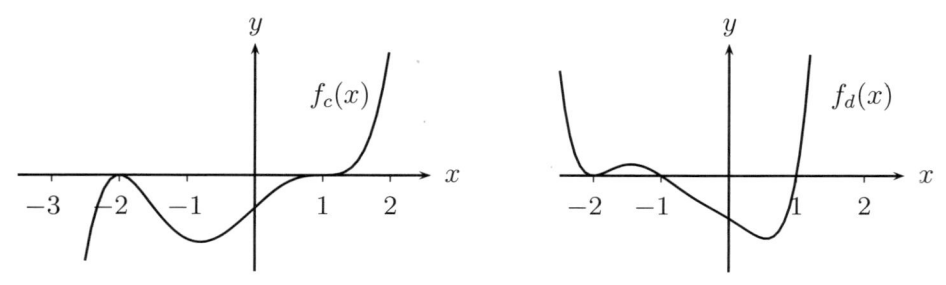

Figur 3.3.5

(d) Durch systematisches Probieren findet man beispielsweise die Nullstelle $x_1 = -1$ und dividiert $f_d(x)$ durch $(x + 1)$:

$$\begin{array}{l}(x^6 + 4x^5 + 4x^4 - x^2 - 4x - 4) : (x + 1) = x^5 + 3x^4 + x^3 - x^2 - 4\\ \underline{-(x^6 + x^5)}\\ 3x^5 + 4x^4\\ \underline{-(3x^5 + 3x^4)}\\ x^4\\ \underline{-(x^4 + x^3)}\\ -x^3 - x^2\\ \underline{-(-x^3 - x^2)}\\ -4x - 4\\ \underline{-(-4x - 4)}\\ =\end{array}$$

Als zweite Nullstelle findet man beispielsweise erneut $x_2 = 1$ und dividiert das obige Ergebnis durch $(x - 1)$:

3. Quadratische Formen und Polynome

$$
\begin{array}{r}
(x^5 + 3x^4 + x^3 - x^2 - 4) : (x-1) = x^4 + 4x^3 + 5x^2 + 4x + 4 \\
\underline{-(x^5 - x^4)} \\
4x^4 + x^3 \\
\underline{-(4x^4 - 4x^3)} \\
5x^3 - x^2 \\
\underline{-(5x^3 - 5x^2)} \\
4x^2 \\
\underline{-(4x^2 - 4x)} \\
4x - 4 \\
\underline{-(4x - 4)} \\
=
\end{array}
$$

Als dritte Nullstelle findet man beispielsweise $x_3 = -2$ und dividiert das obige Ergebnis durch $(x+2)$:

$$
\begin{array}{r}
(x^4 + 4x^3 + 5x^2 + 4x + 4) : (x+2) = x^3 + 2x^2 + x + 2 \\
\underline{-(x^4 + 2x^3)} \\
2x^3 + 5x^2 \\
\underline{-(2x^3 + 4x^2)} \\
x^2 + 4x \\
\underline{-(x^2 + 2x)} \\
2x + 4 \\
\underline{-(2x + 4)} \\
=
\end{array}
$$

Als vierte Nullstelle findet man erneut $x_4 = -2$ und dividiert das obige Ergebnis durch $(x+2)$:

$$
\begin{array}{r}
(x^3 + 2x^2 + 2x + 2) : (x+2) = x^2 + 1 \\
\underline{-(x^3 + 2x^2)} \\
x + 2 \\
\underline{-(x + 2)} \\
=
\end{array}
$$

Da $(x^2 + 1)$ keine Nullstelle mehr besitzt, lautet die multiplikative Zerlegung $f_d(x) = (x-1)(x+1)(x+2)^2(x^2+1)$. Die Funktion ist in Figur 3.3.5 dargestellt.

A3.4.2 Berechnen Sie mit Hilfe des Newton-Verfahrens die Interpolationspolynome zu den nachfolgenden Stützstellen.

(a) (-2, 2), (0,-1), (1, 2)

(b) Dieselben Stützstellen wie in (a), aber zusätzlich (3,0).

(c) (-2,-14), (0,2), (2,-6), (3,-4)

(d) Dieselben Stützstellen wie in (c), aber zusätzlich (1,0).

(e) (1, 2), (2, 0), (3, 2), (4, 0), (5, 2)

(f) (-3, 859), (-2, 71), (-1, 1), (0,1), (1, -1), (2, 19), (3, 421)

(a) Man setzt die Stützstellen in das Differenzenschema ein:

$-2 \quad 2$

$\qquad \frac{-1-2}{0+2} = -1.5$

$0 \quad -1 \qquad\qquad\qquad \frac{3+1.5}{1+2} = 1.5$

$\qquad \frac{2+1}{1-0} = +3$

$1 \quad 2$

Nun brauchen wir das Polynom nur noch zusammenzusetzen:
$f_a(x) = 2 - 1.5(x + 2) + 1.5(x + 2)x = 1.5x^2 + 1.5x - 1.$

(b) Die neue Stützstelle wird dem Schema (a) hinzugefügt und ergibt eine zusätzliche Rechenzeile:

$-2 \quad 2$

$\qquad \frac{-1-2}{0+2} = -1.5$

$0 \quad -1 \qquad\qquad\qquad \frac{3+1.5}{1+2} = 1.5$

$\qquad \frac{2+1}{1-0} = +3 \qquad\qquad\qquad\qquad \frac{-1-1.5}{3+2} = -0.5$

$1 \quad 2 \qquad\qquad\qquad \frac{1-3}{3-0} = -1$

$\qquad \frac{0-2}{3-1} = -1$

$3 \quad 0$

Die Zusammensetzung des Polynoms ergibt:
$$f_b(x) = f_a(x) - 0.5(x+2)(x(x-1))$$
$$= [1.5x^2 + 1.5x - 1] - 0.5x^3 - 0.5x^2 + x$$
$$= -0.5x^3 + x^2 + 2.5x - 1 \;.$$

(c) Einsetzung der Stützstellen im Differenzenschema ergibt:

$-2 \quad -14$

$\qquad \frac{2+14}{0+2} = +8$

$0 \quad +2 \qquad\qquad\qquad \frac{-4-8}{2+2} = -3$

$\qquad \frac{-6-2}{2-0} = -4 \qquad\qquad\qquad\qquad \frac{2+3}{3+2} = 1$

$2 \quad -6 \qquad\qquad\qquad \frac{2+4}{3-0} = +2$

$\qquad \frac{-4+6}{3-2} = +2$

$3 \quad -4$

3. Quadratische Formen und Polynome 111

Die Zusammensetzung des Polynoms ergibt:
$$f_c(x) = -14 + 8(x+2) - 3(x+2)x + 1(x+2)x(x-2)$$
$$= -14 + 8x + 16 - 3x^2 - 6x + x^3 - 4x = x^3 - 3x^2 - 2x + 2 \,.$$

(d) Die neue Stützstelle wird dem Schema (c) hinzugefügt und ergibt eine zusätzliche Rechenzeile:

$$
\begin{array}{llllll}
-2 & -14 & & & & \\
 & & \frac{2+14}{0+2} = +8 & & & \\
0 & 2 & & \frac{-4-8}{+2+2} = -3 & & \\
 & & \frac{-6-2}{+2-0} = -4 & & \frac{2+3}{3+2} = +1 & \\
2 & -6 & & \frac{2+4}{3-0} = +2 & & \frac{2-1}{1+2} = \frac{1}{3} \\
 & & \frac{-4+6}{+3-2} = +2 & & \frac{4-2}{1-0} = +2 & \\
3 & -4 & & \frac{-2-2}{+1-2} = +4 & & \\
 & & \frac{0+4}{1-3} = -2 & & & \\
1 & 0 & & & & \\
\end{array}
$$

Die Zusammensetzung des Polynoms ergibt:
$$f_d(x) = f_c(x) + \tfrac{1}{3}(x+2)x(x-2)(x-3)$$
$$= [x^3 - 3x^2 - 2x + 2] + \tfrac{1}{3}x^4 - x^3 - \tfrac{4}{3}x^2 + 4x = \tfrac{1}{3}x^4 - \tfrac{13}{3}x^2 + 2x + 2 \,.$$

(e) Wir setzen die Werte der Stützstellen in das Differenzenschema ein:

$$
\begin{array}{llllll}
1 & 2 & & & & \\
 & & \frac{0-2}{2-1} = -2 & & & \\
2 & 0 & & \frac{2+2}{3-1} = +2 & & \\
 & & \frac{2-0}{3-2} = +2 & & \frac{-2-2}{+4-1} = -\frac{4}{3} & \\
3 & 2 & & \frac{-2-2}{+4-2} = -2 & & \frac{8}{12} = \frac{2}{3} \\
 & & \frac{0-2}{4-3} = -2 & & \frac{2+2}{5-2} = +\frac{4}{3} & \\
4 & 0 & & \frac{2+2}{5-3} = +2 & & \\
 & & \frac{2-0}{5-4} = +2 & & & \\
5 & 2 & & & & \\
\end{array}
$$

Die Zusammensetzung des Polynoms ergibt:
$$f_e(x) = 2 - 2(x-1) + 2(x-1)(x-2) - \tfrac{4}{3}(x-1)(x-2)(x-3)$$
$$+ \tfrac{2}{3}(x-1)(x-2)(x-3)(x-4)$$

$$= 2 - 2[x-1] + 2[x^2 - 3x + 2] - \tfrac{4}{3}[x^3 - 6x^2 + 11x - 6]$$
$$+ \tfrac{2}{3}[x^4 - 10x^3 + 35x^2 - 50x + 24]$$
$$= 2 - 2x + 2 + 2x^2 - 6x + 4 - \tfrac{4}{3}x^3 + 8x^2 - \tfrac{44}{3}x + 8$$
$$+ \tfrac{2}{3}x^4 - \tfrac{20}{3}x^3 + \tfrac{70}{3}x^2 - \tfrac{100}{3}x + 16$$
$$= \tfrac{2}{3}x^4 - 8x^3 + \tfrac{100}{3}x^2 - \tfrac{168}{3}x + 32 \ .$$

(f) Wir setzen die Werte der Stützstellen in das Differenzenschema ein::

```
-3   859
              -788/1 = -788
-2   71                       718/2 = +359
              -70/1 = -70                    -324/3 = -108
-1    1                       70/2 = +35                     96/4 = +24
              0/1 = +0                       -36/3 = -12                   -20/5 = -4
 0    1                       -2/2 = -1                      16/4 = +4                   6/6 = +1
              -2/1 = -2                      12/3 = +4                     10/5 = +2
 1   -1                       22/2 = +11                     56/4 = +14
              20/1 = 20                      180/3 = 60
 2   19                       382/2 = +191
              402/1 = +402
 3   421
```

Die Zusammensetzung des Polynoms ergibt:

$$f_f(x) = 859 - 788(x+3) + 359(x+3)(x+2) - 108(x+3)(x+2)(x+1)$$
$$+ 24(x+3)(x+2)(x+1)(x) - 4(x+3)(x+2)(x+1)(x)(x-1)$$
$$+ (x+3)(x+2)(x+1)(x)(x-1)(x-2)$$
$$= 859 - 788[x+3] + 359[x^2 + 5x + 6] - 108[x^3 + 6x^2 + 11x + 6]$$
$$+ 24[x^4 + 6x^3 + 11x^2 + 6x] - 4[x^5 + 5x^4 + 5x^3 - 5x^2 - 6x]$$
$$+ [x^6 + 3x^5 - 5x^4 - 15x^3 + 4x^2 + 12x]$$
$$= [859 - 2364 + 2154 - 648] + x[-788 + 1795 - 1188 + 144 + 24 + 12]$$
$$+ x^2[359 - 648 + 264 + 20 + 4] + x^3[-108 + 144 - 20 - 15]$$
$$+ x^4[24 - 20 - 5] + x^5[-4 + 3] + x^6$$
$$= x^6 - x^5 - x^4 + x^3 - x^2 - x + 1 \ .$$

3. Quadratische Formen und Polynome

A3.4.3 Berechnen Sie die Asymptoten der folgenden Funktionen und fertigen Sie schematische Darstellungen an.

(a) $f_a(x) = \dfrac{x^2}{x^2+1}$

(b) $f_b(x) = \dfrac{(x+1)(x-2)^2}{(x+2)(x-1)}$

(c) $f_c(x) = \dfrac{0.5(x-1)(x+2)}{(x^2+2)}$

(d) $f_d(x) = \dfrac{(x-1)^2(x+1)^2}{(x+2)(x-2)^2}$

(e) $f_e(x) = \dfrac{(x^2-1)(x-1)(x-3)^2 + (x-2)^2}{(x-1)(x-3)^2}$

(a) Wir folgen den Angaben der Bemerkung 3.4.17 und berechnen zunächst die Asymptote:

$$f_a(x) = \frac{x^2}{x^2+1} = \frac{x^2+1-1}{x^2+1} = 1 - \frac{1}{x^2+1}$$

Für große Werte von x, positiv wie negativ, strebt f_a gegen 1. Der Zähler hat $x=0$ als einzige Nullstelle. Da $x=0$ eine doppelte Nullstelle ist, berührt f_a dort die x-Achse, um sich dann, symmetrisch zur y-Achse, der Asymptote anzunähern. Die Funktion ist in Figur 3.3.6 schematisch dargestellt.

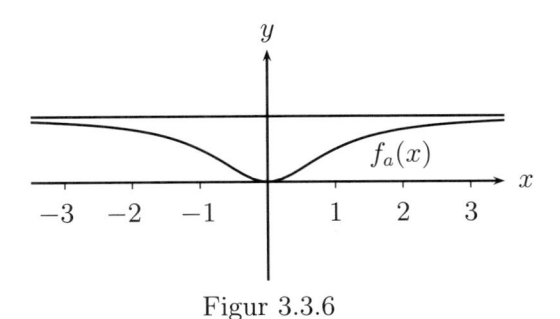

Figur 3.3.6

(b) Um die Asymptote berechnen zu können, müssen zunächst der Zähler und der Nenner ausmultipliziert werden.

$$\begin{aligned} Z &= (x+1)(x-2)^2 = (x+1)(x^2-4x+4) \\ &= x^3 - 4x^2 + 4x + x^2 - 4x + 1 = x^3 - 3x^2 + 4, \quad \text{und} \\ N &= (x+2)(x-1) = x^2 + x - 2 \ . \end{aligned}$$

Zur Berechnung der Asymptoten führen wir eine Polynomdivision durch:

$$\begin{array}{l}(x^3 - 3x^2 + 4) : (x^2 + x - 2) = x - 4 \\ \underline{-(x^3 + x^2 - 2x)} \\ -4x^2 + 2x + 4 \\ \underline{-(-4x^2 - 4x + 8)} \\ 6x - 4\end{array}$$

Daraus folgt: $\quad f_b(x) = \dfrac{(x+1)(x-2)^2}{(x+2)(x-1)} = x - 4 + \dfrac{2(3x-2)}{(x+2)(x-1)}$

f_b strebt für große Werte von x, negative wie positive, gegen die Asymptote $y = x - 4$. Weiterhin hat f_b eine Nullstelle in $x_1 = -1$ mit linearem Achsendurchgang, eine weitere doppelte Nullstelle in $x_2 = 2$, wo die Funktion die x-Achse nur berührt. Die Polstellen liegen in $x_3 = -2$ und $x_4 = 1$. Eine schematische Zeichnung ist in Figur 3.3.7 zu sehen.

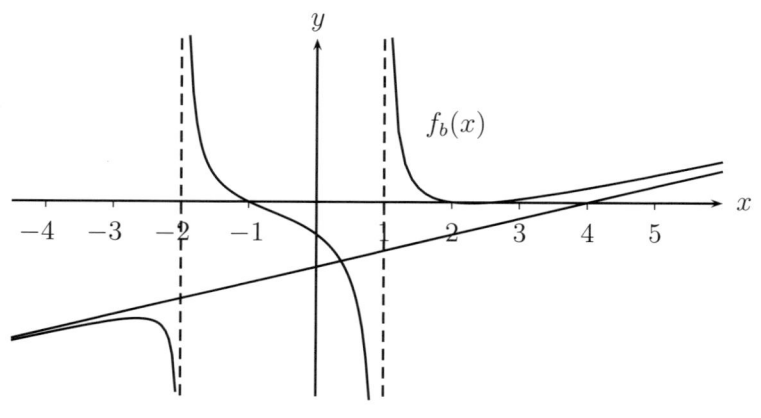

Figur 3.3.7

(c) Um die Asymptote berechnen zu können, wird zunächst der Zähler ausmultipliziert: $\quad Z = 0.5(x-1)(x+2) = 0.5x^2 + 0.5x - 1$.

Zur Berechnung der Asymptoten führen wir eine Polynomdivision durch:

$$\begin{array}{l}(0.5x^2 + 0.5x - 1) : (x^2 + 2) = 0.5 \\ \underline{-(0.5x^2 + 1)} \\ 0.5x - 2\end{array}$$

Daraus folgt: $\quad f_c(x) = \dfrac{0.5(x-1)(x+2)}{(x^2+2)} = 0.5 + \dfrac{0.5x - 2}{x^2 + 2}$.

f_c strebt für große Werte von x, negative wie positive, gegen die Asymptote $y = 0.5$. Weiterhin hat f_c einfache Nullstellen in $x_1 = 1$ und $x_2 = -2$ mit linearem Achsendurchgang. Es gibt keine Polstellen, da die Funktion im Nenner ein Parabel ohne Nullstelle ist, die nur im Bereich oberhalb der x-Achse verläuft.

3. Quadratische Formen und Polynome

Eine schematische Zeichnung ist in Figur 3.3.8 zu sehen. Darauf erkennt man, dass $f_c > 0.5$ für $x \approx 8$ und dann mit wachsendem x von oben gegen die Asymptote strebt. Das kann man allerdings erst durch die Ableitung der Funktion erkennen, die wir in Kapitel 4 behandeln werden.

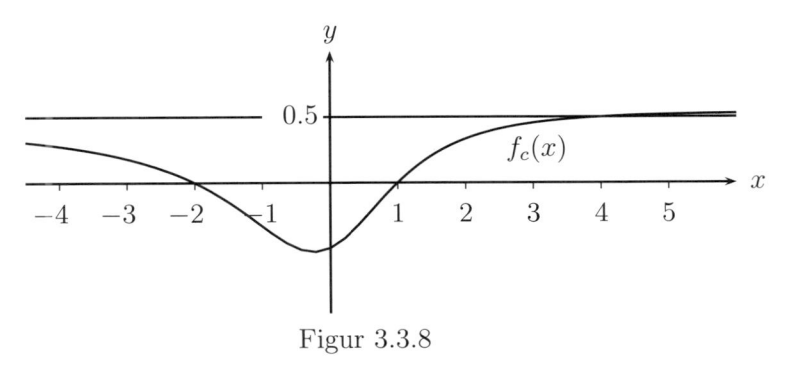

Figur 3.3.8

(d) Um die Asymptote berechnen zu können, müssen zunächst der Zähler und der Nenner ausmultipliziert werden.

$Z = (x-1)^2(x+1)^2 = (x^2-1)(x^2-1) = x^4 - 2x^2 + 1,$ und
$N = (x+2)(x-2)^2 = (x^2-4)(x-2) = x^3 - 2x^2 - 4x + 8$.

Zur Berechnung der Asymptoten führen wir eine Polynomdivision durch:

$(x^4 - 2x^2 + 1) : (x^3 - 2x^2 - 4x + 8) = x + 2$
$\underline{-(x^4 - 2x^3)}$
$\quad 2x^3 - 2x^2$
$\quad \underline{-(2x^3 - 4x^2)}$
$\qquad 2x^2 + 1$

Daraus folgt: $\quad f_d(x) = \dfrac{(x-1)^2(x+1)^2}{(x+2)(x-2)^2} = x + 2 + \dfrac{2x^2+1}{(x+2)(x-2)^2}$

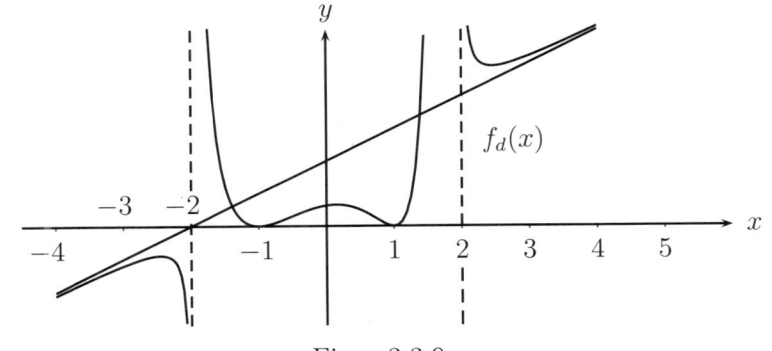

Figur 3.3.9

f_d strebt für große Werte von x, negative wie positive, gegen die Asymptote $y = x + 2$. Weiterhin hat f_d zwei doppelte Nullstellen in $x_1 = -1$ und $x_2 = 1$, wo f_d die x-Achse nur berührt. An der Polstelle $x_3 = -2$ "springt" die Funktion, während an der Polstelle $x_4 = 2$ kein Sprung stattfindet. Figur 3.3.9 liefert eine schematische Darstellung der Funktion.

(e) Diese Aufgabe ist schwierig und verlangt uns alles ab, was wir bis jetzt gelernt haben. Zunächst einmal können wir nur die Polstellen $x_1 = 1$ und $x_2 = 3$ erkennen, die erste mit Sprung, die zweite ohne Sprung. Die Nullstellen kann man nicht direkt erkennen, da im Zähler kein Produkt, sondern eine Summe steht. Weiteres kann man erst nach einer Polynomdivision beurteilen. Dazu könnte man den Zähler und den Nenner ausmultiplizieren; es gibt jedoch einen einfacheren Weg: man dividiert jeden Summand einzeln durch den Nenner und erhält

$$f_e(x) = \frac{(x^2-1)(x-1)(x-3)^2 + (x-2)^2}{(x-1)(x-3)^2} = x^2 - 1 + \frac{(x-2)^2}{(x-1)(x-3)^2}.$$

Definiert man

$$a(x) := x^2 - 1 \quad \text{und} \quad g(x) := \frac{(x-2)^2}{(x-1)(x-3)^2},$$

bekommt f_e die Form $f_e(x) = a(x) + g(x)$. Dabei ist $a(x)$ eine um 1 nach unten verschobene Normalparabel, die in Figur 3.3.10 gestrichelt dargestellt wurde.

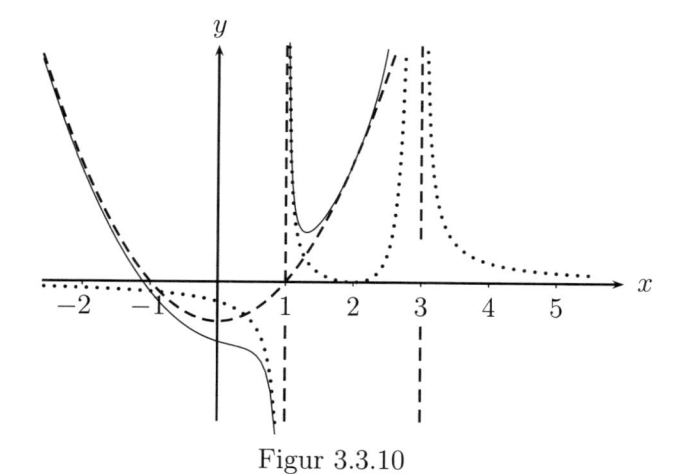

Figur 3.3.10

Da $g(x)$ im Zähler einen geringeren Grad als im Nenner hat, strebt g für große Werte von x, positive wie negative, gegen Null. Somit ist $a(x)$ die Asymptote von f_e! Nun brauchen wir nur noch die Gestalt von $g(x)$ zu ermitteln. Dann bilden wir schematisch die Summe von $a(x)$ und $g(x)$ und sind fertig.

3. Quadratische Formen und Polynome   117

Die Funktion g hat eine doppelte Nullstelle in $x_3 = 2$ und berührt dort die x-Achse, ohne sie zu schneiden. An der Polstelle $x_1 = 1$ macht g einen Sprung, nicht jedoch an der Polstelle $x_2 = 3$. Damit ist die Gestalt von g klar; sie ist in Figur 3.3.10 durch gepunktete Linien schematisch dargestellt.

Die Summe $f_e(x) = a(x) + g(x)$ wurde in Figur 3.3.10 als dünne durchgezogene Linie schematisch dargestellt. Im Bereich $x > 3$ liegt sie oberhalb von $a(x)$ und passt nicht mehr in die Zeichnung. Man sieht, dass f_e eine Nullstelle im Bereich $x \approx -1.1$ hat, die wir aber mit unseren bisherigen Methoden nicht berechnen können. Das folgt in Kapitel 4.

A3.4.4 Stellen Sie die folgenden Funktionen schematisch dar.

(a) $f_a(x) = \dfrac{(x+3)^2(x+1)(x-1)^2}{(x+2)^2(x-2)^3}$

(b) $f_b(x) = \dfrac{(x-3)^2(x-1)(x+1)^2}{(x-2)^2(x+2)^3}$

(c) $f_c(x) = \dfrac{x(x-1)(x-3)}{(x+1)(x+2)(x+3)}$

(d) $f_d(x) = \dfrac{(x+4)(x+1)^2(x-2)^3}{(x+3)(x+2)^2(x-3)^4}$

(a) f_a hat in $x_1 = -3$ eine doppelte, in $x_2 = -1$ eine einfache und in $x_3 = 1$ eine doppelte Nullstelle. Die Polstellen liegen in $x_4 = -2$ und $x_5 = 2$, wobei f_a in x_5 springt, nicht aber in x_4. Die Asymptote ist $y = 1$. Figur 3.3.11 zeigt ein schematisches Bild von $f_a(x)$.

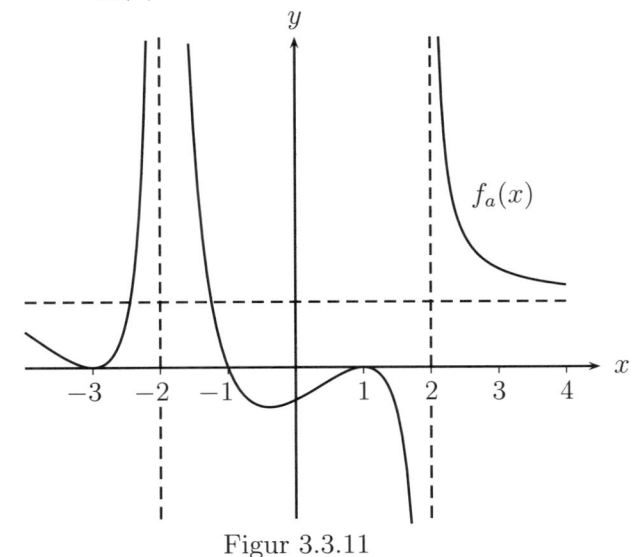

Figur 3.3.11

(b) f_b hat in $x_1 = -1$ eine doppelte, in $x_2 = 1$ eine einfache und in $x_3 = 3$ eine doppelte Nullstelle. Die Polstellen liegen in $x_4 = -2$ und $x_5 = 2$, wobei f_b in x_4 springt, nicht aber in x_5. Die Asymptote ist $y = 1$. Figur 3.3.12 zeigt ein schematisches Bild von $f_b(x)$.

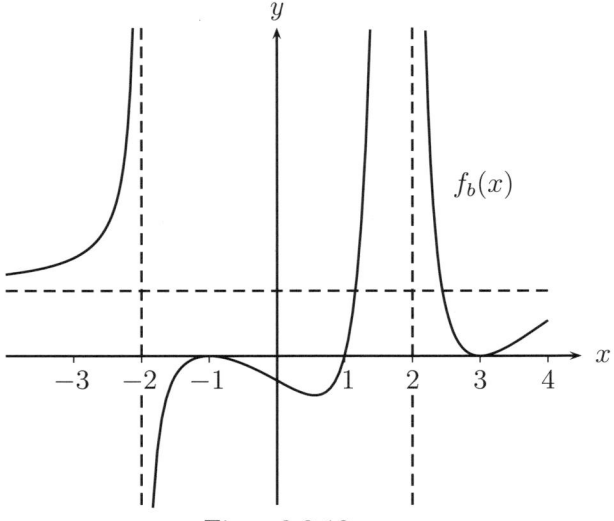

Figur 3.3.12

(c) f_c hat in $x_1 = 0$, $x_2 = 1$ und $x_3 = 3$ einfache Nullstellen, an deren Durchgang f_c das Vorzeichen ändert. Die Polstellen liegen in $x_4 = -1$, $x_5 = -2$ und $x_6 = -3$, jeweils mit Sprung. Die Asymptote ist $y = 1$. Figur 3.3.13 zeigt ein schematisches Bild von $f_c(x)$.

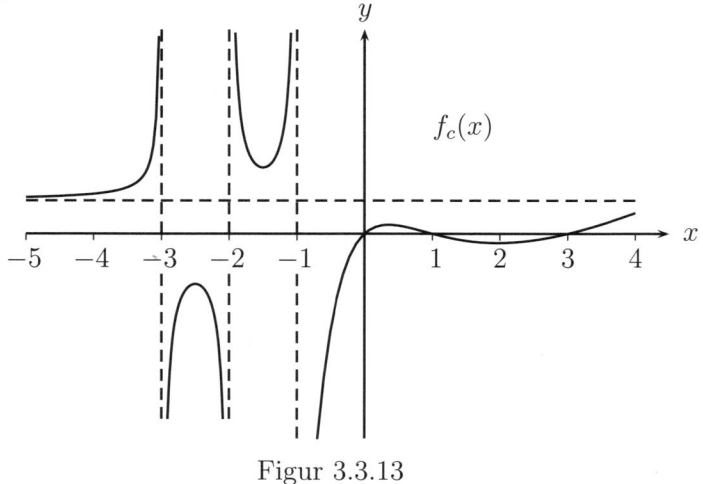

Figur 3.3.13

(d) f_d hat in $x_1 = -4$ eine einfache, in $x_2 = -1$ eine doppelte und in $x_3 = 2$ eine dreifache Nullstelle. Deshalb schneidet f_d die x-Achse in x_1, nicht jedoch

3. Quadratische Formen und Polynome   119

in x_2, wo f_d die x-Achse nur berührt. In x_3 schneidet f_d die x-Achse mit einer horizontalen Tangente in x_3.

An der Polstelle $x_4 = -3$ springt die Funktion, nicht aber an den Polstellen $x_5 = -2$ und $x_6 = 3$. Die Asymptote ist die x-Achse. Figur 3.3.14 zeigt ein schematisches Bild von $f_d(x)$.

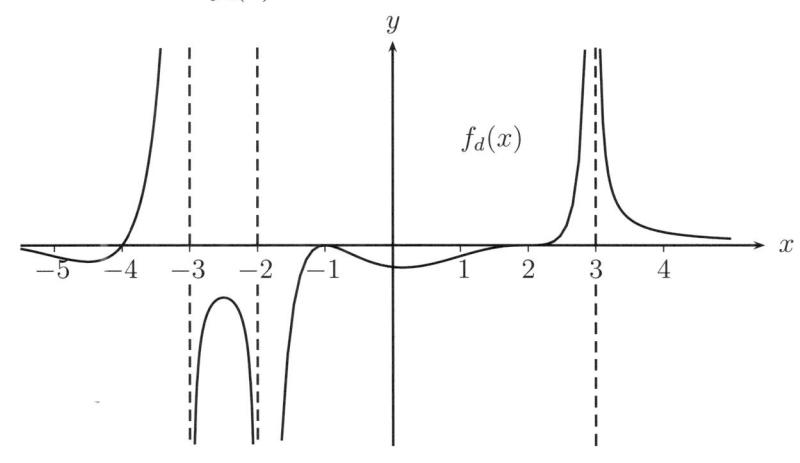

Figur 3.3.14

A3.4.5 Berechnen Sie das Produkt $(x - \bar{x}) \cdot q(x)$ im Beweis von Satz 3.4.8 mit allen Einzelheiten.

Die Form von $q(x)$ ist im Beweis von Satz 3.4.8 ausführlich angegeben. Wir multiplizieren diesen Ausdruck nun mit $(x - \bar{x})$ und erhalten:

$(x - \bar{x}) \, q(x) =$ .... (3.37)

$= (x - \bar{x}) \, a_n x^{n-1}$ .... (3.38)

$+ (x - \bar{x}) \, (a_{n-1} + a_n \bar{x}) x^{n-2}$ .... (3.39)

$+ (x - \bar{x}) \, (a_{n-2} + a_{n-1} \bar{x} + a_n \bar{x}^2) x^{n-3}$ .... (3.40)

$+ \ldots$

$+ (x - \bar{x}) \, (a_2 + a_3 \bar{x} + a_4 \bar{x}^2 + \ldots + a_n \bar{x}^{n-2}) x^1$

$+ (x - \bar{x}) \, (a_1 + a_2 \bar{x} + a_3 \bar{x}^2 + \ldots + a_n \bar{x}^{n-1})$

$= a_n x^n \quad - a_n \bar{x} x^{n-1}$ .... (3.41)

$+ a_{n-1} x^{n-1} + a_n \bar{x} x^{n-1} - a_{n-1} \bar{x} x^{n-2} - a_n \bar{x}^2 x^{n-2}$ .... (3.42)

$+ a_{n-2} x^{n-2} \quad\quad + a_{n-1} \bar{x} x^{n-2} + a_n \bar{x}^2 x^{n-2}$ .... (3.43)

$\quad\quad\quad\quad\quad\quad\quad\quad - a_{n-2} \bar{x} x^{n-3} - a_{n-1} \bar{x}^2 x^{n-3} - a_n \bar{x}^3 x^{n-3}$ (3.44)

$+ \ldots$

$= a_n x^n + a_{n-1} x^{n-1} + \cdots a_0 = f(x)$ .... (3.45)

Dabei wurde beim Übergang von (3.37) zu den nachfolgenden Zeilen nur die Formel für $q(x)$ eingesetzt. Die Ausmultiplikation der Zeile (3.38) ergibt (3.41), Zeile (3.39) wird zu (3.42), Zeile (3.40) wird zu (3.43) und (3.44), und so weiter.

Schaut man sich die Formel (3.41) genauer an, stellt man fest, dass der zweite Term der Zeile (3.41) in der Zeile (3.42) mit entgegengesetztem Vorzeichen wieder vorkommt – und sich deshalb weghebt. Von Zeile (3.41) bleibt deshalb nur der erste Term übrig, den wir in die Zeile (3.45) schreiben.

Von Zeile (3.42) hat sich der zweite Term bereits weggehoben. Es bleiben der dritte und vierte Term, die in Zeile (3.43) erneut mit entgegengesetztem Vorzeichen auftreten – und sich wegheben. Von Zeile (3.42) bleibt deshalb nur der erste Term übrig, den wir wieder in die Zeile (3.45) schreiben.

Nun haben wir das System verstanden. Auch die Terme der Zeile (3.44) werden sich gegen Terme der nachfolgenden Zeilen wegheben, so dass schließlich nur die Terme der Zeile (3.45) übrig bleiben. Das sind aber die Einzelteile von $f(x)$ und wir sind fertig.

Kapitel 4. Ableitungen

4.1 Zahlenfolgen

A4.1.1 Betrachtet wird die Folge $1, \frac{4}{3}, \frac{7}{5}, \frac{10}{7}, \ldots$.
  (a) Stellen Sie ein Bildungsgesetz für diese Folge (a_n), $n \geq 1$, auf.
  (b) Gegen welchen Grenzwert konvergiert die Folge?
  (c) Beweisen Sie, daß die Folge streng monoton steigt.
      (Hinweis: Zeigen Sie, dass $a_{n+1} - a_n > 0$ für alle $n \geq 1$.)
  (d) Ab welchem a_n ist der Abstand zum Grenzwert kleiner als 10^{-4}?

(a) Wir nummerieren die Folgenterme:
$$a_1 = 1, \quad a_2 = \frac{4}{3}, \quad a_3 = \frac{7}{5}, \quad a_4 = \frac{10}{7}, \quad \ldots$$

Man sieht, dass der Zähler von Term zu Term um 3 steigt, der Nenner um 2. Damit haben wir das Bildungsgesetz schon gefunden:
$$a_n = \frac{3n-2}{2n-1}, \quad n \geq 1.$$

(b) Eine Polynomdivision ergibt $(3n - 2) : (2n - 1) = 1.5 - \frac{0.5}{2n-1}$. Da
$$\lim_{n \to \infty} \frac{0.5}{2n-1} = 0,$$
erhält man als Folge von Satz 4.1.10:
$$\lim_{n \to \infty} a_n = \lim_{n \to \infty} \frac{3n-2}{2n-1} = \lim_{n \to \infty}\left(1.5 - \frac{0.5}{2n-1}\right) = 1.5 - \lim_{n \to \infty} \frac{0.5}{2n-1} = 1.5.$$

(c) Man rechnet
$$a_{n+1} - a_n = \frac{3(n+1) - 2}{2(n+1) - 1} - \frac{3n-2}{2n-1} = \frac{3n+1}{2n+1} - \frac{3n-2}{2n-1}$$
$$= \frac{(3n+1)(2n-1) - (3n-2)(2n+1)}{(2n+1)(2n-1)}$$
$$= \frac{(6n^2 - n - 1) - (6n^2 - n - 2)}{4n^2 - 1}$$
$$= \frac{1}{4n^2 - 1} > 0 \quad \text{für alle } n \geq 1.$$

Daraus folgt aber $a_{n+1} > a_n$ für alle $n \geq 1$, was zu zeigen war. Die Folge (a_n) ist demnach streng monoton steigend und konvergiert gegen 1.5.

(d) Wir müssen den Wert von n berechnen, für den gilt: $1.5 - a_n < 10^{-4}$. Die Auflösung der Ungleichung nach n ergibt

$$1.5 - a_n < 10^{-4} \Leftrightarrow 1.5 - \frac{3n-2}{2n-1} < \frac{1}{10\,000}$$

$$\Leftrightarrow \frac{3n-2}{2n-1} > \frac{3}{2} - \frac{1}{10\,000} = \frac{15\,000 - 1}{10\,000} = \frac{14\,999}{10\,000}$$

$$\Leftrightarrow 3n - 2 > \frac{14\,999}{10\,000}(2n-1) = \frac{29\,999}{10\,000}n - \frac{14\,999}{10\,000}$$

$$\Leftrightarrow \left(3 - \frac{29\,999}{10\,000}\right)n > 2 - \frac{14\,999}{10\,000}$$

$$\Leftrightarrow \frac{2}{10\,000}n > \frac{5\,001}{10\,000}$$

$$\Leftrightarrow n > \frac{5\,001}{2} = 2\,500.5 \ .$$

Damit ist die Aufgabe gelöst: Ab $n = 2501$ ist der Abstand zwischen a_n und 1.5 kleiner als 10^{-4}.

4.3 Ableitungen und Tangenten

A4.3.1 Sei $g(x) = ax + b$ eine lineare Funktion. Beweise durch Anwendung des Grenzwertwertprozesses die Aussage aus Beispiel 4.3.4, dass $g'(x) = a$.

Wir folgen dem Beispiel 4.3.4 und wählen einen beliebigen, aber festen Punkt $x_0 \in \mathbb{R}$. Dann gilt

$$g'(x_0) = \lim_{dx \to 0} \tfrac{1}{dx}(g(x_0 + dx) - g(x_0)) = \lim_{dx \to 0} \tfrac{1}{dx}([a(x_0 + dx) + b] - [ax_0 + b])$$
$$= \lim_{dx \to 0} \tfrac{1}{dx}(ax_0 + a\,dx + b - ax_0 - b) = \lim_{dx \to 0} \tfrac{1}{dx}(a\,dx) = a \ .$$

Da diese Rechnung für alle $x_0 \in \mathbb{R}$ gilt, schreiben wir allgemein: $g'(x) = a$.

A4.3.2 Leiten Sie mit Hilfe des Grenzwertprozesses explizit ab:

(a) $f_1(x) = x^3$ (b) $f_2(x) = \dfrac{1}{x}$ (c) $f_3(x) = \dfrac{1}{x^2}$

(a) Sei $x_0 \in \mathbb{R}$. Dann gilt

$$f_1'(x_0) = \lim_{dx \to 0} \tfrac{1}{dx}(f_1(x_0 + dx) - f_1(x_0)) = \lim_{dx \to 0} \tfrac{1}{dx}((x_0 + dx)^3 - x_0^3)$$
$$= \lim_{dx \to 0} \tfrac{1}{dx}(x_0^3 + 3x_0^2 dx + 3x_0 dx^2 + dx^3 - x_0^3)$$
$$= \lim_{dx \to 0} \tfrac{1}{dx}(3x_0^2 dx + 3x_0 dx^2 + dx^3) = \lim_{dx \to 0}(3x_0^2 + 3x_0 dx + dx^2) = 3x_0^2 \ .$$

Da diese Rechnung für alle $x_0 \in \mathbb{R}$ gilt, schreiben wir allgemein: $f_1'(x) = 3x^2$.

4. Ableitungen

(b) Sei $x_0 \in \mathbb{R}$, $x_0 \neq 0$. Dann gilt

$$f_2'(x_0) = \lim_{dx \to 0} \tfrac{1}{dx}(f_2(x_0+dx) - f_2(x_0)) = \lim_{dx \to 0} \tfrac{1}{dx}\left(\tfrac{1}{x_0+dx} - \tfrac{1}{x_0}\right)$$

$$= \lim_{dx \to 0} \tfrac{1}{dx}\left(\tfrac{x_0 - x_0 - dx}{x_0(x_0+dx)}\right) = \lim_{dx \to 0}\left(\tfrac{-1}{x_0^2 + x_0 dx}\right) = \tfrac{-1}{x_0^2} = -x_0^{-2}.$$

Da diese Rechnung für alle $x_0 \in \mathbb{R}$ gilt, schreiben wir allgemein:

$$f_2'(x) = -\frac{1}{x^2} = -x^{-2}.$$

(c) Sei $x_0 \in \mathbb{R}$, $x_0 \neq 0$. Dann gilt

$$f_3'(x_0) = \lim_{dx \to 0} \tfrac{1}{dx}(f_3(x_0+dx) - f_3(x_0)) = \lim_{dx \to 0} \tfrac{1}{dx}\left(\tfrac{1}{(x_0+dx)^2} - \tfrac{1}{x_0^2}\right)$$

$$= \lim_{dx \to 0} \tfrac{1}{dx}\left(\tfrac{x_0^2 - (x_0+dx)^2}{x_0^2(x_0+dx)^2}\right) = \lim_{dx \to 0} \tfrac{1}{dx}\left(\tfrac{x_0^2 - x_0^2 - 2x_0 dx - dx^2}{x_0^2(x_0+dx)^2}\right)$$

$$= \lim_{dx \to 0}\left(\tfrac{-2x_0 - dx}{x_0^2(x_0+dx)^2}\right) = \tfrac{-2x_0}{x_0^4} = \tfrac{-2}{x_0^3} = -2x_0^{-3}.$$

Da diese Rechnung für alle $x_0 \in \mathbb{R}$ gilt, schreiben wir allgemein:

$$f_2'(x) = -\frac{2}{x^3} = -2x^{-3}.$$

A4.3.3 Leiten Sie mit Hilfe der Regeln aus Satz 4.3.7 ab:

(a) $f_1(x) = (x^2 + 6x + 9)(x^3 + x - 1)$ (b) $f_2(x) = (x^5 - x^3 - 4x)^2$

(c) $f_3(x) = \dfrac{3x^2 - 1}{x + 4}$ (d) $f_4(x) = \dfrac{6x}{15 - x^2}$ (e) $f_5(x) = \left[\dfrac{x+1}{x-1}\right]^3$

(a) Wir wenden die Produktregel auf die beiden Faktoren an. Die Inhalte der Klammern werden nach Summenregel und Polynomregel abgeleitet. Da die erste Klammer ein binomischer Ausdruck ist, kann man vereinfachend schreiben:

$f_1(x) = (x+3)^2(x^3 + x - 1)$.   Es folgt:

$$f_1'(x) = 2(x+3)(x^3 + x - 1) + (x+3)^2(3x^2 + 1)$$

$$= (x+3)[(2x^3 + 2x - 2) + (x+3)(3x^2 + 1)]$$

$$= (x+3)[2x^3 + 2x - 2 + 3x^3 + 9x^2 + x + 3]$$

$$= (x+3)(5x^3 + 9x^2 + 3x + 1).$$

(b) Wir wenden Polynomregel und Kettenregel an.

$$f_2'(x) = 2(x^5 - x^3 - 4x) \cdot (5x^4 - 3x^2 - 4)$$

$$= 2x(x^4 - x^2 - 4)(5x^4 - 3x^2 - 4).$$

(c) Wir wenden die Quotientenregel an.
$$f'_3(x) = \frac{(6x)(x+4) - (3x^2-1)(1)}{(x+4)^2} = \frac{(6x^2+24x) - (3x^2-1)}{(x+4)^2}$$
$$= \frac{6x^2 + 24x - 3x^2 + 1}{(x+4)^2} = \frac{3x^2 + 24x + 1}{(x+4)^2}.$$

(d) Wir wenden die Quotientenregel an.
$$f'_4(x) = \frac{6(15-x^2) - 6x(-2x)}{(15-x^2)^2} = \frac{90 - 6x^2 + 12x^2}{(15-x^2)^2}$$
$$= \frac{6x^2 + 90}{(15-x^2)^2} = \frac{6(x^2+15)}{(x^2-15)^2}.$$

(e) Wir wenden zuerst die Kettenregel an. Für die äußere Ableitung verwendet man die Polynomregel, für die innere Ableitung die Quotientenregel.
$$f'_5(x) = 3 \left[\frac{x+1}{x-1}\right]^2 \cdot \frac{(1)(x-1) - (x+1)(1)}{(x-1)^2} = \frac{3(x+1)^2(x-1-x-1)}{(x-1)^2}$$
$$= \frac{-6(x+1)^2}{(x-1)^2} = -6\left[\frac{x+1}{x-1}\right]^2.$$

A4.3.4 Leiten Sie mit Hilfe der Regeln aus Satz 4.3.7 ab:

(a) $f_1(x) = (-x^6 + x^4 - 2x^2)^{2/5}$ (b) $f_2(x) = (3x - 2\sqrt{3x} + 1)^{-3/2}$

(c) $f_3(x) = \dfrac{1}{1 - \sqrt{x}}$ (d) $f_4(x) = \dfrac{2x-1}{\sqrt{3x+2}}$ (e) $f_5(x) = \dfrac{\sqrt{x}}{1-\sqrt{x}}$

(f) $f_6(x) = \dfrac{\sqrt{1-x}}{1-\sqrt{x}}$ (g) $f_7(x) = \dfrac{x^2-1}{\sqrt{x-1}}$ (h) $f_8(x) = \sqrt{\dfrac{\sqrt{1-x}}{1-\sqrt{x}}}$

(a) Wir wenden die Kettenregel an. Dabei verwenden wir die Polynomregel für die äußere und die innere Ableitung.
$$f'_1(x) = \tfrac{2}{5}(-x^6 + x^4 - 2x^2)^{-\tfrac{3}{5}} \cdot (-6x^5 + 4x^3 - 4x)$$
$$= -\tfrac{4}{5}x(-x^6 + x^4 - 2x^2)^{-\tfrac{3}{5}} \cdot (3x^4 - 2x^2 + 2).$$

(b) Wir benötigen in der weiteren Rechnung die Ableitung von $\sqrt{x}$:
$$(\sqrt{x})' = \left(x^{\tfrac{1}{2}}\right) = \frac{1}{2}x^{-\tfrac{1}{2}} = \frac{1}{2\sqrt{x}}. \tag{4.1}$$

Jetzt führt die Kettenregel direkt zum Ziel.
$$f'_2(x) = -\tfrac{3}{2}(3x - +x^4 - 2x^2)^{-\tfrac{3}{5}} \cdot (-6x^5 + 4x^3 - 4x)$$
$$= -\tfrac{4}{5}x(-x^6 + x^4 - 2x^2)^{-\tfrac{3}{5}} \cdot (3x^4 - 2x^2 + 2).$$

4. Ableitungen

(c) Wir wenden die Quotientenregel an und (4.1). Der Übergang vom ersten zum zweiten Bruch geschieht durch Erweiterung mit dem Faktor $2\sqrt{x}$.

$$f'_3(x) = \frac{0 - 1 \cdot (-\frac{1}{2\sqrt{x}})}{(1-\sqrt{x})^2} = \frac{1}{2\sqrt{x}(1-\sqrt{x})^2}.$$

(d) Zuerst berechnen wir die Ableitung von $\sqrt{ax+b}$ für feste Werte a und b.

$$\left(\sqrt{ax+b}\right)' = \left((ax+b)^{\frac{1}{2}}\right)' = \tfrac{1}{2}(ax+b)^{-\frac{1}{2}} \cdot a = \tfrac{a}{2}(ax+b)^{-\frac{1}{2}} \qquad (4.2)$$

Jetzt wenden wir (4.2) und die Quotientenregel an.

$$f'_4(x) = \frac{2 \cdot (3x+2)^{\frac{1}{2}} - (2x-1) \cdot \tfrac{3}{2}(3x+2)^{-\frac{1}{2}}}{3x+2} \qquad [\text{Erweiterung mit } 2(3x+2)^{\frac{1}{2}}]$$

$$= \frac{4(3x+2) - 3(2x-1)}{2(3x+2)^{\frac{3}{2}}} = \frac{12x+8-6x+3}{2(3x+2)^{\frac{3}{2}}} = \frac{6x+11}{2(3x+2)^{\frac{3}{2}}}.$$

(e) Wir wenden die Quotientenregel an und (4.1).

$$f'_5(x) = \frac{\tfrac{1}{2}x^{-\frac{1}{2}}(1-\sqrt{x}) - \sqrt{x} \cdot (-\tfrac{1}{2}x^{-\frac{1}{2}})}{(1-\sqrt{x})^2} \qquad [\text{Erweiterung mit } 2x^{\frac{1}{2}}]$$

$$= \frac{(1-\sqrt{x}) + \sqrt{x}}{2x^{\frac{1}{2}}(1-\sqrt{x})^2} = \frac{1}{2\sqrt{x}(1-\sqrt{x})^2}.$$

(f) Wir wenden die Quotientenregel an, (4.1) und (4.2).

$$f'_6(x) = \frac{-\tfrac{1}{2}(1-x)^{-\frac{1}{2}}(1-x^{\frac{1}{2}}) - (1-x)^{\frac{1}{2}}(-\tfrac{1}{2}x^{-\frac{1}{2}})}{(1-x^{\frac{1}{2}})^2}$$

$$[\text{Erweiterung mit } 2(1-x)^{\frac{1}{2}}x^{\frac{1}{2}}]$$

$$= \frac{-x^{\frac{1}{2}}(1-x^{\frac{1}{2}}) + (1-x)}{2(1-x)^{\frac{1}{2}}x^{\frac{1}{2}}(1-x^{\frac{1}{2}})^2} = \frac{-x^{\frac{1}{2}} + x + 1 - x}{2(1-x)^{\frac{1}{2}}x^{\frac{1}{2}}(1-x^{\frac{1}{2}})^2}$$

$$= \frac{1 - x^{\frac{1}{2}}}{2(1-x)^{\frac{1}{2}}x^{\frac{1}{2}}(1-x^{\frac{1}{2}})^2} = \frac{1-\sqrt{x}}{2\sqrt{x}\sqrt{1-x}\,(1-\sqrt{x})^2}.$$

(g) Wir wenden die Quotientenregel und (4.2) an.

$$f'_7(x) = \frac{2x(x-1)^{\frac{1}{2}} - (x^2-1) \cdot \tfrac{1}{2}(x-1)^{-\frac{1}{2}}}{x-1} \qquad [\text{Erweiterung mit } 2(x-1)^{\frac{1}{2}}]$$

$$= \frac{4x(x-1) - (x^2-1)}{2(x-1)^{\frac{1}{2}}(x-1)} = \frac{4x - (x+1)}{2(x-1)^{\frac{1}{2}}} = \frac{3x-1}{2(x-1)^{\frac{1}{2}}} = \frac{3x-1}{2\sqrt{x-1}}.$$

(h) Zunächst stellt man fest, dass $f_8(x) = \sqrt{f_6(x)} = (f_6(x))^{\frac{1}{2}}$. Die Kettenregel führt nun schnell zum Ziel.

$$f_8'(x) = [(f_6(x))^{\frac{1}{2}}]' = \frac{1}{2} \cdot (f_6(x))^{-\frac{1}{2}} \cdot f_6'(x)$$

$$= \frac{1}{2} \cdot \frac{(1-x^{\frac{1}{2}})^{\frac{1}{2}}}{(1-x)^{\frac{1}{4}}} \cdot \frac{(1-x^{\frac{1}{2}})^1}{2(1-x)^{\frac{1}{2}} x^{\frac{1}{2}} (1-x^{\frac{1}{2}})^2}$$

$$= \frac{1}{4x^{\frac{1}{2}}(1-x)^{\frac{3}{4}}(1-x^{\frac{1}{2}})^{\frac{1}{2}}} = \frac{1}{4\sqrt{x}\sqrt[4]{(1-x)^3}\sqrt{1-\sqrt{x}}} \;.$$

A4.3.5 Leiten Sie mit Hilfe der Regeln aus Satz 4.3.7 ab:

(a) $f_1(x) = x\sqrt{(a-x)^3}$ (b) $f_2(a) = x\sqrt{(a-x)^3}$ (c) $f_3(x) = \dfrac{\sqrt{a-x}}{\sqrt{a+x}}$

(d) $f_4(a) = \dfrac{\sqrt{a-x}}{\sqrt{a+x}}$ (e) $f_5(x) = \sqrt{\dfrac{a^2+x^2}{a^2-x^2}}$ (f) $f_6(a) = \sqrt{\dfrac{a^2+x^2}{a^2-x^2}}$

(a) Da $f_1(x) = x\sqrt{(a-x)^3} = x \cdot (a-x)^{\frac{3}{2}}$ wenden wir die Produkt- und die Polynomregel an.

$$f_1'(x) = (a-x)^{\frac{3}{2}} + x \cdot \frac{3}{2}(a-x)^{\frac{1}{2}} \cdot (-1) = (a-x)^{\frac{1}{2}}((a-x) - 1.5x)$$

$$= (a-x)^{\frac{1}{2}}(a - 2.5x) \;.$$

(b) $f_2(a)$ unterscheidet sich von $f_1(x)$ nur dadurch, dass die Konstante und die Variable ihre Rolle getauscht haben: In f_2 ist a die Variable und x konstant.

Wegen $f_2(a) = x\sqrt{(a-x)^3} = x(a-x)^{\frac{3}{2}}$ gilt $f_2'(a) = \frac{3}{2} x (a-x)^{\frac{1}{2}}$.

(c) Jetzt ist wieder x die Variable. Wir schreiben

$$f_3(x) = \frac{\sqrt{a-x}}{\sqrt{a+x}} = \frac{(a-x)^{\frac{1}{2}}}{(a+x)^{\frac{1}{2}}} \quad \text{und wenden die Quotientenregel an.}$$

$$f_3'(x) = \frac{\frac{1}{2}(a-x)^{-\frac{1}{2}} \cdot (-1) \cdot (a+x)^{\frac{1}{2}} - (a-x)^{\frac{1}{2}} \cdot \frac{1}{2}(a+x)^{-\frac{1}{2}}}{a+x}$$

[Erweiterung mit $2(a-x)^{\frac{1}{2}}(a+x)^{\frac{1}{2}}$]

$$= \frac{-(a+x) - (a-x)}{2(a+x)^{\frac{3}{2}}(a-x)^{\frac{1}{2}}} = \frac{-a-x-a+x}{2(a+x)^{\frac{3}{2}}(a-x)^{\frac{1}{2}}} = \frac{-a}{(a+x)^{\frac{3}{2}}(a-x)^{\frac{1}{2}}} \;.$$

(d) Jetzt ist wieder a die Variable. Wir schreiben

$$f_4(a) = \frac{\sqrt{a-x}}{\sqrt{a+x}} = \frac{(a-x)^{\frac{1}{2}}}{(a+x)^{\frac{1}{2}}} \quad \text{und wenden die Quotientenregel an.}$$

$$f_4'(a) = \frac{\frac{1}{2}(a-x)^{-\frac{1}{2}} \cdot (a+x)^{\frac{1}{2}} - (a-x)^{\frac{1}{2}} \cdot \frac{1}{2}(a+x)^{-\frac{1}{2}}}{a+x}$$

[Erweiterung mit $2(a-x)^{\frac{1}{2}}(a+x)^{\frac{1}{2}}$]

$$= \frac{(a+x)-(a-x)}{2(a+x)^{\frac{3}{2}}(a-x)^{\frac{1}{2}}} = \frac{a+x-a+x}{2(a+x)^{\frac{3}{2}}(a-x)^{\frac{1}{2}}} = \frac{x}{(a+x)^{\frac{3}{2}}(a-x)^{\frac{1}{2}}} \, .$$

(e) Jetzt ist wieder x die Variable. Wir schreiben

$$f_5(x) = \sqrt{\frac{a^2+x^2}{a^2-x^2}} = \frac{(a^2+x^2)^{\frac{1}{2}}}{(a^2-x^2)^{\frac{1}{2}}} \qquad \text{und wenden die Quotientenregel an.}$$

$$f_5'(x) = \frac{\frac{1}{2}(a^2+x^2)^{-\frac{1}{2}} \cdot 2x \cdot (a^2-x^2)^{\frac{1}{2}} - (a^2+x^2)^{\frac{1}{2}} \cdot \frac{1}{2}(a^2-x^2)^{-\frac{1}{2}} \cdot (-2x)}{a^2-x^2}$$

[Erweiterung mit $(a^2+x^2)^{\frac{1}{2}}(a^2-x^2)^{\frac{1}{2}}$]

$$= \frac{x(a^2-x^2)+x(a^2+x^2)}{(a^2-x^2)^{\frac{3}{2}}(a^2+x^2)^{\frac{1}{2}}} = \frac{a^2x-x^3+a^2x+x^3}{(a^2-x^2)^{\frac{3}{2}}(a^2+x^2)^{\frac{1}{2}}}$$

$$= \frac{2a^2x}{(a^2-x^2)^{\frac{3}{2}}(a^2+x^2)^{\frac{1}{2}}} \, .$$

(f) Jetzt ist wieder a die Variable. Wir schreiben

$$f_6(a) = \sqrt{\frac{a^2+x^2}{a^2-x^2}} = \frac{(a^2+x^2)^{\frac{1}{2}}}{(a^2-x^2)^{\frac{1}{2}}} \qquad \text{und wenden die Quotientenregel an.}$$

$$f_6'(a) = \frac{\frac{1}{2}(a^2+x^2)^{-\frac{1}{2}} \cdot 2a \cdot (a^2-x^2)^{\frac{1}{2}} - (a^2+x^2)^{\frac{1}{2}} \cdot \frac{1}{2}(a^2-x^2)^{-\frac{1}{2}} \cdot (2a)}{a^2-x^2}$$

[Erweiterung mit $(a^2+x^2)^{\frac{1}{2}}(a^2-x^2)^{\frac{1}{2}}$]

$$= \frac{a(a^2-x^2)-a(a^2+x^2)}{(a^2-x^2)^{\frac{3}{2}}(a^2+x^2)^{\frac{1}{2}}} = \frac{a^3-ax^2-a^3-ax^2}{(a^2-x^2)^{\frac{3}{2}}(a^2+x^2)^{\frac{1}{2}}}$$

$$= \frac{-2ax^2}{(a^2-x^2)^{\frac{3}{2}}(a^2+x^2)^{\frac{1}{2}}} \, .$$

A4.3.6 Zeichnen Sie die Funktion $f(x) = x^2 - 2x - 3$.
  (a) Berechnen und zeichnen Sie die Tangente an f, die durch den Punkt $P_1 = (2, -3)$ verläuft.
  (b) Berechnen und zeichnen Sie alle Tangenten an f, die durch den Punkt $P_2 = (-1, -4)$ verlaufen.
  (c) Berechnen und zeichnen Sie alle Tangenten an f, die durch den Punkt $P_3 = (1, 1)$ verlaufen.

f ist eine nach oben geöffnete Parabel, die man vollständig kennt, wenn man weiß, wo die Nullstellen liegen. Diese erhält man leicht mit der Hilfe der abc-Formel:

$f(x) = 0 \quad \Leftrightarrow \quad x^2 - 2x - 3 = 0 \quad \Leftrightarrow \quad x_{1/2} = \frac{1}{2}(2 \pm \sqrt{4+12}) = 1 \pm 2 = -1/3$.

Die Symmetrieachse ist $x = 1$ und der Scheitelpunkt ist $S = (1, -4)$.

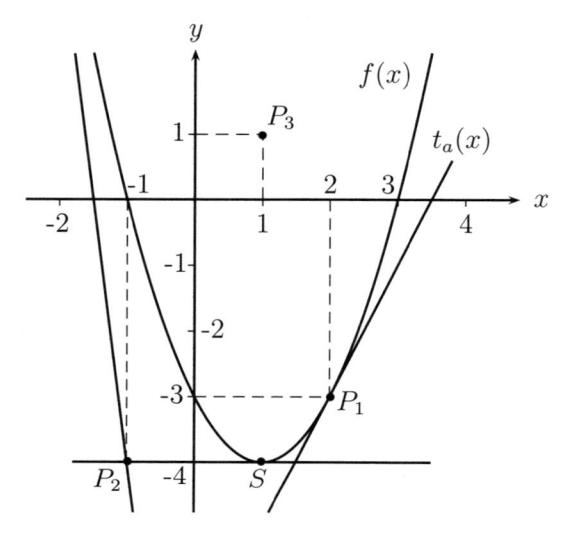

Figur 4.3.1

(a) Wir folgen der Vorgehensweise in Beispiel 4.3.14 und nennen die gesuchte Tangente $t_a(x) = ax + b$. Der Punkt P_1 liegt auf der Parabel. Da $f'(x) = 2x - 2$, erhält man $a = f'(2) = 2$. Da $t_a(2) = -3$ gelten muss, erhält man $4 + b = -3$, also $b = -7$. Die gesuchte Tangente ist folglich: $t_a(x) = 2x - 7$.

(b) Die gesuchte Tangente sei $t_b(x) = ax + b$. Der Berührpunkt $B = (u, v)$ ist unbekannt, denn P_2 liegt nicht auf der Parabel. Wir wissen:
(1) $v = u^2 - 2u - 3$, denn B liegt auf der Parabel.
(2) $au + b = v$, denn B liegt auf der Tangente.
(3) $a = f'(u) = 2u - 2$, da die Steigung der Tangente und die Ableitung von f in B gleich sind.
(4) $t_b(-1) = -a + b = -4$, denn P_2 liegt auf der Tangente.

Aus diesen Gleichungen berechnen wir nun alle Unbekannten. Aus (3) und (4) erhält man $b = a - 4 = 2u - 2 - 4 = 2u - 6$. Die Gleichungen (1) und (2) können wir nun gleichsetzen und erhalten einen Ausdruck, in dem nur noch die Unbekannte u vorkommt: $u^2 - 2u - 3 = (2u - 2)u + (2u - 6)$. Daraus entsteht die quadratische Gleichung

$u^2 - 2u - 3 = 2u^2 - 2u + 2u - 6 \quad \Leftrightarrow \quad u^2 + 2u - 3 = 0$
$\Leftrightarrow \quad u_{1/2} = \frac{1}{2}(-2 \pm \sqrt{4+12}) = -1 \pm 2 = -3/1$.

Es gibt folglich zwei Berührpunkte $B_1 = (-3, 12)$ und $B_2 = (1, -4)$, zu denen die Tangenten $t_{b1}(x) = -8x - 12$ und $t_{b2}(x) = -4$ gehören. Dieses rechnerische Ergebnis wird durch Figur 4.3.1 bestätigt.

(c) Ein Blick auf Figur 4.3.1 zeigt, dass es durch den Punkt $P_3 = (1, 1)$ keine Tangente geben kann. Wo sollte sie die Parabel denn berühren? Trotzdem wollen wir prüfen, zu welchem Ergebnis das rechnerische Verfahren kommt – hoffentlich zu demselben.

Die gesuchte Tangente sei $t_c(x) = ax + b$. Der Berührpunkt $B = (u, v)$ ist unbekannt, denn P_3 liegt nicht auf der Parabel. Wir wissen:
(1) $v = u^2 - 2u - 3$, denn B liegt auf der Parabel.
(2) $au + b = v$, denn B liegt auf der Tangente.
(3) $a = f'(u) = 2u - 2$, da die Steigung der Tangente und die Ableitung von f in B gleich sind.
(4) $t_c(1) = a + b = 1$, denn P_3 liegt auf der Tangente.

Aus diesen Gleichungen berechnen wir nun alle Unbekannten. Aus (3) und (4) erhält man $b = -a + 1 = -2u + 2 + 1 = -2u + 3$. Die Gleichungen (1) und (2) können wir gleichsetzen und erhalten einen Ausdruck, in dem nur noch die Unbekannte u vorkommt: $u^2 - 2u - 3 = (2u - 2)u + (-2u + 3)$. Daraus entsteht die quadratische Gleichung
$$u^2 - 2u - 3 = 2u^2 - 2u - 2u + 3 \quad \Leftrightarrow \quad u^2 - 2u + 6 = 0$$
$$\Leftrightarrow \quad u_{1/2} = \tfrac{1}{2}(2 \pm \sqrt{4 - 24}) = \tfrac{1}{2}(2 \pm \sqrt{-20}) \ .$$
Diese quadratische Gleichung hat keine Lösung, da die Diskriminante negativ ist. Der optische Eindruck aus Figur 4.3.1 ist bestätigt.

A4.3.7 (a) Benutzen Sie die Kettenregel 4.3.7(e) zum Beweis der verallgemeinerten Kettenregel für drei verkettete Funktionen f, g und h:
$$(f \circ g \circ h)'(x) = f'(g(h(x))) \cdot g'(h(x)) \cdot h'(x) \ .$$

(b) Formulieren und beweisen Sie die Kettenregel für endlich viele verkettete Funktionen $f_1, f_2, \ldots, f_n$ durch vollständige Induktion.

(a) Wir definieren $j(x) := (g \circ h)(x)$. Dann gilt
$$(f \circ j)(x) = (f \circ g \circ h)(x) = f(g(h(x)))$$
und als Folge der Kettenregel
$$(f \circ j)'(x) = f'(j(x)) \cdot j'(x) \quad \text{und} \quad j'(x) = g'(h(x)) \cdot h'(x) \ .$$
Nun brauchen wir nur noch dieses Resultat in die Behauptung einzusetzen und erneut die Kettenregel anzuwenden, um den Beweis abzuschließen:
$$(f \circ g \circ h)'(x) = (f \circ j)'(x) = f'(j(x)) \cdot j'(x) = f'(g(h(x))) \cdot g'(h(x)) \cdot h'(x) \ .$$

(b) Nun soll der Inhalt der Kettenregel, die beschreibt, wie zwei verkettete Funktionen abgeleitet werden, auf endlich viele verkettete Funktionen übertragen werden. Wie man das zu beweisen hat, wurde im Prinzip schon in (a) gezeigt, so dass der hauptsächliche Wert dieser Aufgabe (b) darin besteht, den Beweis korrekt zu formulieren.

Behauptung: Für alle $n \in \mathbb{N}$, $n \geq 2$, gilt:

$$(f_n \circ \cdots \circ f_1)'(x) = f_n'(f_{n-1}(f_{n-2}(...(f_1(x))...)) \cdot f_{n-1}'(f_{n-2}(...(f_1(x))...)) \cdots f_1'(x) \ .$$

Induktionsanfang: $n = 2$. Diese Aussage ist identisch mit der Kettenregel und gilt als bewiesen.

Induktionssprung: Wie nehmen an, die Behauptung sei gültig für ein $n \in \mathbb{N}$ mit $n \geq 2$. Zu zeigen ist, dass sie auch für den Nachfolger von n, also $n+1$, gültig ist. Zu zeigen ist demnach

$$(f_{n+1} \circ \cdots \circ f_1)'(x) = f_{n+1}'(f_n(f_{n-1}(...(f_1(x))...)) \cdot f_n'(f_{n-1}(...(f_1(x))...)) \cdots f_1'(x) \ .$$

Wir definieren $j(x) := (f_n \circ f_{n-1} \circ \cdots \circ f_1)(x)$. Dann müssen wir die Gültigkeit von $(f_{n+1} \circ j)'(x) = f_{n+1}'(j(x)) \cdot j'(x)$ nachweisen. Genau das aber ist durch die Kettenregel gewährleistet.

A4.3.8 Leiten Sie ab:

(a) $f_1(x) = \left[\sqrt[3]{x^2+2} - 2x\right]^3$ (b) $f_2(x) = \sqrt[4]{4x^2 + 2\sqrt{x^2+1} - 1}$

(a) f_1 ist eine verkettete Funktion, die wir gemäß Aufgabe 4.3.7 "von außen nach innen" ableiten. Aus

$$f_1(x) = \left[(x^2+2)^{\frac{1}{3}} - 2x\right]^3 \quad \text{folgt}$$

$$f_1'(x) = 3\left[(x^2+2)^{\frac{1}{3}} - 2x\right]^2 \cdot \left[\tfrac{1}{3}(x^2+2)^{-\frac{2}{3}} \cdot (2x) - 2\right]$$

$$= \left[(x^2+2)^{\frac{1}{3}} - 2x\right]^2 \cdot \left[2x(x^2+2)^{-\frac{2}{3}} - 6\right] \ .$$

(b) Wie in (a) leiten wir "von außen nach innen" ab. Aus

$$f_2(x) = (4x^2 + 2(x^2+1)^{\frac{1}{2}} - 1)^{\frac{1}{4}} \quad \text{folgt}$$

$$f_2'(x) = \tfrac{1}{4}(4x^2 + 2(x^2+1)^{\frac{1}{2}} - 1)^{-\frac{3}{4}} \cdot (8x + (x^2+1)^{-\frac{1}{2}} \cdot 2x)$$

$$= \tfrac{x}{2}(4x^2 + 2(x^2+1)^{\frac{1}{2}} - 1)^{-\frac{3}{4}} \cdot ((x^2+1)^{-\frac{1}{2}} + 4) \ .$$

A4.3.9 Beweisen Sie: Sei $a < b$, $f(x)$ differenzierbar auf (a,b) und $f'(x)$ stetig auf $[a,b]$. Dann ist f genau dann streng monoton steigend auf $[a,b]$, wenn zu jedem Paar $x_1, x_2 \in [a,b]$ mit $x_1 < x_2$ ein c mit $x_1 \leq c \leq x_2$ existiert, so dass $f'(c) > 0$. [Hinweis: Schwierig!]

Wir wiederholen die Definition 3.1.10: Sei $D \subset \mathbb{R}$ und $f\colon D \to \mathbb{R}$ eine Funktion. Dann heißt $f(x)$ *streng monoton steigend* (sms) auf D, sofern aus $x_1, x_2 \in D$, $x_1 < x_2$, stets folgt: $f(x_1) < f(x_2)$.

Satz 4.3.16(a) besagt, dass eine Funktion, die überall im Bereich D eine Steigung größer als Null hat, sms ist. Die Umkehrung dieses Satzes gilt jedoch nicht: Die Funktion $f(x) = x^3$, der "Wasserfall" der Figur 3.4.1, ist offenbar sms, hat jedoch nicht überall eine Steigung größer als Null; $f'(0) = 0$!

Die Aufgabe 4.3.9 beinhaltet eine Ableitungseigenschaft, die genau äquivalent ist zu streng monotonem Anstieg. Eine offensichtliche Umformulierung ergibt eine äquivalente Ableitungseigenschaft zu streng monoton fallendem Verhalten.

Zum Beweis müssen wir zunächst aus der Ableitungseigenschaft auf die strenge Monotonie schließen, anschließend den umgekehrten Weg beweisen.

Ableitungseigenschaft $\implies$ f ist streng monoton steigend

Wir zerlegen den Beweis in drei Schritte (1), (2) und (3).

(1) Wir zeigen zuerst, dass für alle $\bar{x} \in (a,b)$ gilt: $f'(\bar{x}) \geq 0$. Sei dazu $\bar{x} \in (a,b)$ beliebig gewählt. In jeder Umgebung $U_{\frac{1}{n}}(\bar{x})$ gibt es nach der Voraussetzung ein c_n mit $f'(c_n) > 0$. Da $c_n \to \bar{x}$, ist $f'(\bar{x}) \geq 0$, denn f' ist stetig.

(2) Jetzt zeigen wir, dass für alle $x_1, x_2 \in [a,b]$ mit $x_1 < x_2$ gilt: $f(x_1) \leq f(x_2)$. Diese Aussage bedeutet, dass f auf $[a,b]$ monoton steigend – das ist weniger als streng monoton steigend – verläuft.

Wir schließen indirekt und nehmen $f(x_1) > f(x_2)$ an. Aus dem Mittelwertsatz folgt dann, dass ein $\bar{x} \in (x_1, x_2)$ existiert, mit

$$f'(\bar{x}) = \frac{f(x_2) - f(x_1)}{x_2 - x_1} < 0 \;,$$

was im Widerspruch zu (1) steht.

(3) Nun zeigen wir, dass f sms auf $[a,b]$ verläuft und nehmen dazu $x_1, x_2 \in [a,b]$ mit $x_1 < x_2$. Zu zeigen ist: $f(x_1) < f(x_2)$.

Wir schließen erneut indirekt und nehmen $f(x_1) \geq f(x_2)$ an. Aus (2) folgt sofort $f(x_1) = f(x_2)$. Sei nun $\bar{x} \in (x_1, x_2)$. Wegen (2) gilt $f(x_1) \leq f(\bar{x}) \leq f(x_2)$, sodass aus $f(x_1) = f(x_2)$ sofort folgt: $f(x_1) = f(\bar{x}) = f(x_2)$. Das bedeutet, dass f zwischen x_1 und x_2 konstant verläuft, also $f'(x) = 0$ für alle $x \in (x_1, x_2)$ erfüllt. Das ist aber ein Widerspruch zur Voraussetzung.

f ist streng monoton steigend $\implies$ Ableitungseigenschaft

Zu zeigen ist, dass zu jedem Paar $x_1, x_2 \in [a,b]$ mit $x_1 < x_2$ ein c mit $x_1 \leq c \leq x_2$ existiert, so dass $f'(c) > 0$.

Sei also $x_1, x_2 \in [a,b]$ mit $x_1 < x_2$. Da f sms, gilt $f(x_1) < f(x_2)$. Aus dem Mittelwertsatz 4.3.15 folgt, dass es ein $c \in (x_1, x_2)$ gibt, mit

$$f'(c) = \frac{f(x_2) - f(x_1)}{x_2 - x_1} > 0,$$

was zu zeigen war.

A4.3.10 (a) Ist $f(x) := x^3$ streng monoton steigend? Kann man mit Satz 4.3.16 argumentieren?

(b) Ist $f(x) = \frac{1}{5}x^5 - x^4 + \frac{4}{3}x^3$ streng monoton steigend?

(a) Man kann aus Satz 4.3.16 nicht schließen, dass $f(x) = x^3$ sms ist, weil $f'(0) = 0$. Andererseits ist aber $f'(x) = 3x^2$ eine stetige Funktion mit der Eigenschaft, dass es zu jedem Paar $x_1, x_2 \in \mathbb{R}$ mit $x_1 < x_2$ ein c mit $x_1 \leq c \leq x_2$ existiert, so dass $f'(c) > 0$. Damit ist f sms gemäß Aufgabe 4.3.9.

(b) Die Ableitung von f lautet: $f'(x) = x^4 - 4x^3 + 4x^2 = x^2(x^2 - 4x + 4) = x^2(x-2)^2$. Offenbar ist $f'(x) \geq 0$ für alle $x \in \mathbb{R}$, wobei die Gleichheit nur für $x = 0$ und $x = 2$ gilt. Damit ist die Ableitungseigenschaft von Aufgabe 4.3.9 erfüllt, so dass f sms ist.

4.4 Höhere Ableitungen und Kurvendiskussion

A4.4.1 Fertigen Sie eine Kurvendiskussion der Funktion $f(x) = 0.5x^4 - 5x^2 + 4.5$ an.

Wir folgen der Bemerkung 4.4.4.

(1) Zeichnung; siehe Figur 4.4.1

(2) Definitionsbereich: $f(x)$ ist für alle $x \in \mathbb{R}$ erklärt.

(3) Nullstellen: Wegen $f(x) = 0.5x^4 - 5x^2 + 4.5 = 0.5\left(x^4 - 10x^2 + 9\right)$ sucht man nach Nullstellen von $x^4 - 10x^2 + 9$. Durch systematisches Probieren findet man beispielsweise die Nullstelle $x_1 = 1$. Wir dividieren:

4. Ableitungen

$$
\begin{array}{l}
(x^4 - 10x^2 + 9) : (x - 1) = x^3 + x^2 - 9x - 9 \\
\underline{-(x^4 - x^3)} \\
\quad x^3 - 10x^2 \\
\quad \underline{-(x^3 - x^2)} \\
\qquad -9x^2 \\
\qquad \underline{-(-9x^2 + 9x)} \\
\qquad\quad -9x + 9 \\
\qquad\quad \underline{-(-9x + 9)} \\
\qquad\qquad \overline{\overline{}}
\end{array}
$$

Als zweite Nullstelle findet man beispielsweise $x_2 = -1$ und dividiert das obige Ergebnis durch $(x + 1)$:

$$
\begin{array}{l}
(x^3 + x^2 - 9x - 9) : (x + 1) = x^2 - 9 \\
\underline{-(x^3 + x^2)} \\
\qquad -9x - 9 \\
\qquad \underline{-(-9x - 9)} \\
\qquad\quad \overline{\overline{}}
\end{array}
$$

Da $(x^2 - 9) = (x - 3)(x + 3)$, ist die multiplikative Zerlegung erreicht:

$$f(x) = 0.5\,(x - 1)(x + 1)(x - 3)(x + 3)\ .$$

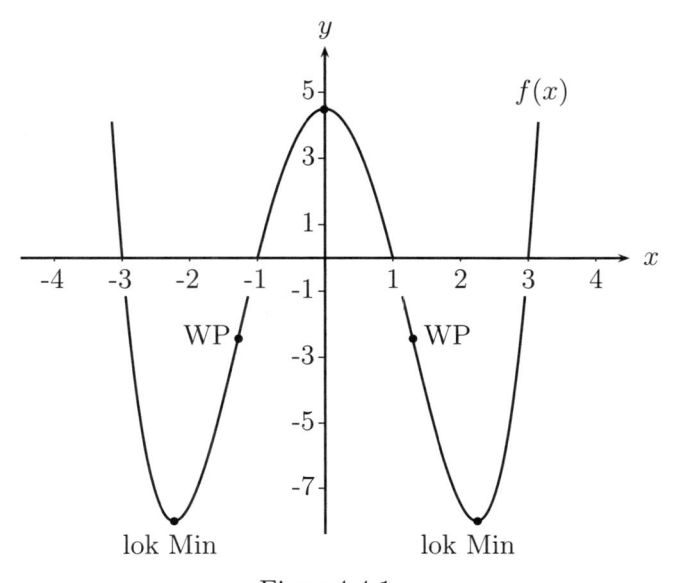

Figur 4.4.1

(4) Extremwerte
Dazu benötigen wir zunächst die ersten drei Ableitungen:
$f'(x) = 2x^3 - 10x = 2x(x^2 - 5)$, $f''(x) = 6x^2 - 10 = 2(3x^2 - 5)$, $f'''(x) = 12x$.
$f'(x) = 0 \Leftrightarrow x = 0$ oder $x^2 = 5 \Leftrightarrow x = 0$ oder $x = \pm\sqrt{5} \approx \pm 2.24$.
Wegen $f''(0) = -10 < 0$ hat f in $(0, 4.5)$ ein lokales Maximum. Wegen $f''(-\sqrt{5}) = f''(+\sqrt{5}) = 20 > 0$ hat f in $(-2.24, -8)$ und $(2.24, -8)$ lokale Minima.

(5) Wendepunkte
$f''(x) = 0 \Leftrightarrow x^2 = \frac{5}{3} \Leftrightarrow x = \pm\sqrt{\frac{5}{3}} = \pm 1.29$.

Da $f'''(-\sqrt{\frac{5}{3}}) = -12\sqrt{\frac{5}{3}} \neq 0$ und auch $f'''(+\sqrt{\frac{5}{3}}) = 12\sqrt{\frac{5}{3}} \neq 0$, hat f in $(-1.29, -2.44)$ und $(1.29, -2.44)$ zwei Wendepunkte.

Die Rechnungen werden durch Figur 4.4.1 in vollem Umfang bestätigt.

A4.4.2 Fertigen Sie eine Kurvendiskussion der Funktion $f(x) = \dfrac{x-3}{x^2 - x + 2}$ an.

$f(x)$ ist eine rationale Funktion, deren Gestalt in Bemerkung 3.4.17 erklärt wurde. Für das weitere Vorgehen können wir uns durch Beispiel 4.4.6 leiten lassen.

(1) Nullstellen des Zählers: $x = 3$.

(2) Definitionsbereich / Polstellen / Nullstellen des Nenner:

$$x^2 - x + 2 = 0 \Leftrightarrow x_{1/2} = \frac{1}{2}(1 \pm \sqrt{1 - 8})$$

Da die Diskriminante negativ ist, hat die Parabel im Nenner keine Nullstelle. Der Wert des Nenners ist für jeden Wert von x positiv. Folglich ist $f(x)$ für alle $x \in \mathbb{R}$ definiert. f verläuft links von $x = 3$ unterhalb der x-Achse, rechts von $x = 3$ oberhalb der x-Achse.

(3) Zeichnung: Figur 4.4.2.

(4) Extremwerte
Wir berechnen die ersten Ableitungen. Der Einfachheit halber bezeichnen wir wir den Nenner der Funktion mit einer eigenen Variablen: $N := x^2 - x + 2$.

$$f'(x) = \frac{(x^2 - x + 2) - (x - 3)(2x - 1)}{N^2} = \frac{1}{N^2}(x^2 - x + 2 - 2x^2 + 7x - 3)$$
$$= \frac{1}{N^2}(-x^2 + 6x - 1) .$$

$$f''(x) = \frac{1}{N^4}[(-2x + 6)N^2 - (-x^2 + 6x - 1) \cdot 2N \cdot (2x - 1)]$$
$$= \frac{2}{N^3}[(-x + 3)(x^2 - x + 2) + (2x - 1)(x^2 - 6x + 1)]$$

4. Ableitungen

$$= \frac{2}{N^3}(-x^3 + x^2 - 2x + 3x^2 - 3x + 6 + 2x^3 - 12x^2 + 2x - x^2 + 6x - 1)$$
$$= \frac{2}{N^3}(x^3 - 9x^2 + 3x + 5).$$

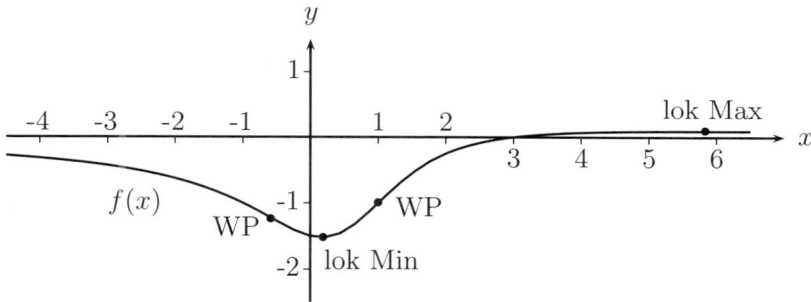

Figur 4.4.2

$f'(x) = 0 \quad \Leftrightarrow \quad x^2 - 6x + 1 = 0$
$\qquad\qquad \Leftrightarrow \quad x_{1/2} = \frac{1}{2}(6 \pm \sqrt{36 - 4}) = 3 \pm 2\sqrt{2} \approx 0.172/5.83$.

Da $N > 0$ für alle $x \in \mathbb{R}$, ist auch $f''(0.172) \approx \frac{2}{N^3} \cdot (5.26) > 0$. Deshalb ist $(0.172, -1.52)$ ein lokales Minimum.

Da $N > 0$ für alle $x \in \mathbb{R}$, ist $f''(5.83) \approx \frac{2}{N^3} \cdot (-85.25) < 0$. Somit ist $(5.83, 0.094)$ ein lokales Maximum.

(5) Wendepunkte
$f''(x) = 0 \quad \Leftrightarrow \quad \frac{2}{N^3}(x^3 - 9x^2 + 3x + 5) \quad \Leftrightarrow \quad x^3 - 9x^2 + 3x + 5 = 0,$

da $2/N^3 > 0$ für alle $x \in \mathbb{R}$. Wir suchen nach einer Nullstelle des Polynoms dritten Grades und finden $x_1 = 1$. Nun können wir durch $(x - 1)$ dividieren und alle anderen Nullstellen ermitteln. Wir erwarten in Entsprechung zur Zeichnung drei Lösungen.

$$\begin{array}{l}
(x^3 - 9x^2 + 3x + 5) : (x - 1) = x^2 - 8x - 5 \\
\underline{-(x^3 - x^2)} \\
 -8x^2 + 3x \\
 \underline{-(-8x^2 + 8x)} \\
 -5x + 5 \\
 \underline{-(-5x + 5)} \\
 \overline{0}
\end{array}$$

$x^2 - 8x - 5 = 0 \quad \Leftrightarrow \quad x_{2/3} = \frac{1}{2}(8 \pm \sqrt{64 + 20} = 4 \pm \sqrt{21} = -0.58 \,/\, 8.58$.

Wir verzichten auf eine Betrachtung der dritten Ableitung, da die Zeichnung die Wendepunkte in $(-0.58, -1.23)$ und $(1, -1)$ bestätigt. Der dritte Wendepunkt $(8.58, 0.08)$ liegt außerhalb der Zeichnung.

(6) Verhalten im Unendlichen

Für wachsendes x gleicht $f(x)$ immer stärker der Funktion $1/x$ und nähert sich von oben der x-Achse. Für $x \to -\infty$ gleicht $f(x)$ auch immer stärker der Funktion $1/x$ und nähert sich folglich von unten der x-Achse.

A4.4.3 Fertigen Sie eine Kurvendiskussion der Funktion $f(x) = \dfrac{x^2 - 1}{x^2 - 4}$ an.

Wie bei der Funktion der vorausgehenden Aufgabe handelt es sich um eine rationale Funktion, deren Gestalt allgemein in Bemerkung 3.4.17 erklärt wurde. Wir folgen dem Vorgehen in Beispiel 4.4.6. Offenbar hat $f(x)$ noch zwei andere nützliche Darstellungsformen:

$$f(x) = \frac{x^2 - 1}{x^2 - 4} = \frac{(x-1)(x+1)}{(x-2)(x+2)} = 1 + \frac{3}{x^2 - 4} \, .$$

(1) Nullstellen des Zählers: $x = -1$ und $x = 1$.

(2) Definitionsbereich / Polstellen / Nullstellen des Nenner:

An den Nullstellen des Nenners, $x = -2$ und $x = +2$, hat $f(x)$ Polstellen "mit Sprung". Für alle anderen Werte von x ist $f(x)$ sinnvoll definiert.

(3) Zeichnung: Figur 4.4.3.

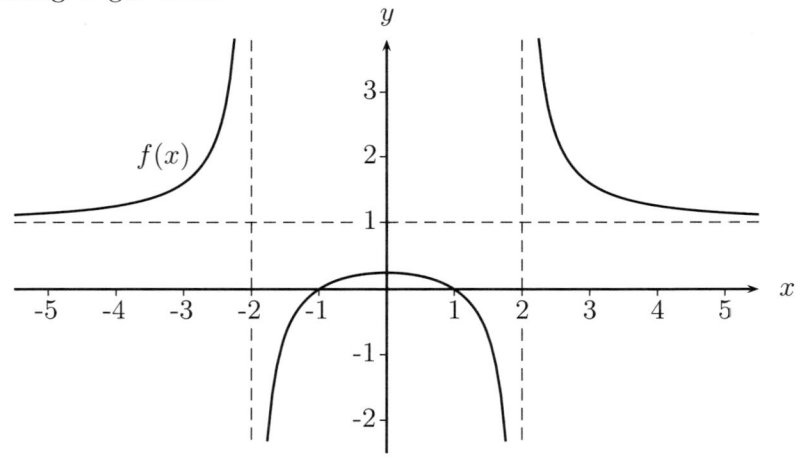

Figur 4.4.3

(4) Extremwerte: Wir berechnen die erste Ableitung.

$$f'(x) = \frac{-6x}{(x^2 - 4)^2} \; ; \qquad f'(x) = 0 \;\Leftrightarrow\; x = 0 \, .$$

$$f''(x) = \frac{(-6)(x^2 - 4)^2 - (-6x) \cdot 2(x^2 - 4)(2x)}{(x^2 - 4)^4}$$

$$= \frac{(-6)(x^2 - 4) - (-6)(4x^2)}{(x^2 - 4)^3} = \frac{(-6)(x^2 - 4 - 4x^2)}{(x^2 - 4)^3} = \frac{6(3x^2 + 4)}{(x^2 - 4)^3}$$

4. Ableitungen

Da $f''(0) = 24 > 0$ hat $f(x)$ in $x = 0$ ein lokales Maximum, wie es auch durch die Zeichnung in Figur 4.4.3 nahegelegt wird.

(5) Wendepunkte
$f''(x) = 0 \Leftrightarrow 3x^2 + 4 = 0 \Leftrightarrow x^2 = -\frac{4}{3}$.
Diese Gleichung hat keine Lösungen, so dass f keine Wendepunkte besitzt.

(6) Verhalten im Unendlichen
Für wachsendes $|x|$, also sowohl für $x \to +\infty$ als auch $x \to -\infty$ nähert sich $f(x)$ immer stärker der konstanten Funktion $y = 1$ an. Das erkennt man sofort an der Darstellung
$$f(x) = 1 + \frac{3}{x^2 - 4} ,$$
da der Nenner des Bruches mit wachsendem x gegen Unendlich steigt.

A4.4.4 Fertigen Sie eine Kurvendiskussion der Funktion $f(x) = x^5 - 2x^4$ an.

Die vorliegende Funktion ist ein Polynom 5. Grades:
$$f(x) = x^5 - 2x^4 = x^4(x - 2) .$$

(1) Nullstellen: $x = 0$ und $x = 2$.

(2) Definitionsbereich: Die Funktion ist für alle $x \in \mathbb{R}$ definiert.

(3) Zeichnung: Figur 4.4.4.

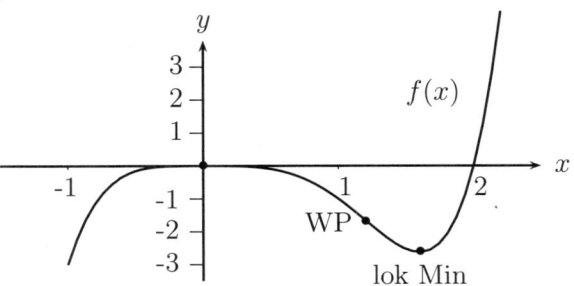

Figur 4.4.4

(4) Extremwerte: Wir berechnen die ersten Ableitungen.
$f'(x) = 5x^4 - 8x^3 = x^3(5x - 8) ; \quad f'(x) = 0 \Leftrightarrow x = 0 \text{ oder } x = \frac{8}{5} = 1.6$.
$f''(x) = 20x^3 - 24x^2 = 4x^2(5x - 6) ; \quad f''(0) = 0, f''(1.6) = -20.48 < 0$.

Da $f''(1.6) < 0$, hat $f(x)$ in $(1.6, -2.62)$ ein lokales Minimum in völliger Entsprechung zu Figur 4.4.4. Wir haben jedoch keine Aussage über $x = 0$ erhalten, da $f''(0) = 0$. Wir müssen Satz 4.4.8 anwenden, um rechnerisch weiterzukommen.

Das bedeutet, dass wir f so lange weiter ableiten, bis eine höhere Ableitung an der Stelle $x = 0$ einen von Null verschiedenen Wert annimmt.

$f'''(x) = 60x^2 - 48x = 12x(5x - 4)$; $f'''(0) = 0$;
$f^{(4)}(x) = 120x - 48 = 24(5x - 2)$; $f^{(4)}(0) = -48$.

Erst die vierte Ableitung liefert an der Stelle $x = 0$ einen von Null verschiedenen Wert. Da $f^{(4)}(0) < 0$, liegt in $x = 0$ ein lokales Maximum vor.

(5) Wendepunkte

$f''(x) = 0 \quad \Leftrightarrow \quad x = 0$ oder $x = \frac{6}{5} = 1.2$.

Da wir bereits wissen, dass in $x = 0$ ein lokales Maximum vorliegt, ist $(0,0)$ kein Wendepunkt. Wegen $f'''(1.2) = 28.8 \neq 0$ ist $(1.2, -1.66)$ ein Wendepunkt.

(6) Verhalten im Unendlichen

Der dominante Ausdruck in diesem Polynom ist x^5, so dass f für $x \to +\infty$ nach $+\infty$ strebt, für $x \to -\infty$ gegen $-\infty$.

4.5 Das Newton-Verfahren

A4.5.1 Berechnen Sie $\bar{x} = \sqrt{2}$ mit Hilfe des Newton-Verfahrens auf 4 Stellen nach dem Komma genau. Hinweis: $\bar{x}$ ist eine Nullstelle des Polynoms $x^2 - 2$.

Die Aufgabe läuft daraus hinaus, die Nullstelle des Polynoms $f(x) = x^2 - 2$ im Bereich von $\sqrt{2} \approx 1.5$ zu bestimmen. Wir wählen $x_0 := 1.5$. Dann berechnen wir die nachfolgenden Näherungswerte gemäß der Formel des Newton-Verfahrens aus Satz 4.5.3:

$$x_{n+1} = x_n - \frac{f(x_n)}{f'(x_n)} \text{ , für alle } n \geq 1 \text{ .}$$

Da $f'(x) = 2x$ erhalten wir

$x_1 = 1.5 - \dfrac{f(1.5)}{f'(1.5)} = 1.5 - \dfrac{0.25}{3} \approx 1.5 - 0.0833 = 1.4167$

$x_2 = 1.4167 - \dfrac{f(1.4167)}{f'(1.4167)} = 1.4167 - \dfrac{0.0069}{2.8333} \approx 1.4167 - 0.0025 = 1.4142$

Der Korrekturfaktor ist schon im zweiten Durchlauf der Rechnung kleiner als $0.01 = 10^{-2}$. Wenn eine höhere Genauigkeit benötigt wird, müssen weitere Iterationen des Verfahren durchgeführt werden.

A4.5.2 Berechnen Sie $\bar{x} = \sqrt[3]{3}$ mit Hilfe des Newton-Verfahrens auf 4 Stellen nach dem Komma genau.

Die gesuchte Zahl $\sqrt[3]{3}$ ist eine Nullstelle des Polynoms $f(x) = x^3 - 3$. Dann ist $f'(x) = 3x^2$. Wir wählen $x_0 := 1.4$ und berechnen die nachfolgenden Näherungswerte.

$$x_1 = 1.4 - \frac{f(1.4)}{f'(1.4)} = 1.4 - \frac{-0.256}{5,88} \approx 1.4 + 0.0435 = 1.4435$$

$$x_2 = 1.4435 - \frac{f(1.4435)}{f'(1.4435)} = 1.4435 - \frac{0.0081}{6.2514} \approx 1.4435 - 0.0013 = 1.4422$$

$$x_3 = 1.4422 - \frac{f(1.4422)}{f'(1.4422)} = 1.4422 - \frac{0.0000}{6.2403} = 1.4422$$

Im zweiten Durchlauf ist der Korrekturfaktor bereits kleiner als 10^{-2}, im dritten bereits kleiner als 10^{-4}, so dass sich das Ergebnis in einer Rechnung, die auf 4 Stellen Genauigkeit nach dem Komma durchgeführt wurde, nicht mehr verbessern lässt.

A4.5.3 Das Polynom $f(x) = x^3 - 12x^2 - 31x + 462$ wird betrachtet.

(a) Bestimmen Sie mit Hilfe des Newton-Verfahrens eine Nullstelle von f.
   [Hinweis: Alle Nullstellen von f haben ganzzahlige Werte.]

(b) Bestimmen Sie die restlichen Nullstellen von f durch Lösung einer quadratischen Gleichung.

(a) Wir starten mit $x_0 := 0$. Da $f'(x) = 3x^2 - 24x - 31$ folgt

$$x_1 = 0 - \frac{f(0)}{f'(0)} = 0 - \frac{462}{-31} \approx 0 + 14.9032 = 14.9032$$

$$x_2 = 14.9032 - \frac{f(14.9032)}{f'(14.9032)} = 14.9032 - \frac{644.8243}{277.6410} \approx 14.9032 - 2.3225 = 12.5807$$

$$x_3 = 12.5807 - \frac{f(12.5807)}{f'(12.5807)} = 12.5807 - \frac{163.9101}{141.8860} \approx 12.5807 - 1.1552 = 11.4255$$

$$x_4 = 11.4255 - \frac{f(11.4255)}{f'(11.4255)} = 11.4255 - \frac{32.8123}{86.4137} \approx 11.4255 - 0.3797 = 11.0458$$

$$x_5 = 11.0458 - \frac{f(11.0458)}{f'(11.0458)} = 11.0458 - \frac{3.1571}{69.9290} \approx 11.0458 - 0.04515 = 11.0006$$

$$x_6 = 11.0006 - \frac{f(11.0006)}{f'(11.0006)} = 11.0006 - \frac{0,04299}{68.0266} \approx 11.0006 - 0.0006 = 11.0000$$

(b) Da alle Nullstellen von f ganzzahlige Werte haben, können wir sicher sein, dass $x_1 = 11$ die erste Nullstelle ist. Nach Division von $f(x)$ durch $(x-11)$ können wir die verbleibenden Nullstellen als Lösungen einer quadratischen Gleichung bestimmen.

$$
\begin{array}{l}
(x^3 - 12x^2 - 31x + 462) : (x - 11) = x^2 - x - 42 \\
\underline{-(x^3 - 11x^2)} \\
\qquad -x^2 - 31x \\
\qquad \underline{-(-x^2 + 11x)} \\
\qquad\qquad -42x + 462 \\
\qquad\qquad \underline{-(-42x + 462)} \\
\qquad\qquad\qquad =
\end{array}
$$

$x^2 - x - 42 = 0 \quad \Leftrightarrow \quad x_{2/3} = \frac{1}{2}(1 \pm \sqrt{1 + 168}) = \frac{1}{2} \pm \frac{1}{2} \cdot 13 = -6\,/\,7$.

Die Nullstellen von $f(x)$ sind also $x_1 = 11$, $x_2 = -6$, $x_3 = 7$. In diesem Beispiel kann man auch erkennen, dass das Newton-Verfahren keineswegs zu der Nullstelle konvergieren muss, die dem Startwert am nächsten liegt. Eine solche gezielte Konvergenz tritt nur ein, wenn der Startwert hinreichend nahe der Nullstelle gewählt wurde.

A4.5.4 Berechnen Sie alle Nullstellen des Polynoms $f(x) = 0.25x^4 - 0.25x^3 - 3.25x^2 + 0.25x + 3.25$ mit Hilfe des Newton-Verfahrens auf 4 Stellen nach dem Komma genau.

Definiert man $g(x) := x^4 - x^3 - 13x^2 + x + 13$, gilt $f(x) = 0.25\,g(x)$. Die Funktionen f und g haben dieselben Nullstellen, so dass wir statt der Funktion f die angenehmere Funktion g betrachten können, die ganzzahlige Koeffizienten besitzt.

Es gibt höchstens vier Nullstellen. Wir verschaffen uns zunächst einen Überblick von $g(x)$, indem wir einzelne Funktionswerte berechnen und eine Skizze anfertigen, siehe Figur 4.5.1.

x	-4	-3	-2	-1	0	1	2	3	4	5
$g(x)$	121	1	-17	1	13	1	-29	-47	1	193

Es wird deutlich, dass die vier Nullstellen dicht bei $-3, -1, 1$ und 4 liegen. Diese glatten x-Werte sind jedoch selbst keine Nullstellen, wie die Wertetabelle zeigt. Es bleibt uns nichts anderes übrig, als das Newton-Verfahren mit diesen vier glatten Werten $x_{10} = -3$, $x_{20} = -1$, $x_{30} = 1$ und $x_{40} = 4$ zu beginnen und die tatsächlichen Nullstellen näherungsweise mit einer Genauigkeit von vier Stellen nach dem Komma zu berechnen.

Zunächst benötigen wir die Ableitung: $g'(x) = 4x^3 - 3x^2 - 26x + 1$. Die nachfolgenden Rechnungen wurden in jedem der vier Fälle abgebrochen, als sich in der vierten Stelle nach dem Komma keine Veränderung mehr zeigte.

4. Ableitungen

$x_{10} = -3$

$x_{11} = -3 - \dfrac{g(-3)}{g'(-3)} = -3 - \dfrac{1}{-56} = -3 + 0.01786 = -2.98214$

$x_{12} = -2.98214 - \dfrac{0.01587}{-54.22670} = -2.98214 + 0.00029 = -2.98185$

Dieser Wert verändert sich bei fortgesetzter Rechnung nicht mehr.

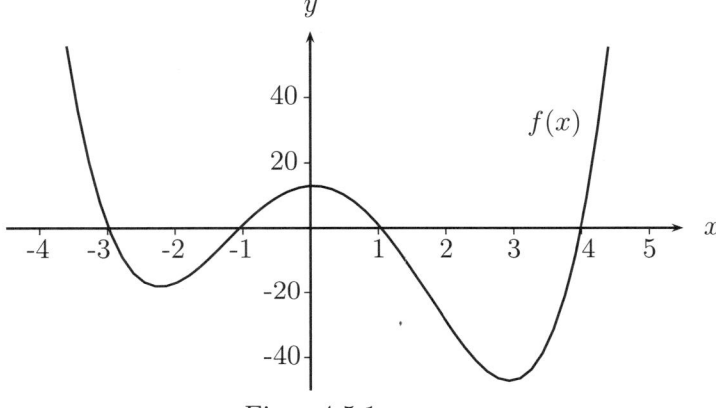

Figur 4.5.1

$x_{20} = -1$

$x_{21} = -1 - \dfrac{g(-1)}{g'(-1)} = -1 - \dfrac{1}{20} = -1 - 0.05 = -1.05$

$x_{22} = -1.05 - \dfrac{-0.00937}{20.362} = -1.05 + 0.00046 = -1.04954$

Dieser Wert verändert sich bei fortgesetzter Rechnung nicht mehr.

$x_{30} = 1$

$x_{31} = 1 - \dfrac{g(1)}{g'(1)} = 1 - \dfrac{1}{-24} = 1 + 0.04167 = 1.04167$

$x_{32} = 1.04167 - \dfrac{-0.01714}{-24.81742} = 1.04167 - 0.00069 = 1.04098$

Dieser Wert verändert sich bei fortgesetzter Rechnung nicht mehr.

$x_{40} = 4$

$x_{41} = 4 - \dfrac{g(4)}{g'(4)} = 4 - \dfrac{1}{105} = 4 - 0.00952 = 3.99048$

$x_{42} = 3.99048 - \dfrac{0.00643}{103.65170} = 3.99048 - 0.00006 = 3.99041$

Dieser Wert verändert sich bei fortgesetzter Rechnung nicht mehr.

Damit sind alle vier Nullstellen mit einer Genauigkeit von 4 Stellen nach dem Komma berechnet worden.

A4.5.5 Eine Gerade verläuft im x-y-Koordinatensystem durch die drei Punkte $P_1=(a,0)$, $P_2=(1,1)$ und $P_3=(0,b)$ mit $a>0$ und $b>0$. Der Abstand von P_1 zu P_3 beträgt 6 LE. Welche Werte haben a und b auf 2 Stellen nach dem Komma genau?

Man kann sich die Strecke P_1P_3 als Leiter fester Länge vorstellen, die so auf die x-Achse zu stellen ist, dass sie bei Anlehnung an die y-Achse genau den Punkt $P_2 = (1,1)$ berührt. Aus Figur 4.5.2 wird deutlich, dass es zwei symmetrische Lösungen geben wird, in denen a und b vertauscht sind.

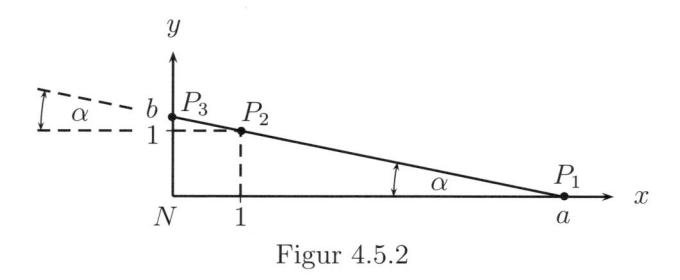

Figur 4.5.2

Der Winkel α im Dreieck NP_1P_3 bei P_1 kommt als Stufenwinkel bei P_2 erneut vor, und es gilt

$$\tan \alpha = \frac{1}{a-1} = \frac{b-1}{1} \quad \Leftrightarrow \quad (a-1)(b-1) = 1 \quad \Leftrightarrow \quad b(a-1) - a + 1 = 1$$

$$\Leftrightarrow \quad b = \frac{a}{a-1}.$$

Weiterhin ist die Länge der Strecke P_1P_3 bekannt:

$$a^2 + b^2 = 36 \quad \Leftrightarrow \quad a^2 + \frac{a^2}{(a-1)^2} = 36 \quad \Leftrightarrow \quad a^2(a-1)^2 + a^2 = 36(a-1)^2$$

$$\Leftrightarrow \quad a^2(a^2 - 2a + 1) + a^2 = 36(a^2 - 2a + 1)$$

$$\Leftrightarrow \quad a^4 - 2a^3 + a^2 + a^2 = 36a^2 - 72a + 36$$

$$\Leftrightarrow \quad a^4 - 2a^3 - 34a^2 + 72a - 36 = 0.$$

Das ist eine Gleichung vierten Grades, die wir nicht exakt, sondern allenfalls näherungsweise mit dem Newton-Verfahren lösen können. Die Funktionen, die im Newton-Verfahren eingesetzt werden, sind

$$f(a) = a^4 - 2a^3 - 34a^2 + 72a - 36 \quad \text{und} \quad f'(a) = 4a^3 - 6a^2 - 68a + 72.$$

Wir vermuten die Lösung etwa bei $a_0 = 5.5$ und beginnen mit diesem Schätzwert:

$$a_0 = 5.5$$
$$a_1 = 5.5 - \frac{f(5.5)}{f'(5.5)} = 5.5 - \frac{-86.187}{182} \approx 5.5 + 0.474 = 5.974$$

$$a_2 = 5.974 - \frac{f(5.974)}{f'(5.974)} = 5.974 - \frac{27.852}{304.325} \approx 5.974 - 0.092 = 5.882$$

$$a_3 = 5.882 - \frac{f(5.882)}{f'(5.882)} = 5.882 - \frac{1.192}{278.467} \approx 5.882 - 0.00428 = 5.878$$

Dieser Wert bleibt bei weiteren Durchläufen auf zwei Stellen nach dem Komma unverändert. Die in Figur 4.5.2 abgebildete Lösung lautet demnach

$$a = 5.878 \quad \text{und} \quad b = \frac{5.878}{4.878} = 1.205 \ .$$

4.6 Formoptimierung

A4.6.1 Eine zylindrische Dose mit einem Volumen von 1 Liter hat den Radius r und Höhe h, jedoch ist der Boden nicht flach, sondern halbkugelförmig in den Zylinder hineingebogen. Welche Kombination von r und h führt zu einer minimalen Oberfläche? Hinweis: Zylindervolumen $V_Z = \pi r^2 h$, Zylinderoberfläche $O_Z = 2\pi r^2 + 2\pi r h$, Kugelvolumen $V_K = \frac{4}{3}\pi r^3$, Kugeloberfläche $O_K = 4\pi r^2$.

Der Zylinder hat das Volumen $\pi r^2 h$. Da jedoch der Bogen halbkugelförmig nach innen gebogen ist, müssen wir von diesem Volumen ein halbes Kugelvolumen abziehen und erhalten

$$V = \pi r^2 h - \frac{2}{3}\pi r^3 \ . \tag{4.3}$$

Die Oberfläche des Körpers besteht aus dem oberen kreisförmigen Deckel, πr^2, und dem halbkugelförmigen Boden, $2\pi r^2$. Dann ist da noch die Wandung des Zylinders: wir stellen uns vor, wir würden die Wand von unten nach oben aufschneiden und zu einem Rechteck glattbiegen. Dann hätte dieses Rechteck die Breite $2\pi r$, die dem Kreisumfang des Zylinders entspricht, und die Höhe h, so dass die Wandung des Zylinders eine Fläche von $2\pi r h$ besitzt. Damit kennen wir die Gesamtoberfläche des Körpers:

$$O = \pi r^2 + 2\pi r^2 + 2\pi r h = 3\pi r^2 + 2\pi r h \ . \tag{4.4}$$

Nun sollen wir r und h so bestimmen, dass die Oberfläche minimal wird. Leider ist O von r und h abhängig, so dass wir ein Minimum nicht berechnen können. Das können wir bis jetzt nur für Funktionen, die von nur einer Variablen abhängen. Gleichung (4.3) gibt uns aber die Möglichkeit, eine Beziehung zwischen r und h abzuleiten, so dass wir h aus Gleichung (4.4) entfernen können:

$$\pi r^2 h = V + \frac{2}{3}\pi r^3 \quad \Leftrightarrow \quad h = \frac{V}{\pi r^2} + \frac{2\pi r^3}{3\pi r^2} = \frac{V}{\pi r^2} + \frac{2r}{3} \ . \tag{4.5}$$

Wir setzen (4.5) in (4.4) ein und erhalten

$$O(r) = 3\pi r^2 + 2\pi r(\frac{V}{\pi r^2} + \frac{2r}{3}) = 3\pi r^2 + \frac{2\pi r \cdot V}{\pi r^2} + \frac{2\pi r \cdot 2r}{3}$$

$$= 3\pi r^2 + \frac{2V}{r} + \frac{4\pi r^2}{3} = \frac{13}{3}\pi r^2 + \frac{2V}{r}$$

Jetzt brauchen wir nur noch $O(r)$ zu minimieren.

$$O'(r) = \frac{26}{3}\pi r - \frac{2V}{r^2},$$

$$O'(r) = 0 \quad \Leftrightarrow \quad \frac{26}{3}\pi r = \frac{2V}{r^2} \quad \Leftrightarrow \quad r^3 = \frac{3 \cdot 2V}{26\pi} = \frac{3V}{13\pi} \quad \Leftrightarrow \quad \bar{r} = \sqrt[3]{\frac{3V}{13\pi}}.$$

Zur Prüfung, ob es sich auch wirklich um ein Minimum handelt, benötigen wir die zweite Ableitung und ihren Wert für $\bar{r}$:

$$O''(r) = \frac{26\pi}{3} + \frac{4V}{r^3}; \quad O''(\bar{r}) = \frac{26\pi}{3} + \frac{4V \cdot 13\pi}{3V} = \frac{26\pi}{3} + \frac{52\pi}{3} = \frac{78\pi}{3} > 0.$$

Es handelt sich folglich um ein Minimum. Die anderen optimalen Parameter berechnet man bei Bedarf: h aus (4.5), O aus (4.4) und V aus (4.3).

A4.6.2 Eine zylindrische Dose mit einem Volumen von 1 Liter hat den Radius r und die Höhe h. Deckel und Boden werden aus Blech hergestellt, das 4 Cent/cm² kostet, wohingegen die Wandung aus Pappe besteht, welches nur 1 Cent/cm² kostet.
(a) Berechnen Sie die Ausmaße der kostenminimalen Dose.
(b) Welches Verhältnis Höhe/Durchmesser hat diese Dose?

(a) Das Volumen der zylindrischen Dose beträgt

$$V = \pi r^2 h \quad \Leftrightarrow \quad h = \frac{V}{\pi r^2}, \qquad (4.6)$$

die Fläche der Wandung $F_W = 2\pi r h$ und die Fläche von Deckel und Boden $F_D = 2\pi r^2$ – siehe A4.6.1. Die Herstellungskosten betragen dann $K = 2\pi r h + 8\pi r^2$ Cent, die wir allerdings erst minimieren können, wenn wir eine Variable in K entfernt haben. Dies geschieht durch Gleichung (4.6):

$K(r) = 2\pi r \cdot \frac{V}{\pi r^2} + 8\pi r^2 = \frac{2V}{r} + 8\pi r^2$ Cent . Die Ableitungen lauten:

$K'(r) = -\frac{2V}{r^2} + 16\pi r$ und $K''(r) = \frac{4V}{r^3} + 16\pi$. Wir rechnen weiter:

$K'(r) = 0 \quad \Leftrightarrow \quad 16\pi r = \frac{2V}{r^2} \quad \Leftrightarrow \quad r^3 = \frac{V}{8\pi} \quad \Leftrightarrow \quad \bar{r} = \frac{\sqrt[3]{V}}{2\sqrt[3]{\pi}}$.

Wir prüfen den Wert der zweiten Ableitung:

$K''(\bar{r}) = \frac{4V \cdot 8\pi}{V} + 16\pi = 48\pi > 0$. Folglich ist $\bar{r}$ ein lokales Minimum.

4. Ableitungen

Die nummerischen Lösungen lauten:

$$\bar{r} = \frac{\sqrt[3]{1000}}{2\sqrt[3]{\pi}} = \frac{10}{2\sqrt[3]{\pi}} \approx 3.41 \text{ cm}, \quad \bar{h} = \frac{1000}{\pi \cdot 3.41^2} \approx 27.31 \text{ cm}.$$

(b) Das Verhältnis von Höhe zu Durchmesser ist

$$\frac{\bar{h}}{2\bar{r}} = \frac{V}{2\bar{r} \cdot \pi \bar{r}^2} = \frac{V \cdot 8\pi}{2\pi \cdot V} = 4 \ .$$

Der Querschnitt der Dose ist also viermal so hoch wie breit.

A4.6.3 Aus einer 24 m langen Leiste werden die Kanten eines Quaders mit quadratischer Vorderseite gefertigt. Welche Kantenlängen ergeben sich, wenn die Oberfläche des Quaders – ohne Deckel – maximal sein soll?

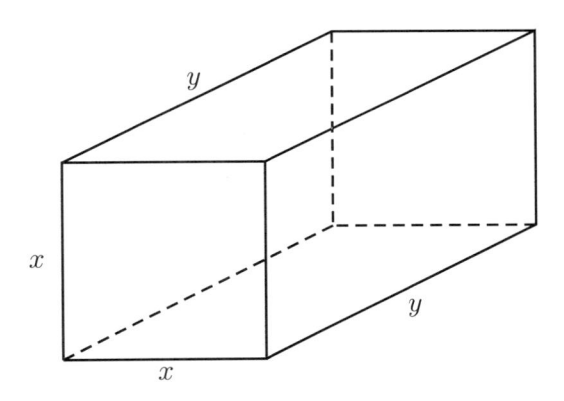

Figur 4.6.1

Der Quader habe die Breite und Höhe x, und die Tiefe y. Dann beträgt die Gesamtlänge der Kanten $l = 8x + 4y$. Daraus folgt $y = \frac{1}{4}l - 2x$.

Die Oberfläche des Quaders ohne Deckel beträgt $O = 2x^2 + 3xy$, die es zu maximieren gilt. Dazu müssen wir eine Variable in der Formel von O entfernen und erhalten

$$O(x) = 2x^2 + 3x\left(\frac{1}{4}l - 2x\right) = \frac{3}{4}lx - 4x^2 \ .$$

Wir rechnen weiter:

$$O'(x) = \frac{3}{4}l - 8x \ ; \quad O'(x) = 0 \Leftrightarrow 8x = \frac{3l}{4} \Leftrightarrow \bar{x} = \frac{3l}{32} = \frac{3 \cdot 24 \text{ m}}{32} = 2.25 \text{ m}.$$

Da $O''(x) = -8 < 0$, handelt es sich bei $\bar{x}$ um ein Maximum. Die optimale Tiefe beträgt $\bar{y} = 1.5$ m, $O = 20.25$ m^2.

A4.6.4 Einer Kugel mit einem Volumen von 1000 cm³ wird ein Zylinder mit maximalem Volumen einbeschrieben. Welche Ausmaße hat er? (Beachte den Hinweis in A4.6.1.)

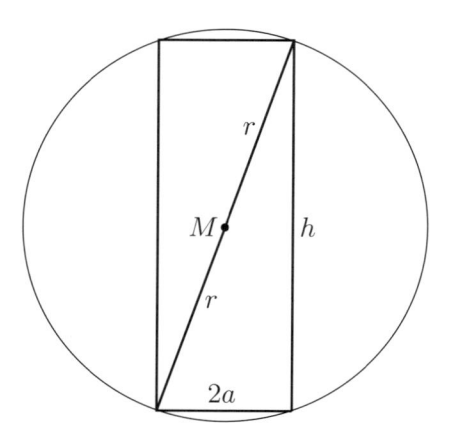

Figur 4.6.1

In Figur 4.6.1 ist ein Zylinder in einer Kugel mit Radius r schematisch dargestellt. Das Volumen V_K der Kugel beträgt

$$V_K = \frac{4}{3}\pi r^3 \quad \Leftrightarrow \quad r = \sqrt[3]{\frac{3V_K}{4\pi}}.$$

Der Zylinder hat den Radius a und die Höhe h. Sein Volumen, welches maximiert werden soll, beträgt demnach $V_Z(a, h) = \pi a^2 h$. Diese Formel enthält zwei Variable, von denen wir eine entfernen müssen, um ableiten zu können. Einen Zusammenhang zwischen a und h kann man in Figur 4.6.1 sofort erkennen:

$$(2a)^2 + h^2 = 4r^2 \quad \Leftrightarrow \quad 4a^2 + h^2 = 4r^2 \quad \Leftrightarrow \quad a^2 = \tfrac{4r^2 - h^2}{4}. \tag{4.7}$$

Wir setzen (4.7) in der Volumenformel ein und erhalten

$V_Z(h) = \pi \cdot \frac{4r^2 - h^2}{4} \cdot h = \pi r^2 h - \frac{\pi}{4}h^3$. Es folgt $V_Z'(h) = \pi r^2 - \frac{3\pi}{4}h^2$ und $V_Z'(h) = 0 \Leftrightarrow \pi r^2 - \frac{3\pi}{4}h^2 \Leftrightarrow \frac{3\pi}{4}h^2 = \pi r^2 \Leftrightarrow h^2 = \frac{4}{3}r^2 \Leftrightarrow \bar{h} = \frac{2}{3}\sqrt{3}\,r$.

Da $V_Z''(h) = -\frac{3\pi}{2}h$ ist $V_Z''(\bar{h}) < 0$ und deshalb ein Maximum.

Der optimale Wert für a beträgt

$$\bar{a} = \frac{1}{2}\sqrt{4r^2 - \bar{h}^2} = \frac{1}{2}\sqrt{4r^2 - \frac{4}{3}r^2} = \frac{r}{3}\sqrt{6}.$$

Die optimalen nummerischen Werte betragen für $V_K = 1000$ cm³:
$r \approx 6.20$, $\bar{h} \approx 7.16$, $\bar{a} \approx 5.06$, $V_Z \approx 576.3$ cm³.

A4.6.5 Im ebenen Koordinatensystem stellen wir uns vor, dass der Bereich unterhalb der x-Achse der Strand sei, der Bereich oberhalb der x-Achse das Meer. Im Nullpunkt A startet ein Rettungsschwimmer, um den Punkt $C = (c, d)$, $c > 0$, $d > 0$, zu erreichen. Er rennt entlang der x-Achse zum Punkt $B = (b, 0)$, $0 \leq b \leq c$, wo er sich ins Meer stürzt und geradewegs auf C zuschwimmt.

Um einen Meter auf dem Strand zurückzulegen, benötigt er eine Zehntelsekunde. Um einen Meter im Wasser zurückzulegen, benötigt er r Zehntelsekunden, $r > 1$.
  (a) Wie lange benötigt er von A nach C?
  (b) Welchen Wert hat b im Fall einer schnellsten Rettung?
  (c) Untersuchen Sie auch die zweite Ableitung!

(a) Die oben beschriebene Situation ist in Figur 4.6.2 widergegeben.

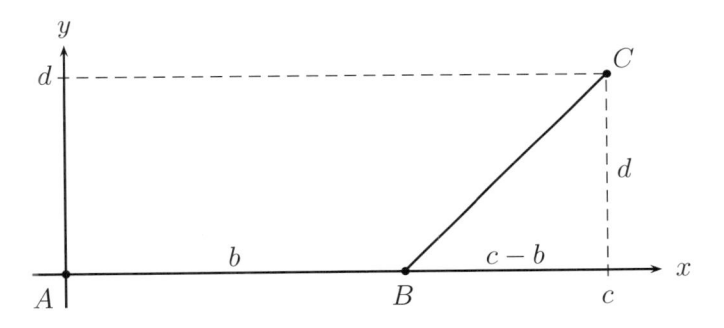

Figur 4.6.2

Der Rettungsschwimmer legt auf dem Strand (auf der x-Achse) die Strecke AB von b Metern zurück, wofür er b Zehntelsekunden benötigt. Im Punkt B stürzt er sich ins Wasser und schwimmt geradewegs auf C zu. Die Strecke BC hat eine Länge von $\sqrt{(c-b)^2 + d^2}$ Metern, so dass er dafür $r\sqrt{(c-b)^2 + d^2}$ Zehntelsekunden benötigt. Insgesamt benötigt er demnach

$$t(b) = b + r\sqrt{(c-b)^2 + d^2} = b + r\left((c-b)^2 + d^2\right)^{\frac{1}{2}}$$

Zehntelsekunden von A nach C.

(b) Jetzt ist die weitere Lösung einfach: wir müssen $t(b)$ ableiten, die Ableitung gleich Null setzen, nach b auflösen und die Lösung in die zweite Ableitung von $t(b)$ einsetzen.

$$t'(b) = 1 - \frac{r(c-b)}{\sqrt{(c-b)^2 + d^2}} \;;$$

$$t'(b) = 0 \quad \Leftrightarrow \quad \frac{r(c-b)}{\sqrt{(c-b)^2 + d^2}} = 1 \quad \Leftrightarrow \quad r(c-b) = \sqrt{(c-b)^2 + d^2}$$

$$\Leftrightarrow \quad r^2(c-b)^2 = (c-b)^2 + d^2 \quad \Leftrightarrow \quad (r^2-1)(c-b)^2 = d^2$$
$$\Leftrightarrow \quad (c-b)^2 = \frac{d^2}{(r^2-1)} \quad \Leftrightarrow \quad (c-b) = \frac{d}{\sqrt{r^2-1}}$$
$$\Leftrightarrow \quad \bar{b} = c - \frac{d}{\sqrt{r^2-1}}.$$

(c) Die Berechnung der zweiten Ableitung ist mühsam, aber eine gute Übung.

$$t''(b) = -\frac{-r\sqrt{(c-b)^2+d^2} - r(c-b)\frac{-(c-b)}{\sqrt{(c-b)^2+d^2}}}{(c-b)^2+d^2}$$

[Erweiterung mit $\sqrt{(c-b)^2+d^2}$]

$$= \frac{r\left[(c-b)^2+d^2\right] - r(c-b)^2}{\left[(c-b)^2+d^2\right]^{\frac{3}{2}}} = \frac{rd^2}{\left[(c-b)^2+d^2\right]^{\frac{3}{2}}}.$$

Die zweite Ableitung $t''(b)$ ist durch die Quadrate für alle b größer als Null, so dass in $\bar{b}$ ein Minimum vorliegt.

Abschließend wollen wir noch ein Zahlenbeispiel betrachten. Wir nehmen an, dass der Rettungsschwimmer für jeden Meter im Wasser $r = 2$ Zehntelsekunden benötigt, $c = 100$ m und $d = 40$ m beträgt. Dann ist $\bar{b} = 100 - 40 = 60$ m.

4.7 Umkehrfunktionen

A4.7.1 Zeichnen und berechnen Sie die Umkehrfunktion der Geraden $f(x) = 3x - 2$.

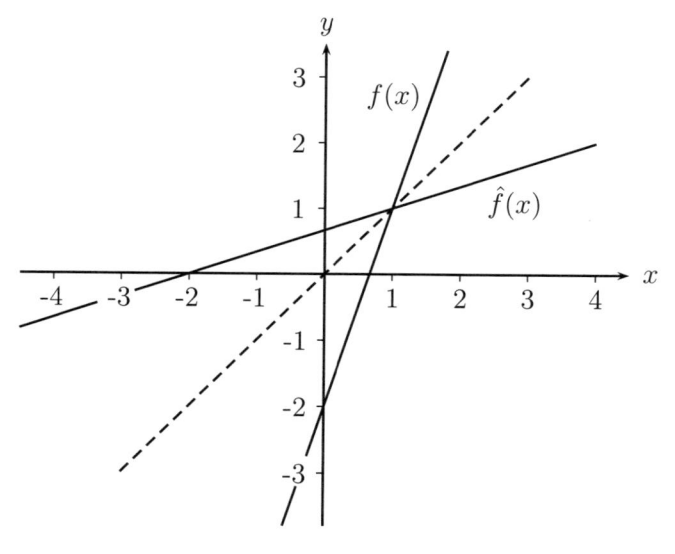

Figur 4.7.1

4. Ableitungen

Man zeichnet die Funktion $f(x)$, siehe Figur 4.7.1. Ihr Spiegelbild an der Winkelhalbierenden ist die gesuchte Umkehrfunktion $\hat{f}(x)$. Die rechnerische Lösung erhält man durch Auflösung der Berechnungsvorschrift von $f(x)$ nach x und anschließender Vertauschung von x und y, siehe Bemerkung 4.7.3.

$$y = 3x - 2 \quad \Leftrightarrow \quad 3x = y + 2 \quad \Leftrightarrow \quad x = \tfrac{1}{3}y + \tfrac{2}{3} \quad \Rightarrow \quad \hat{f}(x) = \tfrac{1}{3}x + \tfrac{2}{3}$$

A4.7.2 Zeichnen Sie die Parabel $f(x) = x^2 - 4x + 3$. Zerlegen Sie den Definitionsbereich so, dass zwei monotone Äste entstehen. Zeichnen und berechnen Sie die beiden Umkehrfunktionen.

Wir folgen dem Beispiel 4.7.8. Dazu benötigen wir zunächst eine Vostellung der nach oben geöffneten Parabel $f(x)$, die wir am schnellsten durch eine quadratische Ergänzung, siehe Bemerkung 3.1.5, oder die direkte Anwendung von Satz 3.1.11 gewinnen. Die Scheitelform von f lautet:

$$x_s = 2 \;;\; y_s = -1 \;;\; S = (2, -1) \;;\; f(x) = x^2 - 4x + 3 = (x-2)^2 - 1 \;.$$

Die Nullstellen sind $x_{1/2} = \tfrac{1}{2}(4 \pm \sqrt{16 - 4 \cdot 3}) = 2 \pm 1 = 1/3$.

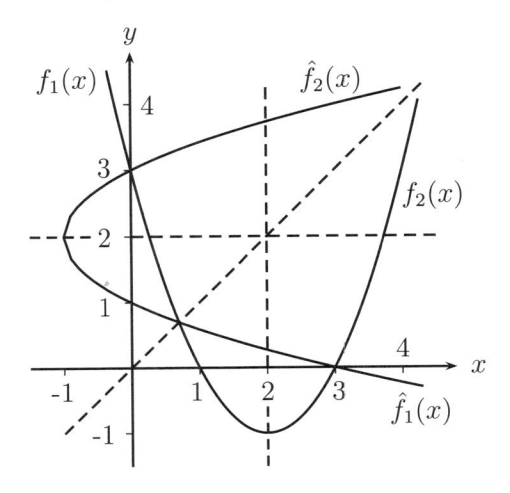

Figur 4.7.2

Wir zerlegen die Parabel f in den linken, streng monoton fallenden Ast

$$f_1(x) \colon (-\infty, 2] \to [-1, \infty) \quad;\quad f_1(x) = x^2 - 4x + 3$$

und den rechten, streng monoton steigenden Ast

$$f_2(x) \colon [2, \infty) \to [-1, \infty) \quad;\quad f_2(x) = x^2 - 4x + 3 \;.$$

Beide Teilfunktionen sind nun umkehrbar und die Berechnung führt zu

$$y = (x-2)^2 - 1 \;\Leftrightarrow\; (x-2)^2 = y + 1 \;\Leftrightarrow\; x - 2 = \pm\sqrt{y+1} \;\Leftrightarrow\; x = 2 \pm \sqrt{y+1} \;,$$

und damit zu den Umkehrfunktionen

$$\hat{f}_1(x)\colon [-1,\infty) \to (-\infty, 2] \quad;\quad \hat{f}_1(x) = 2 - \sqrt{x+1}$$

und

$$\hat{f}_2(x)\colon [-1,\infty) \to [2,\infty) \quad;\quad \hat{f}_2(x) = 2 + \sqrt{x+1}\ .$$

A4.7.3 Zeichnen und berechnen Sie die Umkehrfunktion von $f\colon (0,\infty) \to (0,\infty)$, $f(x) = x^{-3}$.

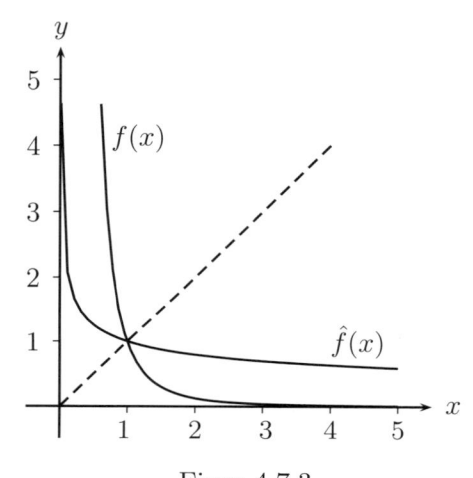

Figur 4.7.3

Die Funktion f ist in Figur 4.7.3 dargestellt. Wegen $f'(x) = -3x^{-4} < 0$ für alle $x > 0$ und Satz 4.3.16 ist f streng monoton fallend und somit umkehrbar.

Die Berechnung der Umkehrfunktion führt über

$$y = x^{-3} \quad \Leftrightarrow \quad x = y^{-\frac{1}{3}}$$

zu der Funktion

$$\hat{f}(x)\colon (0,\infty) \to (0,\infty) \quad;\quad \hat{f}(x) = x^{-\frac{1}{3}}\ ,$$

die als Spiegelbild zu f in Figur 4.7.3 dargestellt ist.

A4.7.4 Die Funktion $f(x)$ sei sms auf D, $x_1, x_2 \in D$.
  (a) Zeigen Sie, dass aus $f(x_1) < f(x_2)$ stets folgt: $x_1 < x_2$.
  (b) Zeigen Sie, dass $f\colon D \to \mathrm{Bild}(f)$ bijektiv ist.
  (c) Die Umkehrfunktion von f sei $\hat{f}$. Zeigen Sie: aus f sms folgt stets $\hat{f}$ sms.

(a) Es gilt: $f(x_1) < f(x_2)$. Wir müssen $x_1 < x_2$ herleiten. Wir beweisen indirekt und nehmen an: $x_1 \geq x_2$. Das bedeutet entweder $x_1 = x_2$ oder $x_1 > x_2$.

Fall 1: $x_1 = x_2$. Dann ist $f(x_1) = f(x_2)$, im Widerspruch zur Voraussetzung.

Fall 2: $x_1 > x_2$. Das bedeutet $x_2 < x_1$, und da f sms, folgt $f(x_2) < f(x_1)$. Das ist aber auch ein Widerspruch zu Voraussetzung, so dass die Aussage bewiesen ist.

(b) f ist nach Definition 1.3.7 injektiv, sofern verschiedene Argument stets verschiedene Zuordnungen haben. Das ist bei einer sms Funktion natürlich erfüllt. Durch die Einschränkung des Zielbereichs auf Bild(f) ist f auch surjektiv, und damit bijektiv.

(c) Zu zeigen ist, dass $\hat{f}$ streng monoton steigend ist. Sei dazu $y_1, y_2 \in \text{Bild}(f)$ mit $y_1 < y_2$. Dann existieren $x_1, x_2 \in D$ mit $f(x_1) = y_1$ und $f(x_2) = y_2$, und es gilt $f(x_1) < f(x_2)$. Dann folgt aus (a): $x_1 < x_2$. Wegen $x_1 = \hat{f}(f(x_1)) = \hat{f}(y_1)$ und $x_2 = \hat{f}(f(x_2)) = \hat{f}(y_2)$ folgt daraus $\hat{f}(y_1) < \hat{f}(y_2)$.

A4.7.5 Für die Funktionen f und g gelte Bild$(f) \subset \text{Def}(g)$. Beide Funktionen seien sms. Zeigen Sie, dass dann auch $g \circ f$ sms ist.

Seien $x_1, x_2 \in \text{Def}(f)$, $x_1 < x_2$. Dann gilt $f(x_1) < f(x_2)$, da f sms. Daraus folgt aber $g(f(x_1)) < g(f(x_2))$, da auch g sms. Das bedeutet aber $(g \circ f)(x_1) < (g \circ f)(x_2)$, das heißt, $g \circ f$ ist sms.

Kapitel 5. Reihen

5.1 Geometrische Reihen

A5.1.1 Berechnen Sie im Wettlauf von Achilles und der Schildkröte die Summe $S = \sum_{n=0}^{\infty} s_n$ aller Vorsprünge der Schildkröte. Welcher einfache Zusammenhang besteht zwischen S und T?

In Beispiel 5.1.1 wurde gezeigt, dass

$$s_1 = \left[\frac{v_S}{v_A}\right]^1 \cdot s_0 \,, \quad s_2 = \left[\frac{v_S}{v_A}\right]^2 \cdot s_0 \,, \quad \ldots \quad s_n = \left[\frac{v_S}{v_A}\right]^n \cdot s_0 \,,$$

so dass

$$S = \sum_{n=0}^{\infty} s_n = s_0 \sum_{n=0}^{\infty} \left[\frac{v_S}{v_A}\right]^n = v_A T \,.$$

Das leuchtet ein: Wenn man die gesamte Aufholzeit T des Achilles mit seiner Geschwindigkeit v_A multipliziert, muss die Summe der Vorsprünge herauskommen. In anderen Worten: nach einer Strecke von S Metern, die Achilles in T Sekunden zurücklegt, sind beide gleichauf. Danach rennt Achilles der Schildkröte voraus.

A5.1.2 Man zeichnet durch den Mittelpunkt $M_0 = (0,0)$ eines Kreises mit Radius $r_0 > 0$ eine Gerade unter $45°$ – siehe Figur 5.1.1. Diese schneidet den Kreis in S_0. Das Lot von S_0 auf die x-Achse habe die Länge r_1 und den Lotfußpunkt M_1. Dieselbe Konstruktion wird nun für M_1 und r_1 durchgeführt und man erhält M_2 und r_2 ...
  (a) Welchen Wert hat r_1? Welche Koordinaten hat M_1?
  (b) Welchen Wert hat r_2? Welche Koordinaten hat M_2?
  (c) Gegen welchen Wert konvergiert die Folge $M_0, M_1, M_2, \ldots$?

(a) r_0 ist die Diagonale in einem Quadrat mit Kantenlänge r_1, so dass wir aus dem Satz des Pythagoras wissen: $r_1^2 + r_1^2 = r_0^2$, also $r_1 = \frac{r_0}{\sqrt{2}}$. Folglich gilt $M_1 = (x_1, 0)$ mit $x_1 = r_1$.

(b) Die Punkte S_0 und S_1 liegen auf demselben Kreis mit Radius r_1, so dass r_2 die Diagonale in einem Quadrat mit Kantenlänge r_1 ist, also: $r_2 = \frac{r_1}{\sqrt{2}}$. Folglich gilt $M_2 = (x_2, 0)$ mit $x_2 = r_1 + r_2$.

(c) Nun ist das Bildungsgesetz erkannt: Für $n \geq 1$ ist $M_n = (x_n, 0)$ mit

$$x_n = \sum_{i=1}^{n} r_i \,, \quad \text{und} \quad r_1 = \frac{r_0}{\sqrt{2}} \,, \quad r_2 = \frac{r_0}{(\sqrt{2})^2} \,, \quad \ldots \quad r_i = \frac{r_0}{(\sqrt{2})^i} \,.$$

Die Folge der Punkte $M_0, M_1, M_2, \ldots$ konvergiert gegen $M = (x, 0)$, wobei x als Grenzwert einer geometrischen Reihe gemäß Satz 5.1.6 berechnet werden kann:

$$x = r_1 + r_2 + r_3 + \ldots = \frac{r_0}{\sqrt{2}} + \frac{r_0}{(\sqrt{2})^2} + \frac{r_0}{(\sqrt{2})^3} + \ldots$$

$$= \frac{r_0}{\sqrt{2}} \left(1 + \frac{1}{\sqrt{2}} + \frac{1}{(\sqrt{2})^2} + \ldots\right) = \frac{r_0}{\sqrt{2}} \sum_{i=0}^{\infty} \left[\frac{1}{\sqrt{2}}\right]^i = \frac{r_0}{\sqrt{2}} \cdot \frac{1}{1 - \frac{1}{\sqrt{2}}}$$

$$= \frac{r_0}{\sqrt{2}} \cdot \frac{\sqrt{2}}{\sqrt{2} - 1} = \frac{r_0}{\sqrt{2} - 1} .$$

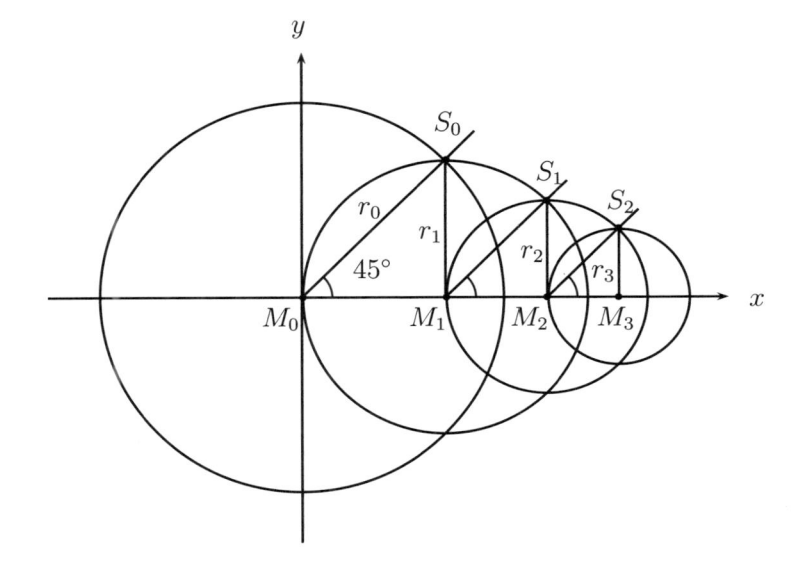

Figur 5.1.1

A5.1.3 Die D-Bank bietet einen Sparbrief über 6000 Euro mit den folgenden Konditionen an: (1) Bearbeitungsgebühr von 60 Euro, zusätzlich zahlbar bei Vertragabschluss, (2) Laufzeit 4 Jahre, (3) 2.5% Zins pro Jahr, (4) zusätzlich 50 Euro am Ende jedes Jahres. – Welche Summe wird nach 4 Jahren ausbezahlt? Wie hoch ist der effektive Jahreszins?

Die Kosten des Sparbriefs belaufen sich zum Zeitpunkt des Kaufs auf 6060 Euro. Die nach vier Jahren ausbezahlte Summe setzt sich zusammen aus einer jährlichen Prämie von 50 Euro und jährlichen Zinsen. In der folgenden Tabelle wurden diese Beträge jahresweise ausgerechnet. So ergibt sich in der Spalte "nach einem Jahr" zunächst der Betrag von 6150 Euro, der aus 6000 Euro des Vorjahres und dem Zins von 2%, also 150 Euro, besteht. Die Prämie von 50 Euro kommt noch dazu und ergibt in dieser Spalte eine Summe von 6200 Euro. In dieser Weise geht man von Jahr zu Jahr weiter.

	jetzt	nach 1 Jahr	nach 2 Jahren	nach 3 Jahren	nach 4 Jahren
	6000.00	6150.00 50.00 6200.00	6355.00 50.00 6405.00	6565.12 50.00 6615.12	6780.50 50.00 6830.50

Die am Ende ausbezahlte Summe beträgt 6830.50 Euro. Der effektive Zins $x\%$ erfüllt die Gleichung

$$6060 \cdot (1 + \frac{x}{100})^4 = 6830.50 \quad \Leftrightarrow \quad \frac{100 + x}{100} = \sqrt[4]{1.1271} = 1.030 \quad \Leftrightarrow \quad x = 3.037\% \;.$$

A5.1.4 Ein Darlehen von 50 000 Euro wird in gleichmäßigen Monatsraten zurückbezahlt. Die Zinsen werden monatlich berechnet und betragen 0.5%. Die Rate ist so zu berechnen, dass das Darlehen in 24 Monaten zurückbezahlt ist.

Wir folgen dem Beispiel 5.1.14. Der Unterschied zu diesem Beispiel besteht nur darin, dass wir eine monatliche statt einer jährlichen Betrachtung durchführen müssen.

Wir bezeichnen die unbekannte Rate mit R. Definiert man $z := 0.005$ und $r := z + 1 = 1.005$, so beträgt der Wert der Rate R in einem Monat heute gerade $\frac{R}{r}$ Euro, und der Wert der Rate R in zwei Monaten beträgt heute $\frac{R}{r^2}$. Vollständige Rückzahlung bedeutet, dass der heutige Wert der 24 Raten dem Darlehensbetrag $D = 50\,000$ Euro entsprechen muss:

$$D = \frac{R}{r} + \frac{R}{r^2} + \cdots + \frac{R}{r^{24}} = \frac{R}{r}\left[1 + \frac{1}{r} + \cdots + \frac{1}{r^{23}}\right] = \frac{R}{r}\sum_{i=0}^{23}\left[\frac{1}{r}\right]^i$$

$$= \frac{R}{r} \cdot \frac{1 - \frac{1}{r^{24}}}{1 - \frac{1}{r}} = \frac{R}{r} \cdot \frac{(r^{24} - 1)\,r}{r^{24}(r - 1)} = \frac{R(r^{24} - 1)}{r^{24}\,z} \;.$$

Auflösung nach R und Einsetzung der Zahlenwerte ergibt

$$R = \frac{Dr^{24}\,z}{(r^{24} - 1)} = \frac{50\,000 \cdot 1.005^{24} \cdot 0.005}{(1.005^{24} - 1)} = 2\,216.03 \text{ Euro.}$$

A5.1.5 Eine Maschine zum Anschaffungspreis von 11 000 Euro erwirtschaftet nach jeweils einem Jahr 4000, 5000, 3000 und 2000 Euro. Der konstante Marktzins betrage 3%. Welcher gleichmäßigen Verzinsung des Anschaffungspreises entspricht der Ertragsstrom?

Wir lassen uns vom Vorgehen in Beispiel 5.1.15 leiten und stellen die einzelnen Beträge unter die dazugehörigen Jahre in der folgenden Tabelle. Die verzinsten Beträge stehen jeweils in derselben Zeile des nachfolgenden Jahres.

nach 1 Jahr	nach 2 Jahren	nach 3 Jahren	nach 4 Jahren
4 000.00	4 120.00	4 243.60	4 370.91
	5 000.00	5 150.00	5 304.50
		3 000.00	3 090.00
			2 000.00
			14 765.41

In dieser Weise erhält man in der Spalte "nach 4 Jahren" die Werte aller Beträge zu demselben Zeitpunkt. Die Summe beträgt 14 765.41 Euro. Zur Lösung der Aufgabe benötigen wir jetzt noch den Zinssatz $z\%$, der bei gleichmäßiger Verzinsung in vier Jahren aus 11 000 Euro den Betrag von 14 765.41 Euro entstehen lässt. Definiert man $r := 1 + z$, so gilt

$11\,000 \cdot r^4 = 14\,765.41 \Leftrightarrow r^4 = 14\,765.41 : 11\,000 \Leftrightarrow r = 1.0764 \Leftrightarrow z = 7.64\%$.

A5.1.6 Welche der drei Rückzahlungsformen für ein Darlehen über 12 000 Euro ist am günstigsten? Gehen Sie dabei von einem konstanten Marktzins von 7% aus.
  (a) 4300 nach einem, 4800 nach zwei und 5300 nach drei Jahren;
  (b) jeweils 3700 nach einem, zwei, drei und vier Jahren;
  (c) jeweils 800 nach einem, zwei, ... Jahren, ad infinitum.

Wir folgen dem Vorgehen in Beispiel 5.1.16. Man berechnet den Wert der Rückzahlungsbeträge zu einem gleichen Zeitpunkt für alle drei Rückzahlungsformen. Es bietet sich der Zeitpunkt der Gewährung des Darlehens an.

(a) Der Wert der Rückzahlungen zum Zeitpunkt der Gewährung ist

$$W_a = \frac{4300}{1.07} + \frac{4800}{1.07^2} + \frac{5300}{1.05^3} = 12\,537.58 \text{ Euro}.$$

(b) Der Wert der Rückzahlungen zum Zeitpunkt der Gewährung ist

$$W_b = \frac{3700}{1.07} + \frac{3700}{1.07^2} + \frac{3700}{1.07^3} + \frac{3700}{1.07^4} = 12\,532.68 \text{ Euro}.$$

(c) Der Wert der Rückzahlungen zum Zeitpunkt der Gewährung ist

$$W_c = \frac{800}{1.07} + \frac{800}{1.07^2} + \frac{800}{1.07^3} + \ldots = \frac{800}{1.07}\left[1 + \frac{1}{1.07} + \frac{1}{1.07^2} + \frac{1}{1.07^3} + \ldots\right]$$

$$= \frac{800}{1.07}\sum_{i=0}^{\infty}\left[\frac{1}{1.07}\right]^i = \frac{800}{1.07}\cdot\frac{1}{1-\frac{1}{1.07}} = \frac{800}{1.07}\cdot\frac{1.07}{1.07-1} = \frac{800}{0.07} = 11\,428.57\;.$$

Der Vergleich der Werte ergibt, dass die Rückzahlungsform (c) die bei weitem günstigste ist.

A5.1.7 Aus der harmonischen Reihe H, siehe Beispiel 5.1.4, werden alle Brüche entfernt, die im Nenner eine Potenz von 2 stehen haben. Konvergiert die verbleibende Reihe $H' \equiv \frac{1}{3} + \frac{1}{5} + \frac{1}{6} + \frac{1}{7} + \frac{1}{9} + \frac{1}{10} + \ldots$?

Natürlich nicht! Geben wir der Reihe aus Beispiel 5.1.7 den Namen G, so wissen wir, dass G gegen 2 konvergiert. Außerdem ist $H = G + H'$. Würde nun H' gegen einen Wert a konvergieren, müsste H gegen den Wert $a + 2$ konvergieren. Das ist aber ein Widerspruch zu Beispiel 5.1.4, in dem gezeigt wurde, dass H nicht konvergiert.

5.2 Allgemeine Reihen

A5.2.1 Für welche Werte von $x \in \mathbb{R}$ konvergiert die Reihe

$$P(x) \equiv x + \frac{x^2}{2} + \frac{x^3}{3} + \frac{x^4}{4} + \frac{x^5}{5} + \ldots$$

nach dem Q-K? Was kann man über $P(-1)$ und $P(+1)$ sagen?

Wir benötigen ein Bildungsgesetz für die Reihe, das aber mühelos angegeben werden kann. Beginnt man die Nummerierung der Terme mit $n = 1$, erhält man

$$a_1 = \frac{x^1}{1}, \quad a_2 = \frac{x^2}{2}, \quad a_3 = \frac{x^3}{3}, \quad \ldots, a_n = \frac{x^n}{n}, \quad \ldots$$

Der n-te Verkleinerungsfaktor ist

$$q_n = \frac{|a_{n+1}|}{|a_n|} = \frac{\left|\frac{x^{n+1}}{n+1}\right|}{\left|\frac{x^n}{n}\right|} = \frac{|x|^{n+1}\cdot n}{(n+1)\cdot|x|^n} = \frac{|x|\cdot n}{n+1}, \quad \text{und} \quad q_n \to |x| \text{ wenn } n \to \infty.$$

Gemäß Q-K konvergiert $P(x)$ deshalb für alle x mit $|x| < 1$, was gleichbedeutend ist mit $-1 < x < 1$. Für $|x| > 1$ ist $P(x)$ divergent.

$P(-1) = -1 + \frac{1}{2} - \frac{1}{3} + \frac{1}{4} - \frac{1}{5} + \ldots$ ist die alternierend aufsummierte harmonische Reihe, also eine alternierend aufsummierte positive Nullfolge, die nach dem L-K konvergiert. In Beispiel 5.2.11 wurde die Reihe $R = -P(-1)$ betrachtet, so dass der Grenzwert von $P(-1)$ in der Nähe von -0.693 liegt.

$$P(+1) = 1 + \frac{1}{2} + \frac{1}{3} + \frac{1}{4} + \frac{1}{5} + \ldots \quad \text{ist identisch mit der harmonischen Reihe } H,$$

von der wir aus Beispiel 5.1.4 wissen, dass sie divergiert.

A5.2.2 Für welche Werte von $x \in \mathbb{R}$ konvergiert die Reihe

$$Q(x) \equiv \frac{1}{2} + \frac{x^2}{4} + \frac{x^4}{10} + \frac{x^6}{28} + \frac{x^8}{82} + \ldots$$

nach dem Q-K? Was kann man über $Q(-\sqrt{3})$ und $Q(+\sqrt{3})$ sagen?

Wir verweisen auf Beispiel 5.2.5, wo ausgeführt wurde, wie man ein einfaches Bildungsgesetz findet. Da das Bildungsgesetz der Zähler offensichtlich mit x^{2n} für $n \geq 0$ angegeben werden kann, bleiben die Nenner. Die ersten Differenzen sind 2, 6, 18 und 54, die zweiten Differenzen lauten 4, 2 und 36, die dritten lauten 8 und 24, ohne dass eine Konstanz eingetreten wäre. Wir gehen deshalb davon aus, dass es sich um ein exponentielles Bildungsgesetz der Art 2^n, 3^n oder dergleichen handelt. Eine Vergleich der Nenner mit den Potenzen von 3 sticht sofort ins Auge: 1, 3, 9, 27, 81, ...; sie sind jeweils um 1 kleiner als die Nenner, so dass wir jetzt ein Bildungsgesetz angeben können:

$$a_n = \frac{x^{2n}}{3^n + 1} \text{ für } n \geq 0 \; ; \quad Q(x) = \sum_{n=0}^{\infty} \frac{x^{2n}}{3^n + 1} \; .$$

Der n-te Verkleinerungsfaktor ist

$$q_n = \frac{|a_{n+1}|}{|a_n|} = \frac{\left|\frac{x^{2n+2}}{3^{n+1}+1}\right|}{\left|\frac{x^{2n}}{3^n+1}\right|} = \frac{|x|^{2n+2} \cdot (3^n + 1)}{(3^{n+1} + 1) \cdot |x|^{2n}} = \frac{x^2 \cdot (3^n + 1)}{(3^{n+1} + 1)} \; ,$$

und $\quad q_n \to x^2/3 \quad$ wenn $n \to \infty$.

Gemäß Q-K konvergiert $Q(x)$ deshalb für alle x mit $x^2/3 < 1$, was gleichbedeutend ist mit $|x| < \sqrt{3}$ oder $-\sqrt{3} < x < \sqrt{3}$. Für $|x| > \sqrt{3}$ ist $Q(x)$ divergent. Die Reihe

$$Q(-\sqrt{3}) = \sum_{n=0}^{\infty} \frac{(-\sqrt{3})^{2n}}{3^n + 1} = \sum_{n=0}^{\infty} \frac{3^n}{3^n + 1} = \sum_{n=0}^{\infty} \left[1 - \frac{1}{3^n + 1}\right]$$

ist offenbar divergent, da jeder Term größer als 0.5 ist. Das gilt auch für $Q(+\sqrt{3})$, weil diese Reihe mit $Q(-\sqrt{3})$ identisch ist.

A5.2.3 Für welche Werte von $x \in \mathbb{R}$ konvergiert die Reihe

$$S(x) \equiv \frac{2x}{2} + \frac{4x^2}{6} + \frac{8x^3}{12} + \frac{16x^4}{20} + \frac{32x^5}{30} + \ldots$$

nach dem Q-K? Was kann man über $S(-0.5)$ und $S(+0.5)$ sagen?

[Hinweis: $\frac{1}{n^2+n} = \frac{1}{n} - \frac{1}{n+1}$.]

Im Zähler fallen die Zweierpotenzen vor den x-Termen ins Auge, so dass man für die Zähler leicht ein Bildungsgesetz angeben kann. Im Nenner bildet man die ersten Differenzen: 4, 6, 8, 10, ... Die zweiten Differenzen sind dann konstant, so dass ein quadratisches Bildungsgesetz diese Folge erzeugen kann. Betrachtet man die Folge der Quadratzahlen, 1, 4, 9, 16, 25, ..., n^2, ..., stellt man fest, dass sie im Vergleich zu der Nennerfolge jeweils um genau n zu klein sind. Damit ist ein Bildungsgesetz erkannt:

$$a_1 = \frac{2x}{2},\ a_2 = \frac{4x^2}{6},\ a_3 = \frac{8x^3}{12},\ a_4 = \frac{16x^4}{20},\ a_5 = \frac{32x^5}{30},\ \ldots\ a_n = \frac{2^n x^n}{n^2 + n},\ \ldots$$

Der n-te Verkleinerungsfaktor ist

$$q_n = \frac{|a_{n+1}|}{|a_n|} = \frac{\left|\frac{2^{n+1}x^{n+1}}{(n+1)^2+(n+1)}\right|}{\left|\frac{2^n x^n}{n^2+n}\right|} = \frac{2^{n+1}|x|^{n+1} \cdot n(n+1)}{(n+1)(n+2) \cdot 2^n |x|^n} = \frac{2|x| \cdot n}{n+2},$$

und $q_n \to 2|x|$ wenn $n \to \infty$.

Gemäß Q-K konvergiert $S(x)$ deshalb für alle x mit $2|x| < 1$, was gleichbedeutend ist mit $|x| < 0.5$ oder $-0.5 < x < 0.5$. Für $|x| > 0.5$ ist $S(x)$ divergent. Die Reihe

$$S(-0.5) = \sum_{n=1}^{\infty} \frac{2^n \cdot (-0.5)^n}{n^2 + n} = \sum_{n=1}^{\infty} \frac{(-1)^n}{n^2 + n} = -\frac{1}{2} + \frac{1}{6} - \frac{1}{12} + \frac{1}{20} - \frac{1}{30} + \ldots$$

ist eine alternierend aufsummierte positive Nullfolge, die nach L-K konvergent ist. Der Grenzwert liegt bei -0.386. Da

$$\frac{1}{n^2+n} = \frac{1}{n} - \frac{1}{n+1},$$

gilt

$$S(0.5) = \sum_{n=1}^{\infty} \frac{2^n \cdot 0.5^n}{n^2+n} = \sum_{n=1}^{\infty} \frac{1}{n^2+n} = \sum_{n=1}^{\infty} \left[\frac{1}{n} - \frac{1}{n+1}\right]$$

$$= \left[\frac{1}{1} - \frac{1}{2}\right] + \left[\frac{1}{2} - \frac{1}{3}\right] + \left[\frac{1}{3} - \frac{1}{4}\right] + \left[\frac{1}{4} - \frac{1}{5}\right] + \ldots = 1\ .$$

A5.2.4 Für welche Werte von $x \in \mathbb{R}$ konvergiert die Reihe

$$T(x) \equiv \frac{9x^2}{3} + \frac{27x^3}{8} + \frac{81x^4}{15} + \frac{243x^5}{24} + \ldots$$

nach dem Q-K? Was kann man über $T(-\frac{1}{3})$ und $T(+\frac{1}{3})$ sagen?
[Hinweis: $\frac{1}{n^2-1} = \frac{0.5}{n-1} - \frac{0.5}{n+1}$.]

Im Zähler fallen die Dreierpotenzen vor den x-Termen ins Auge, so dass man für die Zähler leicht ein Bildungsgesetz angegeben kann, das am besten bei $n = 2$ beginnt. Im Nenner bildet man die ersten Differenzen: 5, 7, 9, ... Die zweiten Differenzen sind dann konstant, so dass ein quadratisches Bildungsgesetz diese Folge erzeugen kann. Betrachtet man die Folge der Quadratzahlen, beginnend bei $n = 2$, erhält man 4, 9, 16, 25, ..., n^2, ..., und man stellt fest, dass sie im Vergleich zu der Nennerfolge jeweils um genau 1 zu groß sind. Damit ist ein Bildungsgesetz für $n \geq 2$ erkannt:

$$a_2 = \frac{9x^2}{3}, \; a_3 = \frac{27x^3}{8}, \; a_4 = \frac{81x^4}{15}, \; a_5 = \frac{243x^5}{24}, \; \ldots \; a_n = \frac{3^n x^n}{n^2 - 1}, \; \ldots$$

Der n-te Verkleinerungsfaktor ist

$$q_n = \frac{|a_{n+1}|}{|a_n|} = \frac{\left|\frac{3^{n+1}x^{n+1}}{(n+1)^2-1}\right|}{\left|\frac{3^n x^n}{n^2-1}\right|} = \frac{3^{n+1}|x|^{n+1} \cdot (n^2-1)}{(n^2+2n) \cdot 3^n |x|^n} = \frac{3|x| \cdot (n^2-1)}{(n^2+2n)},$$

und $q_n \to 3|x|$ wenn $n \to \infty$.

Gemäß Q-K konvergiert $T(x)$ deshalb für alle x mit $3|x| < 1$, was gleichbedeutend ist mit $|x| < \frac{1}{3}$ oder $-\frac{1}{3} < x < +\frac{1}{3}$. Für $|x| > \frac{1}{3}$ ist $T(x)$ divergent. Wegen

$$\frac{1}{n^2-1} = \frac{0.5}{n-1} - \frac{0.5}{n+1},$$

gilt

$$T(\tfrac{1}{3}) = \sum_{n=2}^{\infty} \frac{3^n \cdot (\frac{1}{3})^n}{n^2-1} = \sum_{n=2}^{\infty} \frac{1}{n^2-1} = 0.5 \sum_{n=2}^{\infty} \left[\frac{1}{n-1} - \frac{1}{n+1}\right]$$

$$= 0.5 \left(\left[\frac{1}{1} - \frac{1}{3}\right] + \left[\frac{1}{2} - \frac{1}{4}\right] + \left[\frac{1}{3} - \frac{1}{5}\right] + \left[\frac{1}{4} - \frac{1}{6}\right] + \ldots\right)$$

$$= 0.5 \left(\frac{1}{1} + \frac{1}{2} - \frac{1}{3} + \frac{1}{3} - \frac{1}{4} + \frac{1}{4} - \frac{1}{5} + \frac{1}{5} - \ldots\right) = 0.75 .$$

Die Reihe $T(-\frac{1}{3})$ behandelt man in der gleichen Weise.

$$T(-\tfrac{1}{3}) = \sum_{n=2}^{\infty} \frac{3^n \cdot (-\frac{1}{3})^n}{n^2-1} = \sum_{n=2}^{\infty} \frac{(-1)^n}{n^2-1} = 0.5 \sum_{n=2}^{\infty} (-1)^n \left[\frac{1}{n-1} - \frac{1}{n+1}\right]$$

$$= 0.5 \left(\left[\frac{1}{1} - \frac{1}{3}\right] - \left[\frac{1}{2} - \frac{1}{4}\right] + \left[\frac{1}{3} - \frac{1}{5}\right] - \left[\frac{1}{4} - \frac{1}{6}\right] + \ldots \right)$$

$$= 0.5 \left(\frac{1}{1} - \frac{1}{2} - \frac{1}{3} + \frac{1}{3} - \frac{1}{4} + \frac{1}{4} - \frac{1}{5} + \frac{1}{5} - \ldots \right) = 0.25 \ .$$

A5.2.5 Betrachtet wird die Reihe $\quad R = \sum_{n=5}^{\infty} \frac{(-1)^{n+1}}{2^{n+2}} \ .$

(a) Untersuchen Sie die Konvergenz mittels Quotientenkriterium.
(b) Berechnen Sie den Grenzwert.

(a) Da $\quad a_n = \dfrac{(-1)^{n+1}}{2^{n+2}} \quad$ erhält man als n-ten Verkleinerungsfaktor

$$q_n = \frac{|a_{n+1}|}{|a_n|} = \frac{\left|\frac{(-1)^{n+2}}{2^{n+3}}\right|}{\left|\frac{(-1)^{n+1}}{2^{n+2}}\right|} = \frac{|-1|^{n+2} \cdot 2^{n+2}}{2^{n+3} \cdot |-1|^{n+1}} = \frac{1}{2} \ ,$$

und $\quad q_n \to 0.5 \quad$ wenn $n \to \infty$. Die Reihe konvergiert nach dem Q-K; mehr noch: es handelt sich um eine geometrische Reihe!

(b) Wir schreiben die ersten Terme ausführlich auf und fassen dann erneut zusammen, so dass die geometrische Reihe erkennbar wird.

$$R = \frac{1}{2^7} - \frac{1}{2^8} + \frac{1}{2^9} - \frac{1}{2^{10}} + \frac{1}{2^{11}} - \ldots = \frac{1}{2^7}\left[1 - \frac{1}{2} + \frac{1}{2^2} - \frac{1}{2^3} + \frac{1}{2^4} + \ldots\right]$$

$$= \frac{1}{2^7}\left[1 + \left(-\frac{1}{2}\right)^1 + \left(-\frac{1}{2}\right)^2 + \left(-\frac{1}{2}\right)^3 + \left(-\frac{1}{2}\right)^4 + \ldots\right]$$

$$= \frac{1}{2^7} \sum_{n=0}^{\infty} \left[-\frac{1}{2}\right]^n = \frac{1}{2^7} \cdot \frac{1}{1-(-\frac{1}{2})} = \frac{2}{2^7 \cdot 3} = \frac{1}{2^6 \cdot 3} \approx 0.0052 \ .$$

5.3 Der Satz von Taylor

A5.3.1 Berechnen Sie die Taylorreihe für $f(x) = x^5 + 2x^3 - 9x + 2$ um den Entwicklungspunkt $x_0 = 2$. Wie groß ist der Konvergenzradius?

Zur Berechnung der Reihe benötigen wir die Ableitungen der Funktion f und deren Werte am Entwicklungspunkt $x_0 = 2$. Dazu stellen wir eine Tabelle auf, die alle Angaben in übersichtlicher Form enthält.

n	$f^{(n)}(x)$	$f^{(n)}(2)$
0	$x^5 + 2x^3 - 9x + 2$	24
1	$5x^4 + 6x^2 - 9$	95
2	$20x^3 + 12x$	184
3	$60x^2 + 12$	252
4	$120x$	240
5	120	120

Die Abweichung vom Entwicklungspunkt bezeichnen wir wie üblich mit h und erhalten gemäß Satz 5.3.1:

$$f(2+h) = 24 + 95h + \frac{184}{2}h^2 + \frac{252}{6}h^3 + \frac{240}{24}h^4 + \frac{120}{120}h^5$$
$$= 24 + 95h + 92h^2 + 42h^3 + 10h^4 + h^5 \ .$$

Diese Reihe ist endlich und konvergiert natürlich überall. Will man den Funktionswert an der Stelle $x = 5$ bestimmen, hat man nun zwei Möglichkeiten. Entweder man verwendet die ursprüngliche Berechnungsvorschrift und rechnet

$$f(5) = 5^5 + 2 \cdot 5^3 - 9 \cdot 5 + 2 \ ,$$

oder man verwendet die Taylorreihe und rechnet

$$f(5) = f(2+3) = 24 + 95 \cdot 3 + 92 \cdot 3^2 + 42 \cdot 3^3 + 10 \cdot 3^4 + 3^5 \ .$$

In beiden Fällen erhält man das Ergebnis 3332.

A5.3.2 Berechnen Sie die Taylorreihe für $f(x) = x^{-1}$ um den Entwicklungspunkt $x_0 = 1$. Wie groß ist der Konvergenzradius?

Wir fertigen, wie in der vorausgehenden Aufgabe, eine Tabelle an.

n	$f^{(n)}(x)$	$f^{(n)}(1)$
0	x^{-1}	1
1	$-x^{-2}$	-1
2	$2\,x^{-3}$	2
3	$-2 \cdot 3\,x^{-4}$	$-2 \cdot 3$
4	$2 \cdot 3 \cdot 4\,x^{-5}$	$2 \cdot 3 \cdot 4$
$\vdots$	$\vdots$	$\vdots$
n	$(-1)^n\,n!\,x^{-(n+1)}$	$(-1)^n\,n!$
$\vdots$	$\vdots$	$\vdots$

Die Zahlen der letzten Spalte brauchen wir jetzt nur noch in die Taylorreihe einzusetzen. Die Abweichung von $x_0 = 1$ wird wie üblich mit h bezeichnet.

$$f(1+h) = 1 + (-1)h + \frac{2}{2}h^2 + \frac{-(3!)}{3!}h^3 + \frac{4!}{4!}h^4 + \ldots$$
$$= 1 - h + h^2 - h^3 + h^4 - \ldots \tag{5.1}$$

Diese Reihe konvergiert jedoch offensichtlich nicht für alle Werte von h. So ist $f(1+1) = 1-1+1-1+1\ldots$, was auf keinen eindeutigen Grenzwert hinausläuft. Wir wenden das Q-K an, um die Werte von h zu bestimmen, für die die Reihe (5.1) konvergiert.

Der n-te Term, $n \geq 0$, ist $a_n = (-1)^n h^n$. Der n-te Verkleinerungsfaktor ist deshalb

$$q_n = \frac{|a_{n+1}|}{|a_n|} = \frac{|(-1)^{n+1} h^{n+1}|}{|(-1)^n h^n|} = \frac{|h|^{n+1}}{|h|^n} = |h| \;.$$

Dem Q-K gemäß konvergiert (5.1) für $|h| < 1$, was gleichbedeutend ist mit $-1 < h < 1$, so dass $f(x)$ für $0 < x < 2$ durch (5.1) berechnet werden kann. Der Konvergenzradius beträgt also $r = 1$. Für $x \geq 2$, also $h \geq 1$, ist (5.1) divergent.

A5.3.3 Berechnen Sie die ersten fünf Terme der Taylorreihe für $f(x) = \sqrt{x}$.

Dazu benötigen wir zunächst die vier ersten Ableitungen, die wir an der Stelle $x_0 = 4$ beispielhaft auswerten.

n	$f^{(n)}(x)$	$f^{(n)}(4)$
0	$x^{1/2}$	2
1	$\frac{1}{2} x^{-\frac{1}{2}}$	$\frac{1}{2^2}$
2	$-\frac{1}{2} \cdot \frac{1}{2} x^{-\frac{3}{3}}$	$-\frac{1}{2^5}$
3	$\frac{1}{2} \cdot \frac{1}{2} \cdot \frac{3}{2} x^{-\frac{5}{2}}$	$\frac{3}{2^8}$
4	$-\frac{1}{2} \cdot \frac{1}{2} \cdot \frac{3}{2} \cdot \frac{5}{2} x^{-\frac{7}{2}}$	$-\frac{3 \cdot 5}{2^{11}}$
⋮	⋮	⋮

Die Einsetzung der Werte der letzten Spalte in die Taylorreihe ergibt

$$f(4+h) = 2 + \frac{1}{2^2}h - \frac{1}{2^5 \cdot 2!}h^2 + \frac{3}{2^8 \cdot 3!}h^3 - \frac{3 \cdot 5}{2^{11} \cdot 4!}h^4 + \ldots$$
$$= 2 + \frac{1}{2^2}h - \frac{1}{2^6}h^2 + \frac{1}{2^9}h^3 - \frac{3 \cdot 5}{2^{11} \cdot 4!}h^4 + \ldots.$$

A5.3.4 Betrachtet wird die Funktion $f(x) = -4x^2 + 26x - 44.5 + \frac{18}{x}$, $x > 0$.
(a) Berechnen Sie alle Nullstellen von $f(x)$ [Hinweis: eine ist ganzzahlig].
(b) Berechnen Sie die Extremwerte und Wendepunkte von $f(x)$.
(c) Fertigen Sie eine Skizze von $f(x)$ im Bereich $0 < x \leq 5$ an.
(d) Entwickeln Sie die Funktion nach Taylor um $x_0 = 4$.
(e) Für welche Werte von x konvergiert die Reihe?

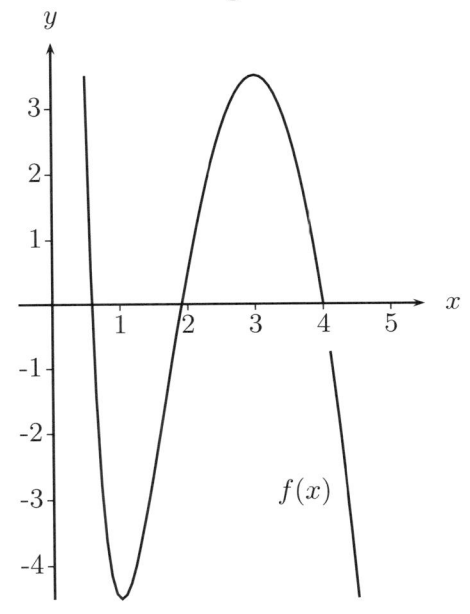

Figur 5.3.1

(a) Figur 5.3.1 zeigt $f(x)$ im Bereich $0 < x < 4.5$. Die Berechnung von Nullstellen für $x > 0$ führt zu der Gleichung

$$\begin{aligned} f(x) = 0 \quad &\Leftrightarrow \quad -4x^2 + 26x - 44.5 + \tfrac{18}{x} = 0 \\ &\Leftrightarrow \quad \tfrac{1}{x}(-4x^3 + 26x^2 - 44.5x + 18) = 0 \\ &\Leftrightarrow \quad 4x^3 - 26x^2 + 44.5x - 18 = 0 \,. \end{aligned} \tag{5.2}$$

Die Einsetzung von $x_1 = 4$ in die Gleichung ergibt den Wert 0, so dass alle weiteren Nullstellen nach einer Polynomdivision als Lösungen einer quadratischen Gleichung erhalten werden können.

$$\begin{array}{r} (4x^3 - 26x^2 + 44.5x - 18) : (x-4) = 4x^2 - 10x + 4.5 \\ \underline{-(4x^3 - 16x^2)} \\ -10x^2 + 44.5x \\ \underline{-(-10x^2 + 40.0x)} \\ 4.5x - 18 \\ \underline{-(4.5x - 18)} \\ = \end{array}$$

Wir wenden die *abc*-Formel an:
$$4x^2 - 10x + 4.5 = 0 \Leftrightarrow x_{2/3} = \frac{1}{8}(10 \pm \sqrt{100 - 72}) = 1.25 \pm 0.25\sqrt{7} = 0.59 / 1.91.$$
Diese Ergebnisse werden durch die Zeichnung vollauf bestätigt.

(b) Zur Berechnung der Extremwerte und Wendepunkte benötigen wir die ersten drei Ableitungen.
$$f'(x) = -8x + 26 - 18x^{-2}; \quad f''(x) = -8 + 36x^{-3}; \quad f'''(x) = -108x^{-4}.$$
Wir rechnen
$$f'(x) = 0 \quad \Leftrightarrow \quad \frac{1}{x^2}(-8x^3 + 26x^2 - 18) = 0 \quad \Leftrightarrow \quad 4x^3 - 13x^2 + 9 = 0.$$
Durch systematisches Probieren findet man $x_4 = 1$. Die nun anstehende Polynomdivision ergibt

$$\begin{array}{l}
(4x^3 - 13x^2 + 9) : (x - 1) = 4x^2 - 9x - 9 \\
\underline{-(4x^3 - 4x^2)} \\
\qquad -9x^2 \\
\qquad \underline{-(-9x^2 + 9x)} \\
\qquad\qquad -9x + 9 \\
\qquad\qquad \underline{-(-9x + 9)} \\
\qquad\qquad\qquad =
\end{array}$$

Anwendung der *abc*-Formel ergibt
$$4x^2 - 9x - 9 \quad \Leftrightarrow \quad x_{5/6} = \frac{1}{8}(9 \pm \sqrt{81 + 144}) = \frac{9}{8} \pm \frac{15}{8} = 3.$$
Die Lösung $x_6 = -0.75$ fällt weg, da generell $x > 0$ angenommen wurde. Wir müssen die beiden Kandidaten $x_4 = 1$ und $x_5 = 3$ nun in die zweite Ableitung einsetzen, um festzustellen, ob es sich um lokale Maxima oder Minima handelt.
$f''(1) = 28 > 0 \Rightarrow x_4 = 1$ ist ein lokales Minimum mit $f(1) = -4.5$.
$f''(3) = -6\frac{2}{3} < 0 \Rightarrow x_5 = 3$ ist ein lokales Maximum mit $f(3) = 3.5$.
Diese Resultate werden durch die Zeichnung bestätigt. Es verbleibt noch die Berechnung des Wendepunktes.
$$f''(x) = 0 \quad \Leftrightarrow \quad \frac{1}{x^3}(-8x^3 + 36) = 0 \quad \Leftrightarrow \quad 8x^3 = 36 \quad \Leftrightarrow \quad x_7 = \sqrt[3]{4.5} \approx 1.65.$$
Da $f'''(\sqrt[3]{4.5}) \approx -14.54 < 0$ ist x_7 ein Wendepunkt mit $f(x_7) = -1.58$.

(d) Da wir die ersten drei Ableitungen bereits berechnet haben, brauchen wir die nachfolgende Tabelle nur noch um ein paar Zeilen zu ergänzen. Der Entwicklungspunkt $x_0 = 4$ ist eine Nullstelle von $f(x)$, was zumindest zu Beginn der Rechnung zu einer Vereinfachung führt. Der Rest bleibt kniffelig und aufwändig.

5. Reihen

n	$f^{(n)}(x)$	$f^{(n)}(4)$
0	$-4x^2 + 26x - 44.5 + \frac{18}{x}$	0
1	$-8x + 26 - 18x^{-2}$	$-\frac{57}{2^3}$
2	$-8 + 36x^{-3}$	$-\frac{119}{2^4}$
3	$-108x^{-4}$	$-\frac{108}{4^4}$
4	$-108 \cdot (-4) \cdot x^{-5}$	$\frac{432}{4^5}$
5	$-108 \cdot (-4)(-5) \cdot x^{-6}$	$-\frac{2160}{4^6}$
$\vdots$	$\vdots$	$\vdots$
n	$(-1)^n \, 18 \, n! \, x^{-(n+1)}$	$(-1)^n 18 n! \, 4^{-(n+1)}$
$\vdots$	$\vdots$	$\vdots$

Zeile n der obigen Tabelle erhält man durch die folgende Rechnung:

$$f^{(n)}(x) = -108 \cdot (-4)(-5)(-6) \cdots (-n) \, x^{-(n+1)}$$
$$= (-1)^n \cdot 108 \cdot \frac{n!}{2 \cdot 3} \, x^{-(n+1)} = (-1)^n \cdot 18 \cdot n! \, x^{-(n+1)} ,$$
$$f^{(n)}(4) = (-1)^n \cdot 18 \cdot n! \, 4^{-(n+1)} .$$

Nun müssen wir noch die Werte der rechten Spalte in die Taylorreihe einsetzen, um den Punkt (d) abzuschließen. Wie üblich bezeichnen wir die Abweichung vom Entwicklungspunkt mit h.

$$f(4+h) = -\frac{57}{2^3} h - \frac{119}{2^5} h^2 - \frac{9}{2^7} h^3 + \frac{18}{4^5} h^4 - \frac{18}{4^6} h^5 + \frac{18}{4^7} h^6 + \ldots \qquad (5.3)$$

(e) Wir wenden das Quotientenkriterium an. Da $|a_n| = 18 \cdot 4^{-(n+1)} |h|^n$ für $n \geq 4$, erhält man als n-ten Verkleinerungsfaktor

$$q_n = \frac{|a_{n+1}|}{|a_n|} = \frac{18 \, |h|^{n+1} \cdot 4^{n+1}}{4^{n+2} \cdot 18 \, |h|^n} = \frac{|h|}{4} .$$

Demzufolge konvergiert die Reihe (5.3) für $|h|/4 < 1$, was gleichbedeutend ist mit $-4 < h < 4$ und $0 < x < 8$.

5.4 Exponentialfunktion und Logarithmus

A5.4.1 Lösen Sie die folgenden Gleichungen nach x auf.

(a) $\sqrt{3^{4x-4}} = \dfrac{3^{x+1}}{3}$ 　　(b) $\sqrt[4]{b^{x-a}} = \sqrt[5]{b^{x+a}}$

(c) $(2^{3-x})^{2-x} = 1$ 　　(d) $2^{x+1} = 3^{2x}/5$

(a) $\sqrt{3^{4x-4}} = \dfrac{3^{x+1}}{3}$ $\Leftrightarrow$ $3^{2x-2} = 3^x$ $\Leftrightarrow$ $(2x-2)\ln 3 = x\ln 3$
$\Leftrightarrow$ $2x - 2 = x$ $\Leftrightarrow$ $x = 2$.

(b) Diese Gleichung ist nur für $b \neq 1$ interessant, was wir im Folgenden voraussetzen, um $\ln b \neq 0$ zu garantieren.
$\sqrt[4]{b^{x-a}} = \sqrt[5]{b^{x+a}}$ $\Leftrightarrow$ $b^{\frac{x-a}{4}} = b^{\frac{x+a}{5}}$ $\Leftrightarrow$ $\dfrac{x-a}{4}\ln b = \dfrac{x+a}{5}\ln b$
$\Leftrightarrow$ $\dfrac{x-a}{4} = \dfrac{x+a}{5}$ $\Leftrightarrow$ $5x - 5a = 4x + 4a$ $\Leftrightarrow$ $x = 9a$.

(c) $(2^{3-x})^{2-x} = 1$ $\Leftrightarrow$ $2^{(3-x)(2-x)} = 1$
$\Leftrightarrow$ $(3-x)(2-x)\ln 2 = \ln 1 \; (= 0\,!)$ $\Leftrightarrow$ $(3-x)(2-x) = 0$
$\Leftrightarrow$ $x = 3$ oder $x = 2$.

(d) $2^{x+1} = 3^{2x}/5$ $\Leftrightarrow$ $5 \cdot 2^{x+1} = 3^{2x}$ $\Leftrightarrow$ $\ln 5 + (x+1)\ln 2 = 2x\ln 3$
$\Leftrightarrow$ $x\ln 2 - 2x\ln 3 = -\ln 5 - \ln 2$ $\Leftrightarrow$ $x(\ln 2 - 2\ln 3) = -\ln 5 - \ln 2$
$\Leftrightarrow$ $x = \dfrac{\ln 2 - \ln 5}{2\ln 3 - \ln 2}$.

A5.4.2 Lösen Sie die Gleichung $2^x + 4 \cdot 2^{-x} - 5 = 0$.
[Hinweis: Verwenden Sie die Substitution $z := 2^x$].

Die Substitution $z := 2^x$ führt zu der Rechnung
$z + \dfrac{4}{z} - 5 = 0$ $\Leftrightarrow$ $z^2 - 5z + 4 = 0$
$\Leftrightarrow$ $z_{1/2} = \tfrac{1}{2}(5 \pm \sqrt{25-16}) = \tfrac{5}{2} \pm \tfrac{1}{2}\sqrt{9} = \tfrac{5}{2} \pm \tfrac{3}{2} = 1 / 4$.

Die Berechnung der Rücksubstitution führt von $z := 2^x$ zu $x\ln 2 = \ln z$ und $x = (\ln z)/(\ln 2)$. Abschließend führen wir die Rücksubstitution für z_1 und z_2 durch und erhalten:

$x_1 = \dfrac{\ln z_1}{\ln 2} = \dfrac{\ln 1}{\ln 2} = 0$ und $x_2 = \dfrac{\ln z_2}{\ln 2} = \dfrac{\ln 4}{\ln 2} = \dfrac{\ln 2^2}{\ln 2} = \dfrac{2\ln 2}{\ln 2} = 2$.

A5.4.3 Wandeln Sie um in eine Summe von logarithmischen Ausdrücken.

(a) $\ln \dfrac{x^2 \cdot (x-1)^3}{(x+1)^2}$ \qquad (b) $\ln \dfrac{x\sqrt[3]{x}}{\sqrt[4]{x^3}}$

(a) $\ln \dfrac{x^2 \cdot (x-1)^3}{(x+1)^2}$ $= \ln[x^2 \cdot (x-1)^3] - \ln(x+1)^2$
$= \ln(x^2) + \ln(x-1)^3 - 2\ln(x+1)$
$= 2\ln x + 3\ln(x-1) - 2\ln(x+1)$.

(b) $\ln \dfrac{x\sqrt[3]{x}}{\sqrt[4]{x^3}} = \ln\left[x \cdot x^{\frac{1}{3}}\right] - \ln x^{\frac{3}{4}} = \ln x^{\frac{4}{3}} - \ln x^{\frac{3}{4}}$

$= \frac{4}{3}\ln x - \frac{3}{4}\ln x = \left[\frac{4}{3} - \frac{3}{4}\right]\ln x = \frac{7}{12}\ln x$.

A5.4.4 (a) Es sei $a \in \mathbb{R}$ eine feste reelle Zahl mit $0 < a < 1$. Finden Sie für die Folge $90a, 30a^2, 10a^3, \ldots$ ein Bildungsgesetz.

(b) Ab dem wievielten Glied sind die Folgenglieder kleiner als ε, $\varepsilon > 0$?

(c) Benutzen Sie die Formel aus (b) für den Fall $a = 0.5$ und $\varepsilon = 10^{-4}$.

(a) Die Variable a nimmt von Term zu Term um 1 im Exponenten zu, wohingegen der Koeffizient davor auf ein Drittel reduziert wird. Wenn wir die Terme mit $b_1, b_2, \ldots$ bezeichnen, können wir für $n \geq 1$ schreiben:

$$b_1 = 90\,a,\quad b_2 = 30\,a^2 = \frac{90}{3}a^2,\quad b_3 = 10\,a^3 = \frac{90}{3^2}a^3,\quad \ldots\quad b_n = \frac{90}{3^{n-1}}a^n,\quad \ldots$$

(b) Wir müssen den Index n bestimmen, ab welchem $b_n < \varepsilon$ gilt. Da $\ln x$ eine streng monoton steigende Funktion ist, gilt für alle Zahlen $x_1, x_2 > 0$:

$$x_1 < x_2 \;\Leftrightarrow\; \ln x_1 < \ln x_2 \;.$$

Das benutzen wir in der folgenden Rechnung, in der wir $n \geq 3$ voraussetzen.

$b_n < \varepsilon \;\Leftrightarrow\; \dfrac{90}{3^{n-1}}a^n < \varepsilon \;\Leftrightarrow\; 3 \cdot 90\left(\dfrac{a}{3}\right)^n < \varepsilon \;\Leftrightarrow\; \left(\dfrac{a}{3}\right)^n < \dfrac{\varepsilon}{270}$

$\Leftrightarrow\; n\left(\ln a - \ln 3\right) < \ln \varepsilon - \ln 270$

$\Leftrightarrow\; n > \dfrac{\ln \varepsilon - \ln 270}{\ln a - \ln 3}\;,\quad$ weil $(\ln a - \ln 3) < 0$!

(c) Für die Zahlen $a = 0.5$ und $\varepsilon = 10^{-4}$ ergibt sich

$$n > \frac{\ln 10^{-4} - \ln 270}{\ln 0.5 - \ln 3} \approx 8.26 \;.$$

Der Term b_9 ist folglich der erste, der einen Wert kleiner als 10^{-4} hat. In der Tat gilt $b_8 \approx 1.6 \cdot 10^{-4}$, aber $b_9 \approx 0.27 \cdot 10^{-4}$.

A5.4.5 Skizzieren Sie die Funktionen auf ihrem maximalen Definitionsbereich:

(a) e^{2x} (b) $2e^{0.5x}$ (c) e^{-x} (d) $e^{\frac{1}{x}}$
(e) $e^{|x|}$ (f) $3e^{-0.2x}$ (g) $\ln|x|$ (h) $|\ln|x||$
(i) $\ln \frac{1}{x}$ (j) $2\ln \frac{x}{2}$ (k) $\ln(x^2)$ (l) $\ln(1-x)$

(a) – (c) Diese drei Funktionen sind für alle $x \in \mathbb{R}$ definiert und in Figur 5.4.1 dargestellt.

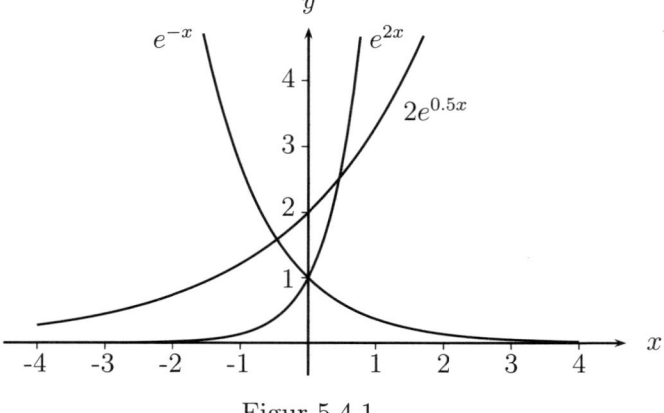

Figur 5.4.1

(d) – (f) Die Funktion $e^{\frac{1}{x}}$ ist nur für $x \neq 0$ definiert und besteht deshalb aus zwei sehr unterschiedlichen Armen. Der negative Arm strebt mit $x \to -\infty$ gegen $y = 1$, aber mit $x \to 0$ gegen $y = 0$. Der positive Arm strebt mit $x \to \infty$ gegen $y = 1$, aber mit $x \to 0$ gegen $+\infty$.

Die beiden anderen Funktionen sind für alle $x \in \mathbb{R}$ definiert. $e^{|x|}$ verläuft symmetrisch zur y-Achse und hat eine nach unten gerichtete Spitze in $x = 0$. Dort hat die Funktion keine Tangente, ist dort also nicht ableitbar!

Die Funktion $3e^{-0.2x}$ nähert sich für wachsendes x der x-Achse an, und nicht, wie man bei Betrachtung der Figur 5.4.2 denken könnte, der konstanten Funktion $y = 1$!

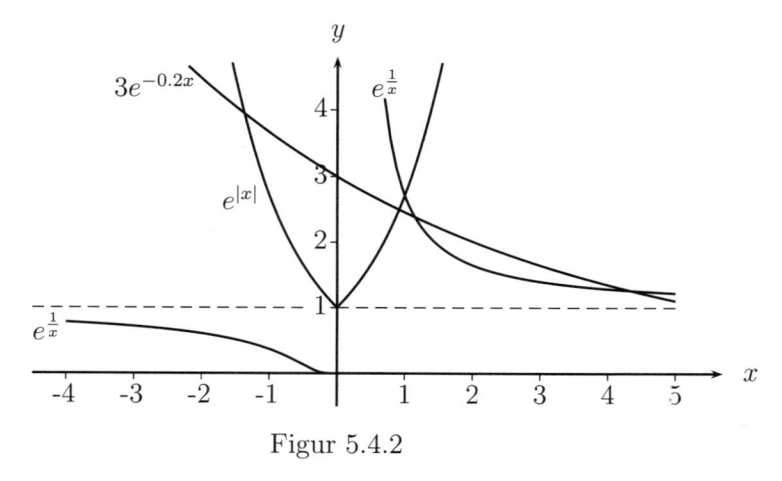

Figur 5.4.2

(g) – (i) Die Funktion $\ln|x|$ ist nur für $x = 0$ nicht definiert. Sie verläuft symmetrisch zur y-Achse. Für positives x ist sie identisch mit $\ln x$. Sie ist in Figur 5.4.3 als durchgezogene Linie dargestellt.

5. Reihen   169

Im Gegensatz zu $\ln|x|$ sind bei der Funktion $|\ln|x||$ die unter der x-Achse verlaufenden Teile der ersten Funktion spiegelbildlich nach oben geklappt. Die Funktion hat deshalb bei $x = -1$ und $x = 1$ keine Tangente! Sie ist in Figur 5.4.3 gestrichelt dargestellt.

Die Funktion $\ln\frac{1}{x}$ ist nur für $x > 0$ definiert. Es gilt: $\ln\frac{1}{x} = \ln 1 - \ln x = -\ln x$. Die Funktion, die in Figur 5.4.3 gepunktet dargestellt wurde, ist also einfach das Spiegelbild von $\ln x$ an der x-Achse. Deshalb gilt für $0 < x \leq 1$: $|\ln|x|| = \ln\frac{1}{x} = -\ln|x| = -\ln x$, und für $1 \leq x$: $|\ln|x|| = \ln|x| = \ln x$ und $\ln\frac{1}{x} = -\ln|x| = -\ln x$.

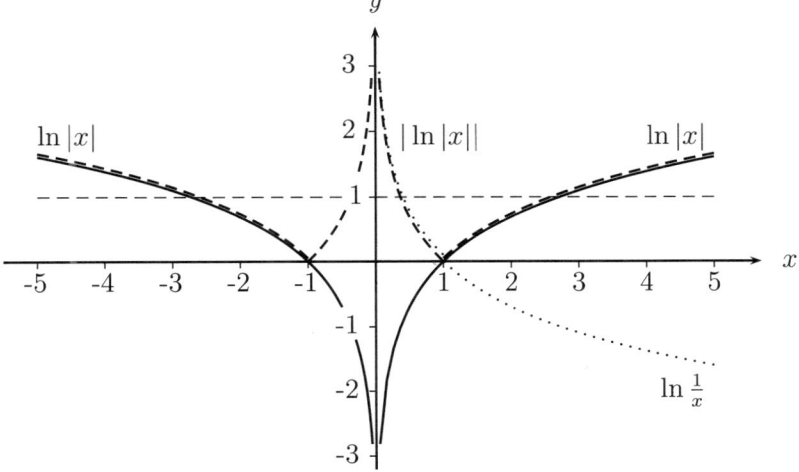

Figur 5.4.3

(j) – (l) Wegen $2\ln\frac{x}{2} = 2\ln x - 2\ln 2$ ist diese Funktion gegenüber $\ln x$ verdoppelt und um $2\ln 2 \approx 1.386$ nach unten verschoben. Sie ist nur für $x > 0$ definiert.

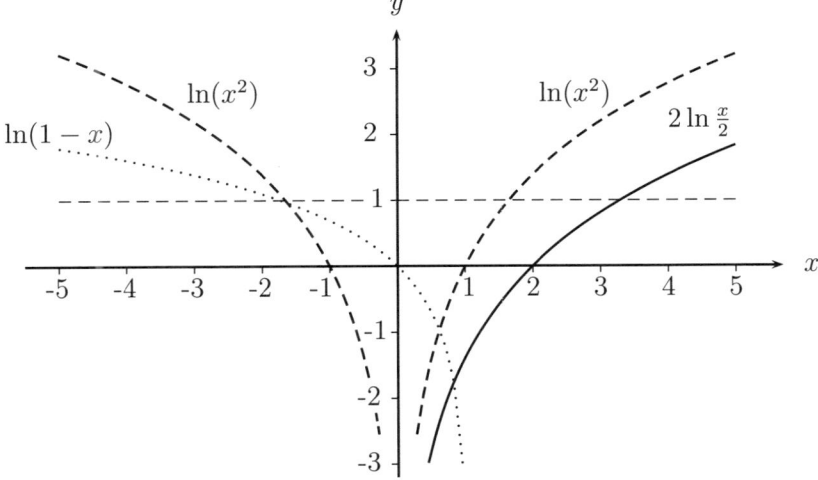

Figur 5.4.4

Wegen $\ln(x^2) = 2\ln|x|$ ist diese Funktion nur für $x = 0$ nicht definiert. Sie verläuft spiegelbildlich zur y-Achse und wurde in Figur 5.4.5 gestrichelt dargestellt.

Die Funktion $\ln(1 - x)$ entsteht aus $\ln x$, indem man letztere an der y-Achse spiegelt und dann um 1 nach rechts schiebt. Wegen $1 - x > 0 \Leftrightarrow x < 1$ ist $\ln(1 - x)$ nur für $x < 1$ definiert. Sie ist in Figur 5.4.4 gepunktet dargestellt.

A5.4.6 Berechnen Sie jeweils den maximalen Definitionsbereich und die erste Ableitung folgender Funktionen:

(a) $\sqrt[e]{x}$ (b) $(2^x)^2$ (c) $(\ln x)^x$ (d) $((1 - \sqrt{x})\ln x)^e$

(e) $\sqrt[x]{2}\sqrt[3]{x}$ (f) $\sqrt[3]{\ln x}$ (g) $e^{\sqrt[x]{x}}$ (h) $\ln \dfrac{x^1 + x^{-1}}{x^{-1}}$

(i) $x^2 2^x$ (j) 2^{3x} (k) $3^x x^3 \sqrt[3]{x}$ (l) $(\ln(4 - x^2))^{3/2}$

(m) $x^{\sqrt{2}} \cdot 2^{\sqrt{x}}$ (n) $\sqrt[3]{\ln \sqrt{x}}$ (o) $\left[\dfrac{1}{x}\right]^{\frac{1}{x}}$ (p) $x\ln(x^3) - 3x$

(q) $2^{\ln x} \cdot \ln(x^2)$ (r) $\left(\dfrac{1}{1 - \frac{1}{x}}\right)^x$ (s) $\ln\sqrt{e^{2x} - 2e^x + 1}$

(t) $\ln \dfrac{\sqrt{1 + x}}{\sqrt{1 - x}}$ (u) $\ln \dfrac{e^{-x^2}}{x^2 + 1}$ (v) $\ln(x + \sqrt{x^2 + a^2})$, $a \neq 0$

(a) Gemäß Definition 5.4.13 gilt $f(x) = \sqrt[e]{x} = x^{\frac{1}{e}} = e^{\frac{1}{e}\ln x}$.

Es folgt: $x \in \text{Def}(f) \Leftrightarrow x > 0$, und nach der Polynomregel

$$f'(x) = \left[x^{\frac{1}{e}}\right]' = \frac{1}{e}x^{\frac{1}{e} - 1} = \frac{1}{e}x^{\frac{1-e}{e}}.$$

(b) Wegen $f(x) = (2^x)^2 = 2^{2x} = e^{2x\ln 2}$ ist $f(x)$ für alle $x \in \mathbb{R}$ definiert. Weiter gilt:

$$f'(x) = e^{2x\ln 2} \cdot 2\ln 2 = 2^{2x} \cdot 2\ln 2 = 2^{2x+1}\ln 2.$$

(c) Wir rechnen: $f(x) = (\ln x)^x = e^{x\ln(\ln x)}$. Da $\ln x$ nur für $x > 0$ definiert ist, folgt $x \in \text{Def}(f) \Leftrightarrow [x > 0 \text{ und } (\ln x) > 0] \Leftrightarrow x > 1$.

$$f'(x) = e^{x\ln(\ln x)} \cdot (\ln(\ln x) + x \cdot \tfrac{1}{\ln x} \cdot \tfrac{1}{x}) = (\ln x)^x(\ln(\ln x) + \tfrac{1}{\ln x}).$$

(d) Diese Aufgabe stellt einige Anforderungen. Zunächst einmal rechnen wir:

$$((1 - \sqrt{x})\ln x)^e = e^{e\ln((1 - \sqrt{x})\ln x)} = e^{e(\ln(1 - \sqrt{x}) + \ln(\ln x))}.$$

$x \in \text{Def}(f) \Leftrightarrow [(1 - \sqrt{x}) > 0 \text{ und } \ln x > 0 \text{ und } x > 0]$
$\Leftrightarrow [\sqrt{x} < 1 \text{ und } x > 1] \Leftrightarrow [x < 1 \text{ und } x > 1].$

Das ist aber unmöglich! Die Funktion $f(x)$ ist für keinen Wert von x berechenbar und die Berechnung einer Ableitung ist eine rein akademische Übung ohne eine Anwendbarkeit. Das macht die Sache noch interessanter.

$$f'(x) = e((1-\sqrt{x})\ln x)^{e-1} \cdot \left[\frac{-\ln x}{2\sqrt{x}} + \frac{1-\sqrt{x}}{x}\right]$$
$$= \frac{e}{2x}((1-\sqrt{x})\ln x)^{e-1}(2 - 2\sqrt{x} - \sqrt{x}\ln x) .$$

(e) Wir rechnen: $f(x) = \sqrt[x]{2}\sqrt[2]{x} = 2^{\frac{1}{x}} \cdot x^{\frac{1}{2}} = e^{\frac{1}{x}\ln 2} \cdot x^{\frac{1}{2}}$.

$x \in \text{Def}(f) \Leftrightarrow [x \neq 0 \text{ und } x \geq 0] \Leftrightarrow x > 0$.

$$f'(x) = e^{\frac{1}{x}\ln 2} \cdot \left(-\frac{\ln 2}{x^2}\right) \cdot x^{\frac{1}{2}} + e^{\frac{1}{x}\ln 2} \cdot \frac{1}{2}x^{-\frac{1}{2}}$$
$$= \sqrt[x]{2}\left(-\frac{2\ln 2}{2x^{\frac{3}{2}}}\right) + \sqrt[x]{2} \cdot \frac{x}{2x^{\frac{3}{2}}} = \frac{\sqrt[x]{2}}{2x^{\frac{3}{2}}}(x - 2\ln 2) .$$

(f) Wir rechnen: $f(x) = \sqrt[3]{\ln x} = (\ln x)^{\frac{1}{3}}$.

$x \in \text{Def}(f) \Leftrightarrow x > 0$.

$$f'(x) = \frac{1}{3}(\ln x)^{-\frac{2}{3}} \cdot \frac{1}{x} = \frac{1}{3x(\ln x)^{\frac{2}{3}}} .$$

(g) Wir rechnen: $f(x) = e^{\sqrt[x]{x}} = e^{(x^{\frac{1}{x}})} = e^{e^{\frac{1}{x}\ln x}}$.

$x \in \text{Def}(f) \Leftrightarrow x > 0$.

Die Ableitung von $f(x)$ setzt sich nach der Kettenregel aus den folgenden inneren Ableitungen zusammen:

$$\left[\frac{1}{x}\ln x\right]' = -\frac{1}{x^2}\ln x + \frac{1}{x^2} = \frac{1 - \ln x}{x^2} , \text{ und}$$

$$\left[e^{\frac{1}{x}\ln x}\right]' = e^{\frac{1}{x}\ln x} \cdot \frac{1 - \ln x}{x^2} = \sqrt[x]{x} \cdot \frac{1 - \ln x}{x^2} . \text{ Daraus folgt:}$$

$$f'(x) = e^{e^{\frac{1}{x}\ln x}} \cdot \sqrt[x]{x} \cdot \frac{1 - \ln x}{x^2} = e^{\sqrt[x]{x}} \cdot \sqrt[x]{x} \cdot \frac{1 - \ln x}{x^2} .$$

(h) Wir rechnen: $f(x) = \ln\frac{x^1 + x^{-1}}{x^{-1}} = \ln\frac{(x^1 + x^{-1}) \cdot x}{x^{-1} \cdot x} = \ln(x^2 + 1)$.

Da für alle $x \in \mathbb{R}$ gilt, dass $x^2 + 1 > 0$, ist $f(x)$ für alle $x \in \mathbb{R}$ definiert.

$$f'(x) = \frac{1}{x^2 + 1} \cdot 2x = \frac{2x}{x^2 + 1} .$$

(i) Wir rechnen: $f(x) = x^2 2^x = x^2 e^{x\ln 2}$.

Die Funktion $f(x)$ ist für alle $x \in \mathbb{R}$ definiert.

$$f'(x) = 2x \cdot e^{x\ln 2} + x^2 \cdot e^{x\ln 2} \cdot \ln 2 = x 2^x(2 + x\ln 2) .$$

(j) Wir rechnen: $f(x) = 2^{3x} = e^{3x \ln 2}$.

Die Funktion $f(x)$ ist für alle $x \in \mathbb{R}$ definiert.

$f'(x) = e^{3x \ln 2} \cdot 3 \ln 2 = 2^{3x} \cdot 3 \ln 2$.

(k) Wir rechnen: $f(x) = 3^x x^3 \sqrt[3]{x} = 3^x x^3 x^{\frac{1}{3}} = e^{x \ln 3} \cdot x^{\frac{10}{3}}$.

Da die dritte Wurzel zu jeder reellen Zahl existiert, ist $f(x)$ für alle $x \in \mathbb{R}$ definiert.

$f'(x) = e^{x \ln 3} \cdot \ln 3 \cdot x^{\frac{10}{3}} + e^{x \ln 3} \cdot \frac{10}{3} x^{\frac{7}{3}} = 3^{x-1} x^{\frac{7}{3}} (3x \ln x + 10)$.

(l) Wir definieren: $f(x) = (\ln(4 - x^2))^{3/2}$.

$x \in \text{Def}(f) \Leftrightarrow [4 - x^2 > 0 \text{ und } \ln(4 - x^2) \geq 0]$

$\Leftrightarrow [4 - x^2 > 0 \text{ und } 4 - x^2 \geq 1]$

$\Leftrightarrow [x^2 < 4 \text{ und } x^2 \leq 3] \Leftrightarrow x^2 \leq 3 \Leftrightarrow -\sqrt{3} \leq x \leq \sqrt{3}$.

$f'(x) = (\frac{3}{2} \ln(4 - x^2))^{1/2} \cdot \frac{1}{4 - x^2} \cdot (-2x) = -\frac{3x}{4 - x^2} \sqrt{\ln(4 - x^2)}$.

(m) Wir rechnen: $f(x) = x^{\sqrt{2}} \cdot 2^{\sqrt{x}} = e^{\sqrt{2} \ln x} \cdot e^{\sqrt{x} \ln 2}$.

Die Funktion $f(x)$ ist für alle $x > 0$ definiert.

$f'(x) = e^{\sqrt{2} \ln x} \cdot \frac{\sqrt{2}}{x} \cdot e^{\sqrt{x} \ln 2} + e^{\sqrt{2} \ln x} \cdot e^{\sqrt{x} \ln 2} \cdot \frac{\ln 2}{2\sqrt{x}}$

$= \frac{1}{2x} x^{\sqrt{2}} \cdot 2^{\sqrt{x}} (2\sqrt{2} + \sqrt{x} \ln 2)$

$= x^{\sqrt{2} - 1} \cdot 2^{\sqrt{x} - 1} (2\sqrt{2} + \sqrt{x} \ln 2)$.

(n) Wir rechnen: $f(x) = \sqrt[3]{\ln \sqrt{x}} = (\ln(x^{\frac{1}{2}}))^{\frac{1}{3}}$.

Die Funktion $f(x)$ ist für alle $x > 0$ definiert.

$f'(x) = \frac{1}{3} (\ln(x^{\frac{1}{2}}))^{-\frac{2}{3}} \cdot \frac{1}{x^{\frac{1}{2}}} \cdot \frac{1}{2} x^{-\frac{1}{2}} = \frac{1}{6x (\ln \sqrt{x})^{\frac{2}{3}}}$.

(o) Wir rechnen: $f(x) = \left[\frac{1}{x}\right]^{\frac{1}{x}} = (x^{-1})^{(x^{-1})} = x^{-x^{-1}} = e^{-x^{-1} \ln x}$.

Die Funktion $f(x)$ ist für alle $x > 0$ definiert.

$f'(x) = e^{-x^{-1} \ln x} \cdot \left(x^{-2} \ln x - x^{-1} \cdot \frac{1}{x}\right) = \left[\frac{1}{x}\right]^{\frac{1}{x}} \cdot \frac{\ln x - 1}{x^2}$.

(p) Wir rechnen: $f(x) = x\ln(x^3) - 3x = 3x\ln x - 3x$.
Die Funktion $f(x)$ ist für alle $x > 0$ definiert.
$f'(x) = 3\ln x + 3x \cdot \frac{1}{x} - 3 = 3\ln x$.

(q) Wir rechnen: $f(x) = 2^{\ln x} \cdot \ln(x^2) = e^{\ln x \ln 2} \cdot 2\ln|x|$.
Die Funktion $f(x)$ ist für alle $x > 0$ definiert. Aus diesem Grund kann der Betragsausdruck $|x|$ durch x ersetzt werden.
$f'(x) = e^{\ln x \ln 2} \cdot \frac{\ln 2}{x} \cdot 2\ln x + e^{\ln x \ln 2} \cdot \frac{2}{x} = \frac{2^{1+\ln x}}{x}(\ln 2 \ln x + 1)$.

(r) Wir rechnen:
$$f(x) = \left(\frac{1}{1-\frac{1}{x}}\right)^x = \exp\left(x \ln\left[\frac{1}{1-\frac{1}{x}}\right]\right) = \exp\left(x\left[-\ln\frac{x-1}{x}\right]\right)$$
$$= \exp(x(\ln x - \ln(x-1))) = e^{x\ln x - x\ln(x-1)}.$$
$x \in \text{Def}(f) \Leftrightarrow [x > 0 \text{ und } x-1 > 0] \Leftrightarrow [x > 0 \text{ und } x > 1] \Leftrightarrow x > 1$.
$$f'(x) = e^{x\ln x - x\ln(x-1)} \cdot \left[\ln x + \frac{x}{x} - \ln(x-1) - \frac{x}{x-1}\right]$$
$$= e^{x\ln x - x\ln(x-1)}\left[\ln x - \ln(x-1) - \frac{1}{x-1}\right].$$

(s) Wir rechnen: $f(x) = \ln\sqrt{e^{2x} - 2e^x + 1} = \ln\sqrt{(e^x-1)^2} = \ln(e^x - 1)$.
$x \in \text{Def}(f) \Leftrightarrow e^x - 1 > 0 \Leftrightarrow e^x > 1 \Leftrightarrow x > 0$.
$f'(x) = \dfrac{e^x}{e^x - 1}$.

(t) Wir rechnen:
$$f(x) = \ln\frac{\sqrt{1+x}}{\sqrt{1-x}} = \ln\sqrt{1+x} - \ln\sqrt{1-x} = \tfrac{1}{2}\ln(1+x) - \tfrac{1}{2}\ln(1-x).$$
$x \in \text{Def}(f) \Leftrightarrow [1+x > 0 \text{ und } 1-x > 0] \Leftrightarrow [x > -1 \text{ und } x < 1]$
$\Leftrightarrow -1 < x < 1$.
$$f'(x) = \frac{1}{2(1+x)} - \frac{-1}{2(1-x)} = \frac{1-x+1+x}{2(1+x)(1-x)} = \frac{1}{1-x^2}.$$

(u) Wir rechnen: $f(x) = \ln\dfrac{e^{-x^2}}{x^2+1} = \ln e^{-x^2} - \ln(x^2+1) = -x^2 - \ln(x^2+1)$.
Da $x^2 + 1 > 0$ für alle $x \in \mathbb{R}$, ist $f(x)$ auf ganz $\mathbb{R}$ definiert.
$f'(x) = -2x - \dfrac{2x}{x^2+1} = -2x\left(1 + \dfrac{1}{x^2+1}\right) = \dfrac{-2x^3}{x^2+1}$.

(v) Wir rechnen mit $a \neq 0$: $f(x) = \ln(x + \sqrt{x^2 + a^2})$
$x \in \text{Def}(f) \Leftrightarrow x + \sqrt{x^2 + a^2} > 0 \Leftrightarrow \sqrt{x^2 + a^2} > -x \Leftrightarrow x^2 + a^2 > x^2$.
Diese Bedingung ist immer erfüllt, so dass $f(x)$ für alle $x \in \mathbb{R}$ definiert ist.
$$f'(x) = \frac{1}{x + \sqrt{x^2 + a^2}} \cdot \left(1 + \frac{2x}{2\sqrt{x^2 + a^2}}\right)$$
$$= \frac{1}{x + \sqrt{x^2 + a^2}} \cdot \frac{\sqrt{x^2 + a^2} + x}{\sqrt{x^2 + a^2}} = \frac{1}{\sqrt{x^2 + a^2}}.$$

A5.4.7 Betrachtet wird die Funktion $f(x) = (\ln x)^2$, $x > 0$.
(a) Skizzieren Sie die Funktion.
(b) Bestimmen Sie Nullstellen, Extremwerte und Wendepunkte.

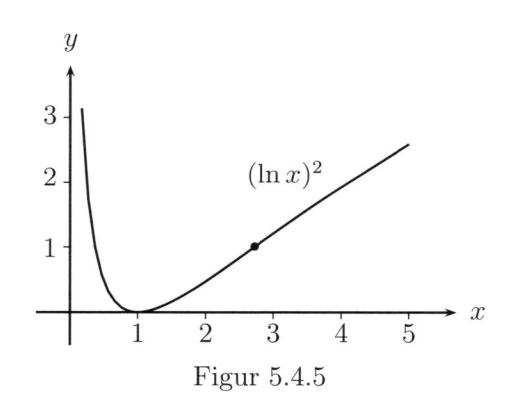

(a)

Figur 5.4.5

(b) Nullstellen:
$f(x) = 0 \Leftrightarrow \ln x = 0 \Leftrightarrow x = 1$.
Extremwerte:
$f'(x) = 2\ln x \cdot \frac{1}{x} = \frac{2}{x}\ln x$, $f''(x) = -\frac{2}{x^2}\ln x + \frac{2}{x^2} = \frac{2}{x^2}(1 - \ln x)$.
$f'(x) = 0 \Leftrightarrow \ln x = 0 \Leftrightarrow x = 1$.
Da $f''(1) = 2 > 0$, hat f in $x = 1$ ein lokales Minimum mit $f(1) = 0$, und da $f'(x) < 0$ für $x < 1$ und $f'(x) > 0$ für $x > 1$ ist $x = 1$ sogar ein globales Minimum.
Wendepunkte:
$f'''(x) = -\frac{4}{x^3}(1 - \ln x) + \frac{2}{x^2}\left(-\frac{1}{x}\right) = -\frac{2}{x^3}(2 - 2\ln x + 1) = -\frac{2}{x^3}(3 - 2\ln x)$
$f''(x) = 0 \Leftrightarrow \ln x = 1 \Leftrightarrow x = e$.
$f'''(e) = -\frac{2}{e^3}(3 - 2\ln e) = -\frac{2}{e^3}(3 - 2) = -\frac{2}{e^3} \neq 0$; in $x = e$ hat f folglich einen Wendepunkt mit $f(e) = 1$. In Figur 5.4.5 ist die Krümmungsänderung der Funktion im Wendepunkt praktisch nicht zu erkennen, und doch weist die Funktion für $x > e$ eine dauerhafte Rechtskrümmung auf.

A5.4.8 Betrachtet wird die Funktion $f(x) = \frac{1}{2}(e^x + e^{-x})$, $x \in \mathbb{R}$.
(a) Skizzieren Sie die Funktion.
(b) Bestimmen Sie Nullstellen, Extremwerte und Wendepunkte.
(c) Berechnen Sie eine Tangente an f, die durch den Punkt $(0,0)$ verläuft mit Hilfe des Newton-Verfahrens.

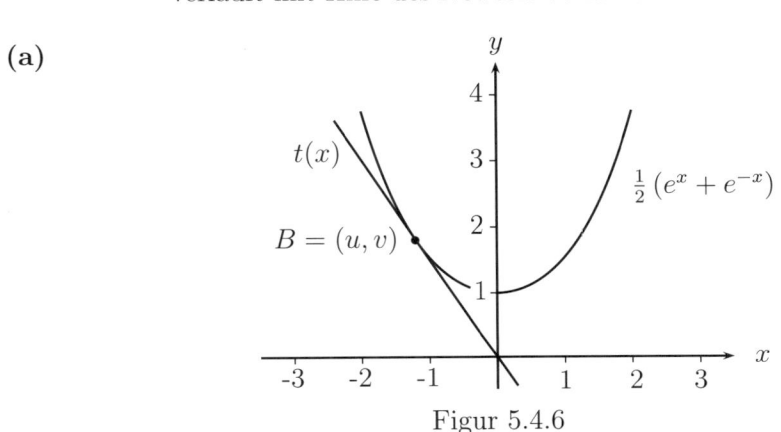

(a)

Figur 5.4.6

(b) Nullstellen:
$f(x)$ hat keine Nullstellen, da für alle $x \in \mathbb{R}$ sowohl $e^x > 0$ als auch $e^{-x} > 0$ gilt.

Extremwerte:

$f'(x) = \frac{1}{2}(e^x - e^{-x})$, $\quad f''(x) = \frac{1}{2}(e^x + e^{-x}) = f(x)$.

Wir stellen fest, dass die zweite Ableitung wieder identisch ist mit der Ausgangsfunktion.

$f'(x) = 0 \Leftrightarrow e^x = e^{-x} \Leftrightarrow \ln e^x = \ln e^{-x} \Leftrightarrow x = -x \Leftrightarrow x = 0$.

$f''(0) = 1 > 0$; $f(x)$ hat in $x = 0$ ein lokales Minimum mit $f(0) = 1$. Dieses Minimum ist sogar ein globales Minimum, denn für $x > 0$ ist $-x < x$ und da e^x streng monoton steigend verläuft, ist $e^{-x} < e^x$. Daraus folgt $e^x - e^{-x} > 0$ für alle $x > 0$ und deshalb auch $f'(x) > 0$. f verläuft also streng monoton steigend für $x > 0$. Genauso zeigt man, dass $f(x)$ streng monoton fallend für $x < 0$ verläuft. Folglich hat $f(x)$ in $x = 0$ ein globales Minimum.

Wendepunkte:
Da $f''(x) = f(x) > 0$ für alle $x \in \mathbb{R}$, besitzt f keine Wendepunkte. Die Funktion beschreibt überall eine Linkskurve.

(c) Eine Tangente $t(x)$ an $f(x)$, die durch den Nullpunkt verläuft, wurde in Figur 5.4.6 eingezeichnet. Die Methode ihrer Berechnung wurde in Beispiel 4.3.14 vorgeführt.
Die Koordinaten des Berührpunktes B seien u und v, die Tangente habe die Form $t(x) = ax + b$. Dann gilt:

(1) $b = 0$, da t durch den Nullpunkt verläuft.
(2) $a = f'(u)$, also $a = \frac{1}{2}(e^u - e^{-u})$.
(3) $t(u) = au = v$.
(4) $f(u) = \frac{1}{2}(e^u + e^{-u}) = v$.

Durch Gleichsetzung von (3) und (4) und Einsetzung von (2) für a erhält man
$$\frac{1}{2}(e^u - e^{-u})u = \frac{1}{2}(e^u + e^{-u}) \Leftrightarrow ue^u - ue^{-u} = e^u + e^{-u}$$
$$\Leftrightarrow ue^u - e^u - ue^{-u} - e^{-u} = 0.$$

Diese Gleichung ist nicht nach u auflösbar, so dass wir eine exakte Lösung nicht finden können. Aber wir können das Newton-Verfahren aus Satz 4.5.3 für eine Näherungslösung einsetzen.

Wir definieren: $F(u) := ue^u - e^u - ue^{-u} - e^{-u}$. Dann gilt
$F'(u) := e^u + ue^u - e^u - e^{-u} + ue^{-u} + e^{-u} = ue^u + ue^{-u}$.

Die Iterationsvorschrift lautet also:
$$u_{n+1} = u_n - \frac{u_n e^{u_n} - e^{u_n} - u_n e^{-u_n} - e^{-u_n}}{u_n e^{u_n} + u_n e^{-u_n}}.$$

Als Startwert wählen wir nach einem Blick auf Figur 5.4.6 $u_0 = -1$. Dann folgt:
$$u_1 = -1 - \frac{-0.736}{-3.086} = -1 - 0.238 = -1.238$$
$$u_2 = -1.238 - \frac{0.174}{-4.632} = -1.238 + 0.037 = -1.201$$
$$u_3 = -1.201 - \frac{0.005}{-4.352} = -1.201 + 0.001 = -1.200$$

Dieser Wert verändert sich in den folgenden Iterationen nicht mehr in den ersten drei Stellen nach dem Komma. Damit lautet die Lösung mit einer Genauigkeit von 3 Stellen nach dem Komma:
$u = -1.200$, $v = 1.810$, $a = -1.510$, $t(x) = -1.510x$.

Natürlich ist die Tangente $t_2(x) = 1.510x$ ebenfalls eine Lösung des Problems, die durch Spiegelung von $t(x)$ an der y-Achse entsteht.

A5.4.9 Betrachtet wird die Funktion $f(x) = xe^x$.

(a) Skizzieren Sie die Funktion.

(b) Bestimmen Sie Nullstellen, Extremwerte und Wendepunkte.

(c) Berechnen Sie die Taylorentwicklung für $x_0 = 0$.

(d) Für welche Werte von x konvergiert sie gemäß Q-K?

(a)

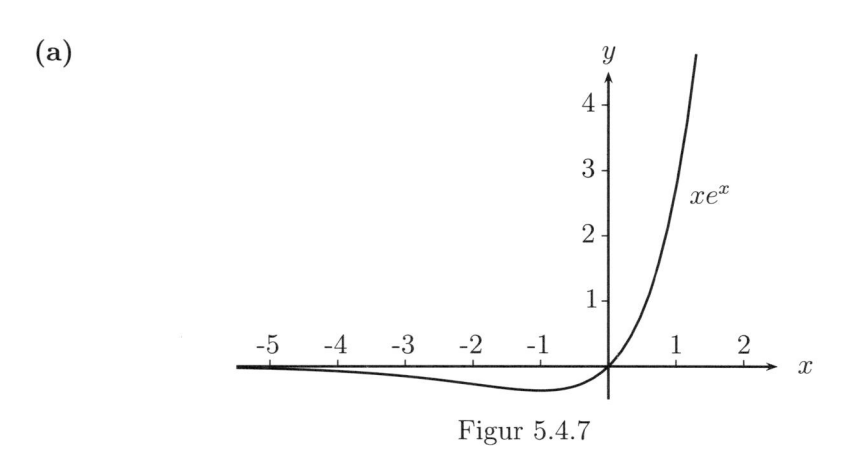

Figur 5.4.7

(b) Nullstellen: $f(x) = 0 \Leftrightarrow x = 0$.

Extremwerte:
$f'(x) = e^x + xe^x = e^x(x+1)$, $\quad f''(x) = e^x(x+1) + e^x = e^x(x+2)$.
$f'(x) = 0 \Leftrightarrow x = -1$; $\quad f''(-1) = e^{-1}(-1+2) = e^{-1} > 0$.

Die Funktion f hat in $x = 0$ die einzige Nullstelle und in $x = -1$ ein lokales Minimum mit $f(-1) = -e^{-1} \approx -0.368$. Da $f'(x) < 0$ für alle $x < -1$ und $f'(x) > 0$ für alle $x > -1$ ist f im Bereich links von $x = -1$ streng monoton fallend und im Bereich rechts von $x = -1$ streng monoton steigend. Demzufolge hat f in $x = 1$ ein globales Minimum, was durch Figur 5.4.7 bestätigt wird.

Wendepunkte:
$f'''(x) = e^x(x+2) + e^x = e^x(x+3)$.
$f''(x) = 0 \Leftrightarrow x = -2$; $\quad f'''(-2) = e^{-2}(-2+3) = e^{-2} > 0$.
Die Funktion f hat demnach in $x = -2$ den einzigen Wendepunkt.

(c) Wir fertigen eine Tabelle an.

n	$f^{(n)}(x)$	$f^{(n)}(0)$
0	xe^x	0
1	$e^x(x+1)$	1
2	$e^x(x+2)$	2
3	$e^x(x+3)$	3
$\vdots$	$\vdots$	$\vdots$
n	$e^x(x+n)$	n
$\vdots$	$\vdots$	$\vdots$

Jetzt brauchen wir die Werte der letzten Spalte nur noch in die Formel der Taylorentwicklung einzusetzen. Da die Abweichung vom Entwicklungspunkt h identisch ist mit der Variablen x schreiben wir in der Formel x statt h und erhalten für $n \geq 1$:

$$f(x) = 0 + 1 \cdot x + \frac{2}{2!} x^2 + \frac{3}{3!} x^3 + \frac{4}{4!} x^4 + \ldots + \frac{n}{n!} x^n + \ldots$$
$$= x + x^2 + \frac{1}{2!} x^3 + \frac{1}{3!} x^4 + \ldots + \frac{1}{(n-1)!} x^n + \ldots \qquad (5.4)$$

Schaut man sich die Formel (5.4) genauer an, sieht man, dass man diese Reihe auch auf einfachere Art und Weise hätte erhalten können. Da gemäß Definition 5.4.5

$$e^x = 1 + x + \frac{1}{2!} x^2 + \frac{1}{3!} x^3 + \ldots + \frac{1}{n!} x^n + \ldots$$

muss xe^x logischerweise die Form (5.4) haben.

(d) Der n-te Term von (5.4) ist $\quad a_n = \dfrac{1}{(n-1)!} x^n$. $\quad$ Dann hat der n-te Verkleinerungsfaktor den Wert

$$q_n = \frac{|a_{n+1}|}{|a_n|} = \frac{|x|^{(n+1)} \cdot (n-1)!}{n! \cdot |x|^n} = \frac{|x|}{n} \; .$$

Da $q_n \to 0$ für $n \to \infty$ konvergiert (5.4) für alle $x \in \mathbb{R}$.

A5.4.10 Betrachtet wird die Funktion $f(x) = e^{-x^2}$.
(a) Skizzieren Sie die Funktion.
(b) Bestimmen Sie Nullstellen, Extremwerte und Wendepunkte.
(c) Beweisen Sie: $f^{(4)}(x) = f(x)(16x^4 - 48x^2 + 12)$.
(d) Berechnen Sie die Taylorentwicklung für $x_0 = 0$.
(e) Für welche Werte von x konvergiert sie gemäß Q-K?
(f) Ist $f(x)$ umkehrbar nach Einschränkung des Definitionsbereichs auf $x \geq 0$? Wie lautet die Umkehrfunktion? Skizzieren Sie diese.
(g) Welches Rechteck mit achsenparallelen Seiten zwischen x-Achse, y-Achse und der Funktion $f(x)$ hat eine maximale Fläche?

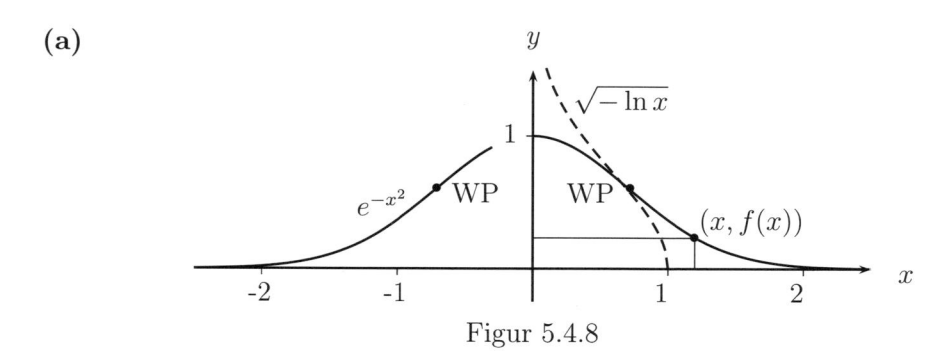

(a)

Figur 5.4.8

(b) Die Funktion $f(x)$, die zu den wichtigsten der Mathematik zählt, hat keine Nullstellen.

Extremwerte:

Da der Ausdruck e^{-x^2} in den Ableitungen immer wieder auftaucht, schreiben wir dafür verkürzend $f(x)$ oder f.
$f'(x) = f(x) \cdot (-2x) = -2xf$,
$f''(x) = -2f - 2xf' = -2f - 2x(-2xf) = (4x^2 - 2)f$.
$f'(x) = 0 \Leftrightarrow x = 0$; $f''(0) = -2 < 0$. Die Funktion f hat in $x = 0$ ein lokales Maximum, das sogar global ist, da $f'(x) > 0$ für alle $x < 0$ und $f'(x) < 0$ für alle $x > 0$.

Wendepunkte:

$f'''(x) = (8x)f + (4x^2 - 2)f' = (8x)f + (4x^2 - 2)(-2xf) = (-8x^3 + 12x)f$.
$f''(x) = 0 \Leftrightarrow 4x^2 = 2 \Leftrightarrow x_{1/2} = \pm \frac{1}{\sqrt{2}} \approx \pm 0.71$. Da
$f'''(x_1) = f'''(\frac{1}{\sqrt{2}}) = (-\frac{8}{2\sqrt{2}} + \frac{12}{\sqrt{2}})f(\frac{1}{\sqrt{2}}) = \frac{8}{\sqrt{2}e} \approx 3.43 \neq 0$
hat f in x_1 einen Wendepunkt mit $f(x_1) = f(\frac{1}{\sqrt{2}}) = e^{-\frac{1}{2}} = \frac{1}{\sqrt{e}} \approx 0.61$. Und da $f'''(x_2) = -f'''(x_1)$, gilt das auch für x_2.

(c) Als Beweis genügt die Berechnung der vierten Ableitung:

$f^{(4)}(x) = (-24x^2 + 12)f + (-8x^3 + 12x)f'$
$= (-24x^2 + 12)f + (-8x^3 + 12x)(-2xf)$
$= (-24x^2 + 12 + 16x^4 - 24x^2)f = (16x^4 - 48x^2 + 12)f$.

(d) Aus den vorliegenden 4 Ableitungen von f lässt sich nur mit Mühe ein Bildungsgesetz für $f^{(n)}(0)$ herleiten. Viel einfacher ist es, das Argument $-x^2$ in die Reihenentwicklung von e^x einzusetzen:

$$f(x) = e^{-x^2} = 1 + (-x^2) + \frac{(-x^2)^2}{2} + \frac{(-x^2)^3}{3!} + \frac{(-x^2)^4}{4!} + \ldots$$
$$= 1 - x^2 + \frac{x^4}{2} - \frac{x^6}{3!} + \frac{x^8}{4!} + \ldots + (-1)^n \frac{x^{2n}}{n!} + \ldots \tag{5.5}$$

(e) Der n-te Term, $n \geq 0$, von (5.5) ist $a_n = (-1)^n \dfrac{x^{2n}}{n!}$. Dann hat der n-te Verkleinerungsfaktor den Wert

$$q_n = \frac{|a_{n+1}|}{|a_n|} = \frac{|x|^{(2n+2)} \cdot n!}{(n+1)! \cdot |x|^n} = \frac{x^2}{n+1} .$$

Da $q_n \to 0$ für $n \to \infty$ konvergiert (5.5) für alle $x \in \mathbb{R}$.

(f) Nach Satz 4.7.6 müssen wir zeigen, dass f auf dem Intervall $[0,\infty)$ streng monoton fällt. Sei also $0 \leq x_1 < x_2$. Dann ist $x_1^2 < x_2^2$ wegen Satz 3.1.11, und folglich $-x_1^2 > -x_2^2$. Da die Exponentialfunktion streng monoton steigt, siehe Satz 5.4.6, folgt $f(x_1) = e^{-x_1^2} > e^{-x_2^2} = f(x_2)$.
Folglich ist $f\colon [0,\infty) \to (0,1]$, $x \to e^{-x^2}$, umkehrbar. Wir berechnen die Umkehrfunktion $\hat{f}$ nach dem Verfahren der Bemerkung 4.7.3.
$y = e^{-x^2} \;\Rightarrow\; \ln y = -x^2 \;\Rightarrow\; x^2 = -\ln y \;\Rightarrow\; x = \sqrt{-\ln y}$.
Die Umkehrfunktion lautet deshalb
$$\hat{f}\colon (0,1] \to [0,\infty)\,;\; x \to \sqrt{-\ln y}\,.$$
Sie ist in Figur 5.4.8 gestrichelt dargestellt.

(g) Ein Rechteck mit Ecken in $(0,0)$, $(x,0)$, $(x,f(x))$ und $(0,f(x))$, $x > 0$, ist in Figur 5.4.8 dargestellt. Seine Fläche beträgt $F(x) = x \cdot e^{-x^2}$. Diese soll maximiert werden. Wir berechnen deshalb die erste Ableitung $F'(x)$, deren Nullstellen, und prüfen die Kandidaten mit $F''(x)$.
$F'(x) = e^{-x^2} + xe^{-x^2} \cdot (-2x) = (1 - 2x^2)\,e^{-x^2}$.
$F'(x) = 0 \;\Leftrightarrow\; 2x^2 = 1 \;\Leftrightarrow\; x = \frac{1}{\sqrt{2}}$. Das ist der rechte Wendepunkt.
$F''(x) = -4xe^{-x^2} + (1 - 2x^2)\,e^{-x^2} \cdot (-2x)$
$ = (-6x + 4x^3)\,e^{-x^2} = 2x(2x^2 - 3)\,e^{-x^2}\,,$

$F''(\frac{1}{\sqrt{2}}) = \frac{2}{\sqrt{2}}(1-3)\,e^{-\frac{1}{2}} < 0$; es handelt sich folglich um ein Maximum.

A5.4.11 Betrachtet wird die Funktion $f(x) = x^2 e^x$.
    (a) Skizzieren Sie die Funktion.
    (b) Bestimmen Sie Nullstellen, Extremwerte und Wendepunkte.
    (c) Beweisen Sie durch vollständige Induktion, dass für alle $n \geq 1$ gilt:
        $f^{(n)}(x) = (n^2 - n)e^x + 2nxe^x + x^2 e^x$.

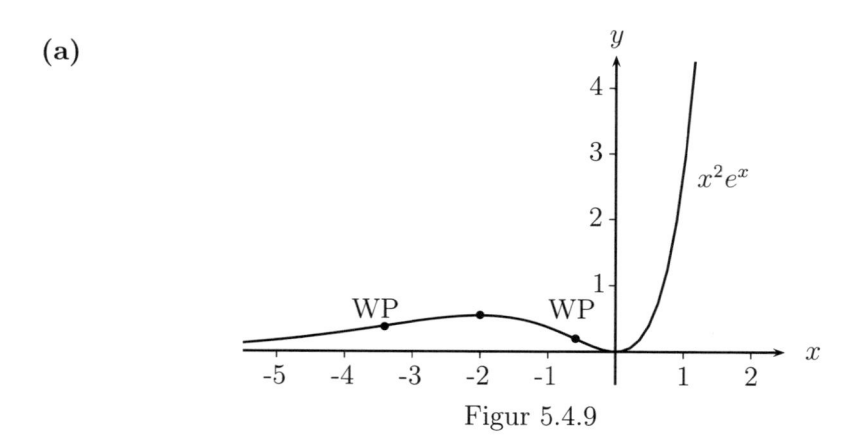

(a)

Figur 5.4.9

(b) Nullstellen: $f(x) = 0 \Leftrightarrow x = 0$.

Extremwerte:
$f'(x) = 2xe^x + x^2 e^x = e^x (x^2 + 2x)$,
$f''(x) = e^x (x^2 + 2x) + e^x (2x + 2) = e^x (x^2 + 4x + 2)$.
$f'(x) = 0 \Leftrightarrow x^2 + 2x = x(x+2) = 0 \Leftrightarrow x = 0$ oder $x = -2$;
$f''(0) = 2 > 0$; f hat in $x = 0$ ein lokales Minimum mit $f(0) = 0$.
$f''(-2) = e^{-2}(4 - 8 + 2) \approx -0.27 < 0$; f hat in $x = -2$ ein lokales Maximum mit $f(-2) \approx 0.54$.

Wendepunkte:
$f'''(x) = e^x (x^2 + 4x + 2) + e^x (2x + 4) = e^x (x^2 + 6x + 6)$.

$f''(x) = 0 \Leftrightarrow x^2 + 4x + 2 = 0$
$\Leftrightarrow x_{1/2} = \frac{1}{2}(-4 \pm \sqrt{16 - 8}) = -2 \pm \sqrt{2} \approx -3.414 \,/\, -0.586$.

Da $f'''(-3.414) \approx -0.225 \neq 0$ und $f(-0.586) \approx -0.653 \neq 0$ hat f in $(-3.414, 0.384)$ und $(-0.586, 0.191)$ zwei Wendepunkte.

(c) Die Behauptung lautet: Für alle $n \geq 1$ gilt:
$f^{(n)}(x) = (n^2 - n)e^x + 2nxe^x + x^2 e^x$.

Induktionsanfang: Zu zeigen ist für $n = 1$, dass
$f^{(1)}(x) = (1^2 - 1)e^x + 2 \cdot 1 \cdot xe^x + x^2 e^x = 2xe^x + x^2 e^x$.

Das wurde aber bereits unter (b) gezeigt.

Induktionssprung: Wir nehmen an, dass für ein $k \geq 1$ die Gleichung
$$f^{(k)}(x) = (k^2 - k)e^x + 2kxe^x + x^2 e^x \qquad (5.6)$$
Gültigkeit besitzt. Nun ist zu zeigen, dass (5.6) auch für den Nachfolger von k, also $k + 1$, gilt. Zu zeigen ist also
$$f^{(k+1)}(x) = [(k+1)^2 - (k+1)]e^x + 2(k+1)xe^x + x^2 e^x. \qquad (5.7)$$
Zum Nachweis rechnen wir eine Kette.

$$\begin{aligned}
f^{(k+1)}(x) &= \left[f^{(k)(x)}\right]' = [(k^2 - k)\, e^x + 2kxe^x + x^2 e^x]' \\
&= (k^2 - k)\, e^x + 2k e^x + 2kxe^x + 2xe^x + x^2 e^x \\
&= k^2 e^x + (-k + 2k)\, e^x + (2k + 2)\, xe^x + x^2 e^x \\
&= (k^2 + 2k + 1)\, e^x + (-2k - 1 + k)\, e^x + (2k + 2)\, xe^x + x^2 e^x \\
&= (k+1)^2 e^x + (-k - 1)\, e^x + 2(k+1)\, xe^x + x^2 e^x \\
&= [(k+1)^2 - (k+1)]\, e^x + 2(k+1)\, xe^x + x^2 e^x.
\end{aligned}$$

A5.4.12 Betrachtet wird die Funktion $f(x) = xe^{-x^2}$.

(a) Skizzieren Sie die Funktion.

(b) Bestimmen Sie Nullstellen, Extremwerte und Wendepunkte.

(c) Für welchen Wert von x ($x > 0$) hat das Rechteck mit den Eckpunkten $(0,0)$, $(x,0)$, $(x, f(x))$, $(0, f(x))$ eine maximale Fläche?

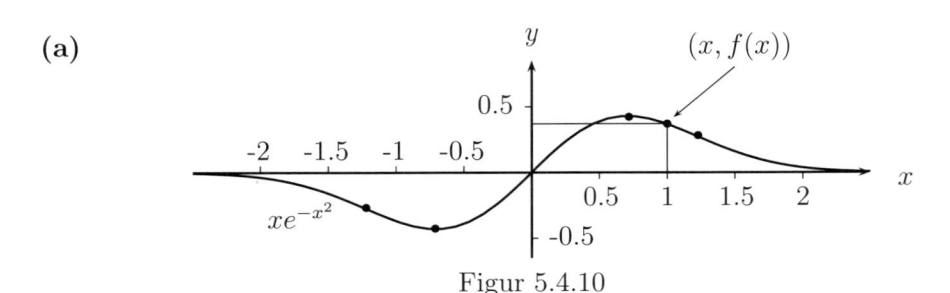

(a)

Figur 5.4.10

(b) Nullstellen: $f(x) = 0 \Leftrightarrow x = 0$.

Extremwerte:

Da der Ausdruck e^{-x^2} in den Ableitungen immer wieder auftaucht, schreiben wir dafür verkürzend $g(x)$ oder g. Dann ist $f(x) = xg(x)$ und
$g'(x) = -2xg(x)$,

$f'(x) = g(x) + xg'(x) = g(x) - 2x^2 g(x) = (1 - 2x^2)g$, und

$$f''(x) = (-4x)g + (1-2x^2)g' = (-4x)g + (1-2x^2)(-2xg)$$
$$= (-4x - 2x + 4x^3)g = (-6x + 4x^3)g.$$

Da $g(x) = e^{-x^2} > 0$ für alle $x \in \mathbb{R}$, gilt
$f'(x) = 0 \Leftrightarrow 2x^2 = 1 \Leftrightarrow x_{1/2} = \pm\frac{1}{\sqrt{2}} \approx \pm 0.71$. Wegen

$$f''(x_1) = f''(\frac{1}{\sqrt{2}}) = \left(\frac{-6}{\sqrt{2}} + \frac{4}{2\sqrt{2}}\right)e^{-\frac{1}{2}} = -\frac{4}{\sqrt{2e}} < 0$$

hat f hat in $x_1 = \frac{1}{\sqrt{2}}$ ein lokales Maximum mit $f(x_1) = \frac{1}{\sqrt{2e}} \approx 0.429$. Und da

$$f''(x_2) = f''(-\frac{1}{\sqrt{2}}) = \left(\frac{6}{\sqrt{2}} - \frac{4}{2\sqrt{2}}\right)e^{-\frac{1}{2}} = \frac{4}{\sqrt{2e}} > 0$$

hat f in $x_2 = -\frac{1}{\sqrt{2}}$ ein lokales Minimum mit $f(x_2) = -f(x_1) \approx -0.429$.

Wendepunkte:

$$f'''(x) = (-6 + 12x^2)g + (-6x + 4x^3)g'$$
$$= (-6 + 12x^2)g + (-6x + 4x^3)g(-2x)$$
$$= (-6 + 12x^2 + 12x^2 - 8x^4)g = (-6 + 24x^2 - 8x^4)e^{-x^2}.$$

$f''(x) = 0 \Leftrightarrow 4x^3 - 6x = 2x(2x^2 - 3) = 0$

$\Leftrightarrow x_3 = 0, \ x_{4/5} = \pm\sqrt{\frac{3}{2}} \approx \pm 1.22$.

Da $f'''(x_3) = -6 \neq 0$, hat f in $x_3 = 0$ einen Wendepunkt mit $f(x_3) = 0$. Da
$f'''(x_4) = f'''(\sqrt{\frac{3}{2}}) = \left(-6 + \frac{24 \cdot 3}{2} - \frac{8 \cdot 9}{4}\right)e^{-\frac{3}{2}} = 12\,e^{-\frac{3}{2}} \neq 0$,
hat f auch in x_4 einen Wendepunkt mit $f(x_4) \approx 0.273$. Und da
$f'''(x_5) = f'''(-\sqrt{\frac{3}{2}}) = f'''(+\sqrt{\frac{3}{2}}) = f'''(x_4) \neq 0$
hat f auch in x_5 einen Wendepunkt mit $f(x_5) = -f(x_4) \approx -0.273$.

(c) Ein Rechteck mit Ecken in $(0,0)$, $(x,0)$, $(x, f(x))$ und $(0, f(x))$, $x > 0$, ist in Figur 5.4.10 dargestellt. Seine Fläche beträgt $F(x) = x \cdot xe^{-x^2} = x^2 e^{-x^2}$. Diese soll maximiert werden. Wir berechnen deshalb die erste Ableitung $F'(x)$, deren Nullstellen, und prüfen die Kandidaten mit $F''(x)$.
$F'(x) = 2xe^{-x^2} + x^2 e^{-x^2} \cdot (-2x) = (2x - 2x^3)e^{-x^2}$.
$F'(x) = 0 \Leftrightarrow 2x(1 - x^2) = 0 \Leftrightarrow x_1 = 0$ oder $x_{2/3} = \pm 1$.
Die Punkte $x_1 = 0$ und $x_3 = -1$ scheiden direkt aus, da $x > 0$ vorausgesetzt wurde.

$F''(x) = (2 - 6x^2)e^{-x^2} + (2x - 2x^3)e^{-x^2} \cdot (-2x)$
$= (2 - 6x^2 - 4x^2 + 4x^4)e^{-x^2} = 2(1 - 5x^2 + 2x^4)e^{-x^2}$.

Da $F''(x_2) = F''(1) = -2\,e^{-1} \approx -0.74 < 0$, nimmt die Fläche F im Punkt $(1, e^{-1}) = (1, 0.368)$ der Funktion f ein Maximum an. Dieser wurde in Figur 5.4.10 fett eingezeichnet.

A5.4.13 Betrachtet wird die Funktion $f(x) = (x-1)e^{-x}$, $x \in \mathbb{R}$.
(a) Zeigen Sie durch vollständige Induktion, dass für $n \geq 1$ gilt:
$$f^{(n)}(x) = (-1)^n (x - n - 1)\,e^{-x}. \tag{5.8}$$
(b) Berechnen Sie daraus die Taylorentwicklung von $f(x)$ um $x_0 = 1$.
(c) Für welche Werte von x konvergiert sie gemäß Q-K?

(a) Induktionsanfang: Zu zeigen ist die Behauptung (5.8) für $n = 1$. Dazu rechnen wir eine Kette:

$f'(x) = [(x-1)e^{-x}]' = e^{-x} + (x-1)e^{-x} \cdot (-1)$
$= (-1)e^{-x} + (-1)(x-1)e^{-x} = (-1)(x - 1 - 1)e^{-x}$.

Das war zu zeigen.

Induktionssprung: Wir nehmen die Gültigkeit von (5.8) für ein $n \geq 1$ an. Zu zeigen ist nun, dass sich die Gültigkeit der Gleichung (5.8) auf den Nachfolger von n, also $n+1$, überträgt. Wir müssen demzufolge die Gültigkeit der Gleichung (5.9) nachweisen.

$$f^{(n+1)}(x) = (-1)^{n+1}[x - (n+1) - 1]e^{-x}. \tag{5.9}$$

Dazu rechnen wir eine Kette:

$$\begin{aligned}
f^{(n+1)}(x) &= [f^{(n)}(x)]' = [(-1)^n(x - n - 1)e^{-x}]' \\
&= (-1)^n [(x - n - 1)e^{-x}]' \\
&= (-1)^n [e^{-x} + (x - n - 1)e^{-x} \cdot (-1)] \\
&= (-1)^{n+1} [-e^{-x} + (x - n - 1)e^{-x}] \\
&= (-1)^{n+1} [(x - (n+1)) - 1)e^{-x}.
\end{aligned}$$

Das war zu zeigen.

(b) Taylorentwicklung: Wir fertigen eine Tabelle an.

n	$f^{(n)}(x)$	$f^{(n)}(1)$
0	$+(x-1)e^{-x}$	0
1	$-(x-2)e^{-x}$	$+1\,e^{-1}$
2	$+(x-3)e^{-x}$	$-2\,e^{-1}$
3	$-(x-4)e^{-x}$	$+3\,e^{-1}$
$\vdots$	$\vdots$	$\vdots$
n	$(-1)^n(x-n-1)e^{-x}$	$(-1)^{n+1}\cdot n \cdot e^{-1}$
$\vdots$	$\vdots$	$\vdots$

Jetzt brauchen wir die Werte der letzten Spalte nur noch in die Formel der Taylorentwicklung einzusetzen. Die Abweichung vom Entwicklungspunkt $x_0 = 1$ bezeichnen wir wie üblich mit h und erhalten:

$$\begin{aligned}
f(1+h) &= 0 + \frac{1}{e}h - \frac{2}{2!\,e}h^2 + \frac{3}{3!\,e}h^3 - \frac{4}{4!\,e}h^4 + \ldots + (-1)^{n+1}\frac{n}{n!\,e}h^n + \ldots \\
&= \frac{1}{e}h - \frac{1}{e}h^2 + \frac{1}{2!\,e}h^3 - \frac{1}{3!\,e}h^4 + \ldots + \frac{(-1)^{n+1}}{(n-1)!\,e}h^n + \ldots \tag{5.10}
\end{aligned}$$

(c) Der n-te Term, $n \geq 1$, von (5.10) ist $a_n = \dfrac{(-1)^{n+1}}{(n-1)!\,e}h^n$. Dann hat der n-te Verkleinerungsfaktor den Wert

$$q_n = \frac{|a_{n+1}|}{|a_n|} = \frac{|h|^{(n+1)} \cdot (n-1)!}{n! \cdot |h|^n} = \frac{|h|}{n}.$$

Da $q_n \to 0$ für $n \to \infty$ konvergiert (5.10) für alle $x \in \mathbb{R}$.

Kapitel 6. Trigonometrie

6.1 Das rechtwinklige Dreieck

A6.1.1 Von dem rechtwinkligen Dreieck der Figur 6.1.1 seien die folgenden Angaben bekannt. Berechnen Sie mit Hilfe des Taschenrechners die Werte von $\sin\alpha$, $\cos\alpha$, $\tan\alpha$ und $\cot\alpha$.
(a) a=3 cm, b=4 cm;   (b) a=5 cm, c=7 cm;   (c) b=6 cm, c=8 cm.

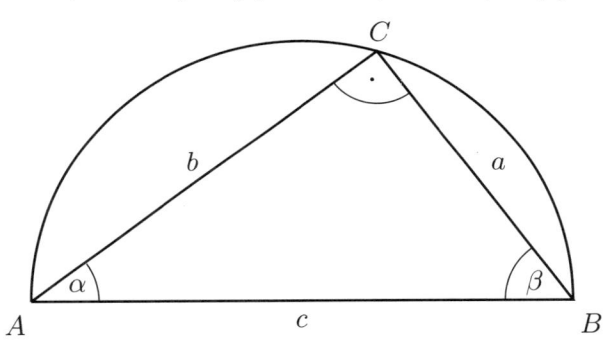

Figur 6.1.1

(a) Aus dem Satz des Pythagoras 2.2.4 folgt $c = \sqrt{3^2 + 4^2} = 5$ cm, und damit: $\sin\alpha = \frac{3}{5} = 0.6$, $\cos\alpha = \frac{4}{5} = 0.8$, $\tan\alpha = \frac{3}{4} = 0.75$, und $\cot\alpha = \frac{4}{3} = 1.33$.

(b) Aus $b = \sqrt{7^2 - 5^2} = \sqrt{24} = 2\sqrt{6}$ cm folgt: $\sin\alpha = \frac{5}{7} = 0.714$, $\cos\alpha = \frac{2\sqrt{6}}{7} = 0.700$, $\tan\alpha = \frac{5}{2\sqrt{6}} = 1.021$, und $\cot\alpha = \frac{2\sqrt{6}}{3} = 1.980$ [recte: $\cot\alpha = \frac{2\sqrt{6}}{5}$].

(c) Aus $a = \sqrt{8^2 - 6^2} = \sqrt{28} = 2\sqrt{7}$ cm folgt: $\sin\alpha = \frac{2\sqrt{7}}{8} = 0.667$, $\cos\alpha = \frac{6}{8} = 0.75$, $\tan\alpha = \frac{2\sqrt{7}}{6} = 0.882$, und $\cot\alpha = \frac{6}{2\sqrt{7}} = 1.134$.

A6.1.2 Von dem rechtwinkligen Dreieck der Figur 6.1.1 seien die folgenden Angaben bekannt. Berechnen Sie mit Hilfe des Taschenrechners die nicht angegebenen Seiten und Winkel.
(a) a=4 cm, $\alpha = 40°$;   (b) b=5 cm, $\alpha = 32.5°$;   (c) c=6 cm, $\beta = 65°$.

(a) $\tan\alpha = \dfrac{a}{b} \Rightarrow b = \dfrac{a}{\tan\alpha} = \dfrac{4}{\tan 40°} = 4.767$,

$\sin\alpha = \dfrac{a}{c} \Rightarrow c = \dfrac{a}{\sin\alpha} = \dfrac{4}{\sin 40°} = 6.223$,

$\beta = 90° - \alpha = 50°$.

(b) $\tan\alpha = \dfrac{a}{b} \Rightarrow a = b\tan\alpha = 5\cdot\tan 32.5° = 3.185,$

$\cos\alpha = \dfrac{b}{c} \Rightarrow c = \dfrac{b}{\cos\alpha} = \dfrac{5}{\cos 32.5°} = 5.928,$

$\beta = 90° - 32.5° = 57.5°$.

(c) $\cos\beta = \dfrac{a}{c} \Rightarrow a = c\cos\beta = 6\cdot\cos 65° = 2.536,$

$\sin\beta = \dfrac{b}{c} \Rightarrow b = c\sin\beta = 6\cdot\sin 65° = 5.438,$

$\alpha = 90° - \beta = 25°$.

A6.1.3 Einem Kreis mit Radius 1 wird ein regelmäßiges 10 000-Eck einbeschrieben. Berechnen Sie mit Hilfe des Taschenrechners seinen Umfang U. Schätzen Sie den Wert von π, indem Sie den Kreisumfang und U gleichsetzen.

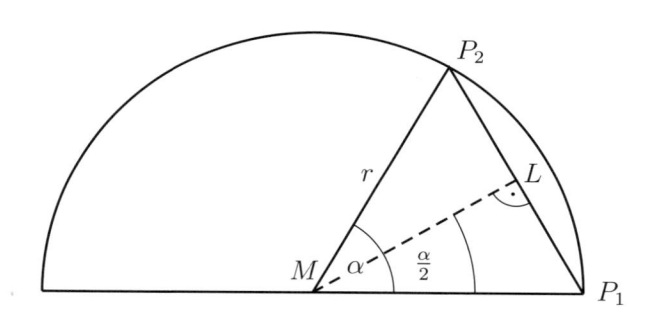

Figur 6.1.2

In Figur 6.1.2 ist das Vieleck angedeutet. Von den 10 000 Ecken wurden nur zwei Ecken P_1 und P_2 eingezeichnet. Der Winkel α beträgt

$$\alpha = \frac{360°}{10000} = \frac{36°}{1000}$$

und wurde in Figur 6.1.2 übergroß gezeichnet. Der Radius beträgt $r = 1$. Um die Strecke P_1P_2 zu berechnen, zeichnet man das Lot auf P_1P_2 durch den Mittelpunkt M. Der Lotfußpunkt wird mit L bezeichnet. Wegen

$$\sin(\alpha/2) = LP_1/MP_1 = LP_1$$

gilt:
$$U = 10000\cdot P_1P_2 = 20000\, LP_1 = 20000\,\sin\left(\frac{18°}{1000}\right) \approx 6.28318\ .$$

Da $U = 2\pi r$, folgt $\pi = U/2 \approx 3.14159$.

A6.1.4 Im rechtwinkligen Dreieck der Figur 6.1.3 seien die Katheten a und b bekannt. Dem Dreieck wird ein Quadrat in der angegebenen Form einbeschrieben. Welchen Wert hat x?

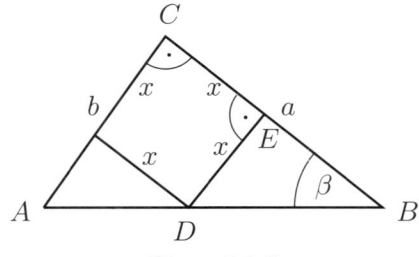

Figur 6.1.3

Zur Lösung benennt man die Punkte A bis E und zeichnet den Winkel β ein. Dieser Winkel kommt in zwei rechtwinkligen Dreiecken vor: zum einen im Dreieck ABC, und zum anderen im Dreieck BED. In beiden Dreiecken kann man nun $\tan \beta$ angeben und gleichsetzen:

$$\tan \beta = \frac{b}{a} = \frac{x}{a-x} \; .$$

Es folgt: $ax = ab - bx \;\Rightarrow\; (a+b)\,x = ab \;\Rightarrow\; x = \dfrac{ab}{a+b}$.

6.2 Die trigonometrischen Funktionen

A6.2.1 Zeigen Sie:

(a) $1 + \tan^2 \alpha = \dfrac{1}{\cos^2 \alpha}$
(b) $1 + \cot^2 \alpha = \dfrac{1}{\sin^2 \alpha}$

(a) Aus $\sin^2 \alpha + \cos^2 \alpha = 1$, siehe Satz 6.2.6(e), folgt:

$$1 + \tan^2 \alpha = 1 + \frac{\sin^2 \alpha}{\cos^2 \alpha} = \frac{\cos^2 \alpha + \sin^2 \alpha}{\cos^2 \alpha} = \frac{1}{\cos^2 \alpha} \; .$$

(b) Wie in (a) schließt man:

$$1 + \cot^2 \alpha = 1 + \frac{\cos^2 \alpha}{\sin^2 \alpha} = \frac{\sin^2 \alpha + \cos^2 \alpha}{\sin^2 \alpha} = \frac{1}{\sin^2 \alpha} \; .$$

A6.2.2 Skizzieren Sie die Funktionen:

(a) $|\sin x|$ (b) $\sin |x|$ (c) $|\sin |x||$ (d) $2 \sin x$
(e) $\sin 2x$ (f) $2 \sin x \cos x$ (g) $\cos(x - \pi)$ (h) $\cos^2 x$
(i) $\cos(x^2)$ (j) $\frac{1}{2} + \frac{1}{2} \cos 2x$ (k) $\sin x + \cos x$ (l) $\tan 2x$

(a-c) Die Funktion $|\sin x|$ wurde in Figur 6.2.1 als durchgezogene und $\sin |x|$ als gestrichelte Linie dargestellt. Die Funktion $|\sin |x||$ ist identisch mit $|\sin x|$!

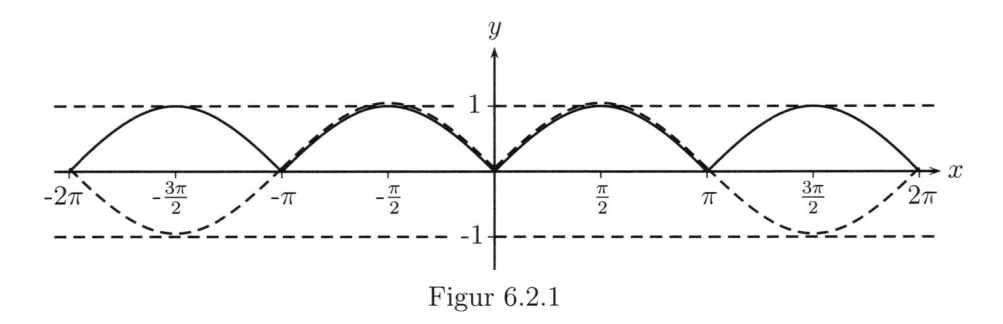

Figur 6.2.1

(d-g) Die Funktion $2 \sin x$ hat dieselben Nullstellen wie $\sin x$, aber die doppelte Amplitude. Sie schwingt zwischen $y = -2$ und $y = 2$, und wurde in Figur 6.2.2 als durchgezogene Linie dargestellt.

Die Funktion $\sin 2x$ schwingt im Gegensatz zu $\sin x$ mit "doppelter Geschwindigkeit", besser: mit doppelter Frequenz. Sie hat die Periode π, aber die Amplitude 1 und wurde in Figur 6.2.2 mit gestrichelter Linie dargestellt.

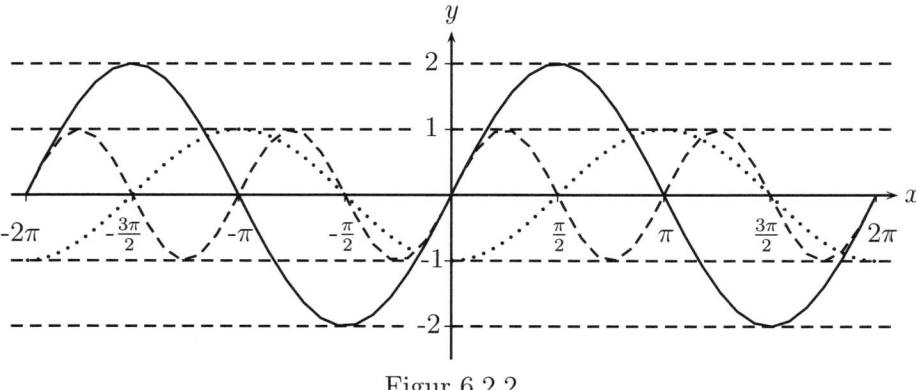

Figur 6.2.2

Bei der Anfertigung einer Zeichnung für $2 \sin x \cos x$ stellt man fest, dass diese Funktion identisch ist mit $\sin 2x$! Diese Gleichheit wird in Beispiel 6.3.6 näher behandelt.

Die Funktion $\cos(x - \pi)$ ist eine Cosinusfunktion, die in ihrer Gesamtheit um π nach rechts verschoben wurde. Das lokale Maximum der Cosinusfunktion in $x = 0$ wird folglich nach $x = \pi$ geschoben. Dadurch entsteht die gepunktete Linie, die identisch ist mit der Funktion $-\cos x$.

(h-k) Die symmetrische Funktion $\cos^2 x$ wurde in Figur 6.2.3 als durchgezogene Linie dargestellt. Sie verläuft wegen des Quadrats nur oberhalb der x-Achse und hat dieselben Nullstellen wie $\cos x$. Sie sieht aus, als habe man die Amplitude von $\cos x$ halbiert, die Frequenz verdoppelt und diese Funktion insgesamt um $y = 0.5$ angehoben. Der Eindruck ist richtig. Es gilt: $\cos^2 x = 0.5 + 0.5 \cos 2x$. Darauf wird später in Beispiel 6.3.6 erneut eingegangen.

Die Funktion $\sin x + \cos x$ wurde in Figur 6.2.3 gestrichelt dargestellt. Sie ist 2π-periodisch, aber weder symmetrisch, noch punkt-symmetrisch.

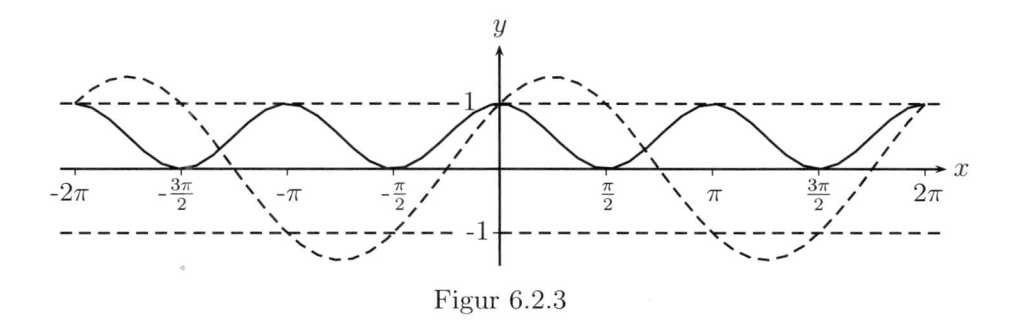

Figur 6.2.3

Eine ausführliche Diskussion der symmetrischen Funktion $\cos(x^2)$ folgt in Aufgabe 6.4.5(b). Hier wollen wir nur feststellen, dass die Zahl der Schwingungen nach links und rechts quadratisch zunimmt. Die Funktion, abgebildet in Figur 6.2.4, ist deshalb nicht mehr periodisch – sie wiederholt sich nicht in identischer Form in gleichmäßigen Abständen.

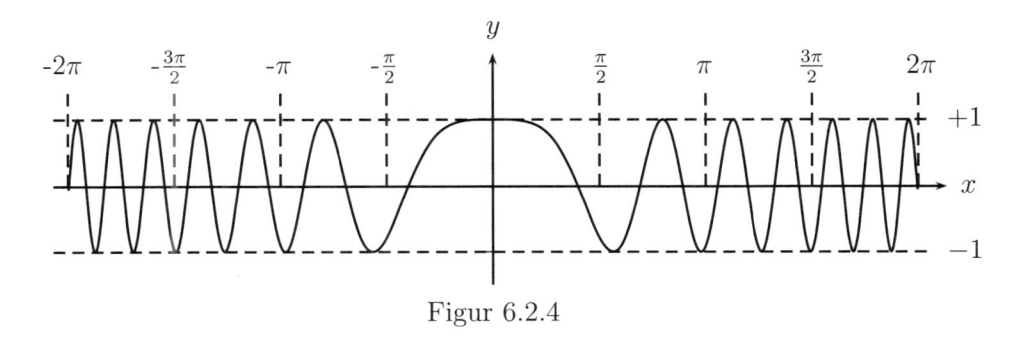

Figur 6.2.4

(l) Die punktsymmetrische Funktion $\tan 2x$ hat gegenüber der Funktion $\tan x$ die doppelte Frequenz und ist deshalb $\frac{\pi}{2}$-periodisch. Die Nullstellen liegen in 0, $\pm\frac{\pi}{2}$, $\pm\pi$, $\pm\frac{3\pi}{2}$ ..., die Pole in $\pm\frac{\pi}{4}$, $\pm\frac{3\pi}{4}$, $\pm\frac{5\pi}{4}$ .... Die Funktion ist in Figur 6.2.5 im Bereich $-\frac{5\pi}{4} < x < +\frac{5\pi}{4}$ dargestellt.

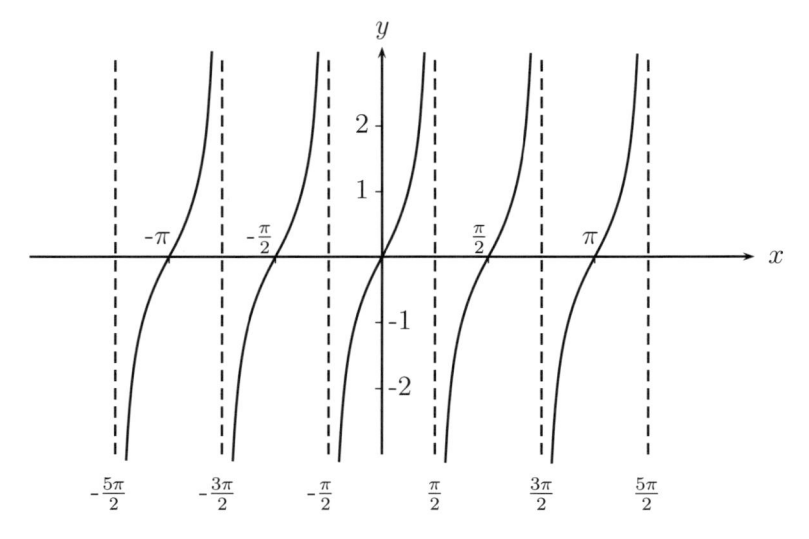

Figur 6.2.5

A6.2.3 Die Funktionen $f(x)$ und $g(x)$ seien punkt-symmetrisch. Beachten Sie Definition 3.4.2 und zeigen Sie:

(a) $f + g$ ist punkt-symmetrisch,

(b) $f \cdot g$ ist symmetrisch,

(c) $f \circ g$ ist punkt-symmetrisch.

Wir müssen die Bedingungen für Symmetrie, beziehungsweise Punktsymmetrie, der Definition 6.2.4 nachweisen. Wir wissen: $f(-x) = -f(x)$ und $g(-x) = -g(x)$.

(a) $(f+g)(-x) = f(-x) + g(-x) = -f(x) - g(x) = -(f(x) + g(x))$
$= -(f+g)(x)$.

(b) $(f \cdot g)(-x) = f(-x) \cdot g(-x) = f(x) \cdot g(x) = (f \cdot g)(x)$.

(c) $(f \circ g)(-x) = f(g(-x)) = f(-g(x)) = -f(g(x)) = -(f \circ g)(x)$.

A6.2.4 Sei $f \colon \mathbb{R} \to \mathbb{R}$ eine Funktion. Man definiert: $g(x) := \frac{1}{2}(f(x) + f(-x))$. Beweisen Sie die folgenden Aussagen:

(a) g ist symmetrisch,

(b) f ist symmetrisch $\Leftrightarrow g(x) = f(x)$ für alle $x \in \mathbb{R}$.

(a) $g(-x) = \frac{1}{2}(f(-x) + f(x)) = \frac{1}{2}(f(x) + f(-x)) = g(x)$.

(b) Sei $f(x)$ symmetrisch. Zu zeigen ist die Gleichheit $g(x) = f(x)$. Dazu rechnen wir eine Kette: $g(x) = \frac{1}{2}(f(x) + f(-x)) = \frac{1}{2}(f(x) + f(x)) = f(x)$.

Nun gehen wir von der Gleichheit $g(x) = f(x)$ aus und müssen zeigen, dass f symmetrisch ist: $f(-x) = g(-x) = \frac{1}{2}(f(-x) + f(x)) \Leftrightarrow 2f(-x) = f(-x) + f(x) \Leftrightarrow f(-x) = f(x)$.

A6.2.5 Gegeben sei eine Funktion $f(x)$ und ihre Ableitung $f'(x)$. Zeigen Sie:

(a) f symmetrisch $\Rightarrow f'$ punkt-symmetrisch;

(b) f punkt-symmetrisch $\Rightarrow f'$ symmetrisch.

Die Aussagen dieser Aufgabe werden durch $\sin x$ und $\cos x$ nahegelegt. Nach der Anfertigung einer Skizze ist man von der Richtigkeit der Aussage (a) überzeugt, aber ein Beweis ist das nicht. Um einen korrekten Beweis zu führen, muss man auf Satz 4.3.2 zurückgreifen.

Wir wissen, dass $f(-x) = f(x)$, und müssen zeigen, dass $f'(-x) = -f'(x)$.

$$\begin{aligned} f'(-x) &= \lim_{dx \to 0} \frac{1}{dx} [f(-x+dx) - f(-x)] = \lim_{dx \to 0} \frac{1}{dx} [-f(x-dx) + f(x)] \\ &= \lim_{dx \to 0} \frac{-1}{dx} [f(x-dx) - f(x)] = \lim_{-dx \to 0} \frac{-1}{-dx} [f(x+dx) - f(x)] \\ &= \lim_{-dx \to 0} \frac{1}{dx} [f(x+dx) - f(x)] = f'(x) \ . \end{aligned}$$

Im Beweis haben wir benutzt, dass $-dx$ auch eine Nullfolge ist, wenn es dx ist. Und wir haben benutzt, dass $f'(x)$ der eindeutige Limes des obigen Grenzwertprozesses für alle Nullfolgen dx ist.

6.3 Allgemeine Dreiecke und Additionstheoreme

A6.3.1 Berechnen Sie mit Hilfe der Sinus- und Cosinussätze die fehlenden Seiten und Winkel der folgenden allgemeinen Dreiecke in Normbeschriftung:

(a) $\alpha = 50°$, $\beta = 30°$, $c = 8$ (b) $a = 2$, $b = 3$, $\gamma = 80°$

(c) $b = 5$, $c = 7$, $\beta = 35°$ (d) $a = 5$, $b = 6$, $c = 8$

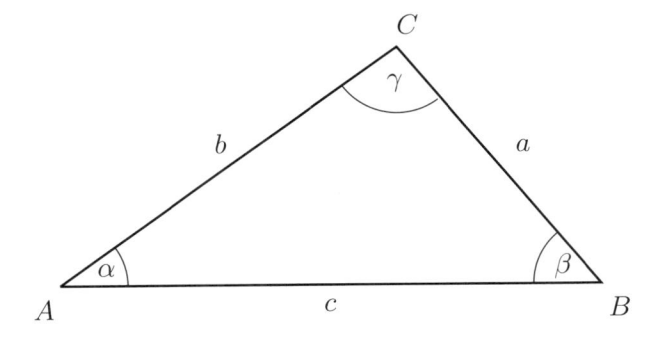

Figur 6.3.1

(a) $\gamma = 100°$; $\dfrac{a}{c} = \dfrac{\sin\alpha}{\sin\gamma} \Leftrightarrow a = \dfrac{c\sin\alpha}{\sin\gamma} = \dfrac{8\sin 50°}{\sin 100°} = 6.223$;

$\dfrac{b}{c} = \dfrac{\sin\beta}{\sin\gamma} \Leftrightarrow b = \dfrac{c\sin\beta}{\sin\gamma} = \dfrac{8\sin 30°}{\sin 100°} = 4.062$.

(b) $c^2 = a^2 + b^2 - 2ab\cos\gamma = 4 + 9 - 12\cos 80° = 10.916 \Rightarrow c = 3.304$.

$\dfrac{a}{c} = \dfrac{\sin\alpha}{\sin\gamma} \Leftrightarrow \sin\alpha = \dfrac{a\sin\gamma}{c} = \dfrac{2\sin 80°}{3.304} = 0.596$

$\Rightarrow \alpha = 36.593°$ und $\beta = 180° - 36.593° - 80° = 63.407°$.

(c) $\dfrac{c}{b} = \dfrac{\sin\gamma}{\sin\beta} \Leftrightarrow \sin\gamma = \dfrac{c\sin\beta}{b} = \dfrac{7\sin 35°}{5} = 0.803$

$\Rightarrow \gamma = 53.418°$ und $\alpha = 180° - \beta - \gamma = 180° - 35° - 53.418° = 91.582°$;

$\dfrac{a}{b} = \dfrac{\sin\alpha}{\sin\beta} \Leftrightarrow a = \dfrac{b\sin\alpha}{\sin\beta} = \dfrac{5\sin 91.582°}{\sin 35°} = 8.714$.

(d) $c^2 = a^2 + b^2 - 2ab\cos\gamma \Rightarrow \cos\gamma = \dfrac{a^2 + b^2 - c^2}{2ab} = \dfrac{25 + 36 - 64}{60} = -0.05$

$\Rightarrow \gamma = 92.866°$;

$\dfrac{a}{c} = \dfrac{\sin\alpha}{\sin\gamma} \Leftrightarrow \sin\alpha = \dfrac{a\sin\gamma}{c} = \dfrac{5\sin 92.866°}{8} = 0.624$

$\Rightarrow \alpha = 38.625°$ und $\beta = 180° - \alpha - \gamma = 180° - 38.625° - 92.866° = 48.509°$.

A6.3.2 Berechnen Sie in der nicht maßstabstreuen Figur 6.3.2:

(a) den Winkel α, (b) den Winkel β, (c) die Strecke AB.

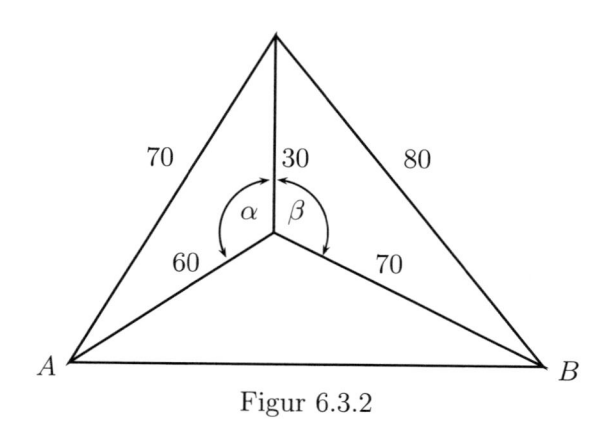

Figur 6.3.2

(a) In Folge des Cosinussatzes gilt:
$$70^2 = 60^2 + 30^2 - 2 \cdot 60 \cdot 30 \cdot \cos\alpha \quad \Leftrightarrow \quad \cos\alpha = \frac{3600 + 900 - 4900}{3600} = -0.111.$$
Daraus folgt $\alpha = 96.37°$. Erneute Anwendung des Cosinussatzes liefert:
$$80^2 = 30^2 + 70^2 - 2 \cdot 30 \cdot 70 \cdot \cos\beta \quad \Leftrightarrow \quad \cos\beta = \frac{900 + 4900 - 6400}{4200} = -0.143.$$
Daraus folgt $\beta = 98.21°$.

(b) Kennt man α und β, so kennt man auch γ: $\gamma = 360° - \alpha - \beta = 165.42°$. Wir wenden erneut den Cosinussatz an:
$$AB^2 = 60^2 + 70^2 - 2 \cdot 60 \cdot 70 \cos 165.42° = 16\,629.50 \quad \Rightarrow \quad AB = 128.95\,.$$

A6.3.3 Eine Kiste K mit einem Gewicht von 0.7 kN hängt an zwei Seilen von 10 und 6 m Länge, die an den Punkten A und B befestigt sind. Der Abstand zwischen A und B beträgt 14 m.

(a) Berechnen Sie die Winkel α, β und γ.

(b) Mit welcher Kraft muss das untere Seil gehalten werden, wenn im oberen eine Kraft von 0.8 kN gemessen wird? [Hinweis: der Winkel $180° - \gamma$ tritt im Kräfteparallelogramm auf!]

(c) Welchen horizontalen Abstand a und welchen vertikalen Abstand h haben die Punkte A und B?

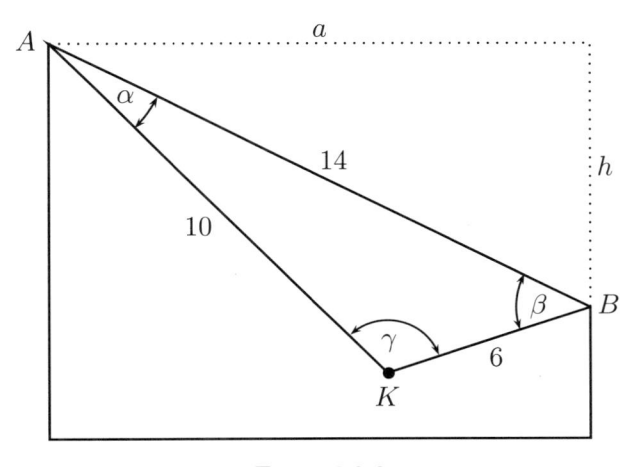

Figur 6.3.3

(a) Zunächst geht es nur darum, die Winkel im Dreieck ABK zu berechnen, was durch zweimalige Anwendung des Cosinussatzes geschieht.
$$14^2 = 10^2 + 6^2 - 2 \cdot 10 \cdot 6 \cdot \cos\gamma \quad \Rightarrow \quad \cos\gamma = \frac{136 - 196}{120} = 0.5 \quad \Rightarrow \quad \gamma = 120°;$$

$$6^2 = 10^2 + 14^2 - 2 \cdot 10 \cdot 14 \cdot \cos\alpha \quad \Rightarrow \quad \cos\alpha = \frac{296 - 36}{280} = 0.9286 \quad \Rightarrow \quad \alpha = 21.79°.$$

Damit ergibt sich: $\beta = 180° - 120° - 21.79° = 38.21°$.

(b) Wir zeichnen das Kräfteparallelogramm um den Punkt K getrennt als Figur 6.3.4. Dabei verwenden wir den Maßstab $0.1 \text{ kN} \equiv 5 \text{ mm}$. Das bedeutet, dass wir die Kraft f_K, die die Kiste nach unten zieht, als senkrecht nach unten weisenden Pfeil der Länge 35 mm zeichnen. Da sich die Kiste nicht bewegt – man nennt eine solche Situation "statisches Gleichgewicht" –, muss dieser Kraft f_K eine genauso große Kraft $\bar{f}_K$ exakt entgegengerichtet sein. Da es aber kein Seil gibt, das senkrecht über der Kiste angebracht wäre, muss die Kraft $\bar{f}_K$ in den beiden Seilen stecken. Die Bestimmung dieser Kräfte f_l im linken und f_r im rechten Seil ist geometrisch einfach. Man zeichnet die Parallelen zu den beiden Seilen durch den Endpunkt D der Kraft $\bar{f}_K$, und fertig ist das Kräfteparallelogramm. Natürlich hat die Strecke CD die "Länge" f_r, so dass wir im Dreieck KCD die Seiten $KC = f_l = 0.8$ und $KD = \bar{f}_K = 0.7$ kennen. Die Aufgabe besteht darin, $CD = f_r$ zu berechnen.

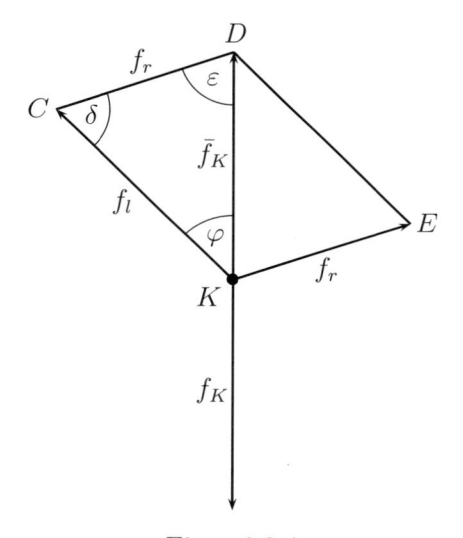

Figur 6.3.4

Dazu benötigen wir einen Winkel im Dreieck KCD, der aber leicht zu finden ist. Wir kennen nämlich den Winkel $CKE = \gamma = 120°$. Der gegenüberliegende Winkel hat dann ebenfalls $120°$, so dass $2\delta = 360° - 240° = 120°$ und folglich $\delta = 60°$ gelten muss. Jetzt können wir die fehlende Seite durch zweimalige Anwendung des Sinussatzes bestimmen.

$$\frac{\bar{f}_K}{f_l} = \frac{\sin\delta}{\sin\varepsilon} \quad \Rightarrow \quad \sin\varepsilon = \frac{f_l \cdot \sin\delta}{\bar{f}_K} = \frac{0.8 \cdot \sin 60°}{0.7} = 0.9897.$$

Man erhält $\varepsilon_1 = 81.77°$ oder $\varepsilon_2 = 98.23°$. Die Zweideutigkeit entsteht, weil KCD durchaus Winkel aufweisen kann, die größer sind als $90°$! So ergeben sich auch zwei mögliche Resultate für φ und f_r:

6. Trigonometrie   195

$\varphi_1 = 180° - \delta - \varepsilon_1 = 38.23°$, $\varphi_2 = 180° - \delta - \varepsilon_2 = 21.77°$;

$\dfrac{f_r}{\bar{f}_K} = \dfrac{\sin \varphi_{1/2}}{\sin \delta} \Rightarrow f_r = \dfrac{\bar{f}_K \cdot \sin \varphi_{1/2}}{\sin \delta} = \dfrac{0.7 \cdot \sin \varphi_{1/2}}{\sin 60°} = 0.5 \;/\; 0.3 \text{ kN}.$

(c) In Figur 6.3.5 wurde alles weggelassen, was zur Lösung von (c) nicht benötigt wird. Kennten wir den Winkel GAB oder den Winkel ABG, wären wir im Handumdrehen fertig.

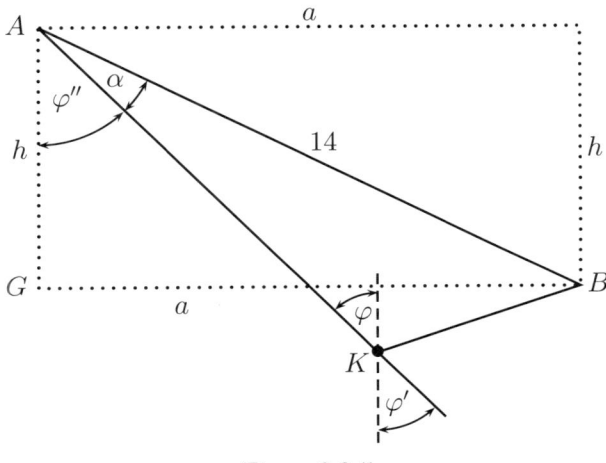

Figur 6.3.5

Und in der Tat kann man über das Kräfteparallelogramm auf den Winkel GAB schließen. In diesem Parallelogramm gab es nämlich den Winkel φ zwischen der Senkrechten und dem linken Seil. Er ist in Figur 6.3.5 erneut eingezeichnet, zusammen mit seinem Scheitelwinkel φ' bei K. Dieser Scheitelwinkel φ' kommt als Stufenwinkel φ'' erneut bei A vor, so dass der gesuchte Winkel GAB gerade $\alpha+\varphi$ beträgt. Da wir für φ zwei Lösungen hatten, ergeben sich nun auch für a und h jeweils zwei Lösungen.

$a_{1/2} = 14 \sin(\alpha + \varphi_{1/2}) = 14 \sin(60° \;/\; 43.56°) = 12.125 \;/\; 9.65$, und

$h_{1/2} = 14 \cos(\alpha + \varphi_{1/2}) = 14 \cos(60° \;/\; 43.56°) = 7.0 \;/\; 10.15$.

Dabei gehören jeweils die Werte mit demselben Index zusammen.

A6.3.4 Verwenden Sie die Ergebnisse in Bemerkung 6.1.9 und die Additionstheoreme zur exakten Berechnung von

    (a) $\cos 75°$ (b) $\sin 15°$ (c) $\cos 15°$ (d) $\sin 7.5°$.

(a) $\cos 75° = \cos(45° + 30°) = \cos 45° \cdot \cos 30° - \sin 45° \cdot \sin 30°$
$= \tfrac{1}{2}\sqrt{2} \cdot \tfrac{1}{2}\sqrt{3} - \tfrac{1}{2}\sqrt{2} \cdot \tfrac{1}{2} = \tfrac{1}{4}\sqrt{2}\,(\sqrt{3} - 1)$.

(b) $\sin 15° = \cos(90° - 15°) = \cos 75° = \tfrac{1}{4}\sqrt{2}\,(\sqrt{3} - 1)$.

(c) $\cos 15° = \cos(45° - 30°) = \cos 45° \cdot \cos 30° + \sin 45° \cdot \sin 30°$
$= \frac{1}{2}\sqrt{2} \cdot \frac{1}{2}\sqrt{3} + \frac{1}{2}\sqrt{2} \cdot \frac{1}{2} = \frac{1}{4}\sqrt{2}(\sqrt{3} + 1)$.

(d) Aus Beispiel 6.3.6 kennen wir Zusammenhänge zwischen doppeltem und halbem Winkel, wie

$\cos 2\alpha = 1 - 2\sin^2\alpha \Leftrightarrow \sin^2\alpha = \frac{1}{2}(1 - \cos 2\alpha)$.

Es folgt

$\sin^2 7.5° = \frac{1}{2}(1 - \cos 15°) = \frac{1}{2} - \frac{1}{2} \cdot \frac{1}{4}\sqrt{2}(\sqrt{3} + 1)$
$= \frac{1}{16}(8 - 2\sqrt{6} - 2\sqrt{2})$ und
$\sin 7.5° = \frac{1}{4}\sqrt{8 - 2\sqrt{6} - 2\sqrt{2}}$.

A6.3.5 Beweisen Sie mit Hilfe der Additionstheoreme:
$\sin(\alpha + \beta + \gamma) = \sin\alpha\cos\beta\cos\gamma + \cos\alpha\sin\beta\cos\gamma$
$\qquad\qquad\qquad + \cos\alpha\cos\beta\sin\gamma - \sin\alpha\sin\beta\sin\gamma$.

Die Additionstheoreme, Satz 6.3.5, gestatten es, Summen von zwei Winkeln in Ausdrücke umzuwandeln, in denen als Argument der trigonometrischen Funktionen jeweils nur ein Winkel steht. In dieser Aufgabe soll nun dieselbe Logik auf eine Summe von drei Winkeln übertragen werden. Die Rechnung läuft daraus hinaus, die Summe von drei Winkeln durch Klammerung als eine Summe von nur zwei Winkeln darzustellen, auf die dann die Additionstheoreme angewandt werden können.

$\sin(\alpha + \beta + \gamma) = \sin((\alpha + \beta) + \gamma) = \sin(\alpha + \beta)\cos\gamma + \cos(\alpha + \beta)\sin\gamma$
$= (\sin\alpha\cos\beta + \cos\alpha\sin\beta)\cos\gamma + (\cos\alpha\cos\beta - \sin\alpha\sin\beta)\sin\gamma$
$= \sin\alpha\cos\beta\cos\gamma + \cos\alpha\sin\beta\cos\gamma + \cos\alpha\cos\beta\sin\gamma - \sin\alpha\sin\beta\sin\gamma$.

A6.3.6 Zeigen Sie, dass für alle $x, y \in \mathbb{R}$ gilt:
(a) $\sin x + \sin y = 2\sin\frac{x+y}{2}\cos\frac{x-y}{2}$ (b) $\sin x - \sin y = 2\sin\frac{x-y}{2}\cos\frac{x+y}{2}$
(c) $\cos x + \cos y = 2\cos\frac{x+y}{2}\cos\frac{x-y}{2}$ (d) $\cos x - \cos y = -2\sin\frac{x+y}{2}\sin\frac{x-y}{2}$

Wo steckt der Trick in diesen Aufgaben? Er muss mit der Summe und der Differenz von $\frac{x+y}{2}$ und $\frac{x-y}{2}$ zusammenhängen, und in der Tat erhält man

$$\frac{x+y}{2} + \frac{x-y}{2} = \frac{x+y+x-y}{2} = x, \text{ und}$$

$$\frac{x+y}{2} - \frac{x-y}{2} = \frac{x+y-x+y}{2} = y.$$

Jetzt lassen sich die vier Aufgaben leicht lösen.

(a) $\sin x = \sin\left[\frac{x+y}{2} + \frac{x-y}{2}\right] = \sin\frac{x+y}{2}\cos\frac{x-y}{2} + \cos\frac{x+y}{2}\sin\frac{x-y}{2}$ (6.1)

$\sin y = \sin\left[\frac{x+y}{2} - \frac{x-y}{2}\right] = \sin\frac{x+y}{2}\cos\frac{x-y}{2} - \cos\frac{x+y}{2}\sin\frac{x-y}{2}$ (6.2)

Daraus folgt die Behauptung: $\sin x + \sin y = 2\sin\frac{x+y}{2}\cos\frac{x-y}{2}$.

(b) Ein Blick auf (6.1) und (6.2) ergibt die Behauptung:

$\sin x - \sin y = 2\cos\frac{x+y}{2}\sin\frac{x-y}{2}$.

(c) $\cos x = \cos\left[\frac{x+y}{2} + \frac{x-y}{2}\right] = \cos\frac{x+y}{2}\cos\frac{x-y}{2} - \sin\frac{x+y}{2}\sin\frac{x-y}{2}$ (6.3)

$\cos y = \cos\left[\frac{x+y}{2} - \frac{x-y}{2}\right] = \cos\frac{x+y}{2}\cos\frac{x-y}{2} + \sin\frac{x+y}{2}\sin\frac{x-y}{2}$ (6.4)

Daraus folgt die Behauptung: $\cos x + \cos y = 2\cos\frac{x+y}{2}\cos\frac{x-y}{2}$.

(d) Ein Blick auf (6.3) und (6.4) ergibt die Behauptung:

$\cos x - \cos y = -2\sin\frac{x+y}{2}\sin\frac{x-y}{2}$.

A6.3.7 Zeigen Sie, dass für alle $x \in \mathbb{R}$ gilt:

(a) $\cos x\sqrt{1+\tan^2 x} = \pm 1$ (b) $1 + 2\cos x = 4\cos^2\frac{x}{2}$

(c) $\sin\frac{x}{2} = \pm\sqrt{\frac{1-\cos x}{2}}$ (d) $\sin 3x = 3\sin x - 4\sin^3 x$

(e) $\cos 2x = \cos^4 x - \sin^4 x$ (f) $\cos 2x = \frac{1-\tan^2 x}{1+\tan^2 x}$

(g) $\sin x \cos x \cos 2x = \frac{1}{4}\sin 4x$ (h) $\sin x \tan\frac{x}{2} = 1 - \cos x$

(a) Aus Satz 6.2.6(e) und Definition 6.2.7 folgt:

$\cos x\sqrt{1+\tan^2 x} = \cos x\sqrt{1 + \frac{\sin^2 x}{\cos^2 x}} = \cos x\sqrt{\frac{\cos^2 x + \sin^2 x}{\cos^2 x}} = \sqrt{1} = \pm 1$.

(b) Aus Beispiel 6.3.6(b) folgt:

$1 + 2\cos x = 1 + 2(2\cos^2\frac{x}{2} - 1) = 1 + 4\cos^2\frac{x}{2} - 2 = 4\cos^2\frac{x}{2} - 1$.

(c) Erneut benutzt man Beispiel 6.3.6(b):

$\cos x = 1 - 2\sin^2\frac{x}{2} \Rightarrow \sin^2\frac{x}{2} = \frac{1}{2}(1-\cos x) \Rightarrow \sin\frac{x}{2} = \pm\sqrt{\frac{1-\cos x}{2}}$.

(d) Man rechnet wie in Aufgabe A6.3.5:

$\sin 3x = \sin(2x+x) = \sin 2x \cos x + \cos 2x \sin x$
$= 2\sin x \cos^2 x + (\cos^2 x - \sin^2 x)\sin x$
$= 2\sin x (1 - \sin^2 x) + (1 - 2\sin^2 x)\sin x$
$= 2\sin x - 2\sin^3 x + \sin x - 2\sin^3 x = 3\sin x - 4\sin^3 x$.

(e) Man benutzt Beispiel 6.3.6(b) und $\sin^2 x + \cos^2 x = 1$:
$\cos 2x = \cos^2 x - \sin^2 x = (\cos^2 x - \sin^2 x) \cdot (\cos^2 x + \sin^2 x) = \cos^4 x - \sin^4 x$.

(f) Wir rechnen von rechts nach links:
$$\frac{1-\tan^2 x}{1+\tan^2 x} = \frac{1-(\frac{\sin x}{\cos x})^2}{1+(\frac{\sin x}{\cos x})^2} = \frac{\frac{\cos^2 x - \sin^2 x}{\cos^2 x}}{\frac{\cos^2 x + \sin^2 x}{\cos^2 x}} = \frac{(\cos^2 - \sin^2 x) \cdot \cos^2 x}{\cos^2 x \cdot (\cos^2 x + \sin^2 x)}$$
$$= (\cos^2 - \sin^2 x) = \cos 2x.$$

(g) Wir rechnen wieder von rechts nach links:
$\frac{1}{4}\sin 4x = \frac{1}{4}\sin(2x + 2x) = \frac{1}{4} \cdot 2 \sin 2x \cdot \cos 2x$
$= \frac{1}{4} \cdot 4 \sin x \cos x \cdot \cos 2x = \sin x \cos x \cos 2x$.

(h) Wir benutzen erneut die Formeln des Beispiels 6.3.6:
$$\sin x \cdot \tan \frac{x}{2} = 2 \sin \frac{x}{2} \cos \frac{x}{2} \cdot \frac{\sin \frac{x}{2}}{\cos \frac{x}{2}} = 2\sin^2 \frac{x}{2} = 1 - \cos x.$$

A6.3.8 Für welche $x \in [0, 2\pi]$ gilt

(a) $\sin 2x - \sin x + \cos x - 0.5 = 0$

(b) $\sin x \tan \frac{x}{2} = 1 - \cos 2x$ (c) $\cos^3 x + \cos 3x = 0$

(d) $\cos 3x + \sin 2x = 0$ (e) $\cos^3 x + \cos x = 0$

(f) $\tan 2x - 2\cos x = 0$ (g) $\cos 3x + \cos x = 0$

Das Lösungsverfahren für diese Aufgaben wurde in Beispiel 6.3.7 vorgestellt.

(a) $\sin 2x - \sin x + \cos x - 0.5 = 0$
$\Leftrightarrow\ 2\sin x \cos x - \sin x + \cos x - 0.5 = 0$
$\Leftrightarrow\ 2\sin x (\cos x - 0.5) + (\cos x - 0.5) = 0$
$\Leftrightarrow\ (2\sin x + 1)(\cos x - 0.5) = 0$
$\Leftrightarrow\ \sin x = -0.5\ \text{oder}\ \cos x = 0.5 \ \Leftrightarrow\ x = \frac{7\pi}{6}, \frac{11\pi}{6}; \frac{\pi}{3}, \frac{5\pi}{3}$.

(b) $\sin x \tan \frac{x}{2} = 1 - \cos 2x$

$\Leftrightarrow\ 2\sin \frac{x}{2} \cos \frac{x}{2} \cdot \frac{\sin \frac{x}{2}}{\cos \frac{x}{2}} = 1 - (1 - 2\sin^2 x)$

$\Leftrightarrow\ 2\sin^2 \frac{x}{2} = 2\sin^2 x \ \Leftrightarrow\ \sin^2 \frac{x}{2} - (2\sin \frac{x}{2} \cos \frac{x}{2})^2 = 0$

$\Leftrightarrow\ \sin^2 \frac{x}{2} - 4\sin^2 \frac{x}{2} \cos^2 \frac{x}{2} = 0 \ \Leftrightarrow\ \sin^2 \frac{x}{2}(1 - 4\cos^2 \frac{x}{2}) = 0$

$\Leftrightarrow\ \sin \frac{x}{2} = 0\ \text{oder}\ \cos \frac{x}{2} = \pm 0.5 \ \Leftrightarrow\ \frac{x}{2} = 0, \pi\ \text{oder}\ \frac{x}{2} = \frac{\pi}{3}, \frac{2\pi}{3}, \frac{4\pi}{3}, \frac{5\pi}{3}$

$\Leftrightarrow\ x = 0, \frac{2\pi}{3}, \frac{4\pi}{3}, 2\pi$. [Lösungen außerhalb von $[0, 2\pi]$ fallen weg.]

6. Trigonometrie

(c) $\cos^3 x + \cos 3x = 0 \Leftrightarrow \cos^3 x + \cos(2x + x) = 0$
$\Leftrightarrow \cos^3 x + \cos 2x \cos x - \sin 2x \sin x = 0$
$\Leftrightarrow \cos^3 x + (\cos^2 x - \sin^2 x) \cos x - 2\sin^2 x \cos x = 0$
$\Leftrightarrow \cos^3 x + \cos^3 x - \sin^2 x \cos x - 2\sin^2 x \cos x = 0$
$\Leftrightarrow 2\cos^3 x - 3\sin^2 x \cos x = 0 \Leftrightarrow \cos x \, (2\cos^2 x - 3\sin^2 x) = 0$
$\Leftrightarrow \cos x \, (2 - 5\sin^2 x) = 0 \Leftrightarrow \cos x = 0 \text{ oder } \sin^2 x = 0.4$
$\Leftrightarrow \cos x = 0 \text{ oder } \sin x = \pm\sqrt{0.4}$
$\Leftrightarrow x = 0.685, \; 1.570, \; 2.457, \; 3.830, \; 4.712, \; 5.593$.

(d) $\cos 3x + \sin 2x = 0 \Leftrightarrow \cos(2x + x) + \sin 2x = 0$
$\Leftrightarrow \cos 2x \cos x - \sin 2x \sin x + 2\sin x \cos x = 0$
$\Leftrightarrow (\cos^2 x - \sin^2 x) \cos x - 2\sin^2 x \cos x + 2\sin x \cos x = 0$
$\Leftrightarrow \cos x \, (\cos^2 x - 3\sin^2 x + 2\sin x) = 0 \Leftrightarrow \cos x \, (1 - 4\sin^2 x + 2\sin x) = 0$
$\Leftrightarrow \cos x = 0 \text{ oder } 4\sin^2 x - 2\sin x - 1 = 0$
$\Leftrightarrow \cos x = 0 \text{ oder } \sin x = \frac{1}{8}(2 \pm \sqrt{4 + 4 \cdot 4}) = \frac{1}{4} \pm \frac{1}{4}\sqrt{5} = -0.309 \, / \, 0.809$
$\Leftrightarrow x = 0.9425, \; 1.571, \; 2.199, \; 3.456, \; 4.712, \; 5.969$.

(e) $\cos^3 x + \cos x = 0 \Leftrightarrow \cos x \, (\cos^2 + 1) = 0$
$\Leftrightarrow \cos x = 0 \text{ oder } \cos^2 x = -1 \Leftrightarrow x = \frac{\pi}{2}, \; \frac{3\pi}{2}$.

(f) $\tan 2x - 2\cos x = 0 \Leftrightarrow \frac{\sin 2x}{\cos 2x} - 2\cos x = 0$
$\Leftrightarrow \sin 2x - 2\cos 2x \cos x = 0 \Leftrightarrow 2\sin\cos x - 2(\cos^2 x - \sin^2 x)\cos x = 0$
$\Leftrightarrow \cos x \, (2\sin x - 2\cos^2 x + 2\sin^2 x) = 0$
$\Leftrightarrow 2\cos x \, (\sin^2 x + \sin x - (1 - \sin^2 x)) = 0$
$\Leftrightarrow 2\cos x \, (2\sin^2 x + \sin x - 1) = 0$
$\Leftrightarrow \cos x = 0 \text{ oder } \sin x = \frac{1}{4}(-1 \pm \sqrt{1 + 4 \cdot 2}) = -\frac{1}{4} \pm \frac{3}{4} = -1 \, / \, 0.5$
$\Leftrightarrow x = \frac{\pi}{6}, \; \frac{\pi}{2}, \; \frac{5\pi}{6}, \; \frac{3\pi}{2}$.

(g) $\cos 3x + \cos x = 0 \Leftrightarrow \cos(2x + x) + \cos x = 0$
$\Leftrightarrow \cos 2x \cos x - \sin 2x \sin x + \cos x = 0$
$\Leftrightarrow (\cos^2 x - \sin^2 x) \cos x - 2\sin^2 x \cos x + \cos x = 0$
$\Leftrightarrow \cos x \, (1 - \sin^2 x - \sin^2 x - 2\sin^2 + 1) = 0$
$\Leftrightarrow \cos x \, (2 - 4\sin^2 x) = 0 \Leftrightarrow 2\cos x \, (1 - 2\sin^2 x) = 0$
$\Leftrightarrow \cos x = 0 \text{ oder } \sin x = \pm\sqrt{0.5}$
$\Leftrightarrow x = \frac{\pi}{4}, \; \frac{\pi}{2}, \; \frac{3\pi}{4}, \; \frac{5\pi}{4}, \; \frac{6\pi}{2}, \; \frac{7\pi}{4}$.

A6.3.9 Leiten Sie das folgende Additionstheorem des Tangens
$$\tan(x+y) = \frac{\tan x + \tan y}{1 - \tan x \tan y}$$
aus den Additionstheoremen von Sinus und Cosinus ab.

Der Weg ist klar: wir müssen überall statt tan den Quotienten sin / cos einsetzen und die Additionstheoreme für Sinus und Cosinus anwenden.

$$\tan(x+y) = \frac{\sin(x+y)}{\cos(x+y)} = \frac{\sin x \cos y + \cos x \sin y}{\cos x \cos y - \sin x \sin y}$$

$$= \frac{\sin x \cos y + \cos x \sin y}{\cos x \cos y \left(1 - \frac{\sin x \sin y}{\cos x \cos y}\right)} = \frac{\frac{\sin x \cos y}{\cos x \cos y} + \frac{\cos x \sin y}{\cos x \cos y}}{1 - \tan x \tan y}$$

$$= \frac{\tan x + \tan y}{1 - \tan x \tan y}.$$

A6.3.10 Die Ursprungsgerade $y = ax$ ($a > 0$) hat den Steigungswinkel $\alpha = \tan a$. Welche Steigung hat die Gerade mit dem halben Steigungswinkel, ausgedrückt in a? Hinweis: Benutzen Sie A6.3.9.

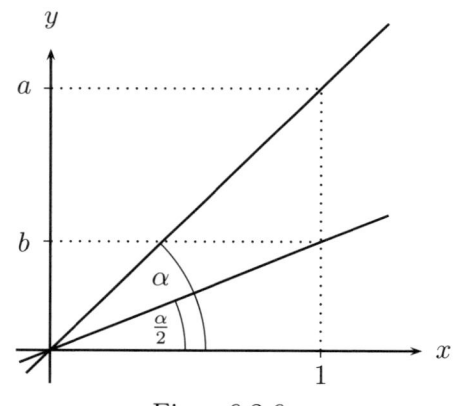

Figur 6.3.6

Die Aufgabe besteht darin, den Wert $b = \tan \frac{\alpha}{2}$ zu ermitteln. Keinesfalls ist im Allgemeinen $b = a/2$! Der Zusammenhang zwischen $a = \tan \alpha$ und $b = \tan \frac{\alpha}{2}$ wird durch das Additionstheorem des Tangens, A6.3.9, beschrieben. Diesen Ausdruck gilt es nach b aufzulösen.

$$\tan \alpha = \frac{\tan \frac{\alpha}{2} + \tan \frac{\alpha}{2}}{1 - \tan \frac{\alpha}{2} \tan \frac{\alpha}{2}} \Leftrightarrow a = \frac{2b}{1 - b^2} \Leftrightarrow a(1 - b^2) = 2b$$

$$\Leftrightarrow ab^2 + 2b - a = 0 \Leftrightarrow b_{1/2} = \frac{1}{2a}(-2 \pm \sqrt{4 + 4 \cdot a^2}) = \frac{1}{a}(-1 \pm \sqrt{a^2 + 1}).$$

Da $b > 0$, gibt es nur die eine Lösung $b = \frac{1}{a}(-1 + \sqrt{a^2 + 1})$.

A6.3.11 Verwenden Sie Bemerkung 6.1.9 und stellen Sie $\dfrac{\tan 75°}{\tan 15°}$ in der Form $a + b\sqrt{c}$ mit $a, b, c \in \mathbb{N}$ dar.

Aus Bemerkung 6.1.9 wissen wir, dass $\tan 45° = \sin 45°/\cos 45° = 1$ und $\tan 30° = \sin 30°/\cos 30° = \frac{1}{3}\sqrt{3}$. Unter Verwendung von A6.3.9 folgt nun:

$$\frac{\tan 75°}{\tan 15°} = \frac{\tan(45° + 30°)}{\tan(45° - 30°)} = \frac{(\tan 45° + \tan 30°) \cdot (1 + \tan 45° \tan 30°)}{(1 - \tan 45° \tan 30°) \cdot (\tan 45° - \tan 30°)}$$

$$= \frac{(1 + \frac{\sqrt{3}}{3})(1 + \frac{\sqrt{3}}{3})}{(1 - \frac{\sqrt{3}}{3})(1 - \frac{\sqrt{3}}{3})} = \frac{(3 + \sqrt{3})^2}{(3 - \sqrt{3})^2} = \frac{9 + 6\sqrt{3} + 3}{9 - 6\sqrt{3} + 3} = \frac{12 + 6\sqrt{3}}{12 - 6\sqrt{3}}$$

$$= \frac{(2 + \sqrt{3}) \cdot (2 + \sqrt{3})}{(2 - \sqrt{3}) \cdot (2 + \sqrt{3})} = \frac{4 + 4\sqrt{3} + 3}{4 - 3} = 7 + 4\sqrt{3}.$$

6.4 Reihenentwicklungen von Sinus und Cosinus

A6.4.1 Beweisen Sie die Konvergenz der Cosinusreihe in Satz 6.4.3 für beliebiges $x \in \mathbb{R}$ mittels Q-K.

Zunächst benötigen wir ein Bildungsgesetz. Dazu nummerieren wir die einzelnen Terme der Cosinusreihe in der Form

$$a_0 = 1, \quad a_1 = -\frac{x^2}{2!}, \quad a_2 = \frac{x^4}{4!}, \quad a_3 = -\frac{x^6}{6!}, \quad \ldots, \quad a_n = (-1)^n \frac{x^{2n}}{(2n)!}, \quad \ldots$$

Zur Anwendung des Q-K müssen wir den Quotienten zwischen dem Nachfolger und dem Vorgänger für ein $n \in \mathbb{N}$ betrachten:

$$q_n = \frac{|a_{n+1}|}{|a_n|} = \frac{\left|\frac{(-1)^{n+1}x^{2n+2}}{(2n+2)!}\right|}{\left|\frac{(-1)^n x^{2n}}{(2n)!}\right|} = \frac{|x|^{2n+2} \cdot (2n)!}{(2n+2)! \cdot |x|^{2n}} = \frac{|x|^2}{(2n+1)(2n+2)}.$$

Wegen $q_n \to 0$ für $n \to \infty$ ist die Reihe für jedes $x \in \mathbb{R}$ konvergent!

A6.4.2 Bestimmen Sie den Definitionsbereich der folgenden Funktionen und berechnen Sie die erste Ableitung.

(a) $f(x) = \sin x \tan x$ (b) $f(x) = \sin^2 \sqrt{x}$ (c) $f(x) = \sqrt[3]{\sin(x^3)}$

(d) $f(x) = \dfrac{\sin x + \cos x}{\sin x - \cos x}$ (e) $f(x) = \dfrac{1 - \cos x}{1 + \sin x}$ (f) $f(x) = \dfrac{\sqrt{\sin x}}{\cos \sqrt{x}}$

(a) Die Funktion $f(x) = \sin x \tan x$ ist nur an den Polstellen von $\tan x$ nicht definiert. Diese Polstellen sind identisch mit den Nullstellen von $\cos x$:

$$x \in \text{Def}(f) \Leftrightarrow x \in \mathbb{R} \text{ und } x \neq \pm\frac{\pi}{2}, \pm\frac{3\pi}{2}, \pm\frac{5\pi}{2}, \pm\frac{7\pi}{2}, \ldots$$

$$f'(x) = \cos x \frac{\sin x}{\cos x} + \sin x(1 + \tan^2 x) = \sin x(2 + \tan^2 x) \ .$$

(b) Die Funktion $f(x) = \sin^2 \sqrt{x}$ ist nur definiert für $x \geq 0$.

$$f'(x) = 2\sin\sqrt{x} \cdot \cos\sqrt{x} \cdot \frac{1}{2\sqrt{x}} = \frac{1}{\sqrt{x}} \sin\sqrt{x} \cos\sqrt{x} \ .$$

(c) Wir betrachten die Funktion $f(x) = \sqrt[3]{\sin(x^3)} = [\sin(x^3)]^{\frac{1}{3}}$. Da $\sin(x^3)$ für jeden Wert von x berechenbar ist und auch $\sqrt[3]{x}$ für jeden Wert von x definiert ist, gilt $x \in \text{Def}(f) \Leftrightarrow x \in \mathbb{R}$.

$$f'(x) = \frac{1}{3}[\sin(x^3)]^{-\frac{2}{3}} \cdot \cos(x^3) \cdot 3x^2 = x^2 [\sin(x^3)]^{-\frac{2}{3}} \cos(x^3) \ .$$

(d) Wir rechnen zunächst:

$$f(x) = \frac{\sin x + \cos x}{\sin x - \cos x} = \frac{\sin x - \cos x + 2\cos x}{\sin x - \cos x} = 1 + \frac{2\cos x}{\sin x - \cos x} \ .$$

Der Nenner von f darf nicht Null werden; sonst ist $f(x)$ überall definiert. Da $\sin x = \cos x \Leftrightarrow x = \frac{\pi}{4}, \frac{\pi}{4} \pm \pi, \frac{\pi}{4} \pm 2\pi, \ldots$ folgt:

$$x \in \text{Def}(f) \Leftrightarrow x \in \mathbb{R} \text{ und } x \neq \frac{\pi}{4} \pm k\pi \text{ für alle } k \in \mathbb{N}_0 \ .$$

$$f'(x) = \frac{2\sin x(\sin x - \cos x) - 2\cos x(\cos x + \sin x)}{(\sin x - \cos x)^2}$$

$$= \frac{2\sin^2 x - 2\sin x \cos x - 2\cos^2 x - 2\sin x \cos x}{(\sin x - \cos x)^2}$$

$$= \frac{2\sin^2 x - 4\sin x \cos x + 2\cos^2 x - 4\cos^2 x}{(\sin x - \cos x)^2}$$

$$= \frac{2(\sin^2 x - 2\sin x \cos x + \cos^2 x) - 4\cos^2 x}{(\sin x - \cos x)^2}$$

$$= 2 - \frac{4\cos^2 x}{(\sin x - \cos x)^2} \ .$$

(e) Die Funktion $f(x) = \dfrac{1 - \cos x}{1 + \sin x}$ ist überall dort definiert, wo der Nenner nicht Null ist. Es folgt:

$$x \in \text{Def}(f) \Leftrightarrow x \in \mathbb{R} \text{ und } \sin x \neq -1$$

$$\Leftrightarrow x \in \mathbb{R} \text{ und } x \neq \frac{3\pi}{2} \pm 2k\pi \text{ für alle } k \in \mathbb{N}_0 \ .$$

$$f'(x) = \frac{\sin x(1+\sin x) - \cos x(1-\cos x)}{(1+\sin x)^2}$$
$$= \frac{\sin x + \sin^2 - \cos x + \cos^2 x}{(1+\sin x)^2} = \frac{1+\sin x - \cos x}{(1+\sin x)^2}.$$

(f) Wir schreiben: $f(x) = \frac{\sqrt{\sin x}}{\cos \sqrt{x}} = (\sin x)^{\frac{1}{2}} \cdot \cos(x^{\frac{1}{2}})$;

$x \in \mathrm{Def}(f) \Leftrightarrow \sin x \geq 0$ und $x \geq 0$
$\phantom{x \in \mathrm{Def}(f)} \Leftrightarrow 0 \leq x \leq \pi,\ 2\pi \leq x \leq 3\pi, \ldots 2k\pi \leq x \leq (2k+1)\pi,\ k \in \mathbb{N}_0$;

$f'(x) = \frac{1}{2}(\sin x)^{-\frac{1}{2}} \cdot \cos(x^{\frac{1}{2}}) + (\sin x)^{\frac{1}{2}} \cdot (-\sin(x^{\frac{1}{2}})) \cdot \frac{1}{2}x^{-\frac{1}{2}}$
$ = \frac{1}{2}\left[\frac{\cos\sqrt{x}}{\sqrt{\sin x}} - \frac{\sqrt{\sin x}\sin\sqrt{x}}{\sqrt{x}}\right]$.

A6.4.3 Bestimmen Sie den Definitionsbereich der folgenden Funktionen und berechnen Sie die erste Ableitung.

(a) $f(x) = \ln \tan x$ (b) $f(x) = \ln(\ln(\cos^{-2} x))$
(c) $f(x) = \ln \sqrt{\tan x}$ (d) $f(x) = \ln(\cos^2(2x-1))$
(e) $f(x) = \ln^2(\sin x + 1)$ (f) $f(x) = \sqrt{\ln(x^2 + \cos x + 2)}$
(g) $f(x) = \frac{\sin x}{\ln(x^3)}$ (h) $f(x) = \sin(x^2 - 1)\ln(\frac{1}{x})$

(a) Wir betrachten $f(x) = \ln \tan x$.
$x \in \mathrm{Def}(f) \Leftrightarrow \tan x > 0$ und $x \neq \pm\frac{\pi}{2},\ \pm\frac{3\pi}{2},\ \ldots$
$\phantom{x \in \mathrm{Def}(f)} \Leftrightarrow \ldots,\ 0 < x < \frac{\pi}{2},\ \pi < x < \frac{3\pi}{2},\ \ldots$
$\phantom{x \in \mathrm{Def}(f)} \Leftrightarrow k\pi < x < k\pi + \frac{\pi}{2},\ k \in \mathbb{Z}$;

$$f'(x) = \frac{1}{\tan x} \cdot \frac{1}{\cos^2 x} = \frac{\cos x}{\sin x \cdot \cos^2 x} = \frac{1}{\sin x \cos x}.$$

(b) Wir betrachten $f(x) = \ln(\ln(\cos^{-2} x))$.
$x \in \mathrm{Def}(f) \Leftrightarrow \cos^{-2} x > 0$ und $\ln(\cos^{-2} x) > 0$
$\phantom{x \in \mathrm{Def}(f)} \Leftrightarrow \frac{1}{\cos^2 x} > 0$ und $\frac{1}{\cos^2 x} > 1 \Leftrightarrow \cos x \neq 0$ und $\cos^2 x < 1$
$\phantom{x \in \mathrm{Def}(f)} \Leftrightarrow \cos x \neq 0$ und $|\cos x| \neq 1 \Leftrightarrow x \neq 0,\ \pm\frac{\pi}{2},\ \pm\pi,\ \pm\frac{3\pi}{2},\ \pm\pi,\ \ldots$

$$f'(x) = \frac{1}{\ln(\cos^{-2} x)} \cdot \frac{1}{\cos^{-2} x} \cdot (-2)\cos^{-3} x \cdot (-\sin x)$$
$$= \frac{2\sin x}{\ln(\cos^{-2} x)\cos x} = \frac{2\tan x}{\ln(\cos^{-2} x)}.$$

(c) Wir betrachten $f(x) = \ln\sqrt{\tan x} = \ln \tan^{\frac{1}{2}} x$.

$x \in \mathrm{Def}(f) \Leftrightarrow \sqrt{\tan x} > 0$ und $\tan x \geq 0 \Leftrightarrow \tan x > 0$

$\Leftrightarrow \ldots, -\pi < x < -\frac{\pi}{2}, 0 < x < \frac{\pi}{2}, \ldots \Leftrightarrow k\pi < x < k\pi + \frac{\pi}{2}, k \in \mathbb{Z}$.

$f'(x) = \dfrac{1}{\sqrt{\tan x}} \cdot \dfrac{1}{2} \tan^{-\frac{1}{2}} x \cdot \dfrac{1}{\cos^2 x} = \dfrac{\cos x}{2 \sin x \cos^2 x} = \dfrac{1}{\sin 2x}$.

(d) Wir betrachten $f(x) = \ln(\cos^2(2x - 1))$.

$x \in \mathrm{Def}(f) \Leftrightarrow \cos^2(2x-1) > 0 \Leftrightarrow 2x - 1 \neq \pm\frac{\pi}{2}, \pm\frac{3\pi}{2}, \pm\frac{5\pi}{2}, \ldots$

$\Leftrightarrow x \neq \frac{1}{2}(1 \pm \frac{\pi}{2}), \frac{1}{2}(1 \pm \frac{3\pi}{2}), \frac{1}{2}(1 \pm \frac{5\pi}{2}), \ldots$

$\Leftrightarrow x \neq 0.5 \pm \frac{\pi}{4}, 0.5 \pm \frac{3\pi}{4}, 0.5 \pm \frac{5\pi}{4}, \ldots$

$f'(x) = \dfrac{1}{\cos^2(2x-1)} \cdot 2\cos(2x-1) \cdot (-\sin(2x-1)) \cdot 2$

$= \dfrac{-4 \sin(2x-1)}{\cos(2x-1)} = -4 \tan(4x - 1)$.

(e) Wir betrachten $f(x) = \ln^2(\sin x + 1) = \ln^2(1 + \sin x)$.

$x \in \mathrm{Def}(f) \Leftrightarrow 1 + \sin x > 0 \Leftrightarrow \sin x > -1$

$\Leftrightarrow x \neq \ldots, -\frac{\pi}{2}, \frac{3\pi}{2}, \frac{5\pi}{2}, \ldots \Leftrightarrow x \neq \frac{3\pi}{2} \pm 2k\pi, k \in \mathbb{Z}$.

$f'(x) = 2 \ln(1 + \sin x) \cdot \dfrac{1}{1 + \sin x} \cdot \cos x = \dfrac{2 \ln(1 + \sin x) \cos x}{1 + \sin x}$.

(f) Wir betrachten $f(x) = \sqrt{\ln(x^2 + \cos x + 2)} = (\ln(x^2 + \cos x + 2))^{\frac{1}{2}}$.

$x \in \mathrm{Def}(f) \Leftrightarrow \ln(x^2 + \cos x + 2) \geq 0$ und $x^2 + \cos x + 2 > 0$

$\Leftrightarrow x^2 + \cos x + 2 \geq 1 \Leftrightarrow x^2 + \cos x \geq -1 \Leftrightarrow x \in \mathbb{R}$, denn

diese Ungleichung ist wegen $x^2 \geq 0$ und $\cos x \geq -1$ für alle $x \in \mathbb{R}$ erfüllt!

$f'(x) = \dfrac{1}{2}(\ln(x^2 + \cos x + 2))^{-\frac{1}{2}} \cdot (x^2 + \cos x + 2)^{-1} \cdot (2x - \sin x)$

$= \dfrac{2x - \sin x}{2\sqrt{\ln(x^2 + \cos x + 2)}(x^2 + \cos x + 2)}$.

(g) Wir betrachten $f(x) = \dfrac{\sin x}{\ln(x^3)} = \dfrac{\sin x}{3 \ln x}$.

$x \in \mathrm{Def}(f) \Leftrightarrow \ln x \neq 0$ und $x > 0 \Leftrightarrow x > 0$ und $x \neq 1$.

$f'(x) = \dfrac{1}{3} \cdot \dfrac{\cos x \ln x - \sin x \cdot x^{-1}}{\ln^2 x} = \dfrac{x \cos x \ln x - \sin x}{3x \ln^2 x}$.

(h) Wir betrachten $f(x) = \sin(x^2 - 1) \ln(\frac{1}{x}) = -\sin(x^2 - 1) \ln x$.

$x \in \text{Def}(f) \Leftrightarrow x > 0$; das ist einfach.

$$f'(x) = -\cos(x^2 - 1) \cdot 2x \cdot \ln x - \sin(x^2 - 1) \cdot \frac{1}{x}$$
$$= -x^{-1}[2x^2 \cos(x^2 - 1) \ln x + \sin(x^2 - 1)].$$

A6.4.4 Bestimmen Sie den Definitionsbereich der folgenden Funktionen und berechnen Sie die erste Ableitung.

(a) $f(x) = (\cos x)^x$ (b) $f(x) = \sqrt[x]{\sin x}$ (c) $f(x) = x^{1-\cos x}$

(d) $f(x) = (\sin x)^{\cos x}$ (e) $f(x) = \ln(x^{\sin x})$ (f) $f(x) = \sin(x^2) e^{\cos x}$

(g) $f(x) = (\sin \frac{1}{\sqrt{x}})^\pi$ (h) $f(x) = \cos^x(\ln x)$ (i) $f(x) = e^{\sin 2x \cos 2x}$

(a) Wir betrachten $f(x) = (\cos x)^x = e^{x \ln(\cos x)}$.

$x \in \text{Def}(f) \Leftrightarrow \cos x > 0 \Leftrightarrow \ldots, -\frac{\pi}{2} < x < \frac{\pi}{2}, \frac{3\pi}{2} < x < \frac{5\pi}{2}, \ldots$

$\Leftrightarrow -\frac{\pi}{2} + 2k\pi < x < \frac{\pi}{2} + 2k\pi$, $k \in \mathbb{Z}$.

$$f'(x) = f(x) \cdot [x \ln(\cos x)]' = f(x) [\ln(\cos x) + x \frac{1}{\cos x} (-\sin x)]$$
$$= (\cos x)^x (\ln(\cos x) - x \tan x).$$

(b) Wir betrachten $f(x) = \sqrt[x]{\sin x} = (\sin x)^{\frac{1}{x}} = e^{\frac{1}{x} \ln(\sin x)}$.

$x \in \text{Def}(f) \Leftrightarrow \sin x > 0 \Leftrightarrow \ldots, 0 < x < \pi, 2\pi < x < 3\pi, \ldots$

$\Leftrightarrow 2k\pi < x < (2k+1)\pi$, $k \in \mathbb{Z}$.

$$f'(x) = f(x) \cdot [\frac{1}{x} \ln(\sin x)]' = f(x) [-\frac{1}{x^2} \ln(\sin x) + \frac{1}{x} \cdot \frac{1}{\sin x} \cdot \cos x]$$
$$= x^{-2} \sqrt[x]{\sin x} (x \cot x - \ln \sin x).$$

(c) Wir betrachten $f(x) = x^{1-\cos x} = e^{(1-\cos x) \ln x}$.

$x \in \text{Def}(f) \Leftrightarrow x > 0$.

$$f'(x) = f(x) \cdot [(1 - \cos x) \ln x]' = f(x) [\sin x \ln x + (1 - \cos x) \frac{1}{x}]$$
$$= x^{-\cos x} (x \sin x \ln x - \cos x + 1).$$

(d) Wir betrachten $f(x) = (\sin x)^{\cos x} = e^{\cos x \ln \sin x}$.

$x \in \text{Def}(f) \Leftrightarrow \sin x > 0 \Leftrightarrow \ldots, 0 < x < \pi, 2\pi < x < 3\pi, \ldots$

$\Leftrightarrow 2k\pi < x < (2k+1)\pi$, $k \in \mathbb{Z}$.

$$f'(x) = f(x) \cdot [\cos x \ln \sin x]' = f(x) [-\sin x \ln \sin x + \cos x \frac{1}{\sin x} \cos x]$$
$$= (\sin x)^{\cos x - 1} (\cos^2 x - \sin^2 x \ln \sin x).$$

(e) Wir betrachten $f(x) = \ln(x^{\sin x}) = \sin x \ln x$.

$x \in \text{Def}(f) \Leftrightarrow x > 0$.

$f'(x) = \cos x \ln x + x^{-1} \sin x$.

(f) Wir betrachten $f(x) = \sin(x^2) e^{\cos x}$.

$x \in \text{Def}(f) \Leftrightarrow x \in \mathbb{R}$; der Definitionsbereich ist nicht eingeschränkt.

$$f'(x) = \cos(x^2) \cdot 2x \cdot e^{\cos x} + \sin(x^2) \cdot e^{\cos x} \cdot (-\sin x)$$
$$= [2x \cos(x^2) - \sin x \sin(x^2)] e^{\cos x} .$$

(g) Wir betrachten $f(x) = (\sin \frac{1}{\sqrt{x}})^\pi = e^{\pi \ln(\sin(\frac{1}{\sqrt{x}}))}$.

$x \in \text{Def}(f) \Leftrightarrow \sin \frac{1}{\sqrt{x}} > 0$ und $x > 0$

$\Leftrightarrow x > 0$ und $\ldots, 0 < \frac{1}{\sqrt{x}} < \pi$, $2\pi < \frac{1}{\sqrt{x}} < 3\pi$, $\ldots$

$\Leftrightarrow x > 0$ und $\ldots, 0 < \frac{1}{\sqrt{x}}$, $\frac{1}{\sqrt{x}} < \pi$, $2\pi < \frac{1}{\sqrt{x}}$, $\frac{1}{\sqrt{x}} < 3\pi$, $\ldots$

$\Leftrightarrow 0 < x$, $\ldots, \frac{1}{\pi^2} < x < \frac{1}{(2\pi)^2}$, $\frac{1}{(3\pi)^2} < x < \frac{1}{(4\pi)^2}$, , $\ldots$

$\Leftrightarrow \frac{1}{((2k-1)\pi)^2} < x < \frac{1}{(2k\pi)^2}$, $k \in \mathbb{N}$.

$f'(x) = \pi [\sin(x^{-\frac{1}{2}})]^{\pi-1} \cdot \cos(x^{-\frac{1}{2}}) \cdot (-\frac{1}{2} x^{-\frac{3}{2}})$

$= \frac{-\pi}{2\sqrt{x^3}} \left[\sin \frac{1}{\sqrt{x}} \right]^{\pi-1} \cos \frac{1}{\sqrt{x}}$.

(h) Wir betrachten $f(x) = \cos^x(\ln x) = (\cos(\ln x))^x = e^{x \ln(\cos(\ln x))}$.

$x \in \text{Def}(f) \Leftrightarrow \cos(\ln x) > 0$ und $x > 0$

$\Leftrightarrow x > 0$ und $\ldots, -\frac{\pi}{2} < \ln x < \frac{\pi}{2}$, $\frac{3\pi}{2} < \ln x < \frac{5\pi}{2}$, $\ldots$

$\Leftrightarrow e^0 < x < e^{\frac{\pi}{2}}$, $e^{\frac{3\pi}{2}} < x < e^{\frac{5\pi}{2}}$, $\ldots$

$\Leftrightarrow 1 < x < e^{\frac{\pi}{2}}$ oder $e^{\frac{(2k-1)\pi}{2}} < x < e^{\frac{(2k+1)\pi}{2}}$, $k \in \mathbb{N}, k \geq 2$.

$f'(x) = f(x) \cdot [x \ln(\cos(\ln x))]'$

$= f(x) \left[\ln(\cos(\ln x)) + x \cdot \frac{1}{\cos(\ln x)} \cdot \sin(\ln x) \cdot \frac{1}{x} \right]$

$= \cos^x(\ln x) [\ln(\cos(\ln x)) + \tan(\ln x)]$.

(i) Wir betrachten $f(x) = e^{\sin 2x \cos 2x} = e^{\frac{1}{2} \sin 4x}$.

$x \in \text{Def}(f) \Leftrightarrow x > 0$. Der Definitionsbereich von f ist nicht eingeschränkt.

$f'(x) = f(x) \cdot (\frac{1}{2} \cos 4x \cdot 4) = 2 (\cos 4x) e^{\frac{1}{2} \sin 4x}$.

A6.4.5 Bestimmen Sie Definitionsbereich, Nullstellen und Extremwerte der folgenden Funktionen und skizzieren Sie diese.

(a) $f(x) = x \sin x$ (b) $f(x) = \cos(x^2)$ (c) $f(x) = \sin(x^2)$

(d) $f(x) = \cos^2 x$ (e) $f(x) = e^{\cos x}$ (f) $f(x) = \cos x \ln x$

(a) Die Funktion $f(x) = x \sin x$ ist für alle $x \in \mathbb{R}$ definiert. Sie hat dasselbe Schwingungsverhalten wie $\sin x$, nur ist die Amplitude nicht konstant 1, sondern x. Das bedeutet, dass f nicht zwischen den Geraden $y = 1$ und $y = -1$ schwingt, sondern zwischen den Geraden $y = x$ und $y = -x$.

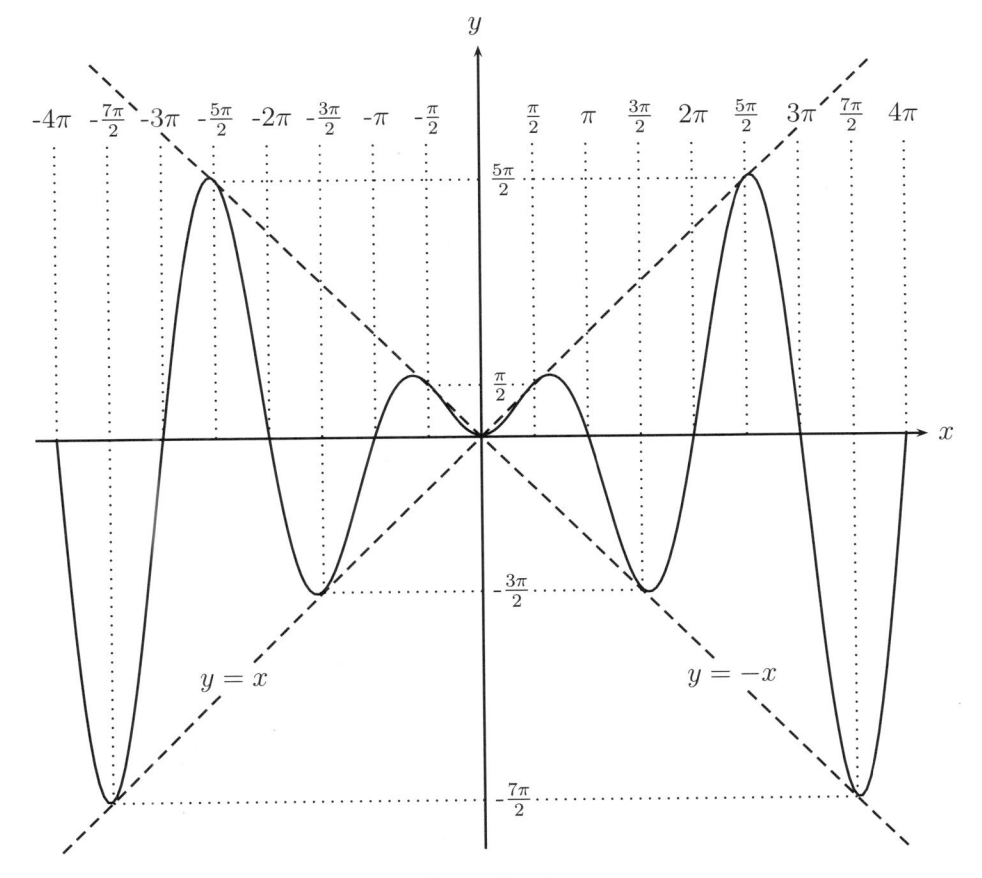

Figur 6.4.1

Nullstellen
$f(x) = 0 \Leftrightarrow x \sin x = 0 \Leftrightarrow \sin x = 0 \Leftrightarrow x = 0, \pm\pi, \pm 2\pi, \pm 3\pi, \ldots$

Extremwerte
$f'(x) = \sin x + x \cos x, \quad f''(x) = \cos x + \cos x - x \sin x = 2 \cos x - x \sin x$
$f'(x) = 0 \Leftrightarrow \sin x + x \cos x = 0 \Leftrightarrow \sin x = -x \cos x \tan x = -x$.

Diese Gleichung ist nicht exakt nach x auflösbar. Andererseits kann man sich die Lösungen graphisch gut vor Augen führen, in dem man die Tangensfunktion, siehe Figur 6.2.4 des Textbuches, mit der negativen Winkelhalbierenden schneidet. Zumindest erhält man auf diese Weise gute Näherungswerte, die man dann mit dem Newtonverfahren präzisieren kann. Auch ist klar, dass die Lösungen symmetrisch zur y-Achse liegen.

Die erste Lösung ist $\bar{x}_1 = 0$. Wegen $f''(\bar{x}_1) = 2 > 0$ hat f in $\bar{x}_1 = 0$ ein lokales Minimum mit $f(\bar{x}_1) = 0$.

Sei $g(x) := x + \tan x$. Dann ist $g'(x) = 2 + \tan^2 x$. Als Schätzwert x_0 für die zweite Lösung nehmen wir 2.0. Dann ist

$$x_1 = x_0 - \frac{g(x_0)}{g'(x_0)} = 2.0 - \frac{-0.1850}{6.7744} = 2.0273 \ .$$

Ein weiterer Durchlauf des Verfahrens liefert $x_2 = 2.0288$. Dieser Wert ändert sich in weiteren Durchläufen nicht mehr in den ersten vier Stellen nach dem Komma. Damit haben wir $\bar{x}_{2/3} = \pm 2.0288$. Da $f''(\bar{x}_{2/3}) \approx -2.7 < 0$, handelt es ich um lokale Maxima mit $f(\bar{x}_{2/3}) = 1.1897$.

Wir berechnen noch die nächsten beiden Extremwerte und wollen es dann dabei bewenden lassen. Als Schätzwert nehmen wir einen Wert, der geringfügig größer ist als $3\pi/2$: $x_0 = 4.9$. Das Newtonverfahren liefert dann nach zwei Durchläufen die Lösungen $\bar{x}_{4/5} = \pm 4.9132$ mit den Funktionswerten $f(\bar{x}_{4/5}) = -4.8145$, die wegen $f''(\bar{x}_{4/5}) = 5.21$ lokale Minima sein müssen.

Die Ergebnisse befinden sich in völliger Übereinstimmung zu Figur 6.4.1. Die Berechnung weiterer Extremwerte kann nach dem vorgeführten Verfahren beliebig fortgesetzt werden.

(b) Die Funktion $f(x) = \cos(x^2)$ ist für alle $x \in \mathbb{R}$ definiert. Wir haben die Funktion bereits als Figur 6.2.4, die unten als Figur 6.4.2 erneut abgebildet ist, kennengelernt.

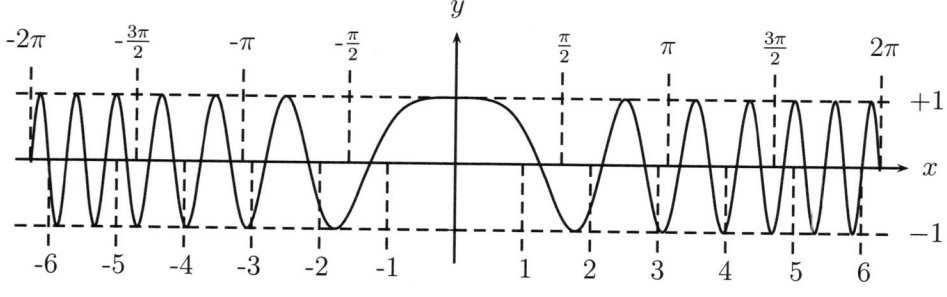

Figur 6.4.2

Nullstellen

$f(x) = 0 \ \Leftrightarrow \ \cos(x^2) = 0 \ \Leftrightarrow \ x^2 = \pm\frac{\pi}{2}, \ \pm\frac{3\pi}{2}, \ \pm\frac{5\pi}{2}, \ \ldots$

$\Leftrightarrow \ x = \pm\sqrt{\frac{\pi}{2}} = \pm 1.253, \ \pm\sqrt{\frac{3\pi}{2}} = \pm 2.171, \ \pm\sqrt{\frac{5\pi}{2}} = \pm 2.802 \ldots$

Extremwerte

$f'(x) = -2x\sin(x^2)$, $\quad f''(x) = -2\sin(x^2) - 4x^2\cos(x^2)$

$f'(x) = 0 \Leftrightarrow -2x\sin(x^2) = 0 \Leftrightarrow x = 0$ oder $\sin(x^2) = 0$
$\Leftrightarrow x^2 = 0, \pm\pi, \pm 2\pi, \ldots$
$\Leftrightarrow x = 0, \pm\sqrt{\pi} = \pm 1.772, \pm\sqrt{2\pi} = \pm 2.507, \pm\sqrt{3\pi} = \pm 3.070, \ldots$.

Wir setzen die Lösungen in die zweite Ableitung ein:

$f''(0) = 0$; hier muss die dritte und vierte Ableitung von f ausgewertet werden, um über Satz 4.4.8 nachzuweisen, dass f in $x = 0$ ein lokales Maximum besitzt. Deshalb ermitteln wir:

$f'''(x) = -12x\cos(x^2) + 8x^3\sin(x^2)$, und
$f^{(4)}(x) = -12\cos(x^2) + 48x^2\sin(x^2) + 16x^4\cos(x^2)$.

Da $f'''(0) = 0$, aber $f^{(4)}(0) = -12 < 0$, hat f in $x = 0$ ein lokales Maximum.

$f''(\sqrt{\pi}) = -2\sin\pi - 4\pi\cos\pi = 4\pi > 0$; f hat in $x = \pm\sqrt{\pi} = \pm 1.772$ lokale Minima mit dem Funktionswert -1.

$f''(\sqrt{2\pi}) = -2\sin(2\pi) - 8\pi\cos(2\pi) = -8\pi < 0$; f hat in $x = \pm\sqrt{2\pi} = \pm 2.507$ lokale Maxima mit dem Funktionswert $+1$.

Die Ergebnisse befinden sich in völliger Übereinstimmung zu Figur 6.4.2. Die Berechnung weiterer Extremwerte kann in gleicher Art und Weise fortgesetzt werden.

(c) Die Funktion $f(x) = \sin(x^2)$ ist für alle $x \in \mathbb{R}$ definiert und in Figur 6.4.3 abgebildet.

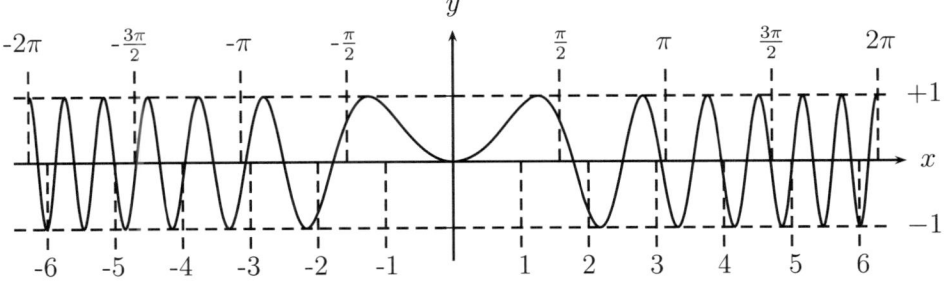

Figur 6.4.3

Nullstellen

$f(x) = 0 \Leftrightarrow \sin(x^2) = 0 \Leftrightarrow x^2 = 0, \pm\pi, \pm 2\pi, \pm 3\pi, \ldots$
$\Leftrightarrow x = 0, \pm\sqrt{\pi} = \pm 1.772, \pm\sqrt{2\pi} = \pm 2.507, \pm\sqrt{3\pi} = \pm 3.070 \ldots$

Extremwerte

$f'(x) = 2x\cos(x^2)$, $\quad f''(x) = 2\cos(x^2) - 4x^2\sin(x^2)$

$f'(x) = 0 \Leftrightarrow 2x\cos(x^2) = 0 \Leftrightarrow x = 0$ oder $x^2 = \pm\frac{\pi}{2}, \pm\frac{3\pi}{2}, \pm\frac{5\pi}{2}, \ldots$
$\Leftrightarrow x = 0, \pm\sqrt{\frac{\pi}{2}} = \pm 1.253, \pm\sqrt{\frac{3\pi}{2}} = \pm 2.171, \pm\sqrt{\frac{5\pi}{2}} = \pm 2.802, \ldots$

Wir setzen die Lösungen in die zweite Ableitung ein:
$f''(0) = 2 > 0$; f hat in $x = 0$ ein lokales Minimum mit $f(x) = 0$.
$f''(\pm\sqrt{\frac{\pi}{2}}) = 2\cos\frac{\pi}{2} - 4\frac{\pi}{2}\sin\frac{\pi}{2} = -2\pi < 0$; f hat in $x = \pm\sqrt{\frac{\pi}{2}} = \pm 1.253$ lokale Maxima mit dem Funktionswert $+1$.
$f''(\pm\sqrt{\frac{3\pi}{2}}) = 2\cos\frac{3\pi}{2} - 4\frac{3\pi}{2}\sin\frac{3\pi}{2} = 6\pi > 0$; f hat in $x = \pm\sqrt{\frac{3\pi}{2}} = \pm 2.171$ lokale Minima mit dem Funktionswert -1.
Die Ergebnisse befinden sich in völliger Übereinstimmung zu Figur 6.4.3. Die Berechnung weiterer Extremwerte kann in gleicher Art und Weise fortgesetzt werden.

(d) Die Funktion $f(x) = \cos^2 x$ ist für alle $x \in \mathbb{R}$ definiert und in Figur 6.4.4 abgebildet. Aus Beispiel 6.3.6 wissen wir: $\cos 2x = 2\cos^2 x - 1$, woraus folgt: $\cos^2 x = 0.5 + 0.5\cos 2x$. Die Funktion f ist demnach identisch mit einer Cosinusfunktion doppelter Frequenz und halber Amplitude, die um 0.5 angehoben wurde. f ist symmetrisch und hat die Periode π, denn
$f(-x) = (\cos(-x))^2 = (\cos x)^2 = f(x)$ und
$f(x + \pi) = [\cos(x + \pi)]^2 = [\cos x \cos \pi - \sin x \sin \pi]^2 = [-\cos x]^2 = \cos^2 x = f(x)$.

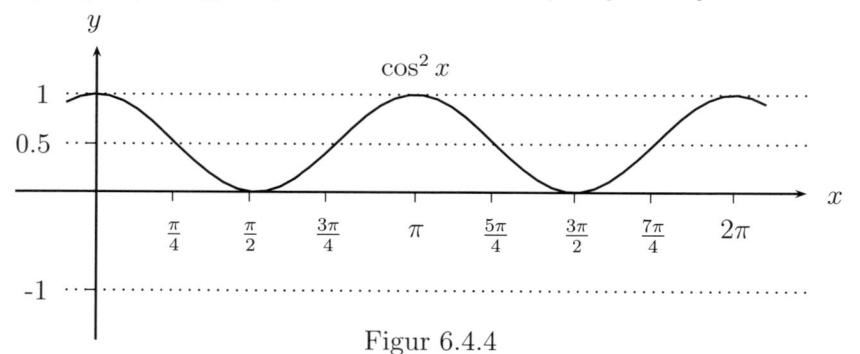

Figur 6.4.4

Nullstellen
$f(x) = 0 \Leftrightarrow \cos^2 x = 0 \Leftrightarrow \cos x = 0 \Leftrightarrow x = \pm\frac{\pi}{2}, \pm\frac{3\pi}{2}, \pm\frac{5\pi}{2}, \ldots$
Extremwerte
$f'(x) = 2\cos x \cdot (-\sin x) = -\sin 2x, \quad f''(x) = -2\cos 2x$;
$f'(x) = 0 \Leftrightarrow -2\sin 2x = 0 \Leftrightarrow \sin 2x = 0$
$ \Leftrightarrow 2x = 0, \pm\pi, \pm 2\pi, \pm 3\pi, \ldots$
$ \Leftrightarrow x = 0, \pm\frac{\pi}{2}, \pm\pi, \pm\frac{3\pi}{2}, \pm 2\pi \ldots$
Wir setzen die Lösungen in die zweite Ableitung ein:
$f''(0) = -2 < 0$; f hat in $x = 0$ ein lokales Maximum mit $f(x) = 1$.
$f''(\pm\frac{\pi}{2}) = -2\cos\pi = 2 > 0$; f hat in $x = \pm\frac{\pi}{2}$ lokale Minima mit dem Funktionswert 0.
$f''(\pm\pi) = -2\cos 2\pi = -2 < 0$; f hat in $x = \pm\pi$ lokale Maxima mit $f(x) = 1$.
Die Berechnung weiterer Extremwerte kann in gleicher Art und Weise erfolgen.

Wendepunkte

$f'''(x) = 4\sin 2x$;

$f''(x) = 0 \Leftrightarrow -2\cos 2x = 0 \Leftrightarrow \cos 2x = 0$
$ \Leftrightarrow 2x = \pm\frac{\pi}{2}, \pm\frac{3\pi}{2}, \pm\frac{5\pi}{2}, \ldots$
$ \Leftrightarrow x = \pm\frac{\pi}{4}, \pm\frac{3\pi}{4}, \pm\frac{5\pi}{4}, \ldots$

Wir setzen die Lösungen in die dritte Ableitung ein:

$f'''(\pm\frac{\pi}{4}) = \pm 4 \neq 0$; f hat in $x = \pm\frac{\pi}{4}$ Wendepunkte mit $f(x) = 0.5$.

$f'''(\pm\frac{3\pi}{4}) = \mp 4 \neq 0$; f hat auch in $x = \pm\frac{3\pi}{4}$ Wendepunkte mit $f(x) = 0.5$.

Die Berechnung weiterer Wendepunkte kann in gleicher Art und Weise fortgesetzt werden. Alle Ergebnisse befinden sich in völliger Übereinstimmung zu Figur 6.4.4.

(e) Die Funktion $f(x) = e^{\cos x}$ ist für alle $x \in \mathbb{R}$ definiert und in Figur 6.4.5 abgebildet. Sie ist symmetrisch, da $\cos x$ symmetrisch ist:

$f(-x)) = e^{\cos(-x)} = e^{\cos x} = f(x)$.

Sie ist auch 2π-periodisch, da es $\cos x$ ist:

$f(x + 2\pi) = e^{\cos(x+2\pi)} = e^{\cos x} = f(x)$.

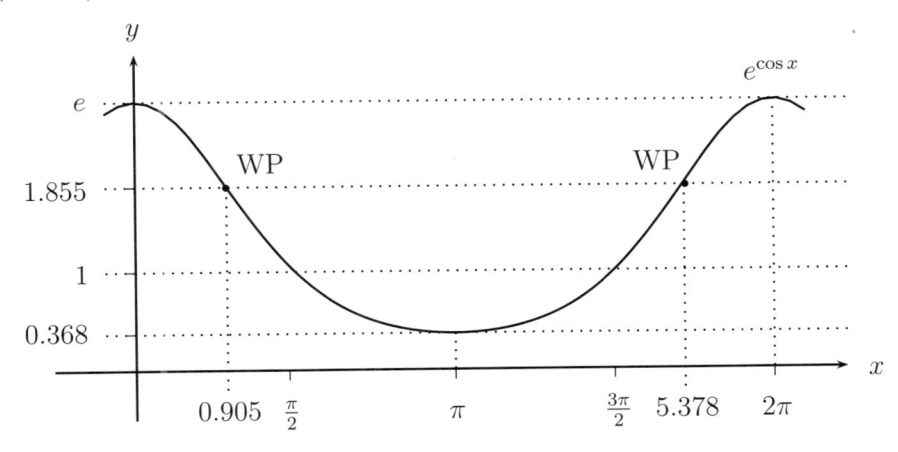

Figur 6.4.5

Nullstellen: keine.

Extremwerte

$f'(x) = e^{\cos x} \cdot (-\sin x) = -\sin x\, e^{\cos x}$,
$f''(x) = -\cos x\, e^{\cos x} + \sin^2 x\, e^{\cos x} = e^{\cos x}(\sin^2 x - \cos x)$;

$f'(x) = 0 \Leftrightarrow \sin x = 0 \Leftrightarrow x = 0, \pm\pi, \pm 2\pi, \pm 3\pi, \ldots$

Wir setzen die Lösungen in die zweite Ableitung ein:

$f''(0) = e^1(-1) < 0$; f hat in $x = 0$ ein lokales Maximum mit $f(x) = e$.

$f''(\pm\pi) = e^{-1}(+1) = e^{-1} > 0$; f hat in $x = \pm\pi$ lokale Minima mit dem Funktionswert $f(x) = e^{-1} = 0.368$.

Da f periodisch ist, setzen sich die lokalen Maxima und Minima abwechselnd im Abstand von π fort.

Wendepunkte

$$\begin{aligned}f'''(x) &= -\sin x e^{\cos x}(\sin^2 x - \cos x) + e^{\cos x}(2\sin x \cos x + \sin x)\\ &= \sin x e^{\cos x}(-\sin^2 x + \cos x + 2\cos x + 1)\\ &= \sin x e^{\cos x}(-(1-\cos^2 x) + 3\cos x + 1)\\ &= \sin x e^{\cos x}(\cos^2 x + 3\cos x) = \sin x \cos x\, e^{\cos x}(\cos x + 3)\\ &= 0.5 \sin 2x\, e^{\cos x}(\cos x + 3)\ .\end{aligned}$$

$$\begin{aligned}f''(x) = 0 \;&\Leftrightarrow\; \sin^2 x - \cos x = 0 \;\Leftrightarrow\; (1-\cos^2 x) - \cos x = 0\\ &\Leftrightarrow\; \cos^2 x + \cos x - 1 = 0\\ &\Leftrightarrow\; \cos x = \tfrac{1}{2}(-1 \pm \sqrt{1+4}) = -0.5 \pm 0.5\sqrt{5} = -1.618 \;/\; 0.618\\ &\Leftrightarrow\; x = \pm\, 0.905,\ \pm\, 5.378, \ldots\end{aligned}$$

Wir setzen die Lösungen in die dritte Ableitung ein:

$f'''(0.905) \approx 3.26 \neq 0$; f hat in $x = 0.905$ einen Wendepunkt mit $f(x) = 1.855$.
$f'''(5.378) \approx -3.26 \neq 0$; f hat in $x = 5.378$ ebenfalls einen Wendepunkte mit $f(x) = 1.855$, was auch aus Symmetriegründen klar ist.
Die Ergebnisse befinden sich in völliger Übereinstimmung zu Figur 6.4.5.

(f) Die Funktion $f(x) = \cos x \ln x$ ist für alle $x > 0$ definiert und in Figur 6.4.6 abgebildet. Unter (a) hatten wir die Funktion $x \sin x$ besprochen und festgestellt, dass es sich um eine Sinusfunktion handelt, die zwischen den Geraden $y = +x$ und $y = -x$ schwingt. Im vorliegenden Fall werden wir sehen, dass f in gleicher Weise als Cosinusfunktion zu verstehen ist, die zwischen den Funktionen $y = \ln x$ und $y = -\ln x$ schwingt.

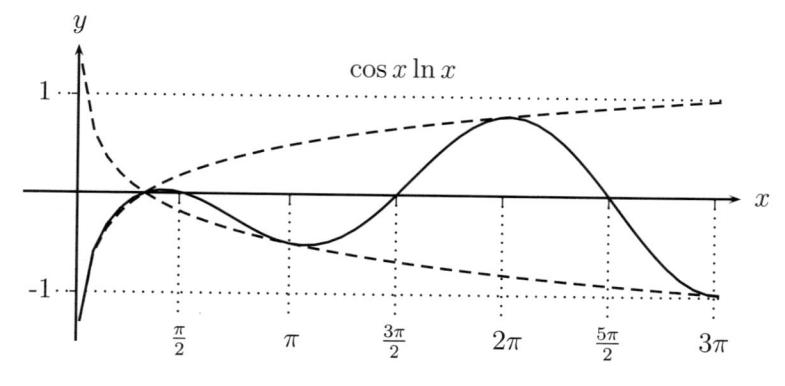

Figur 6.4.6

Nullstellen

$f(x) = 0 \;\Leftrightarrow\; \cos x = 0 \text{ oder } \ln x = 0 \;\Leftrightarrow\; x = 1,\ \tfrac{\pi}{2},\ \tfrac{3\pi}{2},\ \tfrac{5\pi}{2}, \ldots$

6. Trigonometrie

Extremwerte

$$f'(x) = -\sin x \ln x + \cos x \cdot \tfrac{1}{x},$$

$$f''(x) = -\cos x \ln x - \sin x \cdot \tfrac{1}{x} - \sin x \cdot \tfrac{1}{x} + \cos x \cdot (-\tfrac{1}{x^2})$$

$$= -\cos x \ln x - \tfrac{2\sin x}{x} - \tfrac{\cos x}{x^2}.$$

$$f'(x) = 0 \;\Leftrightarrow\; \sin x \ln x = \tfrac{\cos x}{x} \;\Leftrightarrow\; \tfrac{\sin x}{\cos x} = \tfrac{1}{x \ln x} \;\Leftrightarrow\; \tan x - \tfrac{1}{x \ln x} = 0.$$

Die letzte Gleichung ist nicht nach x auflösbar, so dass wir mit Hilfe des Newton-Verfahrens nur Näherungslösungen bestimmen können. Das soll für die ersten drei Extremwerte geschehen, dann sollte das Verfahren klar sein.

Wir definieren

$$g(x) := \tan x - \frac{1}{x \ln x}$$

und berechnen

$$g'(x) = 1 + \tan^2 x + \frac{1 + \ln x}{x^2 \ln^2 x}.$$

Zur Bestimmung des ersten Extremwertes $\bar{x}_1$ starten wir mit dem Näherungswert $x_0 = 1.4$. Die Berechnungsvorschrift

$$x_{n+1} = x_n - \frac{g(x_n)}{g'(x_n)} \tag{6.5}$$

führt schnell zu $\bar{x}_1 = 1.3801$ mit dem Funktionswert $f(\bar{x}_1) = 0.0265$. Die aufwändige Berechnung der zweiten Ableitung schenken wir uns und entnehmen der Figur 6.4.6, dass es sich um ein lokales Maximum handelt.

Zur Bestimmung des zweiten Extremwertes $\bar{x}_2$ starten wir mit dem Näherungswert $x_0 = 3.6$. Die Berechnungsvorschrift (6.5) führt zu $\bar{x}_2 = 3.6039$ mit dem Funktionswert $f(\bar{x}_2) = -0.4983$. Die Berechnung der zweiten Ableitung schenken wir uns erneut und entnehmen der Figur 6.4.6, dass es sich um ein lokales Minimum handelt.

Für den nächsten Extremwert, ein lokales Maximum, ermittelt man $\bar{x}_3 = 6.4715$ und $f(\bar{x}_3) = 0.7967$. Weitere Extremwerte berechnet man in derselben Weise. Es ist klar, dass sie immer ganz in der Nähe von Vielfachen von π liegen müssen.

A6.4.6 Betrachtet wird die Funktion $f(x) = e^x \cos x$ im Bereich $-\pi \le x \le \pi$.
(a) Skizzieren Sie die Funktion.
(b) Berechnen Sie die Nullstellen, Extremwerte und Wendepunkte.
(c) Berechnen Sie die ersten sechs Terme der Taylorreihe. Wählen Sie dazu $x_0 = \pi/2$ als Entwicklungspunkt.

(a) Die Funktion $f(x) = \cos x \, e^x$ ist für alle $x \in \mathbb{R}$ definiert und in Figur 6.4.7 abgebildet. Es handelt sich um eine Cosinusfunktion, die zwischen den Funktionen $y = e^x$ und $y = -e^x$ schwingt. Eine im Prinzip ähnliche Funktion war als Aufgabe 6.4.5(f) besprochen worden.

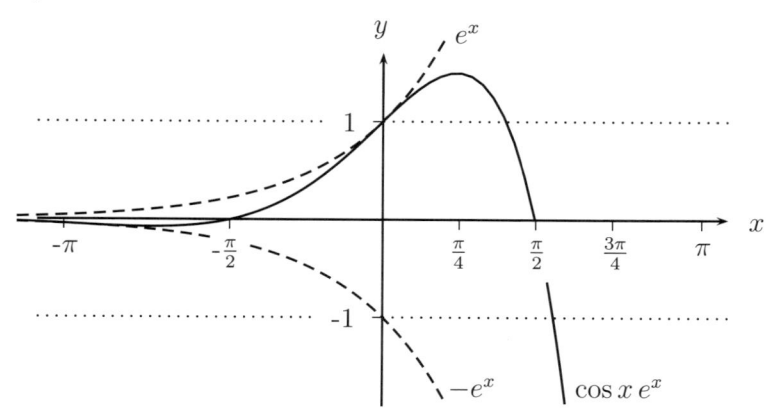

Figur 6.4.7

(b) Nullstellen
$f(x) = 0 \Leftrightarrow \cos x = 0$ oder $e^x = 0 \Leftrightarrow x = \pm \frac{\pi}{2}$.
Extremwerte
$f'(x) = -\sin x \, e^x + \cos x \, e^x = (\cos x - \sin x) \, e^x$,
$f''(x) = (-\sin x - \cos x) \, e^x + (\cos x - \sin x) \, e^x = -2 \sin x \, e^x$.
$f'(x) = 0 \Leftrightarrow \sin x = \cos x \Leftrightarrow \tan x = 1 \Leftrightarrow x = -\frac{3\pi}{4}, \frac{\pi}{4}$.
Wir setzen die Lösungen in die zweite Ableitung ein:
$f''(-\frac{3\pi}{4}) = -2 \cdot \sin(-\frac{3\pi}{4}) \cdot e^{-\frac{3\pi}{4}} = -2 \cdot (-\frac{1}{2}\sqrt{2}) \cdot e^{-\frac{3\pi}{4}} > 0$;
folglich hat f hat in $x = -\frac{3\pi}{4}$ ein lokales Minimum mit $f(x) \approx 0.067$.
$f''(\frac{\pi}{4}) = -2 \cdot \sin(\frac{\pi}{4}) \cdot e^{\frac{\pi}{4}} = -2 \cdot (\frac{1}{2}\sqrt{2}) \cdot e^{\frac{\pi}{4}} < 0$;
folglich hat f hat in $x = \frac{\pi}{4}$ ein lokales Maximum mit $f(x) \approx 1.551$.
Wendepunkte
$f'''(x) = -2 \cos x \, e^x - 2 \sin x \, e^x = -2 \, (\cos x + \sin x) \, e^x$;
$f''(x) = 0 \Leftrightarrow \sin x = 0 \Leftrightarrow x = -\pi, \, 0, \, \pi$.
Wir setzen die Lösungen in die dritte Ableitung ein:
$f'''(-\pi) = -2 \cdot (-1) \cdot e^{-\pi} \neq 0$; f hat in $x = -\pi$ einen Wendepunkte mit $f(x) = -0.043$.
$f'''(0) = -2 \neq 0$; f hat auch in $x = 0$ einen Wendepunkte mit $f(x) = 1$.
$f'''(\pi) = -2 \cdot (-1) \cdot e^{\pi} \neq 0$; f hat auch in $x = \pi$ einen Wendepunkte mit $f(x) = -23.141$.

(c) Die ersten sechs Terme der Taylorentwicklung um $x_0 = \frac{\pi}{2}$ werden aus den Werten $f(x_0), f'(x_0), \ldots, f^{(5)}(x_0)$ gebildet. Wir benötigen deshalb noch die Ableitungen

$f^{(4)}(x) = -2(\cos x - \sin x)e^x - 2(\cos x + \sin x)e^x = -4\cos x\, e^x$, und

$f^{(5)}(x) = 4\sin x\, e^x - 4\cos x\, e^x = -4(\cos x - \sin x)e^x$.

Die gesuchten Funktionswerte lauten dann:

$f(\frac{\pi}{2}) = 0$, $f'(\frac{\pi}{2}) = -e^{\frac{\pi}{2}}$, $f''(\frac{\pi}{2}) = -2e^{\frac{\pi}{2}}$, $f'''(\frac{\pi}{2}) = -2e^{\frac{\pi}{2}}$, $f^{(4)}(\frac{\pi}{2}) = 0$,

und $f^{(5)}(\frac{\pi}{2}) = 4e^{\frac{\pi}{2}}$.

Diese setzen wir in die Taylorformel ein und erhalten so das eindeutige Polynom 5. Grades mit der Variablen h, die für die Abweichung von $\frac{\pi}{2}$ steht, das den gleichen Funktionswert und die gleichen Werte in den ersten 5 Ableitungen wie $f(x)$ besitzt:

$f(\frac{\pi}{2} + h) = 0 + (-e^{\frac{\pi}{2}}) \cdot h + (-2e^{\frac{\pi}{2}}) \cdot \frac{h^2}{2} + (-2e^{\frac{\pi}{2}}) \cdot \frac{h^3}{3!} + 0 \cdot \frac{h^4}{4!} + 4e^{\frac{\pi}{2}} \cdot \frac{h^5}{5!}$

$= -e^{\frac{\pi}{2}} h - \frac{2}{2} e^{\frac{\pi}{2}} h^2 - \frac{2}{3!} e^{\frac{\pi}{2}} h^3 + \frac{4}{5!} e^{\frac{\pi}{2}} h^5$.

Bei genauer Betrachtung ist ein Bildungsgesetz für die höheren Terme der Taylorreihe erkennbar; wir wollen es jedoch bei sechs Termen bewenden lassen.

A6.4.7 Betrachtet wird die Funktion $f(x) = e^x \sin x$ im Bereich $-\pi \leq x \leq \pi$.
  (a) Skizzieren Sie die Funktion.
  (b) Berechnen Sie die Nullstellen, Extremwerte und Wendepunkte.
  (c) Berechnen Sie die ersten sechs Terme der Taylorreihe. Wählen Sie dazu $x_0 = 0$ als Entwicklungspunkt.

(a) Die Funktion $f(x) = \sin x\, e^x$ ist für alle $x \in \mathbb{R}$ definiert und in Figur 6.4.8 abgebildet. Es handelt sich um eine Sinusfunktion, die zwischen den Funktionen $y = e^x$ und $y = -e^x$ schwingt. Eine im Prinzip ähnliche Funktion war als Aufgabe 6.4.6 besprochen worden.

(b) Nullstellen
$f(x) = 0 \Leftrightarrow \sin x = 0$ oder $e^x = 0 \Leftrightarrow x = 0, \pm\pi$.

Extremwerte
$f'(x) = \cos x\, e^x + \sin x\, e^x = (\cos x + \sin x) e^x$,

$f''(x) = (-\sin x + \cos x) e^x + (\cos x + \sin x) e^x = 2\cos x\, e^x$.

$f'(x) = 0 \Leftrightarrow \sin x = -\cos x \Leftrightarrow \tan x = -1 \Leftrightarrow x = -\frac{\pi}{4}, \frac{3\pi}{4}$.

Wir setzen die Lösungen in die zweite Ableitung ein:

$f''(-\frac{\pi}{4}) = 2 \cdot \frac{1}{2}\sqrt{2} e^{-\frac{\pi}{4}} \approx 0.644 > 0$;

folglich hat f hat in $x = -\frac{\pi}{4}$ ein lokales Minimum mit $f(x) \approx -0.345$.

$f''(\frac{3\pi}{4}) = 2 \cdot \frac{1}{2}\sqrt{2} \cdot e^{\frac{3\pi}{4}} \approx 14.92 > 0$;

folglich hat f hat in $x = \frac{3\pi}{4}$ ein lokales Maximum mit $f(x) \approx 7.459$.

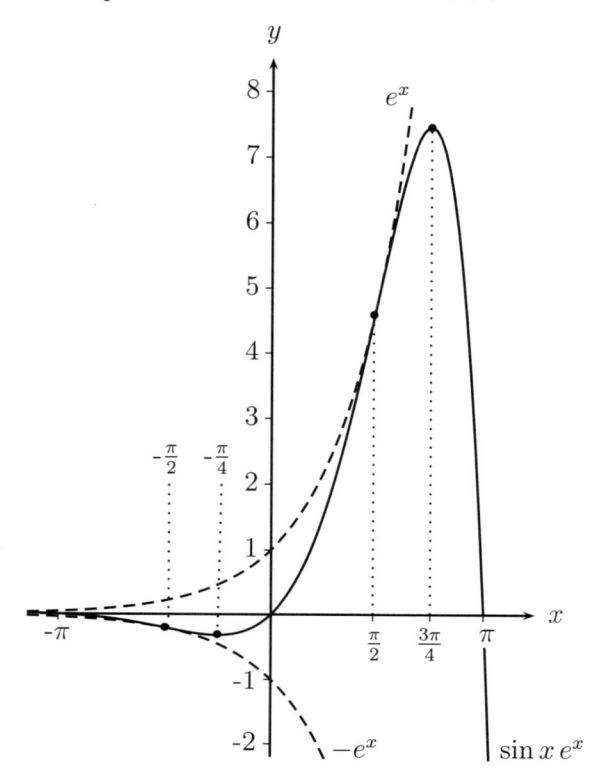

Figur 6.4.8

Wendepunkte

$f'''(x) = -2\sin x\, e^x + 2\cos x\, e^x = 2\,(\cos x - \sin x)\,e^x$;

$f''(x) = 0 \;\Leftrightarrow\; \cos x = 0 \;\Leftrightarrow\; x = -\frac{\pi}{2},\, \frac{\pi}{2}$.

Wir setzen die Lösungen in die dritte Ableitung ein:

$f'''(-\frac{\pi}{2}) = 2 \cdot (+1) \cdot e^{-\frac{\pi}{2}} \approx 0.416 \neq 0$;

f hat in $x = -\frac{\pi}{2}$ einen Wendepunkte mit $f(x) = -0.208$.

$f'''(\frac{\pi}{2}) = 2 \cdot (-1) \cdot e^{\frac{\pi}{2}} \approx -9.62 \neq 0$;

f hat auch in $x = \frac{\pi}{2}$ einen Wendepunkte mit $f(x) \approx 4.81$.

(c) Die ersten sechs Terme der Taylorentwicklung um $x_0 = 0$ werden aus den Werten $f(0), f'(0), \ldots, f^{(5)}(0)$ gebildet. Wir benötigen deshalb noch die Ableitungen

$f^{(4)}(x) = -2\,(\cos x + \sin x)\,e^x + 2\,(\cos x - \sin x)\,e^x = -4\sin x\, e^x$, und

$f^{(5)}(x) = -4\cos x\, e^x - 4\sin x\, e^x = -4\,(\cos x + \sin x)\,e^x$.

Die gesuchten Funktionswerte lauten dann:
$$f(0) = 0, \quad f'(0) = 1, \quad f''(0) = 2, \quad f'''(0) = 2, \quad f^{(4)}(0) = 0, \quad f^{(5)}(0) = 4 \,.$$

Diese setzen wir in die Taylorformel ein und erhalten so das eindeutige Polynom 5. Grades, das den gleichen Funktionswert und die gleichen Werte in den ersten 5 Ableitungen wie $f(x)$ besitzt. Da die Abweichung h vom Entwicklungspunkt $x_0 = 0$ mit der Variablen x identisch ist, verwenden wir in der Taylorformel gleich die Variable x:

$$f(x) = 0 + 1 \cdot x + \tfrac{2}{2!} \cdot x^2 + \tfrac{2}{3!} \cdot x^3 + \tfrac{0}{4!} \cdot x^4 + \tfrac{-4}{5!} \cdot x^5$$
$$= x + x^2 + \tfrac{2}{3!}x^3 - \tfrac{4}{5!} \cdot x^5 \,.$$

Bei genauer Betrachtung ist ein Bildungsgesetz für die höheren Terme der Taylorreihe erkennbar; wir wollen es jedoch bei sechs Termen bewenden lassen.

A6.4.8 Betrachtet wird die Funktion $f(x) = e^{\sin x} - 1$ im Bereich $0 \leq x \leq 2\pi$.
  (a) Skizzieren Sie die Funktion.
  (b) Berechnen Sie die Nullstellen, Extremwerte und Wendepunkte.
  (c) Berechnen Sie die ersten sechs Terme der Taylorreihe. Wählen Sie dazu $x_0 = 0$ als Entwicklungspunkt.

(a) Die Funktion $f(x) = e^{\sin x} - 1$ ist für alle $x \in \mathbb{R}$ definiert und in Figur 6.4.9 abgebildet. Es handelt sich um eine "Sinusfunktion", deren Werte durch die Exponentialfunktion "verzerrt" wurden. Sie ist jedoch 2π-periodisch, da die Sinusfunktion im Argument der Exponentialfunktion 2π-periodisch ist. Sie ist aber nicht symmetrisch (zur y-Achse) oder punktsymmetrisch. Statt dessen ist sie symmetrisch zu den Achsen $x = \frac{\pi}{2}$ und $x = \frac{3\pi}{2}$ und allen Verschiebungen dieser Achsen um 2π.

(b) Nullstellen
$$f(x) = 0 \Leftrightarrow e^{\sin x} = 1 \Leftrightarrow \sin x = 0 \Leftrightarrow x = 0, \pi, 2\pi \,.$$
Extremwerte
$$f'(x) = e^{\sin x} \cdot \cos x = \cos x \, e^{\sin x} \,,$$
$$f''(x) = -\sin x \, e^{\sin x} + \cos x \, e^{\sin x} \cdot \cos x = (\cos^2 x - \sin x) \, e^{\sin x} \,.$$
$$f'(x) = 0 \Leftrightarrow \cos x = 0 \Leftrightarrow x = \tfrac{\pi}{2}, \tfrac{3\pi}{2} \,.$$
Wir setzen die Lösungen in die zweite Ableitung ein:
$$f''(\tfrac{\pi}{2}) = (-1)e^1 = -e < 0 \,;$$
f hat in $x = \tfrac{\pi}{2}$ ein lokales Maximum mit $f(x) = e - 1 \approx 1.718$.
$$f''(\tfrac{3\pi}{2}) = (1)e^{-1} = \tfrac{1}{e} > 0 \,;$$
f hat in $x = \tfrac{3\pi}{2}$ ein lokales Minimum mit $f(x) = e^{-1} - 1 \approx -0.632$.

Wendepunkte

$$f'''(x) = (2\cos x(-\sin x) - \cos x)\,e^{\sin x} + (\cos^2 x - \sin x)\,e^{\sin x}\cos x$$
$$= (-2\sin x - 1 + \cos^2 x - \sin x)\cos x\,e^{\sin x}$$
$$= (\cos^2 x - 3\sin x - 1)\cos x\,e^{\sin x}\;;$$

$$f''(x) = 0 \;\Leftrightarrow\; \cos^2 x - \sin x = 0 \;\Leftrightarrow\; 1 - \sin^2 x - \sin x = 0$$
$$\Leftrightarrow\; \sin^2 x + \sin x - 1 = 0$$
$$\Leftrightarrow\; (\sin x)_{1/2} = \tfrac{1}{2}(-1 \pm \sqrt{1+4}) = -\tfrac{1}{2} \pm \tfrac{1}{2}\sqrt{5}\;.$$

Das Minuszeichen ist ohne Belang, da $\sin x > -1$ immer gilt. Es folgt:

$\sin x = 0.618 \;\Leftrightarrow\; x_1 = 0.666$ und $x_2 = 2.475$.

Wir setzen die Lösungen in die dritte Ableitung ein:

$f'''(0.666) \approx -3.26 \neq 0$; f hat in $x = 0.666$ einen Wendepunkte mit $f(x) = 0.856$.

$f'''(2.475) \approx 3.26 \neq 0$; f hat auch in $x = 2.475$ einen Wendepunkte mit $f(x) \approx 0.856$.

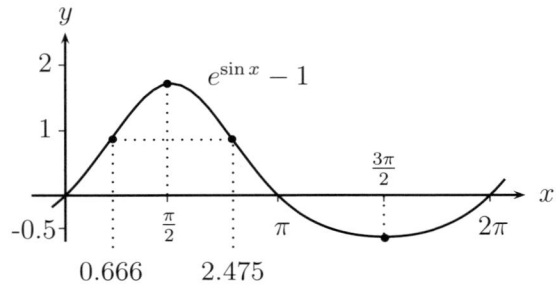

Figur 6.4.9

(c) Die ersten sechs Terme der Taylorentwicklung um $x_0 = 0$ werden aus den Werten $f(0), f'(0), \ldots, f^{(5)}(0)$ gebildet. Wir brauchen deshalb noch die vierte und fünfte Ableitung von $f(x)$, deren Berechnung recht mühsam ausfällt. Wir teilen deshalb nur das Ergebnis mit:

$$f^{(4)}(x) = (\sin^4 x + 6\sin^3 x + 5\sin^2 x - 5\sin x - 3)\,e^{\sin x},\text{ und}$$
$$f^{(5)}(x) = (\sin^4 x + 10\sin^3 x + 23\sin^2 x + 5\sin x - 8)\cos x\,e^{\sin x}\;.$$

Die gesuchten Funktionswerte lauten dann:

$$f(0) = 0,\quad f'(0) = 1,\quad f''(0) = 1,\quad f'''(0) = 0,\quad f^{(4)}(0) = -3,\quad f^{(5)}(0) = -8\;.$$

Diese setzen wir in die Taylorformel ein und erhalten so das eindeutige Polynom 5. Grades, das den gleichen Funktionswert und die gleichen Werte in den ersten 5 Ableitungen wie $f(x)$ besitzt. Da die Abweichung h vom Entwicklungspunkt $x_0 = 0$ mit der Variablen x identisch ist, verwenden wir in der Taylorformel gleich die Variable x:

$$f(x) = 0 + 1 \cdot x + \tfrac{1}{2!} \cdot x^2 + \tfrac{0}{3!} \cdot x^3 + \tfrac{-3}{4!} \cdot x^4 + \tfrac{-8}{5!} \cdot x^5$$
$$= x + \tfrac{1}{2}x^2 - \tfrac{3}{4!} \cdot x^4 - \tfrac{8}{5!} \cdot x^5\;.$$

6. Trigonometrie

A6.4.9 Betrachtet wird die Funktion $f(x) = x + \sin x$.
  (a) Skizzieren Sie die Funktion.
  (b) Berechnen Sie die Nullstellen, Extremwerte und Wendepunkte.
  (c) Ist f umkehrbar? [Hinweis: Beachten Sie Satz 4.7.6 und A4.3.9.]

(a) Die Funktion $f(x) = x + \sin x$ ist für alle $x \in \mathbb{R}$ definiert und in Figur 6.4.10 abgebildet. Es handelt sich um eine Sinusfunktion, die sich um die Gerade $y = x$ rankt.

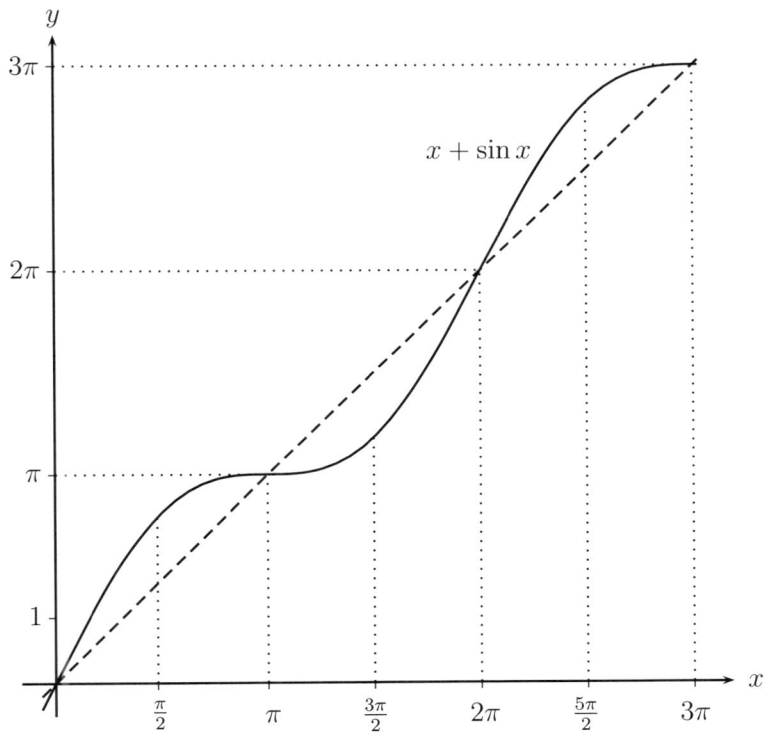

Figur 6.4.10

(b) Nullstellen
$$f(x) = 0 \;\Leftrightarrow\; \sin x = -x \;\Leftrightarrow\; x = 0\,,$$
da sich die Funktionen $\sin x$ und $-x$ nur im Nullpunkt schneiden.

Extremwerte
$$f'(x) = 1 + \cos x\,,\quad f''(x) = -\sin x\,.$$
$$f'(x) = 0 \;\Leftrightarrow\; \cos x = -1 \;\Leftrightarrow\; x = \pm\pi,\, \pm 3\pi,\, \pm 5\pi,\, \ldots$$
Wir setzen die Lösungen in die zweite Ableitung ein:

$f''(\pi) = 0$; f hat in $x = \pi$ zwar eine horizontal verlaufende Tangente, aber ob es sich um einen Extremwert oder einen Wendepunkt handelt, kann nur durch die Betrachtung der höheren Ableitungen an dieser Stelle entschieden werden – siehe Satz 4.4.8.

$f'''(x) = -\cos x$, $f^{(4)}(x) = \sin x$.

Da $f'''(\pi) = 1 \neq 0$, hat f in $x = \pi$ einen Wendepunkt mit horizontaler Tangente, einen sogenannten Stufenpunkt, mit $f(\pi) = \pi$. Dieselbe Argumentation wiederholt sich an allen Punkten $x = -\pi, \pm 3\pi, \pm 5\pi, \ldots$, so dass wir feststellen, dass f keine Extremwerte besitzt.

Wendepunkte

$f''(x) = 0 \Leftrightarrow \sin x = 0 \Leftrightarrow x = \pm\pi, \pm 3\pi, \pm 5\pi, \ldots$

Diese Punkte haben wir bereits untersucht und festgestellt, dass sie alle Stufenpunkte darstellen.

(c) Wir müssen gemäß Satz 4.7.6 nachweisen, dass f streng monoton steigt. Gemäß Satz 4.3.16 wäre dies erfüllt, wenn für alle $x \in \mathbb{R}$ stets $f'(x) > 0$ erfüllt wäre. Ist es aber nicht. Hier hilft uns A4.3.9: für jedes Paar $x_1, x_2 \in \mathbb{R}$ mit $x_1 < x_2$ gibt es offensichtlich ein $c \in \mathbb{R}$ mit $x_1 < c < x_2$ und $f'(c) > 0$. Damit ist f streng monoton steigend und folglich umkehrbar.

Da man $y = x + \sin x$ nicht nach x auflösen kann, lässt sich die Umkehrfunktion aber nur als Spiegelung von f an der Winkelhalbierenden zeichnen und allenfalls lokal durch Taylorreihen darstellen.

A6.4.10 Berechnen Sie das Rechteck mit achsenparallelen Seiten zwischen x-Achse, y-Achse und der Funktion $f(x) = \cos x + 1$ mit maximaler Fläche mittels Newton-Verfahren im Bereich $0 \leq x \leq \pi$.

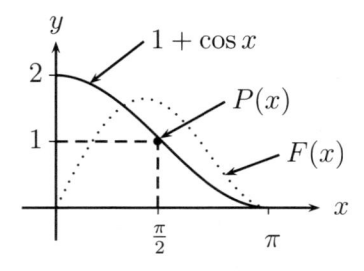

Figur 6.4.11

Wir müssen denjenigen Punkt $P(x) = (x, 1 + \cos x)$ mit $0 \leq x \leq \pi$ bestimmen, der ein Rechteck mit maximaler Fläche aufspannt. Diese Fläche beträgt

$$F(x) = x \cdot (1 + \cos x) .$$

Die Funktion $F(x)$ wurde in Figur 6.4.11 gepunktet eingezeichnet. Der Weg ist nun klar: Wir müssen $F(x)$ ableiten, die Nullstellen der Ableitung im Bereich $0 \leq x \leq \pi$ berechnen und abschließend die Lösungen mit der Hilfe der zweiten Ableitung prüfen.

6. Trigonometrie

$F'(x) = (1 + \cos x) + x(-\sin x) = -x \sin x + \cos x + 1$.

$F'(x) = 0 \Leftrightarrow -x \sin x + \cos x + 1 = 0$; leider besteht keine Aussicht, diese Gleichung nach x auflösen zu können. Es bleibt nur die Möglichkeit einer näherungsweisen Lösung, die wir nach einem Blick auf Figur 6.4.11 auf $x_0 = 1.5$ schätzen. Zur Anwendung des Newton-Verfahrens

$$x_{n+1} = x_n - \frac{F'(x_n)}{F''(x_n)}$$

benötigen wir noch

$F''(x) = -\sin x - x \cos x - \sin x = -x \cos x - 2 \sin x$.

Dann erhalten wir:

$x_1 = 1.5 - \frac{-0.4255}{2.1011} = 1.297$, und $x_2 = 1.297 - \frac{0.0206}{2.2760} = 1.3065$.

Dieser Wert verändert sich bei erneuten Durchgängen nicht mehr. Da die zweite Ableitung $F''(x)$ an dieser Stelle positiv ist, handelt es sich um ein lokales Maximum. Es ist das einzige Maximum, das $F(x)$ im Bereich $0 \leq x \leq \pi$ besitzt, wie wir ebenfalls der Figur 6.4.11 entnehmen können.

A6.4.11 Berechnen Sie alle Schnittpunkte der Funktionen $f(x) = \cos x$ und $g(x) = x^2$ mit Hilfe des Newton-Verfahrens.

Die beiden Funktionen $f(x)$ und $g(x)$ sind in Figur 6.4.12 skizziert.

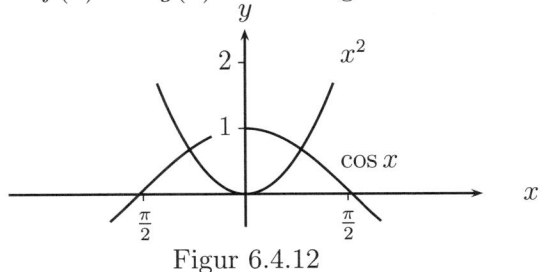

Figur 6.4.12

Definiert man $F(x) := x^2 - \cos x$, so sind die gesuchten Schnittpunkte gerade die Nullstellen von $F(x)$. Diese ermitteln wir näherungsweise mit dem Newton-Verfahren, da die Gleichung $F(x) = 0$ keine direkte Auflösung nach x gestattet. Wir benötigen noch die erste Ableitung von F: $F'(x) = 2x + \sin x$.
Dann lautet die Berechnungsvorschrift des Newton-Verfahrens

$$x_{n+1} = x_n - \frac{F(x_n)}{F'(x_n)} = x_n - \frac{x_n^2 - \cos x_n}{2x + \sin x_n} \; .$$

Als Schätzwert nehmen wir $x_0 = 1$ aus Figur 6.4.12 und erhalten
$x_1 = 1 - \frac{0.45970}{2.84147} = 0.83822$, $x_2 = 0.83822 - \frac{0.03382}{2.41989} = 0.82424$, und
$x_3 = 0.82424 - \frac{0.00026}{2.38252} = 0.82413$.

Dieser Wert ändert sich auf den ersten fünf Stellen nach dem Komma nicht mehr. Der symmetrische Wert $\bar{x}_3 = -0.82413$ ist ebenfalls eine Lösung.

Natürlich ist es ärgerlich, dass so viele mathematische Gleichungen nicht nach der gesuchten Variablen auflösbar sind. In dieser Aufgabe gibt es jedoch noch einen anderen Weg, um eine brauchbare Näherungslösung zu erhalten, indem wir nämlich $\cos x$ durch die ersten drei Termen der Reihenentwicklung – Satz 6.4.3 – ausdrücken. Dann bekommt $F(x)$ die Gestalt:

$F(x) = x^2 - (1 - \frac{x^2}{2} + \frac{x^4}{24})$, und es folgt

$F(x) = 0 \iff x^2 - 1 + \frac{x^2}{2} - \frac{x^4}{24} = 0 \iff x^4 - 36x^2 + 24 = 0$

$\iff (x^2)_{1/2} = \frac{1}{2}(36 \pm \sqrt{36^2 - 4 \cdot 24}) = 18 \pm 10\sqrt{3} = 0.67949 \:/\: 35.32051$

$\iff x_{1/2/3/4} = -0.8243,\ +0.8243,\ -5.9431,\ +5.9431$.

Obwohl aus Figur 6.4.12 ersichtlich ist, dass es nur zwei Lösungen geben kann, nämlich die Lösungen $x_1 = -0.8243$ und $x_2 = +0.8243$, die wir auch über das Newton-Verfahren erhalten hatten, gibt es in diesem zweiten Ansatz natürlich noch zwei weitere Lösungen, da wir die Cosinus-Funktion durch ein Polynom 4. Grades ersetzt haben, das identisch ist mit der Funktion s_2 in Figur 6.4.1 des Lehrbuchs. Die Funktion s_2 schneidet die Parabel x^2 auch in den Punkten x_3 und x_4, was natürlich für unsere Aufgabe ohne jeden Belang ist.

A6.4.12 Die Funktionen tic, tac und toe seien durch unendliche Reihen gegeben:

$$\operatorname{tic} x := \sum_{n=0}^{\infty} (-1)^n \frac{x^{3n+1}}{(3n+1)!}$$

$$\operatorname{tac} x := \sum_{n=0}^{\infty} (-1)^n \frac{x^{3n}}{(3n)!}$$

$$\operatorname{toe} x := \sum_{n=0}^{\infty} (-1)^n \frac{x^{3n+2}}{(3n+2)!}$$

(a) Untersuchen Sie die Reihen auf Konvergenz mittels Q-K.

(b) Zeigen Sie durch termweise Ableitung:

$(\operatorname{tic} x)' = \operatorname{tac} x, \quad (\operatorname{tac} x)' = -\operatorname{toe} x, \quad (\operatorname{toe} x)' = \operatorname{tic} x.$

(c) Zeigen Sie: $(\operatorname{tic}^2 x)' \operatorname{toe} x + (\operatorname{tac}^2 x)' \operatorname{tic} x = 0$.

(a) Wir untersuchen beispielhaft die Reihe $\operatorname{tic} x$. Dann gilt

$$a_n = (-1)^n \frac{x^{3n+1}}{(3n+1)!} \quad \text{und} \quad a_{n+1} = (-1)^{n+1} \frac{x^{3(n+1)+1}}{(3(n+1)+1)!}.$$

Folglich ermittelt man als n-ten Verkleinerungsfaktor

$$q_n = \frac{|a_{n+1}|}{|a_n|} = \frac{|x|^{3n+4} \cdot (3n+1)!}{(3n+4)! \cdot |x|^{3n+1}} = \frac{|x|^3}{(3n+2)(3n+3)(3n+4)}.$$

Wegen $q_n \to 0$ für $n \to \infty$ ist $\operatorname{tic} x$ für alle $x \in \mathbb{R}$ konvergent.

(b) Termweise Ableitung führt zu:

$$[\text{tic } x]' = \left[\frac{x}{1} - \frac{x^4}{4!} + \frac{x^7}{7!} \cdots\right]' = 1 - 4\frac{x^3}{4!} + 7\frac{x^6}{7!} \cdots = 1 - \frac{x^3}{3!} + \frac{x^6}{6!} \cdots = \text{tac } x ,$$

$$[\text{tac } x]' = \left[1 - \frac{x^3}{3!} + \frac{x^6}{6!} - \frac{x^9}{9!} \cdots\right]' = -3\frac{x^2}{3!} + 6\frac{x^5}{6!} - 9\frac{x^8}{9!} \cdots$$

$$= -\left[\frac{x^2}{2!} - \frac{x^5}{5!} + \frac{x^8}{8!} \cdots\right] = -\text{toe } x ,$$

$$[\text{toe } x]' = \left[\frac{x^2}{2!} - \frac{x^5}{5!} + \frac{x^8}{8!} \cdots\right]' = 2\frac{x}{2!} - 5\frac{x^4}{5!} + 8\frac{x^7}{8!} \cdots = \frac{x}{1!} - \frac{x^4}{4!} + \frac{x^7}{7!} \cdots = \text{tic } x .$$

(c) Wir rechnen eine Kette:

$$(\text{tic}^2 x)' \text{toe } x + (\text{tac}^2 x)' \text{tic } x = 2 \text{tic } x \cdot (\text{tic } x)' \cdot \text{toe } x + 2 \text{tac } x \cdot (\text{tac } x)' \cdot \text{tic } x$$

$$= 2 \text{tic } x \cdot \text{tac } x \cdot \text{toe } x + 2 \text{tac } x \cdot (-\text{toe } x) \cdot \text{tic } x = 0 .$$

6.5 Trigonometrische Umkehrfunktionen

A6.5.1 Zeichnen Sie den Hauptwert der Cotangens-Funktion auf dem Intervall $(0, \pi)$ und die Umkehrfunktion $\text{arccot } x$. Welche Definitions- und Bildbereiche haben die beiden Funktionen? Berechnen Sie die Ableitung von $\text{arccot } x$.

Die Polstellen der Cotangens-Funktion sind wegen $\cot x = \cos x / \sin x$ identisch mit den Nullstellen der Sinusfunktion. Wir betrachten die Cotangens-Funktion auf dem Intervall $(0, \pi)$ zwischen den Polstellen $x = 0$ und $x = \pi$. Aus Satz 6.4.2 wissen wir, dass $\cot' x = -1 - \cot^2 x < 0$, für alle $x \in \mathbb{R}$. Als Folge von Satz 4.3.16 ist der Hauptwert des Cotangens

$$\cot x \colon (0, \pi) \to \mathbb{R}$$

streng monoton fallend und somit umkehrbar, Satz 4.7.6. Figur 6.5.1 zeigt den Hauptwert des Cotangens und seine Umkehrfunktion

$$\text{arccot } x \colon \mathbb{R} \to (0, \pi) .$$

Die Ableitung berechnen wir nach Satz 4.7.10:

$$(\text{arccot } x)' = \frac{1}{\cot'(\text{arccot } x)} = \frac{1}{-1 - \cot^2(\text{arccot } x)} = \frac{-1}{1 + x^2} .$$

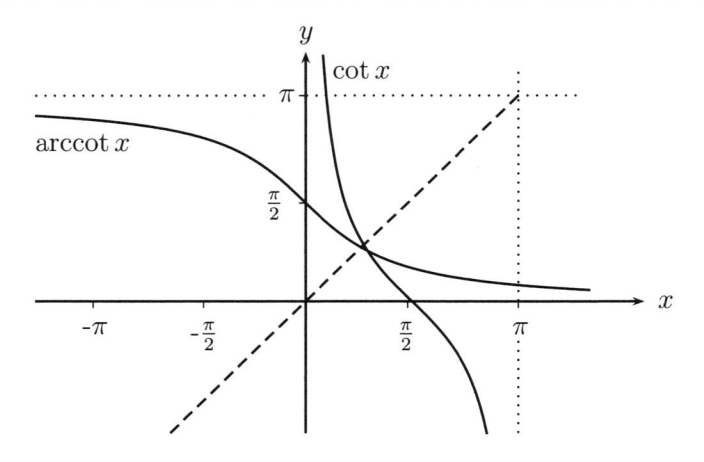

Figur 6.5.1

A6.5.2 Bestimmen Sie den Definitionsbereich der folgenden Funktionen so, dass sie dort streng monotonen Verlauf haben. Berechnen Sie die Umkehrfunktionen und ihren Definitionsbereich.

(a) $f(x) = 4\ln(\sin(3x))$ (b) $f(x) = \sqrt[3]{5e^{(x^5)}}$

(c) $f(x) = [\ln(\arctan(\sqrt{2x-1}))]^{-1}$ (d) $f(x) = [\arcsin(e^{(x^2)})]^{-1}$

(a) Verkettet man zwei streng monoton steigenden Funktionen, ist auch die Verkettung streng monoton steigend, siehe A4.7.5. Da $\ln x$ streng monoton steigt, wählen wir einen Abschnitt von $\sin(3x)$, auf dem auch diese Funktion streng monoton steigt. Außerdem muss natürlich auf dem gewählten Intervall D gewährleistet sein, dass dort $\sin(3x) > 0$, da sonst die Logarithmus-Funktion nicht definiert ist. Da die Funktion $\sin x$ im Bereich $-\frac{\pi}{2} \leq x \leq \frac{\pi}{2}$ streng monoton steigt und im Teilbereich $0 < x \leq \frac{\pi}{2}$ auch $\sin x > 0$ erfüllt, definieren wir $D := (0, \frac{\pi}{6}]$.

Ist eine Funktion $g(x)$ auf D definiert, so schreiben wir für das Bild von D unter g:

$$\text{Bild}(g\,;\,D) := \{g(x) \mid x \in D\}\,.$$

So folgt $\qquad \text{Bild}(\sin(3x)\,;\,D) = (0, 1]\,,$

und $\qquad \text{Bild}(f\,;\,D) = \text{Bild}(4\ln x;\,(0,1]) = (-\infty, 0]\,.$

Zur Berechnung der Umkehrfunktion folgen wir der Bemerkung 4.7.3:

$y = 4\ln(\sin(3x)) \;\Rightarrow\; \ln(\sin(3x)) = \frac{y}{4} \;\Rightarrow\; \sin(3x) = e^{\frac{y}{4}}$

$\qquad\qquad \Rightarrow\; 3x = \arcsin(e^{\frac{y}{4}}) \;\Rightarrow\; x = \frac{1}{3}\arcsin(e^{\frac{y}{4}})$

Die Umkehrfunktion lautet deshalb

$$\hat{f}(x) = \frac{1}{3}\arcsin(e^{\frac{x}{4}})\colon\; (-\infty, 0] \to (0, \frac{\pi}{6}]\,.$$

(b) Die drei Funktionen x^5, e^x und $\sqrt[3]{x}$ haben alle einen streng monoton steigenden Verlauf und sind uneingeschränkt definiert, so dass auch die Verkettung $f(x) = \sqrt[3]{5e^{(x^5)}}$ auf ganz $\mathbb{R}$ streng monoton steigt, siehe A4.7.5. Eine Einschränkung des Definitionsbereichs zum Zwecke der Umkehrung ist deshalb nicht notwendig. Wir verwenden die Notation aus (a):

$$D := \mathbb{R} \;\Rightarrow\; \text{Bild}(x^5\,;\,D) = \mathbb{R} \;\Rightarrow\; \text{Bild}(e^x\,;\,\mathbb{R}) = \mathbb{R}^+$$
$$\Rightarrow\; \text{Bild}(f\,;\,D) = \text{Bild}(\sqrt[3]{5x}\,;\,\mathbb{R}^+) = \mathbb{R}^+ \;.$$

Zur Berechnung der Umkehrfunktion folgen wir der Bemerkung 4.7.3:

$$y = \sqrt[3]{5e^{(x^5)}} \;\Rightarrow\; 5e^{(x^5)} = y^3 \;\Rightarrow\; e^{(x^5)} = \tfrac{y^3}{5}$$
$$\Rightarrow\; x^5 = \ln\!\left[\tfrac{y^3}{5}\right] = 3\ln y - \ln 5 \;\Rightarrow\; x = \sqrt[5]{3\ln y - \ln 5} \;.$$

Die Umkehrfunktion lautet deshalb

$$\hat f(x) = \sqrt[5]{3\ln x - \ln 5}\colon\; \mathbb{R}^+ \to \mathbb{R} \;.$$

(c) Die Lösung dieser Aufgabe ist anspruchsvoll, da sie eine gute Kenntnis aller beteiligten Funktionen voraussetzt. Zunächst eine allgemeine Aussage:

Ist $g(x)$ eine streng monoton steigende Funktion und $h(x)$ streng monoton fallend, so ist auch $(h \circ g)(x) = h(g(x))$ streng monoton fallend. Das sieht man leicht ein:

$$x_1 < x_2 \;\Rightarrow\; g(x_1) < g(x_2) \;\Rightarrow\; h(g(x_1)) > h(g(x_2)) \;.$$

Die vier Funktionen $2x - 1$, $\sqrt{x}$ (für $x \geq 0$), $\arctan x$ und $\ln x$ (für $x > 0$) sind streng monoton steigend, so dass auch die Verkettung streng monoton steigend verläuft. Die Funktion x^{-1} ist jedoch auf $\mathbb{R}^+$ streng monoton fallend, so dass die Verkettung $f(x) = [\ln(\arctan(\sqrt{2x-1}))]^{-1}$ streng monoton fallend verläuft. Jetzt müssen wir nur noch dafür sorgen, dass die Bildbereiche und Definitionsbereiche der fünf Funktionen zueinander passen. Das geschieht durch die Definition

$$D := \{x \in \mathbb{R} \mid \tfrac{1}{2}(1 + \tan^2 1) < x\} \;,$$

Wir verwenden erneut die Notation aus (a) und erhalten:

$\text{Bild}(2x - 1\,;\,D) = (\tan^2 1, \infty) \;\Rightarrow\; \text{Bild}(\sqrt{x}\,;\,(\tan^2 1, \infty)) = (+\tan 1, \infty)$
$\Rightarrow\; \text{Bild}(\arctan x\,;\,(+\tan 1, \infty)) = (1, \tfrac{\pi}{2})$
$\Rightarrow\; \text{Bild}(\ln x\,;\,(1, \tfrac{\pi}{2})) = (0, \ln \tfrac{\pi}{2}) = (0, \ln \pi - \ln 2)$
$\Rightarrow\; \text{Bild}(f\,;\,D) = \text{Bild}(x^{-1}\,;\,(0, \ln \pi - \ln 2)) = ([\ln \pi - \ln 2]^{-1}, \infty) \;.$

Zur Berechnung der Umkehrfunktion folgen wir der Bemerkung 4.7.3:

$y = [\ln(\arctan(\sqrt{2x-1}))]^{-1} \;\Rightarrow\; \ln(\arctan(\sqrt{2x-1})) = \tfrac{1}{y}$
$\Rightarrow\; \arctan(\sqrt{2x-1}) = e^{\frac{1}{y}} \;\Rightarrow\; \sqrt{2x-1} = \tan(e^{\frac{1}{y}})$
$\Rightarrow\; 2x - 1 = \tan^2(e^{\frac{1}{y}}) \;\Rightarrow\; x = \tfrac{1}{2}\left[1 + \tan^2(e^{\frac{1}{y}})\right] \;.$

Die Umkehrfunktion lautet deshalb

$$\hat{f}(x) = \frac{1}{2}\left[1 + \tan^2(e^{\frac{1}{x}})\right] : \left([\ln \pi - \ln 2]^{-1}, \infty\right) \to \left(\frac{1}{2}(1 + \tan^2 1), \infty\right).$$

(d) Wir betrachten zuerst den maximalen Definitionsbereich Def(f) der Funktion $f(x) = [\arcsin(e^{(x^2)})]^{-1}$:

$x \in \text{Def}(f) \Leftrightarrow \arcsin(e^{(x^2)}) \neq 0$ und $-1 \leq e^{(x^2)} \leq 1$

$\Leftrightarrow e^{(x^2)} \neq 0$ und $-1 \leq e^{(x^2)} \leq 1 \Leftrightarrow x = 0$, da immer gilt: $e^{(x^2)} \geq 1$.

Die Funktion $f(x)$ ist also nur in einem einzigen Punkt definiert, so dass sich die Berechnung einer Umkehrfunktion erübrigt.

A6.5.3 Bestimmen Sie den Definitionsbereich der folgenden Funktionen und berechnen Sie die erste Ableitung.

(a) $f(x) = \dfrac{1 + \arctan x}{\arctan x}$ (b) $f(x) = \dfrac{1}{2} \arctan \dfrac{1}{x^2}$

(c) $f(x) = \arctan \dfrac{1}{1 - x^2}$ (d) $f(x) = \dfrac{1 + x^2}{\arctan x}$

(e) $f(x) = \arcsin(\sqrt{1 - x^2})$ (f) $f(x) = \arcsin(x^2 + x - 0.75)$

(g) $f(x) = \sqrt{1 - \arctan \sqrt{x}}$ (h) $f(x) = \arctan(\sqrt{\arctan x})$

(i) $f(x) = \arcsin \dfrac{1}{\sqrt{1 + x^2}}$ (j) $f(x) = \arcsin \dfrac{x}{\sqrt{1 + x^2}}$

(k) $f(x) = \arctan \dfrac{\sqrt{x}}{1 - \sqrt{x}}$ (l) $f(x) = \arctan \dfrac{1}{\sqrt{1 - x^2}}$

(m) $f(x) = \arctan(\ln \dfrac{1}{x^2 + 1})$ (n) $f(x) = \ln(\arctan \dfrac{1}{x^2 + 1})$

(a) Wir betrachten $f(x) = \dfrac{1 + \arctan x}{\arctan x} = 1 + \dfrac{1}{\arctan x}$.

$x \in \text{Def}(f) \Leftrightarrow \arctan x \neq 0 \Leftrightarrow x \neq 0$.

$f'(x) = \dfrac{-\frac{1}{x^2+1}}{\arctan^2 x} = \dfrac{-1}{(x^2+1)\arctan^2 x}$.

(b) Wir betrachten $f(x) = \dfrac{1}{2} \arctan \dfrac{1}{x^2} = \dfrac{1}{2} \arctan(x^{-2})$.

$x \in \text{Def}(f) \Leftrightarrow x^2 \neq 0 \Leftrightarrow x \neq 0$.

$f'(x) = \dfrac{1}{2} \dfrac{1}{1 + x^{-4}} \cdot (-2x^{-3}) = \dfrac{1}{2} \dfrac{x^4}{x^4 + 1} \cdot \dfrac{-2}{x^3} = \dfrac{-x}{x^4 + 1}$.

(c) Wir betrachten $f(x) = \arctan \dfrac{1}{1-x^2}$.

$x \in \text{Def}(f) \Leftrightarrow 1 - x^2 \neq 0 \Leftrightarrow x^2 \neq 1 \Leftrightarrow x \neq -1$ und $x \neq +1$.

$f'(x) = \dfrac{1}{1+(\frac{1}{1-x^2})^2} \cdot \dfrac{2x}{(1-x^2)^2} = \dfrac{(1-x^2)^2 \cdot 2x}{((1-x^2)^2+1)(1-x^2)^2} = \dfrac{2x}{x^4 - 2x + 2}$.

(d) Wir betrachten $f(x) = \dfrac{1+x^2}{\arctan x}$.

$x \in \text{Def}(f) \Leftrightarrow \arctan x \neq 0 \Leftrightarrow x \neq 0$.

$f'(x) = \dfrac{2x \arctan x - (1+x^2)\frac{1}{1+x^2}}{\arctan^2 x} = \dfrac{2x \arctan x - 1}{\arctan^2 x}$.

(e) Wir betrachten $f(x) = \arcsin(\sqrt{1-x^2}) = \arcsin(1-x^2)^{\frac{1}{2}}$.

$x \in \text{Def}(f) \Leftrightarrow -1 \leq \sqrt{1-x^2} \leq 1$ und $1 - x^2 \geq 0$

$\Leftrightarrow 1 - x^2 \geq 0 \Leftrightarrow x^2 \leq 1 \Leftrightarrow -1 \leq x \leq 1$.

$f'(x) = \dfrac{1}{\sqrt{1-(1-x^2)}} \cdot \dfrac{1}{2}(1-x^2)^{-\frac{1}{2}} \cdot (-2x) = \dfrac{-x}{\pm x\sqrt{1-x^2}} = \dfrac{\pm 1}{\sqrt{1-x^2}}$.

(f) Wir betrachten $f(x) = \arcsin(x^2 + x - 0.75)$.

$x \in \text{Def}(f) \Leftrightarrow -1 \leq x^2 + x - 0.75 \leq 1$.

Definiert man $p(x) := x^2 + x - 0.75$, so besteht der Definitionsbereich von f aus allen Punkten x, für die $p(x)$ zwischen -1 und 1 liegt. Wir müssen uns deshalb ein Bild der Parabel $p(x)$ machen.

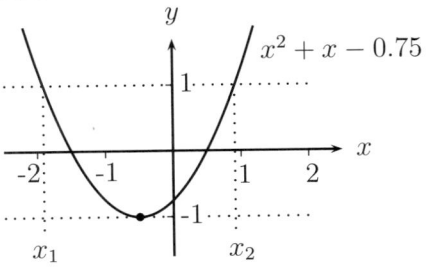

Figur 6.5.2

Da $p'(x) = 2x + 1$ und $2x + 1 = 0 \Leftrightarrow x = -0.5$, liegt der Scheitel der nach oben geöffneten Parabel in $(-0.5, -1)$. Wir rechnen weiter:

$x^2 + x - 0.75 = 1 \Leftrightarrow x^2 + x - 1.75 = 1$

$\Leftrightarrow x_{1/2} = \frac{1}{2}(-1 \pm \sqrt{1+7}) = -0.5 \pm \sqrt{2} = -1.914 \,/\, 0.914$.

Es folgt: $\text{Def}(f) = [x_1, x_2] = [-0.5 - \sqrt{2}, -0.5 + \sqrt{2}]$.

$f'(x) = \dfrac{1}{\sqrt{1-(x^2+x-0.75)^2}} \cdot (2x+1) = \dfrac{2x+1}{\sqrt{-x^2 - 2x + 0.4375}}$.

(g) Wir betrachten $f(x) = \sqrt{1 - \arctan\sqrt{x}}$.

$x \in \text{Def}(f) \Leftrightarrow x \geq 0$ und $1 - \arctan\sqrt{x} \geq 0$

$\hphantom{x \in \text{Def}(f)} \Leftrightarrow x \geq 0$ und $\arctan\sqrt{x} \leq 1 \Leftrightarrow x \geq 0$ und $\sqrt{x} \leq \frac{\pi}{2}$

$\hphantom{x \in \text{Def}(f)} \Leftrightarrow 0 \leq x \leq \left[\frac{\pi}{2}\right]^2 \approx 2.47$.

$$f'(x) = \frac{1}{2\sqrt{1 - \arctan\sqrt{x}}} \cdot \frac{-1}{1+x} \cdot \frac{1}{2\sqrt{x}} = \frac{-1}{4(x+1)\sqrt{x(1-\arctan\sqrt{x})}} .$$

(h) Wir betrachten $f(x) = \arctan(\sqrt{\arctan x})$.

$x \in \text{Def}(f) \Leftrightarrow \arctan x \geq 0 \Leftrightarrow x \geq 0$.

$$f'(x) = \frac{1}{1 + \arctan x} \cdot \frac{1}{2\sqrt{\arctan x}} \cdot \frac{1}{1+x^2} .$$

Eine weitere Vereinfachung ist nicht möglich.

(i) Wir betrachten $f(x) = \arcsin\dfrac{1}{\sqrt{1+x^2}}$.

Es ist hilfreich, von dieser komplizierten Funktion erst eine Skizze anzufertigen, um die Rechnungen zu verstehen.

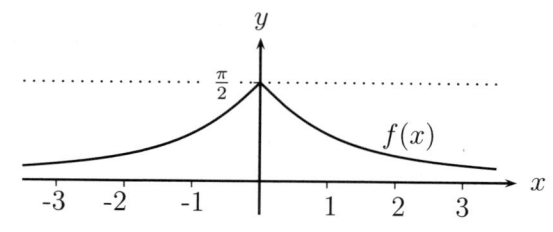

Figur 6.5.3

Da $1 + x^2 > 0$ für alle $x \in \mathbb{R}$, gilt auch $\frac{1}{\sqrt{1+x^2}} > 0$ für alle $x \in \mathbb{R}$.

$x \in \text{Def}(f) \Leftrightarrow \frac{1}{\sqrt{1+x^2}} \leq 1 \Leftrightarrow 1 \leq \sqrt{1+x^2} \Leftrightarrow 1 \leq 1+x^2$

$\hphantom{x \in \text{Def}(f)} \Leftrightarrow 0 \leq x^2 \Leftrightarrow x \in \mathbb{R}$.

Die Funktion f ist folglich für alle $x \in \mathbb{R}$ definiert!

$$f'(x) = \frac{1}{\sqrt{1 - \frac{1}{1+x^2}}} \cdot \frac{-\frac{2x}{2\sqrt{1+x^2}}}{1+x^2} = \frac{\sqrt{1+x^2}}{\sqrt{1+x^2-1}} \cdot \frac{\pm x}{(1+x^2)\sqrt{1+x^2}}$$

$$= \frac{\pm 1}{1+x^2} .$$

Ein Blick auf Figur 6.5.2 macht deutlich, dass f in $x = 0$ keine Tangente und deshalb auch keine Ableitung besitzt. Das positive Vorzeichen von $f'(x)$ gilt für den Bereich $x < 0$, das negative für den Bereich $x > 0$. Eine weitergehende Untersuchung von $f(x)$ würde zeigen, dass diese Funktion aus den Armen von $\arctan x$ zusammengesetzt ist. Daher kommt es auch, dass die Ableitungen dieser beiden Funktionen so ähnlich sind.

(j) Wir betrachten $f(x) = \arcsin \dfrac{x}{\sqrt{1+x^2}}$.

Auch von dieser komplizierten Funktion wollen wir erst eine Skizze anfertigen. Das Resultat verblüfft: Das Ergebnis sieht aus wie die Arcus-Tangens-Funktion!

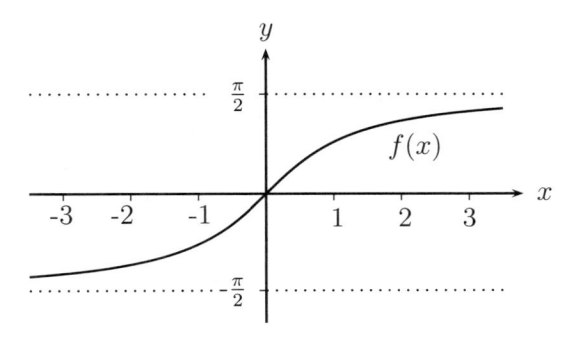

Figur 6.5.3

$$x \in \mathrm{Def}(f) \quad \Leftrightarrow \quad -1 \le \frac{x}{\sqrt{1+x^2}} \le 1 \quad \Leftrightarrow \quad x \in \mathbb{R} \,.$$

Die letzte Aussage sieht man leicht ein durch folgende Argumentation:

Sei $x \ge 0$. Dann ist $x = \sqrt{x^2} < \sqrt{x^2+1}$ und damit $\frac{x}{\sqrt{x^2+1}} < 1$.

Sei $x < 0$. Dann ist $x = -\sqrt{x^2} > -\sqrt{x^2+1}$ und damit $\frac{x}{\sqrt{x^2+1}} > -1$.

Die Funktion f ist folglich für alle $x \in \mathbb{R}$ definiert!

$$f'(x) = \frac{1}{\sqrt{1-\frac{x^2}{1+x^2}}} \cdot \frac{\sqrt{1+x^2} - x \frac{2x}{2\sqrt{1+x^2}}}{1+x^2} = \frac{\sqrt{1+x^2}}{\sqrt{1+x^2-x^2}} \cdot \frac{(1+x^2) - x^2}{(1+x^2)\sqrt{1+x^2}}$$

$$= \frac{\pm 1}{1+x^2} \,.$$

Es verwundert nicht, dass die Ableitung von f mit der des Arcus-Tangens übereinstimmt. Das Minuszeichen ist keine Lösung und fällt weg.

(k) Wir betrachten $f(x) = \arctan \dfrac{\sqrt{x}}{1-\sqrt{x}}$.

$x \in \mathrm{Def}(f) \quad \Leftrightarrow \quad 1 - \sqrt{x} \ne 0$ und $x \ge 0 \quad \Leftrightarrow \quad \sqrt{x} \ne 1$ und $x \ge 0$
$\Leftrightarrow \quad x \ge 0$ und $x \ne 1$.

$$f'(x) = \frac{1}{1+\dfrac{x}{(1-\sqrt{x})^2}} \cdot \frac{\dfrac{1}{2\sqrt{x}}(1-\sqrt{x})-\sqrt{x}(-\dfrac{1}{2\sqrt{x}})}{(1-\sqrt{x})^2}$$

$$= \frac{(1-\sqrt{x})^2}{(1-\sqrt{x})^2+x} \cdot \frac{(1-\sqrt{x})+\sqrt{x}}{2\sqrt{x}(1-\sqrt{x})^2}$$

$$= \frac{1}{[(1-\sqrt{x})^2+x]\cdot 2\sqrt{x}} = \frac{1}{2\sqrt{x}(1-2\sqrt{x}+2x)} \,.$$

(l) Wir betrachten $f(x) = \arctan\dfrac{1}{\sqrt{1-x^2}}$.

$x \in \operatorname{Def}(f) \Leftrightarrow 1-x^2 > 0 \Leftrightarrow x^2 < 1 \Leftrightarrow -1 < x < 1$.

$$f'(x) = \frac{1}{1+\dfrac{1}{1-x^2}} \cdot \frac{-\dfrac{-2x}{2\sqrt{1-x^2}}}{1-x^2} = \frac{1-x^2}{1-x^2+1} \cdot \frac{x}{(1-x^2)^{\frac{3}{2}}} \cdot$$

$$= \frac{x}{(2-x^2)\sqrt{1-x^2}} \,.$$

(m) Wir betrachten

$f(x) = \arctan(\ln\dfrac{1}{x^2+1}) = \arctan(-\ln(x^2+1)) = -\arctan(\ln(x^2+1))$.

$x \in \operatorname{Def}(f) \Leftrightarrow x^2+1 > 0 \Leftrightarrow x \in \mathbb{R}$.

Die Funktion f ist auf ganz $\mathbb{R}$ definiert!

$$f'(x) = \frac{-1}{1+(\ln(x^2+1))^2} \cdot \frac{2x}{x^2+1} = \frac{-2x}{[1+\ln^2(x^2+1)](x^2+1)} \,.$$

(n) Wir betrachten $f(x) = \ln(\arctan\dfrac{1}{x^2+1}) = \ln(\arctan[(x^2+1)^{-1}])$.

$x \in \operatorname{Def}(f) \Leftrightarrow \arctan\dfrac{1}{x^2+1} > 0 \Leftrightarrow \dfrac{1}{x^2+1} > 0 \Leftrightarrow x \in \mathbb{R}$.

Die Funktion f ist auf ganz $\mathbb{R}$ definiert!

$$f'(x) = \frac{1}{\arctan\dfrac{1}{x^2+1}} \cdot (-(x^2+1)^{-2}) \cdot 2x = \frac{-2x}{(x^2+1)^2 \arctan\dfrac{1}{x^2+1}} \,.$$

Kapitel 7. Anwendungen der Differentialrechnung

7.1 Krümmung von Funktionen

A7.1.1 Beweisen Sie Satz 7.1.4 für den unteren Halbkreis $f_u(x)$.

Wir folgen dem Beweis des Satzes 7.1.4 und ersetzen die Funktion des oberen Halbkreises durch die des unteren Halbkreises:

$$f_u(x) = -\sqrt{r^2 - x^2} = -(r^2 - x^2)^{\frac{1}{2}}\ .$$

Zuerst benötigen wir die erste Ableitung von f:

$$f'_u(x) = -\frac{1}{2}(r^2 - x^2)^{-\frac{1}{2}} \cdot (-2x) = \frac{x}{\sqrt{r^2 - x^2}}\ .$$

Wir stellen fest, dass $f'_u(x) = -f'_o(x)$, so dass wir sofort $1+[f'_u(x)]^2 = 1+[f'_o(x)]^2$ und $f''_u(x) = -f''_o(x)$ erhalten. Es folgt:

$$k_u(x) = \frac{f''_u(x)}{(1+[f'_u(x)]^2)^{3/2}} = \frac{-f''_o(x)}{(1+[f'_o(x)]^2)^{3/2}} = -k_o(x) = \frac{1}{r}\ .$$

Das war zu beweisen.

A7.1.2 Betrachtet wird eine Ursprungsellipse mit den Halbachsen a und b.
(a) Berechnen Sie die Krümmungsfunktion $k(x)$ für den oberen Bogen der Ellipse.
(b) Berechnen Sie die Krümmungskreise in den Schnittpunkten der Ellipse mit der x- und y-Achse.

(a) Die Ellipse hat die Normalform $\dfrac{x^2}{a^2} + \dfrac{y^2}{b^2} = 1$, siehe Satz 3.3.3, aus der wir die Funktion des oberen Bogens ableiten können:

$$b^2 x^2 + a^2 y^2 = a^2 b^2 \Rightarrow y^2 = \frac{b^2}{a^2}(a^2 - x^2) \Rightarrow y(x) = \frac{b}{a}\sqrt{a^2 - x^2} = \frac{b}{a}(a^2 - x^2)^{\frac{1}{2}}.$$

Wir müssen nun die erste und zweite Ableitung von $y(x)$ berechnen und in die Formel der Krümmungsfunktion, Satz 7.1.1, einsetzen.

$$y'(x) = \frac{b}{a} \cdot \frac{1}{2} \cdot (a^2 - x^2)^{-\frac{1}{2}} \cdot (-2x) = -\frac{b}{a} x (a^2 - x^2)^{-\frac{1}{2}}\ ,$$

$$y''(x) = -\frac{b}{a}(a^2-x^2)^{-\frac{1}{2}} - \frac{b}{a}x(-\frac{1}{2})(a^2-x^2)^{-\frac{3}{2}}(-2x)$$

$$= -\frac{b(a^2-x^2)}{a(a^2-x^2)^{\frac{3}{2}}} - \frac{bx^2}{a(a^2-x^2)^{\frac{3}{2}}} = \frac{-ba^2+bx^2-bx^2}{a(a^2-x^2)^{\frac{3}{2}}}$$

$$= \frac{-ba^2}{a(a^2-x^2)^{\frac{3}{2}}} = \frac{-ab}{(a^2-x^2)^{\frac{3}{2}}} \; ,$$

$$(y'(x))^2 = \frac{b^2}{a^2}x^2(a^2-x^2)^{-1} = \frac{b^2 x^2}{a^2(a^2-x^2)} \; ,$$

$$[1+(y'(x))^2] = 1 + \frac{b^2 x^2}{a^2(a^2-x^2)} = \frac{a^2(a^2-x^2)+b^2x^2}{a^2(a^2-x^2)}$$

$$= \frac{a^4 - a^2 x^2 + b^2 x^2}{a^2(a^2-x^2)} \; ,$$

$$[1+(y'(x))^2]^{\frac{3}{2}} = \frac{(a^4 - a^2 x^2 + b^2 x^2)^{\frac{3}{2}}}{a^3(a^2-x^2)^{\frac{3}{2}}} \; ,$$

$$k(x) = \frac{y''(x)}{[1+(y'(x))^2]^{\frac{3}{2}}} = \frac{-ab \cdot a^3(a^2-x^2)^{\frac{3}{2}}}{(a^2-x^2)^{\frac{3}{2}} \cdot (a^4-a^2x^2+b^2x^2)^{\frac{3}{2}}} = \frac{-a^4 b}{(a^4-a^2x^2+b^2x^2)^{\frac{3}{2}}}.$$

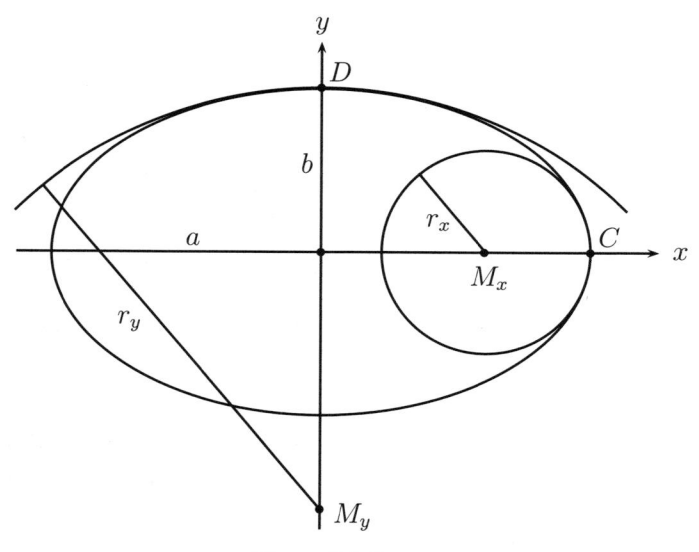

Figur 7.1.1

(b) Um die Krümmung k_y im Schnittpunkt D der Ellipse mit der y-Achse auszurechnen, brauchen wir nur $x = 0$ in $k(x)$ einzusetzen:

$$k_y = k(0) = \frac{-a^4 b}{a^6} = \frac{-b}{a^2} \; .$$

Die Krümmungsfunktion $k(x)$ ist nur für $x \in (-a, a)$ definiert, so dass wir nicht einfach $x = a$ in $k(x)$ einsetzen können, um die Krümmung k_x im anderen Scheitelpunkt C der Ellipse zu berechnen. Aber eine symmetrische Betrachtung führt direkt zum Ziel. Man stelle sich vor, die Halbachsen a und b würden vertauscht! Dann würde der rechte Scheitel nach oben gelangen, die Krümmungsfunktion hätte die Gestalt

$$\bar{k}(x) = \frac{-b^4 a}{(b^4 - b^2 x^2 + a^2 x^2)^{\frac{3}{2}}}, \quad \text{und folglich:} \quad k_x = \bar{k}(0) = \frac{-b^4 a}{b^6} = \frac{-a}{b^2}.$$

Der Krümmungskreis im oberen Scheitel D hat deshalb den Radius

$$r_y = \frac{1}{|k_y|} = \frac{a^2}{b},$$

den Mittelpunkt $M_y = (0, b - r_y) = (0, \frac{b^2 - a^2}{b})$ und die algebraische Form

$$x^2 + (y - \frac{b^2 - a^2}{b})^2 = \frac{a^4}{b^2}.$$

In völliger Analogie erhält man für den Krümmungskreis im rechten Scheitel:

$$r_x = \frac{1}{|k_x|} = \frac{b^2}{a}, \quad M_x = (a - r_x, 0) = (\frac{a^2 - b^2}{a}, 0), \quad \text{und} \quad (x - \frac{a^2 - b^2}{a})^2 + y^2 = \frac{b^4}{a^2}.$$

A7.1.3 Betrachtet wird die Funktion $f(x) = e^{-x^2}$.
   (a) Berechnen Sie die Krümmungsfunktion $k(x)$.
   (b) Berechnen Sie den Krümmungskreis zu $f(x)$ im Punkt $x_0 = 0$.

(a) Die Funktion $f(x) = e^{-x^2}$ wurde bereits in Aufgabe A5.4.10 betrachet. Dort wurde ermittelt, dass $f'(x) = -2xe^{-x^2}$, und $f''(x) = (4x^2 - 2)e^{-x^2}$. Es folgt $1 + (f'(x))^2 = 1 + 4x^2 e^{-x^2}$ und

$$k(x) = \frac{f''(x)}{[1 + (f'(x))^2]^{\frac{3}{2}}} = \frac{(4x^2 - 2)e^{-x^2}}{[1 + 4x^2 e^{-x^2}]^{\frac{3}{2}}} = \frac{(4x^2 - 2)}{[1 + 4x^2 e^{-x^2}]^{\frac{3}{2}} e^{x^2}}.$$

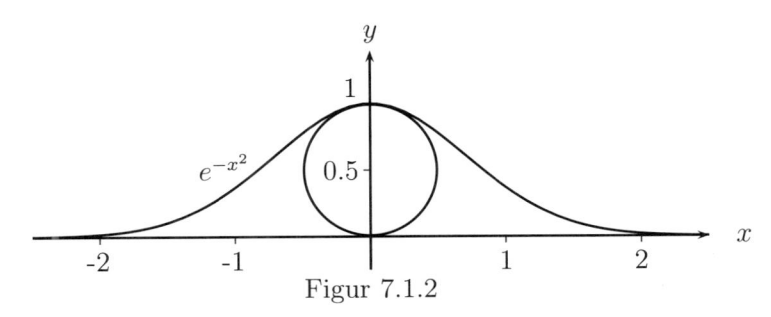

Figur 7.1.2

(b) Wir brauchen nur $x = 0$ in $k(x)$ einzusetzen: $k(0) = \frac{-2}{1} = -2$. Der Krümmungskreis hat deshalb den Radius $r = 0.5$ und den Mittelpunkt $M = (0, 0.5)$. Seine algebraische Form lautet $x^2 + (y - 0.5)^2 = 0.25$.

A7.1.4 Betrachtet wird die Funktion $f(x) = x^3$.
  (a) Wo hat $f(x)$ seine stärkste Krümmung?
  (b) Berechnen Sie die Krümmungskreise in diesen Punkten.

(a) Das Programm ist klar: wir müssen die Krümmungsfunktion $k(x)$ berechnen, dann ableiten und gleich Null setzen.

$$f(x) = x^3, \quad f'(x) = 3x^2, \quad f''(x) = 6x, \quad [1+(f'(x))^2]^{\frac{3}{2}} = [1+9x^4]^{\frac{3}{2}}.$$

Es folgt: $\quad k(x) = \dfrac{f''(x)}{[1+(f'(x))^2]^{\frac{3}{2}}} = \dfrac{6x}{(9x^4+1)^{\frac{3}{2}}}$.

$$k'(x) = \frac{6(9x^4+1)^{\frac{3}{2}} - 6x \cdot \frac{3}{2} \cdot (9x^4+1)^{\frac{1}{2}} \cdot 36x^3}{(9x^4+1)^3}$$

$$= \frac{6(9x^4+1) - 324x^4}{(9x^4+1)^{2.5}} = \frac{-270x^4+6}{(9x^4+1)^{2.5}} = \frac{-6(45x^4-1)}{(9x^4+1)^{2.5}} .$$

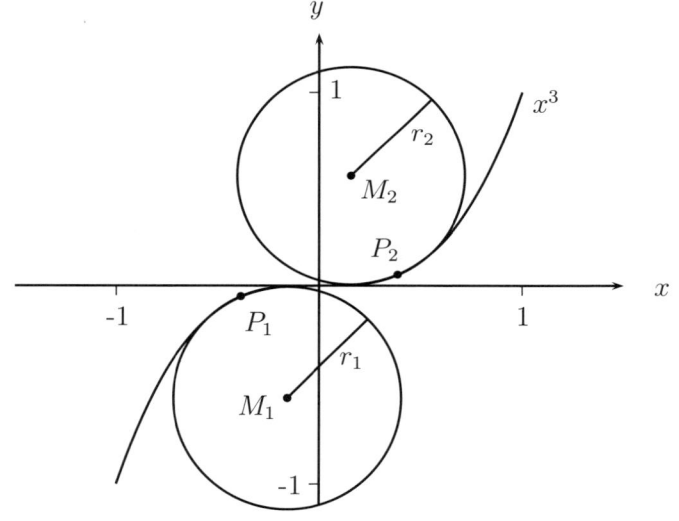

Figur 7.1.3

$k'(x) = 0 \Leftrightarrow 45x^4 - 1 = 0$, da $9x^4 + 1 > 0 \Leftrightarrow x^4 = \frac{1}{45}$

$\Leftrightarrow x_{1/2} = \sqrt[4]{\dfrac{1}{45}} = \pm 0.386$, $k(-0.386) = -1.7623$, $k(0.386) = 1.7623$.

Da die Berechnung der zweiten Ableitung von $k(x)$ zu kompliziert ist, entnehmen wir der Figur 7.1.3, dass die Punkte maximaler – nicht minimaler – Krümmung $P_1 = (-0.386, -0.058)$ und $P_2 = (0.386, 0.058)$ sind.

(b) Die Krümmungskreise in P_1 und P_2 berechnen wir mit Satz 7.1.7:

$r_1 = r_2 = \dfrac{1}{1.762} = 0.567$, $M_1 = (-0.157, -0.567)$, $M_2 = (0.157, 0.567)$.

A7.1.5 Betrachtet wird die Funktion $f(x) = x^4$.

(a) Bestimmen Sie einen Punkt (x_0, y_0) maximaler Krümmung.

(b) Wie lauten die Gleichungen von Tangente und Normale in (x_0, y_0)?

(c) Berechnen Sie die Krümmung von f in (x_0, y_0).

(d) Berechnen Sie den Mittelpunkt des Krümmungskreises von f in diesem Punkt, ohne Satz 7.1.7 zu verwenden.

(a) In dieser Aufgabe sollen wir den Beweis von Satz 7.1.7 an einem konkreten Beispiel nachvollziehen. Zur Bestimmung von (x_0, y_0) benötigen wir die ersten beiden Ableitungen von f, um sie in $k(x)$ einzusetzen. Danach bilden wir $k'(x)$, setzen die Ableitung gleich Null und erhalten (x_0, y_0).

$f'(x) = 4x^3$, $f''(x) = 12x^2$, $[1 + (f'(x))^2]^{\frac{3}{2}} = (1 + 16x^6)^{\frac{3}{2}}$.

$$k(x) = \frac{f''(x)}{[1 + (f'(x))^2]^{\frac{3}{2}}} = \frac{12x^2}{(1 + 16x^6)^{\frac{3}{2}}},$$

$$k'(x) = \frac{24x(1 + 16x^6)^{\frac{3}{2}} - 12x^2 \cdot \frac{3}{2} \cdot (1 + 16x^6)^{\frac{1}{2}} \cdot 6 \cdot 16x^5}{(1 + 16x^6)^3}$$

$$= \frac{24x(1 + 16x^6) - 24 \cdot 72x^7}{(1 + 16x^6)^{2.5}} = \frac{24x(1 - 56x^6)}{(1 + 16x^6)^{2.5}}.$$

$k'(x) = 0 \Leftrightarrow x = 0$ oder $56x^6 = 1 \Leftrightarrow x = 0$ oder $x = \sqrt[6]{\frac{1}{56}} = \pm 0.511$.

Da der Nenner von $k'(x) > 0$ für alle $x \in \mathbb{R}$, handelt es sich um drei Lösungen. Wir verzichten auf eine Untersuchung der zweiten Ableitung von k und entnehmen der Figur 7.1.4, dass es sich bei $x = 0$ um ein Minimum, jedoch bei $x = \pm 0.511$ um die gesuchten Maxima handelt. Wir beschränken uns im Folgenden auf die Untersuchung von $x_0 = 0.511$, da der andere Fall symmetrisch zur y-Achse liegt. So erhalten wir $y_0 = 0.068$ und $B = (x_0, y_0)$.

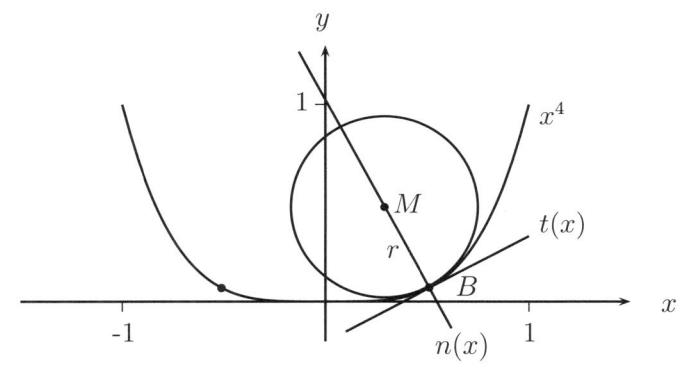

Figur 7.1.4

(b) Die Tangente an f im Punkt B sei $t(x) = ax + b$. Dann wissen wir zur Bestimmung von a und b:

(1) Die Steigung von t ist die Ableitung von f in B: $a = 4 \cdot 0.511^3 = 0.535$.

(2) B liegt auf t: $0.535 \cdot 0.511 + b = 0.068$.

Es folgt: $b = 0.068 - 0.511 \cdot 0.535 = -0.205$. Die Gleichung der Tangente lautet demzufolge: $t(x) = 0.535x - 0.205$.

Die Normale durch B zu f sei $n(x) = cx + d$. Dann wissen wir zur Bestimmung von c und d:

(1) n steht senkrecht auf t: $c = -\frac{1}{a} = -1.871$.

(2) B liegt auf n: $-1.871 \cdot 0.511 + d = 0.068$.

Es folgt: $d = 0.068 + 1.871 \cdot 0.511 = 1.025$. Die Gleichung der Normalen lautet demzufolge: $n(x) = -1.87x + 1.025$.

(c) Aus $k(x_0) = \dfrac{12 \cdot 0.511^2}{(1 + 16 \cdot 0.511^6)^{\frac{3}{2}}} = 2.151$ folgt $r = \dfrac{1}{2.151} = 0.465$.

(d) Wir müssen nun den Mittelpunkt $M = (x_M, y_M)$ des Krümmungskreises berechnen. Wir wissen, dass (1) der Abstand von M zu B gerade r beträgt, und dass (2) M auf der Normalen $n(x)$ liegt. Daraus erhält man

(1) $(x_M - x_0)^2 + (y_M - y_0)^2 = r^2 \Leftrightarrow (x_M - 0.511)^2 + (y_M - 0.068)^2 = 0.465^2$ und

(2) $y_M = -1.87x_M + 1.025$.

Wir setzen (2) in (1) ein und erhalten:

$(x_M - 0.511)^2 + (-1.87x_M + 1.025 - 0.068)^2 = 0.465^2$

$\Leftrightarrow (x_M - 0.511)^2 + (1.87x_M - 0.957)^2 = 0.465^2$

$\Leftrightarrow x_M^2 - 1.022x_M + 0.261 + 3.50x_M^2 - 3.581x_M + 0.916 = 0.216$

$\Leftrightarrow 4.5x_M^2 - 4.603x_M + 0.961 = 0$

$\Leftrightarrow (x_M)_{1/2} = \frac{1}{9}(4.603 \pm \sqrt{4.603^2 - 4 \cdot 4.5 \cdot 0.961}$

$\phantom{\Leftrightarrow (x_M)_{1/2}} = 0.511 \pm 0.219 = 0.29 \,/\, 0.73$.

Eine Blick auf Figur 7.1.4 macht deutlich, dass die zweite Lösung ausscheidet – sie bezeichnet den Punkt im Abstand r zu B auf der Normalen unterhalb der x-Achse. Wir erhalten $M = (0.29, 0.48)$.

A7.1.6 Betrachtet wird die Funktion $f(x) = x + \sin x$.

(a) Berechnen Sie die Nullstellen, Extremwerte und Wendepunkte von $f(x)$.

(b) Skizzieren Sie die Funktion.

(c) Berechnen Sie die Krümmungsfunktion $k(x)$.

(d) Berechnen Sie den Krümmungskreis in $x_0 = \frac{\pi}{2}$.

(e) Ist $f(x)$ umkehrbar? [Hinweis: A4.3.9, Satz 4.7.6]

7. Anwendungen der Differentialrechnung   237

Die Punkte (a), (b) und (e) wurden bereits in Aufgabe A6.4.9 behandelt.

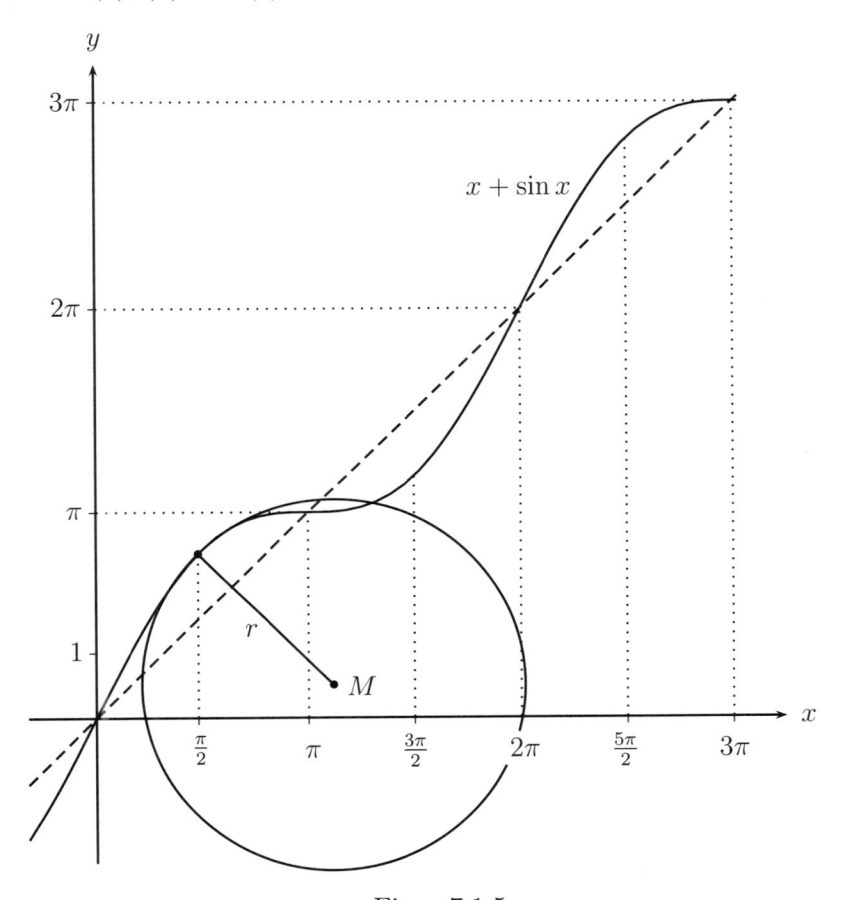

Figur 7.1.5

(c) Wir benötigen die ersten beiden Ableitungen von f:

$f'(x) = 1 + \cos x, \quad 1 + (f'(x))^2 = 1 + (1 + \cos x)^2 = \cos^2 x + 2\cos x + 2,$

$f''(x) = -\sin x$. Jetzt setzen wir die Ausdrücke zusammen:

$$k(x) = \frac{f''(x)}{[1+(f'(x))^2]^{\frac{3}{2}}} = \frac{-\sin x}{[\cos^2 x + 2\cos x + 2]^{\frac{3}{2}}}.$$

(d) $k(\frac{\pi}{2}) = \frac{-1}{2^{\frac{3}{2}}} = \frac{-1}{\sqrt{8}}$.

Zur Berechnung des Mittelpunktes $M = (x_M, y_M)$ des Krümmungskreises mit dem Berührpunkt $B = (x_0, f(x_0))$, $x_0 = \frac{\pi}{2}$, $f(x_0) = 1 + \frac{\pi}{2}$ und dem Radius $r = \sqrt{8}$ benutzen wir Satz 7.1.7:

$$x_M = \frac{\pi}{2} - \frac{1 \cdot [2]}{-1} = \frac{\pi}{2} + 2 \approx 3.505, \quad y_M = \frac{\pi}{2} + 1 + \frac{2}{-1} = \frac{\pi}{2} - 1 \approx 0.505.$$

7.2 Berechnung von Grenzwerten

A7.2.1 Finden Sie ein Bildungsgesetz für die Folge

$$\sqrt{2 \cdot \sqrt{2 \cdot \sqrt{2 \cdot \ldots}}}.$$

Gegen welchen Grenzwert konvergiert sie?

Wir bilden die ersten Folgenterme. Dann ist ein Bildungsgesetz leicht erkennbar:

$a_1 = \sqrt{2} = 2^{\frac{1}{2}}$,

$a_2 = \sqrt{2\sqrt{2}} = (2 \cdot 2^{\frac{1}{2}})^{\frac{1}{2}} = (2^{\frac{3}{2}})^{\frac{1}{2}} = 2^{\frac{3}{4}}$,

$a_3 = \sqrt{2 \cdot a_2} = (2 \cdot 2^{\frac{3}{4}})^{\frac{1}{2}} = (2^{\frac{7}{4}})^{\frac{1}{2}} = 2^{\frac{7}{8}}$,

$a_4 = \sqrt{2 \cdot a_3} = (2 \cdot 2^{\frac{7}{8}})^{\frac{1}{2}} = (2^{\frac{15}{8}})^{\frac{1}{2}} = 2^{\frac{15}{16}}$,

$\vdots$

$a_n = 2^{\frac{2^n - 1}{2^n}}$, für $n \geq 1$.

Man kann den Grenzwert von Folgen ebenfalls mit Satz 7.2.3 berechnen, indem man die Folgenterme wie stetige Funktionen behandelt. Dann erhält man

$$\lim_{n \to \infty} \frac{2^n - 1}{2^n} = \frac{\infty}{\infty} = \lim_{n \to \infty} \frac{\ln 2 \cdot 2^n}{\ln 2 \cdot 2^n} = 1, \quad \text{und} \quad \lim_{n \to \infty} a_n = 2^{\lim_{n \to \infty} a_n} = 2^1 = 2.$$

Natürlich wird im ersten Teil dieser Rechnung "mit Kanonen auf Spatzen geschossen", denn

$$\lim_{n \to \infty} \frac{2^n - 1}{2^n} = \lim_{n \to \infty} \left[1 - \frac{1}{2^n}\right] = 1$$

ist ja offensichtlich.

A7.2.2 Berechnen Sie die folgenden Grenzwerte.

(a) $\lim\limits_{x \to 0} \dfrac{\sin x}{x}$ (b) $\lim\limits_{x \to 0} \dfrac{e^{3x} - 1}{5x}$ (c) $\lim\limits_{x \to 1} \dfrac{1 + \cos \pi x}{x^2 - 2x + 1}$

(d) $\lim\limits_{x \to 0} \dfrac{\ln(\cos 2x)}{\ln(\cos 3x)}$ (e) $\lim\limits_{\substack{x \to 0 \\ x > 0}} (\sin x)^x$ (f) $\lim\limits_{x \to \infty} (x - c)^{\frac{1}{x-c}}$

(g) $\lim\limits_{x \to \pi/2} \left(\dfrac{x}{\cot x} - \dfrac{\pi/2}{\cos x}\right)$ (h) $\lim\limits_{x \to 0} \left(\dfrac{1}{\sin x} + \dfrac{1}{\ln(1 - x)}\right)$

(a) $\lim\limits_{x \to 0} \dfrac{\sin x}{x} = \dfrac{0}{0} = \lim\limits_{x \to 0} \dfrac{\cos x}{1} = 1$ **(b)** $\lim\limits_{x \to 0} \dfrac{e^{3x} - 1}{5x} = \dfrac{0}{0} = \lim\limits_{x \to 0} \dfrac{3e^{3x}}{5} = \dfrac{3}{5}$

(c) $\lim\limits_{x \to 1} \dfrac{1 + \cos \pi x}{x^2 - 2x + 1} = \dfrac{0}{0} = \lim\limits_{x \to 1} \dfrac{-\pi \sin \pi x}{2x - 2} = \dfrac{0}{0} = \lim\limits_{x \to 1} \dfrac{-\pi^2 \cos \pi x}{2} = \dfrac{\pi^2}{2}$

7. Anwendungen der Differentialrechnung

(d) $\lim\limits_{x \to 0} \dfrac{\ln(\cos 2x)}{\ln(\cos 3x)} = \dfrac{0}{0} = \lim\limits_{x \to 0} \dfrac{\frac{-2\sin 2x}{\cos 2x}}{\frac{-3\sin 3x}{\cos 3x}} = \lim\limits_{x \to 0} \dfrac{2\sin 2x \cdot \cos 3x}{\cos 2x \cdot 3\sin 3x} = \dfrac{0}{0}$

$= \dfrac{2}{3} \lim\limits_{x \to 0} \dfrac{2\cos 2x \cos 3x - 3\sin 2x \sin 3x}{-2\sin 2x \sin 3x + 3\cos 2x \cos 3x} = \dfrac{2 \cdot 2}{3 \cdot 3} = \dfrac{4}{9}$

(e) $\lim\limits_{\substack{x \to 0 \\ x > 0}} (\sin x)^x = \lim\limits_{\substack{x \to 0 \\ x > 0}} e^{x \ln \sin x}$ \hfill (7.1)

Um die Rechnung (7.1) fortsetzen zu können, benötigen wir zuerst

$\lim\limits_{\substack{x \to 0 \\ x > 0}} x \ln \sin x = \lim\limits_{\substack{x \to 0 \\ x > 0}} \dfrac{\ln(\sin x)}{\frac{1}{x}} = -\dfrac{\infty}{\infty} = \lim\limits_{\substack{x \to 0 \\ x > 0}} \dfrac{\cos x \cdot (-x^2)}{\sin x} = \dfrac{0}{0}$

$= -\lim\limits_{\substack{x \to 0 \\ x > 0}} \dfrac{2x \cos x - x^2 \sin x}{\cos x} = 0$

Mit diesem Ergebnis können wir nun die Rechnung (7.1) fortsetzen:

$\lim\limits_{\substack{x \to 0 \\ x > 0}} (\sin x)^x = \lim\limits_{\substack{x \to 0 \\ x > 0}} e^{x \ln \sin x} = e^{\lim_{x \to 0} x \ln \sin x} = e^0 = 1$.

(f) $\lim\limits_{x \to \infty} (x - c)^{\frac{1}{x-c}} = \lim\limits_{x \to \infty} e^{\frac{1}{x-c} \ln(x-c)}$ \hfill (7.2)

Um die Rechnung (7.2) fortsetzen zu können, benötigen wir zuerst

$\lim\limits_{x \to \infty} \dfrac{\ln(x-c)}{x-c} = \dfrac{\infty}{\infty} = \lim\limits_{x \to \infty} \dfrac{1}{x-c} = 0$.

Mit diesem Ergebnis können wir nun die Rechnung (7.2) fortsetzen:

$\lim\limits_{x \to \infty} (x - c)^{\frac{1}{x-c}} = \lim\limits_{x \to \infty} e^{\frac{1}{x-c} \ln(x-c)} = e^{\lim_{x \to \infty} \frac{\ln(x-c)}{x-c}} = e^0 = 1$

(g) $\lim\limits_{x \to \pi/2} \left(\dfrac{x}{\cot x} - \dfrac{\pi/2}{\cos x} \right) = \lim\limits_{x \to \pi/2} \left(\dfrac{x \sin x - \pi/2}{\cos x} \right) = \dfrac{0}{0}$

$= \lim\limits_{x \to \pi/2} \left(\dfrac{\sin x + x \cos x}{-\sin x} \right) = \dfrac{1}{-1} = -1$

(h) $\lim\limits_{x \to 0} \left(\dfrac{1}{\sin x} + \dfrac{1}{\ln(1-x)} \right) = \lim\limits_{x \to 0} \dfrac{\ln(1-x) + \sin x}{\sin x \ln(1-x)} = \dfrac{0}{0}$

$= \lim\limits_{x \to 0} \dfrac{-(1-x)^{-1} + \cos x}{\cos x \ln(1-x) - \sin x (1-x)^{-1}} = \dfrac{0}{0}$

$= \lim\limits_{x \to 0} \dfrac{-(1-x)^{-2} - \sin x}{-\sin x \ln(1-x) - 2\cos x (1-x)^{-1} + \sin x (1-x)^{-2}} = \dfrac{-1}{-1-1} = \dfrac{1}{2}$

7.3 Funktionen von zwei Variablen

A7.3.1 Berechnen Sie die ersten und zweiten partiellen Ableitungen der folgenden Funktionen:

(a) $f(x,y) = e^x \cos y + \sqrt{x^2 - y^2}$

(b) $f(x,y) = x^\alpha y^\beta$

(c) $f(x,y) = \ln \dfrac{\sin x}{\sin y}$

(d) $f(x,y) = \arctan \dfrac{y}{x}$

(e) $f(x,y) = \cos(x+y)\cos(x-y)$

(f) $f(x,y) = e^x \ln y + x^2 \cos y$

(g) $f(x,y) = \dfrac{xy}{x^2 + y^2}$

(h) $f(x,y) = \arctan \dfrac{x+y}{1-xy}$

(a) Wir betrachten $f(x,y) = e^x \cos y + \sqrt{x^2 - y^2}$.

$f_x(x,y) = e^x \cos y + \dfrac{x}{\sqrt{x^2-y^2}}$, $f_y(x,y) = -e^x \sin y - \dfrac{y}{\sqrt{x^2-y^2}}$

$f_{xx}(x,y) = e^x \cos y + \dfrac{\sqrt{x^2-y^2} - x \cdot \frac{x}{\sqrt{x^2-y^2}}}{\sqrt{x^2-y^2}} = e^x \cos y + \dfrac{x^2 - y^2 - x^2}{(x^2-y^2)^{\frac{3}{2}}}$

$= e^x \cos y - \dfrac{y^2}{(x^2-y^2)^{\frac{3}{2}}}$

$f_{xy}(x,y) = f_{yx}(x,y) = -e^x \sin y + \dfrac{-x \cdot \frac{-y}{\sqrt{x^2-y^2}}}{\sqrt{x^2-y^2}} = -e^x \sin y + \dfrac{xy}{(x^2-y^2)^{\frac{3}{2}}}$

$f_{yy}(x,y) = -e^x \cos y - \dfrac{\sqrt{x^2-y^2} + y \cdot \frac{y}{\sqrt{x^2-y^2}}}{\sqrt{x^2-y^2}} = -e^x \cos y - \dfrac{x^2-y^2+y^2}{(x^2-y^2)^{\frac{3}{2}}}$

$= -e^x \cos y - \dfrac{x^2}{(x^2-y^2)^{\frac{3}{2}}}$

(b) Wir betrachten $f(x,y) = x^\alpha y^\beta$, α und β sind Konstante.

$f_x(x,y) = \alpha x^{\alpha-1} y^\beta$, $f_y(x,y) = \beta x^\alpha y^{\beta-1}$, $f_{xx}(x,y) = \alpha(\alpha-1) x^{\alpha-2} y^\beta$

$f_{xy}(x,y) = f_{yx}(x,y) = \alpha\beta x^{\alpha-1} y^{\beta-1}$, $f_{yy}(x,y) = \beta(\beta-1) x^\alpha y^{\beta-2}$

(c) Wir betrachten $f(x,y) = \ln \dfrac{\sin x}{\sin y} = \ln \sin x - \ln \sin y$, $0 < x, y < \pi$.

$f_x(x,y) = \dfrac{1}{\sin x} \cdot \cos x = \cot x$, $f_y(x,y) = -\dfrac{1}{\sin y} \cdot \cos y = -\cot y$

$f_{xx}(x,y) = -1 - \cot^2 x$, $f_{xy}(x,y) = f_{yx}(x,y) = 0$, $f_{yy}(x,y) = 1 + \cot^2 y$

7. Anwendungen der Differentialrechnung

(d) Wir betrachten $f(x,y) = \arctan \dfrac{y}{x}$.

$f_x(x,y) = \dfrac{1}{1+\frac{y^2}{x^2}} \cdot \dfrac{-y}{x} = \dfrac{-y}{x^2+y^2}$, $\quad f_y(x,y) = \dfrac{1}{1+\frac{y^2}{x^2}} \cdot \dfrac{1}{x} = \dfrac{x}{x^2+y^2}$

$f_{xx}(x,y) = \dfrac{y \cdot 2x}{(x^2+y^2)^2} = \dfrac{2xy}{(x^2+y^2)^2}$

$f_{xy}(x,y) = f_{yx}(x,y) = \dfrac{-(x^2+y^2) + y \cdot 2y}{(x^2+y^2)^2} = \dfrac{-x^2+y^2}{(x^2+y^2)^2}$

$f_{yy}(x,y) = \dfrac{-x \cdot 2y}{(x^2+y^2)^2} = \dfrac{-2xy}{(x^2+y^2)^2}$

(e) Wir betrachten $f(x,y) = \cos(x+y)\cos(x-y)$.

$f_x(x,y) = -\sin(x+y)\cos(x-y) + \cos(x+y)(-\sin(x-y))$
$= -(\sin(x+y)\cos(x-y) + \cos(x+y)\sin(x-y))$
$= -\sin(x+y+x-y) = -\sin 2x$.

Dabei haben wir Satz 6.3.5(a) benutzt.

$f_y(x,y) = -\sin(x+y)\cos(x-y) + \cos(x+y)\sin(x-y)$
$= -(\sin(x+y)\cos(x-y) - \cos(x+y)\sin(x-y))$
$= -\sin(x+y-x+y) = -\sin 2y$.

Dabei haben wir Satz 6.3.5(b) benutzt.

$f_{xx}(x,y) = -2\cos 2x$, $\quad f_{xy}(x,y) = f_{yx}(x,y) = 0$, $\quad f_{yy}(x,y) = -2\cos 2y$

(f) Wir betrachten $f(x,y) = e^x \ln y + x^2 \cos y$.

$f_x(x,y) = e^x \ln y + 2x\cos y$, $\quad f_y(x,y) = e^x \cdot y^{-1} - x^2 \sin y$

$f_{xx}(x,y) = e^x \ln y + 2\cos y$, $\quad f_{xy}(x,y) = f_{yx}(x,y) = e^x \cdot y^{-1} - 2x\sin y$

$f_{yy}(x,y) = -e^x \cdot y^{-2} - x^2 \cos y$

(g) Wir betrachten $f(x,y) = \dfrac{xy}{x^2+y^2}$.

$f_x(x,y) = \dfrac{y(x^2+y^2) - xy \cdot 2x}{(x^2+y^2)^2} = \dfrac{x^2y + y^3 - 2x^2y}{(x^2+y^2)^2} = \dfrac{-x^2y + y^3}{(x^2+y^2)^2} = \dfrac{y(y^2-x^2)}{(x^2+y^2)^2}$

$f_y(x,y) = \dfrac{x(x^2+y^2) - xy \cdot 2y}{(x^2+y^2)^2} = \dfrac{x^3 + xy^2 - 2xy^2}{(x^2+y^2)^2} = \dfrac{x^3 - xy^2}{(x^2+y^2)^2} = \dfrac{x(x^2-y^2)}{(x^2+y^2)^2}$

$f_{xx}(x,y) = \dfrac{-2x(x^2+y^2)^2 - 2y(y^2-x^2)(x^2+y^2) \cdot 2x}{(x^2+y^2)^4}$

$= \dfrac{-2x^3 - 2xy^2 + 4xy(x^2-y^2)}{(x^2+y^2)^3} = \dfrac{-2x^3 + 4x^3y - 2xy^2 - 4xy^3}{(x^2+y^2)^3}$

$$f_{xy}(x,y) = f_{yx}(x,y) = \frac{(-x^2+3y^2)(x^2+y^2)^2 - (-x^2y+y^3)\cdot 2(x^2+y^2)\cdot 2y}{(x^2+y^2)^4}$$

$$= \frac{(-x^2+3y^2)(x^2+y^2) - 4y(-x^2y+y^3)}{(x^2+y^2)^3}$$

$$= \frac{-x^4 - x^2y^2 + 3x^2y^2 + 3y^4 + 4x^2y^2 - 4y^4}{(x^2+y^2)^3} = \frac{-x^4 + 6x^2y^2 - y^4}{(x^2+y^2)^3}.$$

$$f_{yy}(x,y) = \frac{-xy(x^2+y^2)^2 - x(x^2-y^2)\cdot 2(x^2+y^2)\cdot 2y}{(x^2+y^2)^4}$$

$$= \frac{-xy(x^2+y^2) - 4xy(x^2-y^2)}{(x^2+y^2)^3} = \frac{-x^3y - xy^3 - 4x^3y + 4xy^3}{(x^2+y^2)^3}$$

$$= \frac{-5x^3y + 3xy^3}{(x^2+y^2)^3}.$$

(h) Wir betrachten $f(x,y) = \arctan\dfrac{x+y}{1-xy}$.

$$f_x(x,y) = \frac{1}{1+\frac{(x+y)^2}{(1-xy)^2}} \cdot \frac{(1-xy)-(x+y)(-y)}{(1-xy)^2} = \frac{1-xy+xy+y^2}{(1-xy)^2+(x+y)^2}$$

$$= \frac{y^2+1}{x^2+x^2y^2+y^2+1}$$

Da $f(x,y) = f(y,x)$, gilt auch $f_y(x,y) = f_x(y,x)$, also

$$f_y(x,y) = \frac{x^2+1}{x^2+x^2y^2+y^2+1}.$$

$$f_{xx}(x,y) = \frac{-(y^2+1)(2x+2xy^2)}{(x^2+x^2y^2+y^2+1)^2} = \frac{-2x-2xy^2-2xy^2-2xy^4}{(x^2+x^2y^2+y^2+1)^2}$$

$$= \frac{-2x\,(y^4+2y^2+1)}{(x^2+x^2y^2+y^2+1)^2}$$

$$f_{xy}(x,y) = f_{yx}(x,y) = \frac{2y\,(x^2+x^2y^2+y^2+1) - (2x^2y+2y)(y^2+1)}{(x^2+x^2y^2+y^2+1)^2}$$

$$= \frac{2x^2y + 2x^2y^3 + 2y^3 + 2y - 2x^2y - 2y - 2x^2y^3 - 2y^3}{(x^2+x^2y^2+y^2+1)^2} = 0$$

Wegen der Symmetrie $f(x,y) = f(y,x)$ gilt auch $f_{yy}(x,y) = f_{xx}(y,x)$, also

$$f_{yy}(x,y) = \frac{-2y\,(x^4+2x^2+1)}{(x^2+x^2y^2+y^2+1)^2}.$$

A7.3.2 Wir betrachten die Funktion $f(x, y) = \sqrt{9 - x^2 - y^2}$.

(a) Wo ist $f(x, y)$ sinnvoll definiert?

(b) Wie lauten die Schnittfunktionen zu $x = -2, -1, 0, 1, 2$ und zu $y = -2, -1, 0, 1, 2$. Erkennen Sie die Gestalt der Funktion?

(c) Ermitteln Sie die Höhenlinien zu $z = 0, 1, 2, 3$.

(d) Wie lauten die partiellen Ableitungen von $f(x, y)$?

(e) Die Schnittfunktionen $f(1, y)$ und $f(x, -2)$ schneiden sich im Punkt $B = (1, -2, f(1, -2))$. Wo schneiden die Tangenten an die beiden Schnittfunktionen mit dem Berührpunkt B die x-y-Ebene? Unter welchem Winkel?

(f) Wie lautet die Tangentialebene an f in B?

(g) Ermitteln Sie den Durchschnitt von Tangentialebene und x-y-Ebene.

(a) Wegen $9 - x^2 - y^2 \geq 0 \ \Leftrightarrow \ x^2 + y^2 \leq 9$, ist der Definitionsbereich der Funktion f das Innere des Kreises um den Nullpunkt mit Radius $r = 3$:
$\text{Def}(f) = \{(x, y) \in \mathbb{R}^2 \mid x^2 + y^2 \leq 9\}$.

(b) Die Schnittfunktionen mit festem x-Wert wurden in Figur 7.3.1 dargestellt und lauten:

$f(-2, y) = \sqrt{9 - (-2)^2 - y^2} = \sqrt{5 - y^2}, \quad -\sqrt{5} \leq y \leq \sqrt{5}$;

$f(-1, y) = \sqrt{9 - (-1)^2 - y^2} = \sqrt{8 - y^2}, \quad -\sqrt{8} \leq y \leq \sqrt{8}$;

$f(0, y) = \sqrt{9 - y^2}, \quad -3 \leq y \leq 3$;

$f(1, y) = \sqrt{9 - 1^2 - y^2} = \sqrt{8 - y^2}, \quad -\sqrt{8} \leq y \leq \sqrt{8}$;

$f(2, y) = \sqrt{9 - 2^2 - y^2} = \sqrt{5 - y^2}, \quad -\sqrt{5} \leq y \leq \sqrt{5}$;

Man erkennt schon jetzt, dass die Funktion f die obere Hälfte einer Halbkugel darstellt. Trotzdem wollen wir uns auch die Schnittfunktionen mit festem y-Wert herleiten und in Figur 7.3.2 darstellen.

$f(x, -2) = \sqrt{9 - x^2 - (-2)^2} = \sqrt{5 - x^2}, \quad -\sqrt{5} \leq x \leq \sqrt{5}$;

$f(x, -1) = \sqrt{9 - x^2 - (-1)^2} = \sqrt{8 - x^2}, \quad -\sqrt{8} \leq x \leq \sqrt{8}$;

$f(x, 0) = \sqrt{9 - x^2}, \quad -3 \leq x \leq 3$;

$f(x, 1) = \sqrt{9 - x^2 - 1^2} = \sqrt{8 - x^2}, \quad -\sqrt{8} \leq x \leq \sqrt{8}$;

$f(x, 2) = \sqrt{9 - x^2 - 2^2} = \sqrt{5 - x^2}, \quad -\sqrt{5} \leq x \leq \sqrt{5}$;

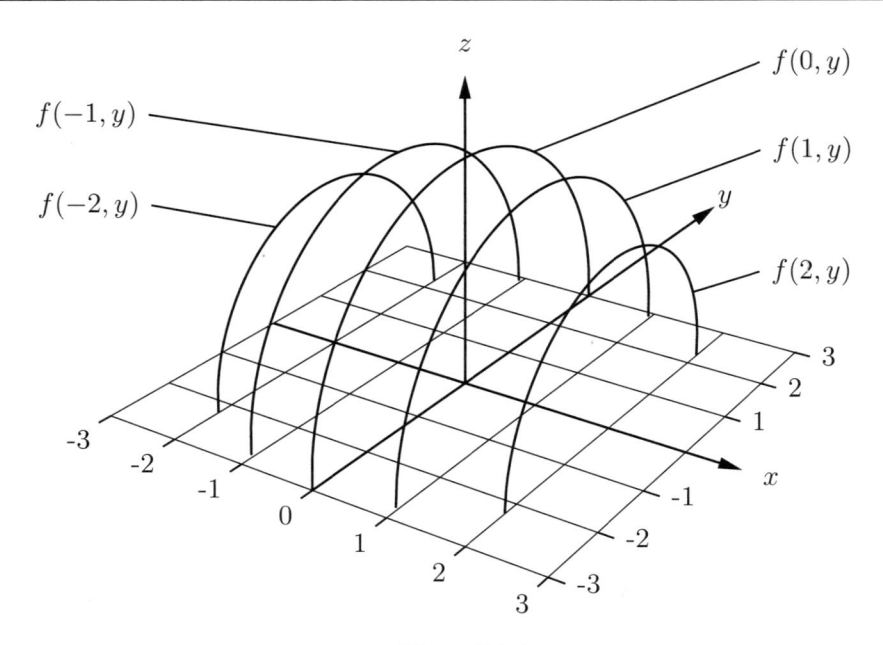

Figur 7.3.1

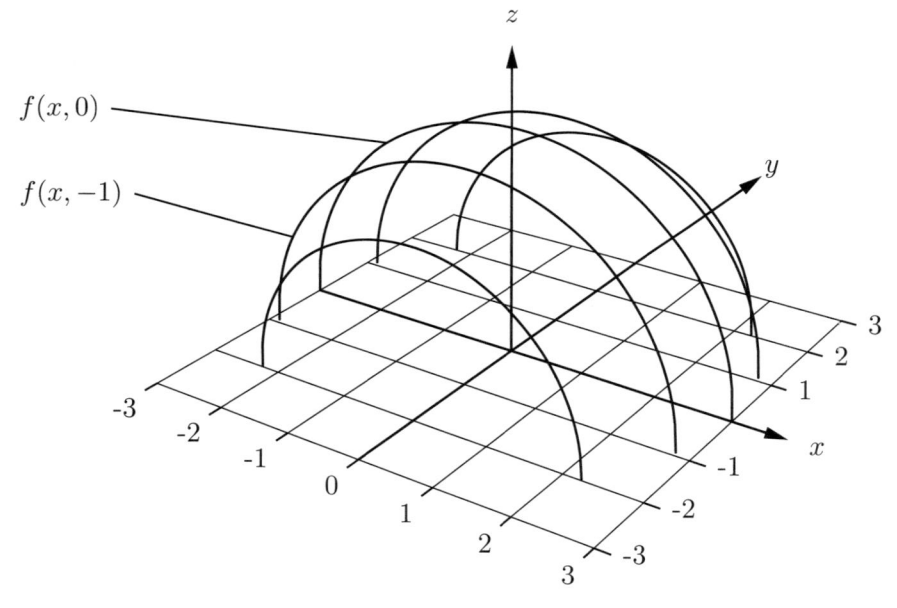

Figur 7.3.2

In Figur 7.3.3 wurden die Schnittfunktionen zusammengesetzt und ergeben das Netzbild einer Halbkugel mit Radius 3.

(c) Wenn unsere Vermutung richtig ist, dass es sich bei f um eine Halbkugel handelt, müssen die Höhenlinien Kreise in der x-y-Ebene um den Nullpunkt sein. Wir rechnen die Höhenlinie für eine allgemeine Höhe z aus:

7. Anwendungen der Differentialrechnung   245

$(x, y) \in \mathcal{L}_z \Leftrightarrow f(x, y) = z \Leftrightarrow \sqrt{9 - x^2 - y^2} = z \Leftrightarrow x^2 + y^2 = 9 - z^2$.

Das Ergebnis bestätigt unsere Vermutung. Die Höhenlinie zur Höhe z, $0 \leq z < 3$, ist ein Kreis in der x-y-Ebene um den Nullpunkt mit dem Radius $\sqrt{9 - z^2}$. Setzt man die Werte $z = 0, 1, 2, 3$ in diese Gleichung ein, erhält man die gesuchten Höhenlinien.

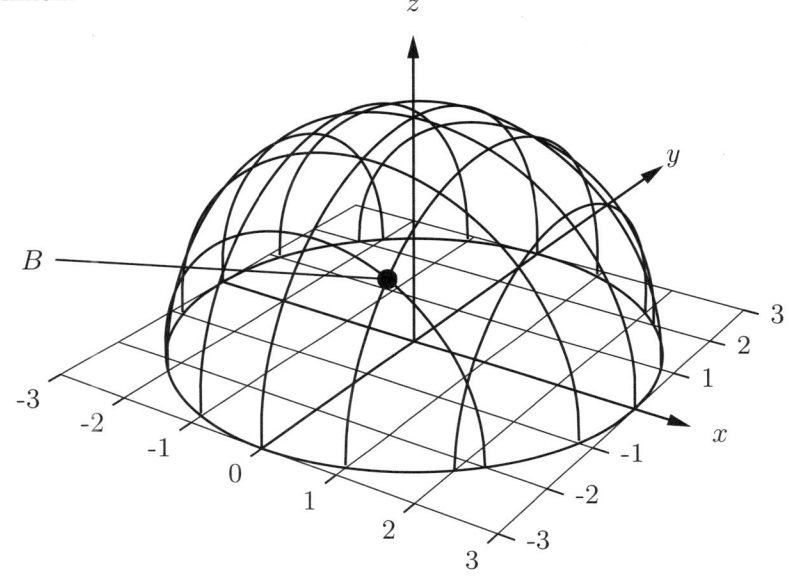

Figur 7.3.3

(d) Die partiellen Ableitungen von $f(x, y) = (9 - x^2 - y^2)^{\frac{1}{2}}$ lauten:

$f_x(x, y) = \frac{1}{2}(9 - x^2 - y^2)^{-\frac{1}{2}} \cdot (-2x) = \frac{-x}{\sqrt{9 - x^2 - y^2}}$,   und analog

$f_y(x, y) = \frac{1}{2}(9 - x^2 - y^2)^{-\frac{1}{2}} \cdot (-2y) = \frac{-y}{\sqrt{9 - x^2 - y^2}}$.

(e) Der Schnittpunkt B zwischen den Schnittfunktionen $f(1, y)$ und $f(x, -2)$, der natürlich über dem Punkt $(1, -2)$ der x-y-Ebene mit der Höhe $f(1, -2) = 2$ liegen muss, wurde in Figur 7.3.3 eingezeichnet. Da die Tangenten an die Schnittfunktionen jeweils in der Ebene der Schnittfunktionen liegen, ergeben sich 2-dimensionale Bilder.

Figur 7.3.4 zeigt die Schnittfunktion $f(x, -2)$. Wir suchen die Tangente $t(x) = ax + b$ an $f(x, -2)$ mit dem Berührpunkt $B = (1, -2, 2)$. Wir wissen:
(1) $a = f_x(1, -2) = -0.5$, und
(2) $t(1) = -0.5 + b = 2 \Leftrightarrow b = 2.5$.

Folglich gilt $t(x) = -0.5x + 2.5$. Der Schnittpunkt der Tangente $t(x)$ mit der x-y-Ebene liegt im Punkt $S_1 = (5, -2)$, der Schnittwinkel α erfüllt $\tan \alpha = 0.5$; daraus folgt $\alpha = 26.565°$.

Figur 7.3.4

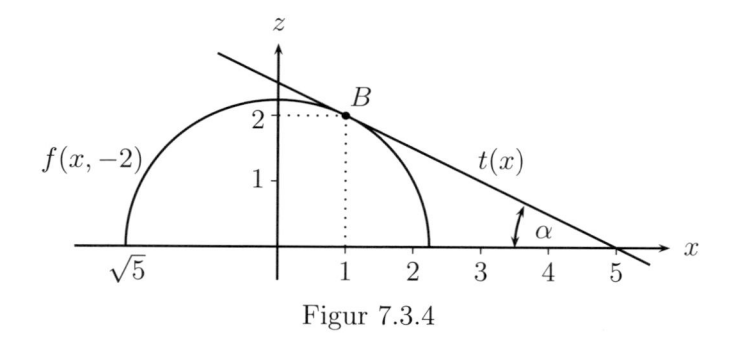

Figur 7.3.5 zeigt die Schnittfunktion $f(1, y)$. Wir suchen die Tangente $u(y) = cy + d$ an $f(1, y)$ mit dem Berührpunkt $B = (1, -2, 2)$. Wir wissen:

(1) $c = f_y(1, -2) = 1$, und

(2) $u(-2) = -2 + d = 2 \Leftrightarrow d = 4$.

Folglich gilt $u(y) = y + 4$. Der Schnittpunkt der Tangente $u(y)$ mit der x-y-Ebene liegt im Punkt $S_2 = (1, -4)$, der Schnittwinkel β erfüllt $\tan \beta = 1$; daraus folgt $\alpha = 45°$.

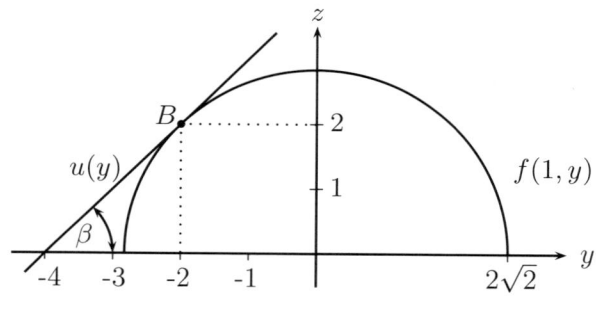

Figur 7.3.5

(f) Gemäß Satz 7.3.6 ist die Tangentialebene $t(x, y)$ an die Funktion $f(x, y)$ im Punkt $B = (1, -2, 2)$ gegeben durch

$$t(x, y) = f(1, -2) + f_x(1, -2)(x-1) + f_y(1, -2)(y+2) = 2 + (-0.5)(x-1) + (y+2)$$
$$= -0.5x + y + 4.5 \ .$$

Sie ist die Ebene durch die Tangenten $t(x)$ und $u(y)$ und wurde in Figur 7.3.6 schraffiert dargestellt.

(g) Der Durchschnitt zwischen Tangentialebene und x-y-Achse ist die Gerade in der x-y-Ebene, die S_1 und S_2 verbindet – siehe Figur 7.3.6. Man erhält ihre Gleichung, indem man rechnet:

$$t(x, y) = 0 \Leftrightarrow -0.5x + y + 4.5 = 0 \Leftrightarrow y = 0.5x - 4.5 \ .$$

7. Anwendungen der Differentialrechnung   247

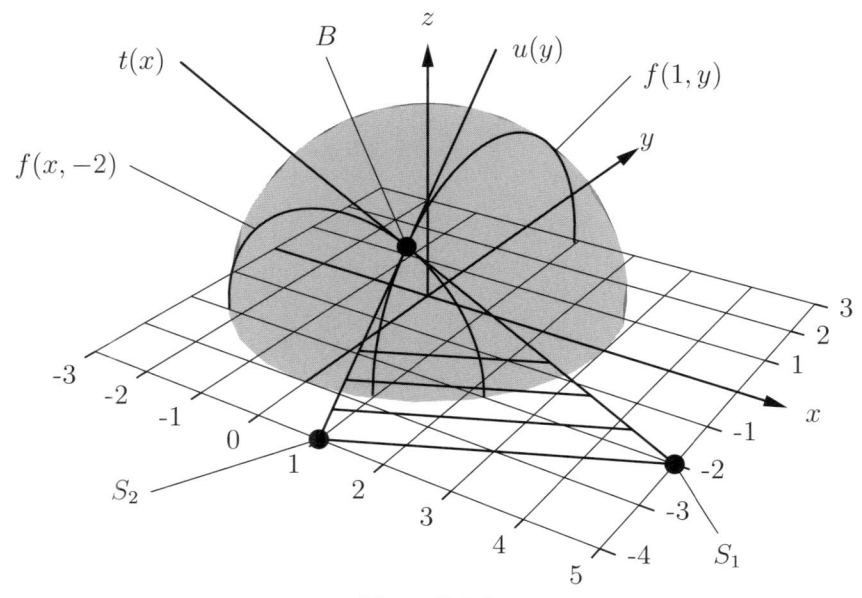

Figur 7.3.6

A7.3.3 Untersuchen Sie die folgenden Funktionen auf Extremwerte und Sattelpunkte. Fertigen Sie Netzbilder und Höhenliniendiagramme mit der Hilfe eines Computerprogramms an.

(a) $f(x,y) = xy(x+y)$. Wie sieht die Schnittfunktion durch $f(x,y)$ entlang der Geraden $y = x$ aus?

(b) $f(x,y) = x^2 + y^3 - 2y + 2$

(c) $f(x,y) = \dfrac{xy}{27} + \dfrac{1}{x} - \dfrac{1}{y}$

(d) $f(x,y) = \sin \cdot \cos y$, $0 \leq x \leq 2\pi$, $0 \leq y \leq 2\pi$

(e) $f(x,y) = \sin x + \sin y + \sin(x+y)$, $0 \leq x, y \leq \pi/2$

(f) $f(x,y) = \sin(2x) - y^2 + 1$, $-\pi/2 \leq x \leq \pi/2$

(g) $f(x,y) = -x^2 - 0.8y^3 + y^2 + 2y + 4$

(a) Wir betrachten die Funktion $f(x,y) = xy(x+y)$. Sie ist in den Figuren 7.3.7a und 7.3.7b als Netzbild dargestellt, wobei Funktionswerte unterhalb von -200 oder oberhalb von 200 abgeschnitten wurden. Figur 7.3.8 zeigt die Funktion in der Form eines Diagramms aus Höhenlinien. Wir berechnen nun die partiellen Ableitungen zur Bestimmung von Extremwerten gemäß Satz 7.3.13.

$f_x(x,y) = 2xy + y^2$, $f_y(x,y) = x^2 + 2xy$.

$f_x(x,y) = 0 \;\Leftrightarrow\; 2xy + y^2 = 0 \;\Leftrightarrow\; y(2x+y) = 0 \;\Leftrightarrow\; y = 0$ oder $y = -2x$.

$f_y(x,y) = 0 \;\Leftrightarrow\; x^2 + 2xy = 0 \;\Leftrightarrow\; x(x+2y) = 0 \;\Leftrightarrow\; x = 0$ oder $x = -2y$.

Daraus ergeben sich vier Kombinationsmöglichkeiten, die wir mit Fall 1 bis Fall 4 bezeichnen:

Fall 1: $y = 0$ und $x = 0$.

Das bedeutet, dass der Punkt $P = (0,0)$ ein Kandidat für einen Extremwert darstellt.

Fall 2: $y = 0$ und $x = -2y$.

Aus $y = 0$ folgt $x = -2y = 0$, das heißt, wir erhalten erneut den Kandidaten P aus Fall 1.

Fall 3: $y = -2x$ und $x = 0$.

Daraus ergibt sich erneut P als einzige Lösung.

Fall 4: $y = -2x$ und $x = -2y$.

Daraus folgt $y = -2(-2y)$, also erneut $x = y = 0$. Der Punkt $P = (0,0)$ ist somit der einzige Kandidat, der die Bedingung (T) erfüllt.

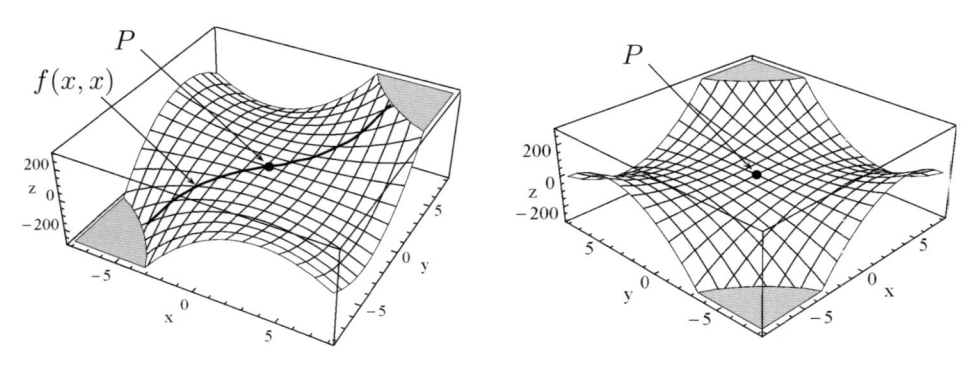

Figur 7.3.7a Figur 7.3.7b

Wir untersuchen P nun weiter gemäß Satz 7.3.13:
$f_{xx}(x,y) = 2y$, $\quad f_{xy}(x,y) = f_{yx}(x,y) = 2x + 2y$, $\quad f_{yy}(x,y) = 2y$.
$K(0,0) = f_{xx}(0,0) \cdot f_{yy}(0,0) - f_{xy}^2(0,0) = 0$.

Damit haben wir leider über P keine Klarheit gewinnen können, denn die Sätze 7.3.13 und 7.3.14 geben ja nur eine Auskunft, sofern $K > 0$ oder $K < 0$. Da beides nicht erfüllt ist, könnte P durchaus doch noch ein Extremwert oder ein Sattelpunkt oder keines von beiden sein. Ein Blick auf die Figuren 7.3.7a und 7.3.7b zeigt jedoch, dass P kein Extremwert ist. Figur 7.3.8 verdeutlicht das noch besser und zeigt auch, dass P kein Sattelpunkt ist. Will man in dieser Hinsicht noch mehr erfahren, betrachtet man Schnittfunktionen, die durch den Kandidatenpunkt verlaufen. Wir führen das beispielhaft für die Schnittfunktion über der Gerade $y(x) = x$ in der x-y-Ebene durch. Diese Gerade ist in Figur 7.3.8 als gestrichelte Linie eingezeichnet. Die Schnittfunktion selbst erhält man, indem man $y(x)$ anstelle von y in $f(x,y)$ einsetzt. In unserem Fall erhalten wir

7. Anwendungen der Differentialrechnung 249

die Schnittfunktion $f(x, y(x)) = f(x, x) = 2x^3$. Sie liegt über der gestrichelten Geraden $y = x$ in Figur 7.3.8 und ist auch in Figur 7.3.7a eingezeichnet. In Figur 7.3.9 ist sie getrennt dargestellt.

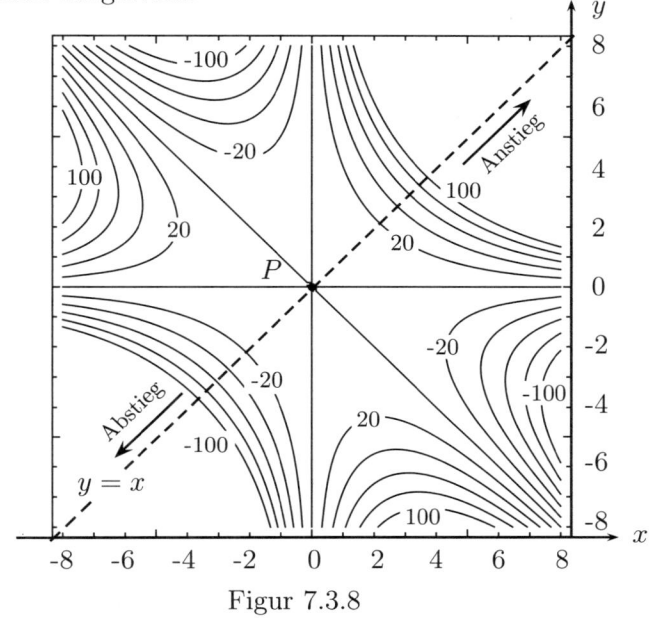

Figur 7.3.8

Erst in Figur 7.3.9 sieht man, wie stark $f(x, x)$ in Figur 7.3.7a in Wirklichkeit ansteigt! Die Höhenlinien in Figur 7.3.8 haben jeweils einen Abstand von 20 im Bereich zwischen -100 und 100. Der Abstieg in der linken unteren Ecke führt jedoch bis in eine Tiefe von $f(-8, -8) = -1024$, der Anstieg in der rechten oberen Ecke bis zu einer Höhe von $f(8, 8) = +1024$!

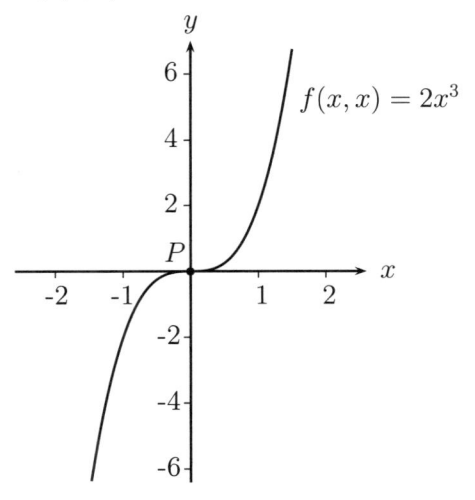

Figur 7.3.9

(b) Wir betrachten die Funktion $f(x,y) = x^2 + y^3 - 2y + 2$. Sie ist in den Figuren 7.3.10a und 7.3.10b als Netzbild und in Figur 7.3.11 als Diagramm von Höhenlinien dargestellt. Wir folgen Satz 7.3.13 bei den weiteren Schritten.
$f_x(x,y) = 2x$, $f_y(x,y) = 3y^2 - 2$.
$f_x(x,y) = 0 \Leftrightarrow x = 0$; $f_y(x,y) = 0 \Leftrightarrow 3y^2 = 2 \Leftrightarrow y = \pm\sqrt{2/3}$.
Es gibt somit zwei kritische Punkte: $P_1 = (0, +\sqrt{2/3})$ und $P_2 = (0, -\sqrt{2/3})$.

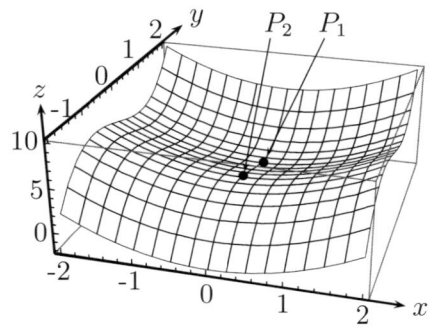

Figur 7.3.10a   Figur 7.3.10b

$f_{xx}(x,y) = 2$, $f_{xy}(x,y) = f_{yx}(x,y) = 0$, $f_{yy}(x,y) = 6y$.
Wir untersuchen $P_1 = (0, +\sqrt{2/3})$:
$K(0, +\sqrt{2/3}) = f_{xx}(0, \sqrt{2/3}) \cdot f_{yy}(0, \sqrt{2/3}) - f_{xy}^2(0, \sqrt{2/3}) = 2 \cdot 6\sqrt{2/3} - 0 > 0$.
Da $f_{xx}(0, \sqrt{2/3}) = 2 > 0$ hat f in P_1 ein lokales Minimum mit dem Funktionswert $f(0, \sqrt{2/3}) = 2 - \frac{4}{3}\sqrt{\frac{2}{3}} \approx 0.91$.

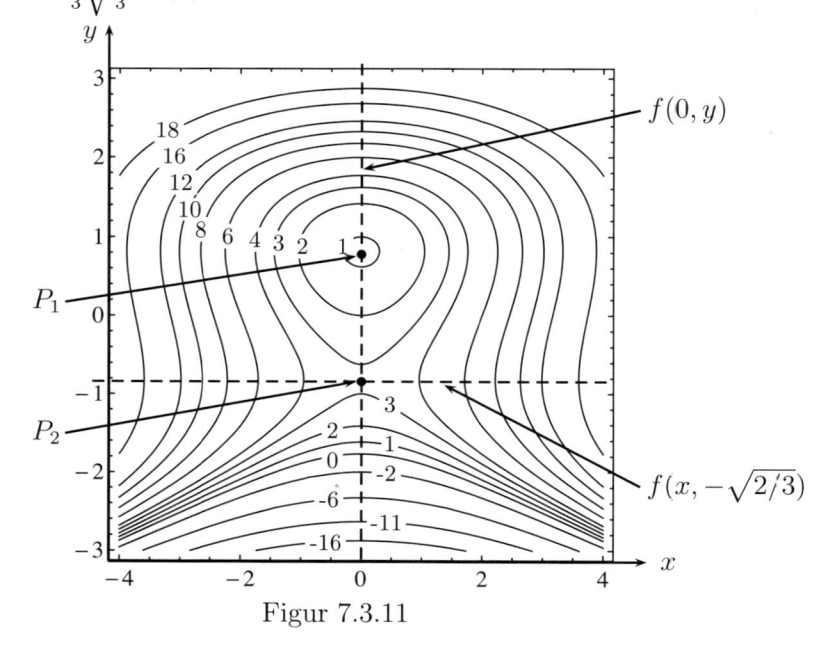

Figur 7.3.11

Wir untersuchen $P_2 = (0, -\sqrt{2/3})$:
$$K(0, -\sqrt{2/3}) = f_{xx}(0, -\sqrt{2/3}) \cdot f_{yy}(0, -\sqrt{2/3}) - f_{xy}^2(0, -\sqrt{2/3})$$
$$= 2 \cdot (-6\sqrt{2/3}) - 0 < 0.$$

Aus Satz 7.3.16 folgern wir, dass f in P_2 einen Sattelpunkt besitzt mit dem Funktionswert $f(0, -\sqrt{2/3}) = 3.09$.

Wir schauen uns abschließend noch zwei Schnittfunktionen an, um die Lage der Punkte P_1 und P_2 besser erkennen zu können. Die erste Schnittfunktion $f(0, y)$ der Figur 7.3.12 verläuft über der Geraden $x = 0$ der x-y-Ebene und schneidet durch die Punkte P_1 und P_2. Die zweite Schnittfunktion $f(x, -\sqrt{2/3})$ der Figur 7.3.13 verläuft über der Geraden $y = -\sqrt{2/3}$ der x-y-Ebene und schneidet parallel zur x-Achse durch P_2.

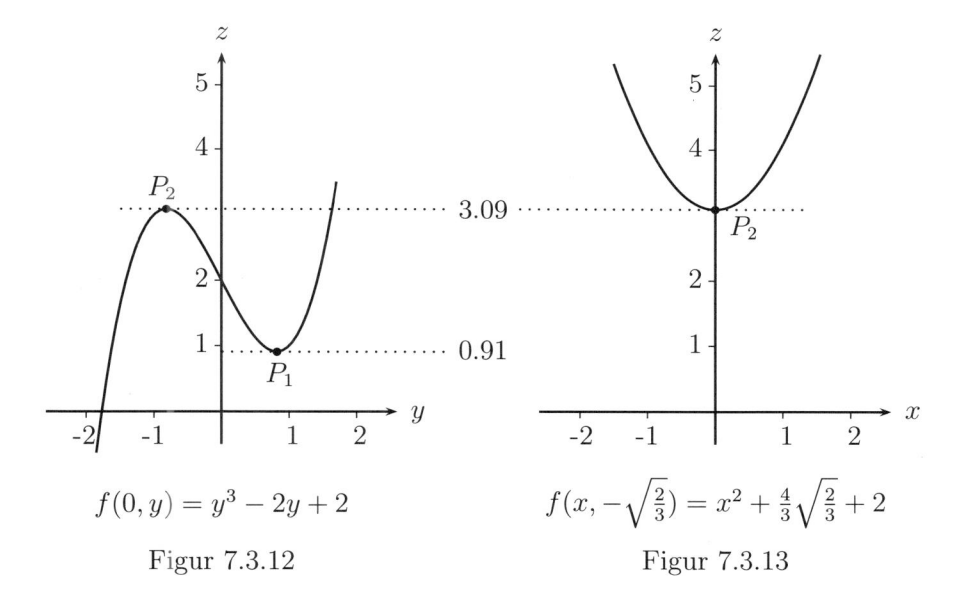

$f(0, y) = y^3 - 2y + 2$

Figur 7.3.12

$f(x, -\sqrt{\tfrac{2}{3}}) = x^2 + \tfrac{4}{3}\sqrt{\tfrac{2}{3}} + 2$

Figur 7.3.13

Die Schnittfunktionen wurden auch in Figur 7.3.11 eingezeichnet.

(c) Wir betrachten die Funktion $f(x, y) = \dfrac{xy}{27} + \dfrac{1}{x} - \dfrac{1}{y}$. Sie ist in der Figur 7.3.14 als Netzbild und in Figur 7.3.15 als Diagramm von Höhenlinien dargestellt. Wir folgen Satz 7.3.13 bei den weiteren Schritten und setzen generell $x \neq 0$ und $y \neq 0$ voraus.

$$f_x(x, y) = \frac{y}{27} - \frac{1}{x^2} = \frac{x^2 y - 27}{27 x^2}, \quad f_y(x, y) = \frac{x}{27} + \frac{1}{y^2} = \frac{xy^2 + 27}{27 y^2}.$$

$$f_x(x, y) = 0 \Leftrightarrow x^2 y - 27 = 0 \Leftrightarrow y = \frac{27}{x^2}; \tag{7.3}$$

$$f_y(x, y) = 0 \Leftrightarrow xy^2 + 27 = 0 \Leftrightarrow x = \frac{-27}{y^2}. \tag{7.4}$$

Wir setzen (7.3) in (7.4) ein und erhalten

$$x = \frac{-27 \cdot x^4}{27^2} \quad \Leftrightarrow \quad x^3 = -27 \quad \Leftrightarrow \quad x = -3 \ . \tag{7.5}$$

Durch Einsetzung von (7.5) in (7.3) erhält man $y = 3$.

Es gibt somit nur einen kritischen Punkt: $P = (-3, 3)$. Wir beschränken uns im Folgenden auf die Untersuchung von f rund um P im Bereich $-5 \leq x \leq -1$ und $1 \leq y \leq 5$.

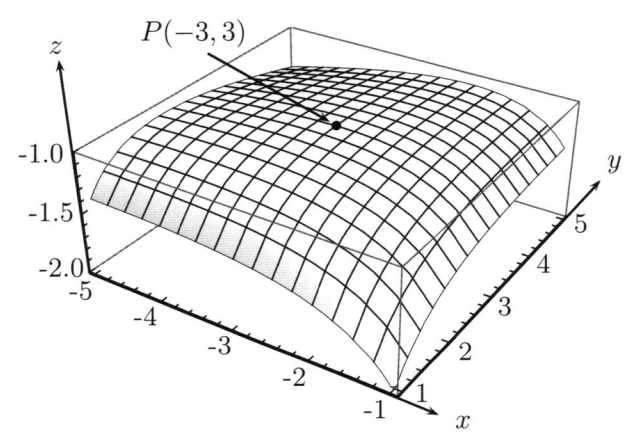

Figur 7.3.14

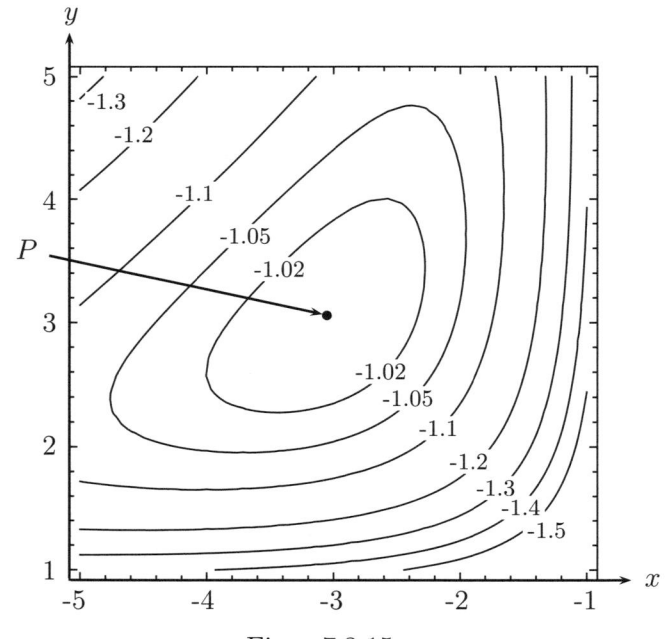

Figur 7.3.15

7. Anwendungen der Differentialrechnung   253

Zur weiteren Untersuchung des Punktes $P = (-3, 3)$ benötigen wir die zweiten Ableitungen.

$$f_{xx}(x,y) = \frac{2xy \cdot 27x^2 - (x^2y - 27) \cdot 54x}{27^2 x^4} = \frac{2x^2y - 2x^2y + 54}{27x^3} = \frac{2}{x^3},$$

$$f_{xy}(x,y) = f_{yx}(x,y) = \frac{1}{27},$$

$$f_{yy}(x,y) = \frac{2xy \cdot 27y^2 - (xy^2 + 27) \cdot 54y}{27^2 y^4} = \frac{2xy^2 - 2xy^2 - 54}{27y^3} = \frac{-2}{y^3}.$$

Wir untersuchen $P = (-3, 3)$:

$K(-3,3) = f_{xx}(-3,3) \cdot f_{yy}(-3,3) - f_{xy}^2(-3,3) = \frac{-2}{27} \cdot \frac{-2}{27} - \left(\frac{1}{27}\right)^2 = \frac{3}{27^2} > 0.$

Da $f_{xx}(-3,3) = \frac{-2}{27} < 0$ hat f in P ein lokales Maximum mit dem Funktionswert $f(-3,3) = -1$.

(d) Wir betrachten die Funktion $f(x,y) = \sin x \cdot \cos y$, $0 \leq x \leq 2\pi$, $0 \leq y \leq 2\pi$. Sie ist als Netzbild in Figur 7.3.16a über dem Bereich $0 \leq x \leq 2\pi$, $0 \leq y \leq 2\pi$, dargestellt und in Figur 7.3.16b über dem Bereich $0 \leq x \leq 4\pi$, $0 \leq y \leq 4\pi$. Figur 7.3.17 zeigt die Figur schließlich als Höhenliniendiagramm.

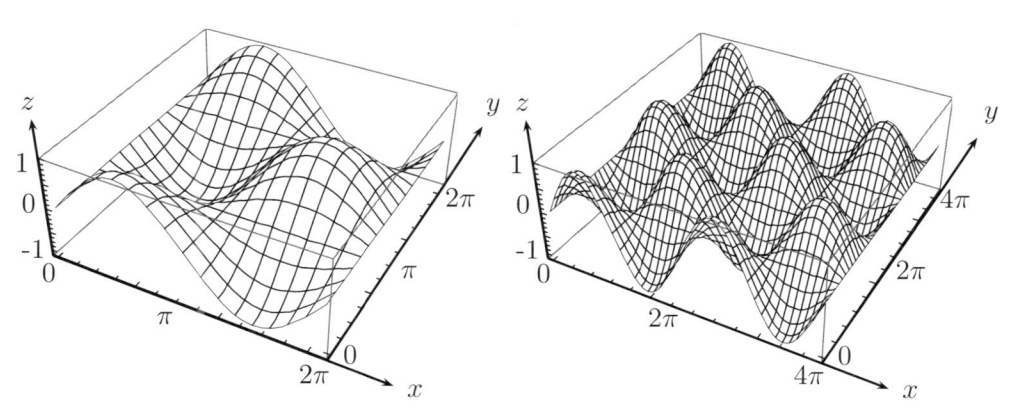

Figur 7.3.16a   Figur 7.3.16b

Man sieht sofort, dass sich zahlreiche lokale Minima und Maxima ergeben müssen. Um sie zu ermitteln, folgen wir Satz 7.3.13.

$f_x(x,y) = \cos x \cos y$, $f_y(x,y) = -\sin x \sin y$.

$f_x(x,y) = 0 \Leftrightarrow \cos x = 0$ oder $\cos y = 0 \Leftrightarrow x = \frac{\pi}{2}, \frac{3\pi}{2}$ oder $y = \frac{\pi}{2}, \frac{3\pi}{2}$;

$f_y(x,y) = 0 \Leftrightarrow \sin x = 0$ oder $\sin y = 0 \Leftrightarrow x = 0, \pi, 2\pi$ oder $y = 0, \pi, 2\pi$.

Es gibt folglich 12 kritische Punkte:

$P_1 = (0, \frac{\pi}{2})$, $P_2 = (0, \frac{3\pi}{2})$, $P_3 = (\frac{\pi}{2}, 0)$, $P_4 = (\frac{\pi}{2}, \pi)$,

$P_5 = (\frac{\pi}{2}, 2\pi)$, $P_6 = (\pi, \frac{\pi}{2})$, $P_7 = (\pi, \frac{3\pi}{2})$, $P_8 = (\frac{3\pi}{2}, 0)$,

$P_9 = (\frac{3\pi}{2}, \pi)$, $P_{10} = (\frac{3\pi}{2}, 2\pi)$, $P_{11} = (2\pi, \frac{\pi}{2})$, $P_{12} = (2\pi, \frac{3\pi}{2})$,

deren K-Werte wir berechnen müssen.

Zuerst die zweiten Ableitungen:
$f_{xx}(x,y) = -\sin x \cos y$, $f_{xy}(x,y) = \cos x \sin y$, $f_{yy}(x,y) = -\sin x \cos y$.

Als nächstes berechnen wir die Funktion $K(x,y)$ allgemein. Mit Hilfe der Additionstheoreme 6.3.5(a) und (b) kann man das Ergebnis auf eine besonders elegante Form bringen.

$$K(x,y) = f_{xx}(x,y) \cdot f_{yy}(x,y) - f_{xy}^2(x,y)$$
$$= (-\sin x \cos y) \cdot (-\sin x \cos y) - (\cos x \sin y)^2$$
$$= \sin^2 x \cos^2 y - \cos^2 x \sin^2 y$$
$$= (\sin x \cos y + \cos x \sin y) \cdot (\sin x \cos y - \cos x \sin y)$$
$$= \sin(x+y) \cdot \sin(x-y) \,.$$

Jetzt setzen wir die 12 kritischen Punkte in diese Formel ein. Die Ergebnisse sind in der folgenden Tabelle, Figur 7.3.17, zusammengestellt, in der die x-Werte in der untersten Zeile stehen und die y-Werte in der Spalte rechts außen. Dieser Aufbau der Tabelle entspricht den Koordinatensystemen in den Figuren 7.3.16 und 7.3.18. Ein fettes Kreuz in der Tabelle bedeutet, dass diese Zelle zu einem Punktepaar (x,y) gehört, der keiner der 12 kritischen Punkte ist.

Die anderen 12 Zellen sind mit Inhalten der folgenden Bedeutungen gefüllt:

$\overline{1}$: Der K-Wert beträgt 1 und f_{xx} ist an dieser Stelle negativ. Deshalb handelt es sich um ein lokales Maximum.

$\underline{1}$: Der K-Wert beträgt 1 und f_{xx} ist an dieser Stelle positiv. Deshalb handelt es sich um ein lokales Minimum.

-1: Der K-Wert beträgt -1. An dieser Stelle befindet sich ein Sattelpunkt.

$*$: Der K-Wert beträgt 0. Ein Blick auf die Figuren 7.3.16a und 7.3.18 zeigen, dass es sich weder um einen Sattelpunkt, noch um einen Extremwert handelt.

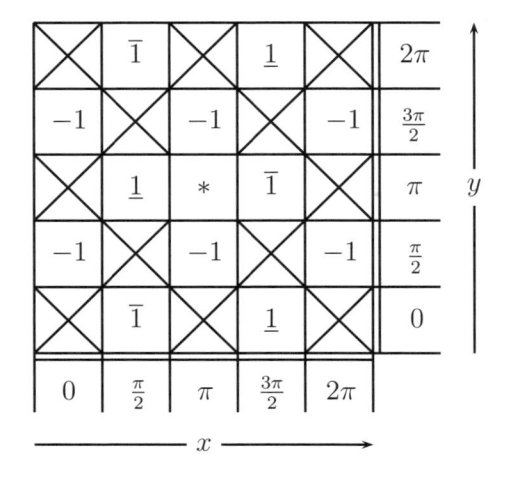

					y
×	$\overline{1}$	×	$\underline{1}$	×	2π
-1	×	-1	×	-1	$\frac{3\pi}{2}$
×	$\underline{1}$	$*$	$\overline{1}$	×	π
-1	×	-1	×	-1	$\frac{\pi}{2}$
×	$\overline{1}$	×	$\underline{1}$	×	0
0	$\frac{\pi}{2}$	π	$\frac{3\pi}{2}$	2π	
		x			

Figur 7.3.17

7. Anwendungen der Differentialrechnung   255

Das Höhenliniendiagramm der Figur 7.3.18 bestätigt die bislang erzielten Resultate. Dabei wurden die folgenden Zeichen verwendet:

- •: An dieser Stelle befindet sich ein lokales Maximum.
- ○: An dieser Stelle befindet sich ein lokales Minimum.
- **S**: An dieser Stelle befindet sich ein Sattelpunkt.

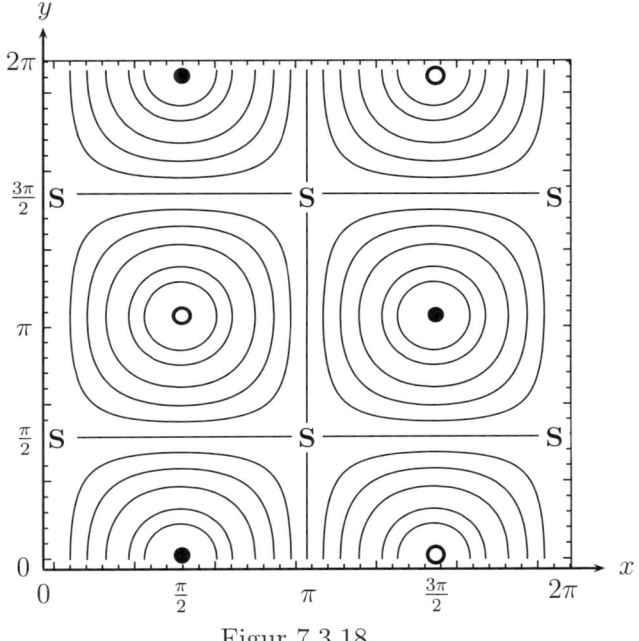

Figur 7.3.18

Alle lokalen Minima haben die Höhe -1, alle lokalen Maxima die Höhe 1 und alle Sattelpunkte die Höhe 0. Ausgehend von jedem lokalen Minimum wurden dann die Höhenlinien zu den Höhen -0.9, -0.8, -0.6, -0.4, -0.2, bis 0 – das sind die Geraden–, gezeichnet. In symmetrischer Art und Weise wurden dann auf dem Weg von Höhe 0 zu jedem lokalen Maximum die Höhenlinien zu den Werten 0.2, 0.4, 0.6, 0.8 und 0.9 gezeichnet.

(e) Wir betrachten die Funktion $f(x,y) = \sin x + \sin y + \sin(x+y)$, $0 \leq x \leq \pi/2$, $0 \leq y \leq \pi/2$. Sie ist in Figur 7.3.19 als Netzbild und in Figur 7.3.20 als Diagramm von Höhenlinien dargestellt. Wir folgen Satz 7.3.13 bei den weiteren Schritten und erwarten, dass sich ein eindeutiges Maximum etwa bei $(0.5, 0.5)$ ergibt.

$f_x(x,y) = \cos x + \cos(x+y), \quad f_y(x,y) = \cos y + \cos(x+y)$.

$f_x(x,y) = 0 \Leftrightarrow \cos x + \cos(x+y) = 0;$ (7.6)

$f_y(x,y) = 0 \Leftrightarrow \cos y + \cos(x+y) = 0$. (7.7)

Wir ziehen (7.7) von (7.6) ab und erhalten

$\cos x - \cos y = 0 \Leftrightarrow \cos x = \cos y \Leftrightarrow x = y$. (7.8)

Durch Einsetzung von (7.8) in (7.6) erhält man mit 6.3.6(b):

$\cos x + \cos 2x = 0 \Leftrightarrow \cos x + 2\cos^2 x - 1 = 0 \Leftrightarrow 2\cos^2 x + \cos x - 1 = 0$
$\Leftrightarrow (\cos x)_{1/2} = \frac{1}{4}(-1 \pm \sqrt{1+8}) = -0.25 \pm 0.75 = -1 \;/\; 0.5$
$\Leftrightarrow x = \pi/3$.

Das ist die einzige Lösung im Bereich $0 < x < \pi/2$. Es folgt: $y = \pi/3$. Der Funktionswert an der Stelle $P = (\pi/3, \pi/3)$ beträgt $f(\pi/3, \pi/3) = 1.5\sqrt{3} = 2.60$.

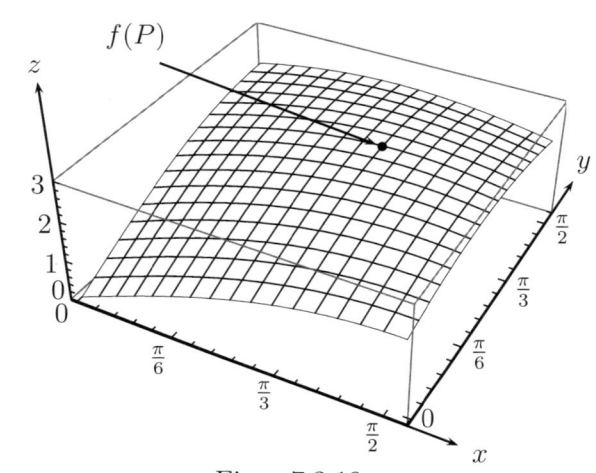

Figur 7.3.19

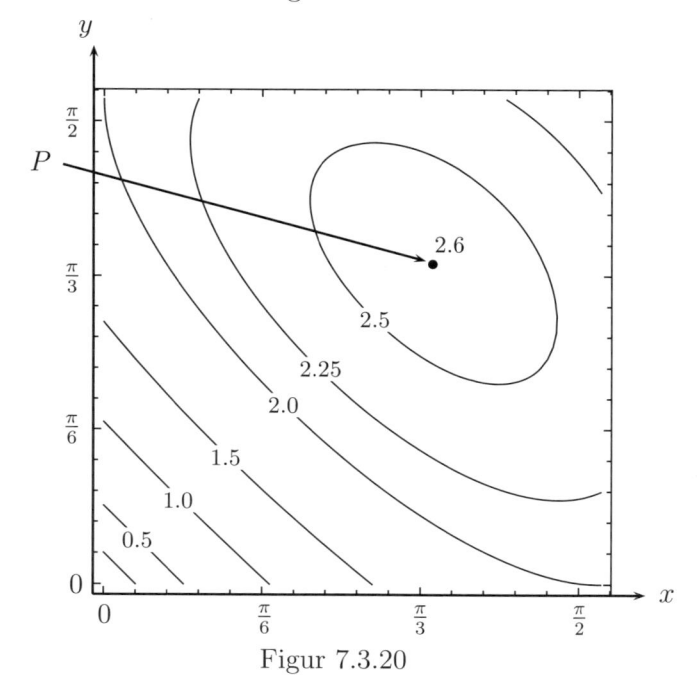

Figur 7.3.20

7. Anwendungen der Differentialrechnung   257

Zur Bestimmung des K-Wertes von $P = (\pi/3, \pi/3)$ benötigen wir die zweiten Ableitungen.
$$f_{xx}(x,y) = -\sin x - \sin(x+y) \; , \quad f_{xy}(x,y) = f_{yx}(x,y) = -\sin(x+y) \; ,$$
$$f_{yy}(x,y) = -\sin y - \sin(x+y) \; .$$
Wir untersuchen $P = (\pi/3, \pi/3)$:
$$K(\tfrac{\pi}{3},\tfrac{\pi}{3}) = f_{xx}(\tfrac{\pi}{3},\tfrac{\pi}{3}) \cdot f_{yy}(\tfrac{\pi}{3},\tfrac{\pi}{3}) - f_{xy}^2(\tfrac{\pi}{3},\tfrac{\pi}{3})$$
$$= (-\tfrac{1}{2}\sqrt{3} - \tfrac{1}{2}\sqrt{3}) \cdot (-\tfrac{1}{2}\sqrt{3} - \tfrac{1}{2}\sqrt{3}) - (-\tfrac{1}{2}\sqrt{3})^2$$
$$= (-\sqrt{3}) \cdot (-\sqrt{3}) - \tfrac{3}{4} = 3 - 0.75 = 2.25 > 0.$$
Da $f_{xx}(\tfrac{\pi}{3},\tfrac{\pi}{3}) = -\tfrac{1}{2}\sqrt{3} < 0$ hat f in P ein lokales Maximum mit dem Funktionswert $f(\tfrac{\pi}{3},\tfrac{\pi}{3}) = 1.5\sqrt{3} = 2.60$.

(f) Wir betrachten die Funktion $f(x,y) = \sin(2x) - y^2 + 1$, $-\pi/2 \leq x \leq \pi/2$. Sie ist in Figur 7.3.21a als Netzbild über dem Bereich $-2 \leq x,y \leq 2$, in Figur 7.3.21b als Netzbild über dem Bereich $-2\pi \leq x \leq 2\pi$, $-2 \leq y \leq 2$ und in Figur 7.3.22 als Diagramm von Höhenlinien im Bereich $-2 \leq x,y \leq 2$ dargestellt. Man sieht, dass f in x-Richtung eine Sinusfunktion darstellt, in y-Richtung eine Parabel. Dadurch entsteht der Eindruck eines Gebirges, das sich von $x = -\infty$ nach $x = +\infty$ hinzieht. Es hat offensichtlich unendlich viele lokale Maxima an den Stellen $x = \ldots, -\tfrac{3\pi}{4}, \tfrac{\pi}{4}, \tfrac{5\pi}{4}, \tfrac{9\pi}{4}, \ldots$ und $y = 0$.

Wir beschränken uns im Folgenden auf den Bereich $-\tfrac{\pi}{2} \leq x \leq \tfrac{\pi}{2}$, $-2 \leq y \leq 2$, und folgen Satz 7.3.13 bei den weiteren Schritten.

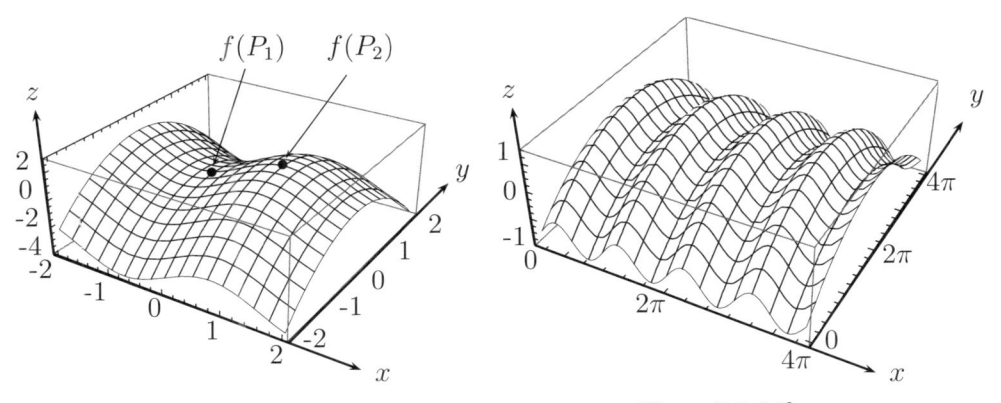

Figur 7.3.21a   Figur 7.3.21b

$f_x(x,y) = 2\cos 2x$, $f_y(x,y) = -2y$.
$f_x(x,y) = 0 \Leftrightarrow 2\cos 2x = 0 \Leftrightarrow 2x = \pm\tfrac{\pi}{2} \Leftrightarrow x = \pm\tfrac{\pi}{4}$;
$f_y(x,y) = 0 \Leftrightarrow -2y = 0 \Leftrightarrow y = 0$.

Somit ergeben sich zwei kritische Punkte im untersuchten Bereich: $P_1 = (-\frac{\pi}{4}, 0)$ und $P_2 = (+\frac{\pi}{4}, 0)$. Die Funktionswerte an diesen Stellen sind $f(-\frac{\pi}{4}, 0) = 0$ und $f(\frac{\pi}{4}, 0) = 2$.

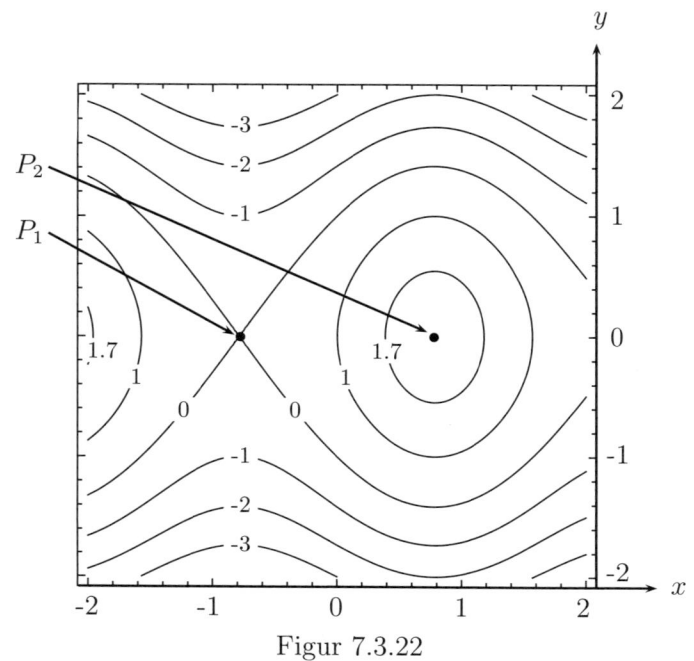

Figur 7.3.22

Wir berechnen die zweiten Ableitungen und die K-Werte von P_1 und P_2.
$f_{xx}(x, y) = -4\sin 2x$, $f_{xy}(x, y) = f_{yx}(x, y) = 0$, $f_{yy}(x, y) = -2$.
Es folgt:
$$K(x, y) = f_{xx}(x, y) \cdot f_{yy}(x, y) - f_{xy}^2(x, y) = 8\sin 2x.$$
Wir untersuchen $P_1 = (-\pi/4, 0)$:
$K(-\pi/4, 0) = 8\sin(-\pi/2) = -8 < 0$ – es handelt sich um einen Sattelpunkt.

Wir untersuchen $P_2 = (\pi/4, 0)$:
$K(\pi/4, 0) = 8\sin(\pi/2) = 8 > 0$, und da $f_{yy}(\pi/4, 0) = -2 < 0$ handelt es sich um ein lokales Maximum.

(g) Wir betrachten die Funktion $f(x, y) = -x^2 - 0.8y^3 + y^2 + 2y + 4$. Da gemischte x-y-Terme fehlen, können wir uns die Funktion auf Anhieb vorstellen. In x-Richtung handelt es sich um eine nach unten geöffnete Parabel, in y-Richtung um eine typische Welle eines Polynoms dritter Ordnung.
Die Funktion ist in Figur 7.3.23 als Netzbild und in Figur 7.3.24 als Diagramm von Höhenlinien dargestellt. Wir folgen Satz 7.3.13 bei den weiteren Schritten und erwarten, dass sich ein Sattelpunkt etwa bei $(0, -0.6)$ und ein lokales Maximum etwa bei $(0, 1.5)$ ergibt.

7. Anwendungen der Differentialrechnung 259

$f_x(x,y) = -2x, \quad f_y(x,y) = -2.4y^2 + 2y + 2$.
$f_x(x,y) = 0 \Leftrightarrow x = 0$;
$f_y(x,y) = 0 \Leftrightarrow 2.4y^2 - 2y - 2 = 0$
$\Leftrightarrow y_{1/2} = \frac{1}{4.8}(2 \pm \sqrt{4 + 4 \cdot 2.4 \cdot 2}) = \frac{1}{4.8}(2 \pm \sqrt{23.2})$
$= \frac{1}{4.8}(2 \pm 4.817) = -0.587 \,/\, 1.420$.

Damit haben wir zwei kritische Punkte: $P_1 = (0, -0.587)$ und $P_2 = (0, 1.420)$.

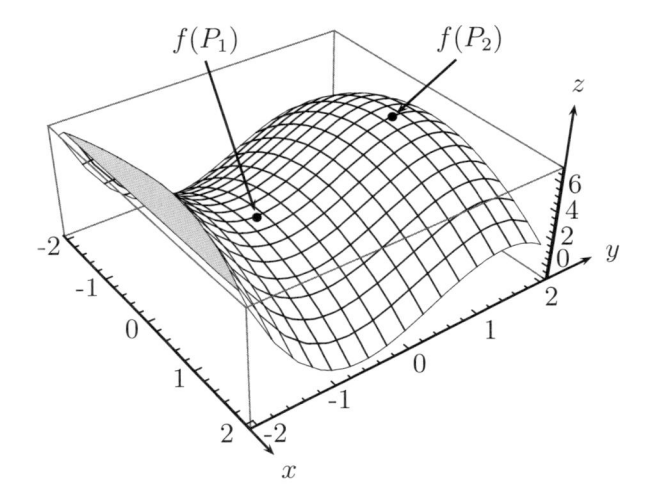

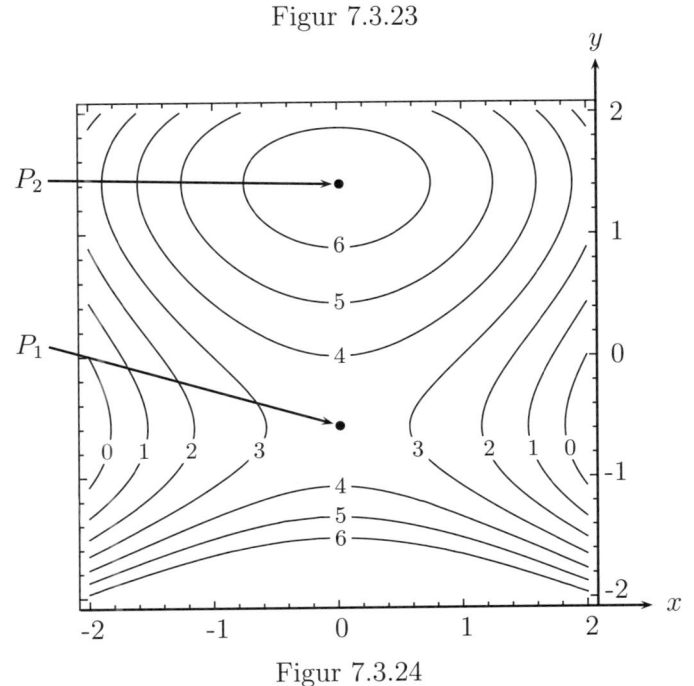

Figur 7.3.23

Figur 7.3.24

Zur Bestimmung der K-Werte benötigen wir die zweiten Ableitungen.
$f_{xx}(x,y) = -2$, $f_{xy}(x,y) = f_{yx}(x,y) = 0$, $f_{yy}(x,y) = -4.8y + 2$.
Es folgt: $K(x,y) = f_{xx}(x,y) \cdot f_{yy}(x,y) - f_{xy}^2(x,y) = 9.6y - 4$.
Wir untersuchen $P_1 = (0, -0.587)$: $K(0, -0.587) = -9.64 < 0$. f hat folglich in P_1 einen Sattelpunkt mit dem Funktionswert $f(0, -0.587) = 3.33$.
Wir untersuchen $P_2 = (0, 1.42)$: $K(0, 1.42) = 9.64 > 0$. f hat folglich in P_2 einen Extremwert. Da $f_{xx}(0, 1.42) = -2 < 0$, hat f in P_2 ein lokales Maximum mit dem Funktionswert $f(0, 1.42) = 6.57$.

A7.3.4 Ein Trog wird aus zwei deckungsgleichen dreieckförmigen Platten und zwei rechteckförmigen Platten in Entsprechung zu Figur 7.3.25 zusammengesetzt. Er soll 500 Liter Wasser fassen und eine minimale Oberfläche besitzen. Wie sieht der optimale Trog aus? [Sehr schwierig!]

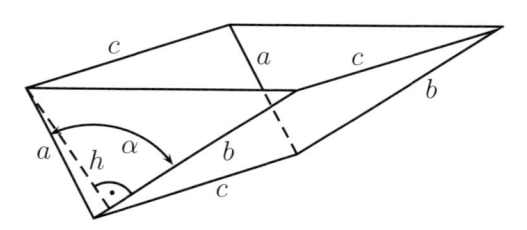

Figur 7.3.25

Der Trog der Figur 7.3.25 besteht aus einer rechteckigen Platte mit den Kantenlängen a und c, einer zweiten rechteckigen Platte mit den Kantenlängen b und c und zwei Dreiecken. Diese haben einen Winkel α in der Ecke, die nach unten weist. Zeichnet man die Höhe h auf b ein, erhält man die folgenden Ausdrücke für die Oberfläche und das Volumen des Troges:

$$O(a, b, c, \alpha) = ac + bc + bh = ac + bc + ab\sin\alpha \text{ , da } h = a\sin\alpha , \tag{7.9}$$

und

$$V = 0.5bhc = 0.5abc\sin\alpha . \tag{7.10}$$

Da V ein gegebener fester Wert ist, kann (7.10) beispielsweise nach a aufgelöst und in (7.9) eingesetzt werden:

$$a = \frac{2V}{bc\sin\alpha} \quad \Rightarrow \quad O(b, c, \alpha) = \frac{2V}{b\sin\alpha} + bc + \frac{2V}{c} . \tag{7.11}$$

Die Oberfläche ist demnach eine Funktion der drei Parameter b, c und α, und soll minimal sein. Da wir bislang keine Funktionen mit mehr als zwei Variablen behandelt haben, können wir nur versuchen, die Logik von Satz 7.3.13 auf drei Variable auszudehnen.

7. Anwendungen der Differentialrechnung

Wenn die Funktion O in einem Punkt $(\bar{b}, \bar{c}, \bar{\alpha})$ ein Minimum besitzt, müssen dort die partiellen Ableitungen den Wert Null haben. Das benutzen wir, um Kandidaten für ein lokales Minimum zu finden.

$$O_b(b, c, \alpha) = -\frac{2V}{b^2 \sin \alpha} + c \,, \quad O_c(b, c, \alpha) = b - \frac{2V}{c^2} \,,$$

$$O_\alpha(b, c, \alpha) = -\frac{2V \cdot b \cos \alpha}{b^2 \sin^2 \alpha} = -\frac{2V \cos \alpha}{b \sin^2 \alpha} \,.$$

$$O_b(b, c, \alpha) = 0 \quad \Leftrightarrow \quad c = \frac{2V}{b^2 \sin \alpha} \,; \tag{7.12}$$

$$O_c(b, c, \alpha) = 0 \quad \Leftrightarrow \quad b = \frac{2V}{c^2} \quad \Leftrightarrow \quad b^2 = \frac{4V^2}{c^4} \,; \tag{7.13}$$

Wir setzen (7.13) in (7.12) ein und erhalten:

$$c = \frac{2V \cdot c^4}{4V^2 \cdot \sin \alpha} = \frac{c^4}{2V \cdot \sin \alpha} \quad \Leftrightarrow \quad c^3 = 2V \sin \alpha \quad \Leftrightarrow \quad c = \sqrt[3]{2V \sin \alpha} \,.$$

$$O_\alpha(b, c, \alpha) = 0 \quad \Leftrightarrow \quad 2V \cos \alpha = 0 \quad \Leftrightarrow \quad \cos \alpha = 0 \quad \Leftrightarrow \quad \bar{\alpha} = 90° \,.$$

Da $\sin 90° = 1$, folgt $\bar{c} = \sqrt[3]{2V}$, $\bar{b} = \dfrac{2V}{(2V)^{2/3}} = \sqrt[3]{2V}$, und $\bar{a} = \sqrt[3]{2V}$.

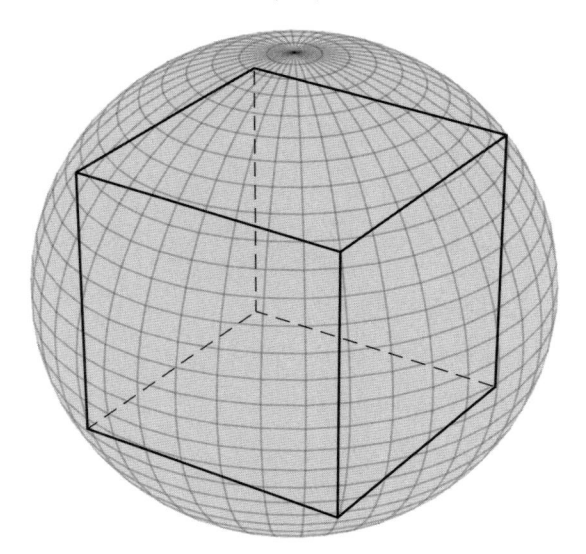

Figur 7.3.26

Ist $(\bar{a}, \bar{b}, \bar{c}, \bar{\alpha})$ das gesuchte lokale Minimum? Leider fehlt uns die Krümmungsbedingung für Funktionen von drei oder mehr Variablen. Wer sich darüber informieren will, sucht im Internet unter dem Stichwort "Hesse-Matrix". Allerdings kann man auch mit anderen Mitteln erkennen, dass unsere Lösung tatsächlich optimal ist: Klappt man einen zweiten optimalen Trog mit den Kantenlängen

$\bar{a} = \bar{b} = \bar{c} = \sqrt[3]{2V}$ und $\bar{\alpha} = 90°$ auf den ersten, entsteht ein Würfel mit dem Volumen $2V$ – und ein Würfel ist bekanntlich der oberflächenminimale Quader zu einem gegebenen Volumen, so wie die Kugel das oberflächenminimale Objekt schlechthin zu einem gegebenen Volumen darstellt.

Für $V = 500$ Liter $= 500$ dm^3 ergibt sich somit eine optimale Kantenlänge von $\sqrt[3]{1000 \, \text{dm}^3} = 10$ dm, also von einem Meter.

A7.3.5 Berechnen Sie, wie in Beispiel 7.3.1, den optimalen Standort P, der zu den folgenden Punkten P_1, P_2 und P_3 einen minimalen Abstand aufweist. Unter einem minimalen Abstand ist hier eine minimale Summe der quadrierten Abstände zu verstehen.

(a) $P_1 = (-1, -1)$, $P_2 = (5, 1)$ und $P_3 = (1, 4)$
(b) $P_1 = (-1, 4)$, $P_2 = (1, 0)$ und $P_3 = (4, 3)$

(a) Die Summe $f(x, y)$ der quadrierten Abstände beträgt:

$$f(x, y) = \overline{PP_1}^2 + \overline{PP_2}^2 + \overline{PP_3}^2$$
$$= (x+1)^2 + (y+1)^2 + (x-5)^2 + (y-1)^2 + (x-1)^2 + (y-4)^2$$
$$= x^2 + 2x + 1 + y^2 + 2y + 1 + x^2 - 10x + 25 + y^2 - 2y + 1$$
$$\quad + x^2 - 2x + 1 + y^2 - 8y + 16$$
$$= 3x^2 - 10x + 3y^2 - 8y + 45 \,.$$

Es folgen die ersten partiellen Ableitungen:

$f_x(x, y) = 6x - 10$, $\quad f_y(x, y) = 6y - 8$.

Wir berechnen die kritischen Punkte:

$f_x(x, y) = 0 \quad \Leftrightarrow \quad 6x - 10 = 0 \quad \Leftrightarrow \quad x = 5/3$.

$f_y(x, y) = 0 \quad \Leftrightarrow \quad 6y - 8 = 0 \quad \Leftrightarrow \quad y = 4/3$.

Wir berechnen den K-Wert von $P = (\frac{5}{3}, \frac{4}{3})$:

$f_{xx}(x, y) = 6$, $\quad f_{xy}(x, y) = f_{yx}(x, y) = 0$, $\quad f_{yy}(x, y) = 6$; daraus folgt

$K(x, y) = f_{xx}(x, y) \cdot f_{yy}(x, y) - f_{xy}^2(x, y) = 36 > 0$. P ist folglich ein Extremwert, und da $f_{xx} > 0$, handelt es sich um ein lokales Minimum. Mittlerweile sind wir aber auch schon in der Lage, die Funktion f zu beurteilen: es handelt sich um einen nach oben geöffneten Paraboloid, wie er in Figur 7.3.3 des Lehrbuches dargestellt ist. P ist deshalb nicht nur ein lokales Minimum, sondern ein globales.

(b) Die Summe $f(x,y)$ der quadrierten Abstände beträgt:
$$\begin{aligned}f(x,y) &= \overline{PP_1}^2 + \overline{PP_2}^2 + \overline{PP_3}^2 \\ &= (x+1)^2 + (y-4)^2 + (x-1)^2 + (y-0)^2 + (x-4)^2 + (y-3)^2 \\ &= x^2 + 2x + 1 + y^2 - 8y + 16 + x^2 - 2x + 1 + y^2 \\ &\quad + x^2 - 8x + 16 + y^2 - 6y + 9 \\ &= 3x^2 - 8x + 3y^2 - 14y + 43 \, .\end{aligned}$$

Es folgen die ersten partiellen Ableitungen:
$$f_x(x,y) = 6x - 8 \, , \quad f_y(x,y) = 6y - 14 \, .$$
Wir berechnen die kritischen Punkte:
$$f_x(x,y) = 0 \Leftrightarrow 6x - 8 = 0 \Leftrightarrow x = 4/3 \, .$$
$$f_y(x,y) = 0 \Leftrightarrow 6y - 14 = 0 \Leftrightarrow y = 7/3 \, .$$
Wir berechnen den K-Wert von $P = (\frac{4}{3}, \frac{7}{3})$:
$$f_{xx}(x,y) = 6 \, , \quad f_{xy}(x,y) = f_{yx}(x,y) = 0 \, , \quad f_{yy}(x,y) = 6 \, ; \text{ daraus folgt}$$
$K(x,y) = f_{xx}(x,y) \cdot f_{yy}(x,y) - f_{xy}^2(x,y) = 36 > 0$. P ist folglich ein Extremwert, und da $f_{xx} > 0$, handelt es sich um ein lokales Minimum. Die Funktion f ist, wie schon die Funktion der Aufgabe (a), ein nach oben geöffneter Paraboloid, wie er auch in Figur 7.3.3 des Lehrbuches dargestellt ist. P ist deshalb nicht nur ein lokales Minimum, sondern ein globales.

A7.3.6 Berechnen Sie die Regressionsgeraden zu den folgenden Wertepaaren.
  (a) (0,3), (3,2), (6,1), (2,4), (2,2), (5,1), (6,3), (1,5) .
  (b) (1,1), (3,2), (4,3), (6,5), (2,3), (3,4), (5,5), (6,3) .

(a) Wir stellen die 8 Punktepaare $P_1 = (x_1, y_1), \ldots, P_8 = (x_8, y_8)$ in Tabelle 7.3.27 zusammen und ergänzen Spalten zur Berechnung von x_i^2 und $x_i y_i$. In der letzten Zeile stehen die Spaltensummen.

i	x_i	y_i	x_i^2	$x_i y_i$
1	0	3	0	0
2	3	2	9	6
3	6	1	36	6
4	2	4	4	8
5	2	2	4	4
6	5	1	25	5
7	6	3	36	18
8	1	5	1	5
	25	21	115	52

Figur / Tabelle 7.3.27

Einsetzung der Spaltensummen in die Formeln (7.9) und (7.10) des Lehrbuches ergibt
$$a = \frac{25 \cdot 52 - 115 \cdot 21}{25^2 - 8 \cdot 115} \approx 3.78, \quad \text{und} \quad b = \frac{25 \cdot 21 - 8 \cdot 52}{25^2 - 8 \cdot 52} \approx -0.37.$$
Die acht Punktepaare $P_i = (x_i, y_i)$ und die Regressionsgerade $y = ax + b$ sind in Figur 7.3.28 eingezeichnet.

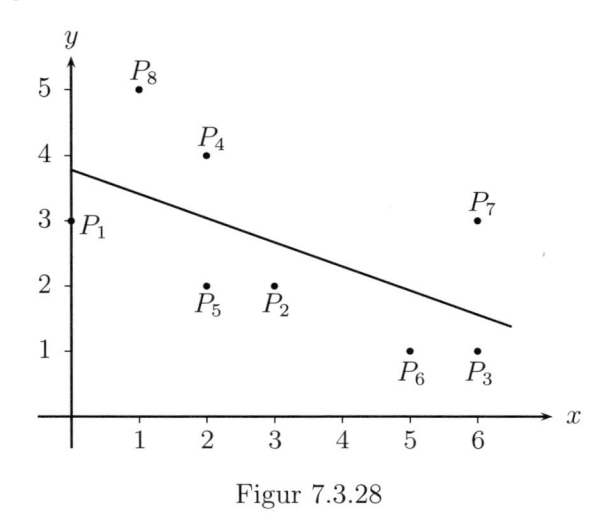

Figur 7.3.28

(b) Erneut stellen wir die 8 Punktepaare $P_1 = (x_1, y_1), \ldots, P_8 = (x_8, y_8)$ in Tabelle 7.3.29 zusammen und ergänzen Spalten zur Berechnung von x_i^2 und $x_i y_i$. In der letzten Zeile stehen erneut die Spaltensummen.

i	x_i	y_i	x_i^2	$x_i y_i$
1	1	1	1	1
2	3	2	9	6
3	4	3	16	12
4	6	5	36	30
5	2	3	4	6
6	3	4	9	12
7	5	5	25	25
8	6	3	36	18
	30	26	136	110

Figur / Tabelle 7.3.29

Einsetzung der Spaltensummen in die Formeln (7.9) und (7.10) des Lehrbuches ergibt
$$a = \frac{30 \cdot 110 - 136 \cdot 26}{30^2 - 8 \cdot 136} \approx 1.255, \quad \text{und} \quad b = \frac{30 \cdot 26 - 8 \cdot 110}{30^2 - 8 \cdot 136} \approx 0.532.$$

7. Anwendungen der Differentialrechnung

Die acht Punktepaare $P_i = (x_i, y_i)$ und die Regressionsgerade $y = ax + b$ sind in Figur 7.3.30 eingezeichnet.

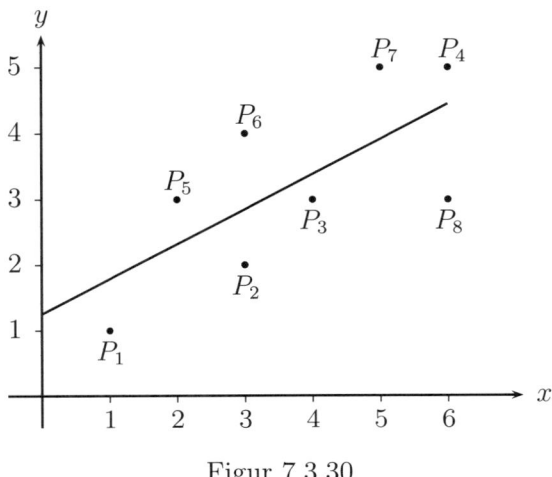

Figur 7.3.30

A7.3.7 Zu den Wertepaaren $(x_1, y_1), (x_2, y_2), \ldots (x_n, y_n)$ sei $y = a + bx$ die Regressionsgerade, die durch die Formeln (7.9) und (7.10) des Lehrbuches bestimmt ist. Sei

$$\bar{x} = \frac{1}{n} \sum_{i=1}^{n} x_i \quad \text{und} \quad \bar{y} = \frac{1}{n} \sum_{i=1}^{n} y_i \tag{7.14}$$

jeweils der Mittelwert der x_i und der y_i. Zeigen Sie: $\bar{y} = a + b\bar{x}$, das heißt, $(\bar{x}, \bar{y})$ liegt auf der Regressionsgeraden.

Zu zeigen ist: $\bar{y} = a + b\bar{x}$. Die eigentliche Schwierigkeit dieser Aufgabe liegt in der Unhandlichkeit der Summen-Ausdrücke, die in a und b auftreten. Deshalb werden wir für diese Summen einfache Bezeichnungen einführen – und schon wird die Aufgabe zu einem Kinderspiel. Wir definieren:

$$X := \sum_{i=1}^{n} x_i, \quad Y := \sum_{i=1}^{n} y_i, \quad Q := \sum_{i=1}^{n} x_i^2, \quad Z := \sum_{i=1}^{n} x_i y_i.$$

Die Formeln (7.10) und (7.9) des Lehrbuches für a und b lauten dann:

$$a = \frac{XZ - QY}{X^2 - nQ}, \quad \text{und} \quad b = \frac{XY - nZ}{X^2 - nQ}.$$

Um die Gültigkeit von $\bar{y} = a + b\bar{x}$ nachzuweisen, rechnen wir eine Kette von rechts nach links.

$$a + b\bar{x} = \frac{XZ - QY}{X^2 - nQ} + \frac{XY - nZ}{X^2 - nQ} \cdot \frac{1}{n} X = \frac{nXZ - nQY + X^2Y - nXZ}{n(X^2 - nQ)}$$
$$= \frac{X^2Y - nQY}{n(X^2 - nQ)} = \frac{(X^2 - nQ)Y}{n(X^2 - nQ)} = \frac{1}{n} Y = \bar{y} \text{ . Fertig.}$$

A7.3.8 Gegeben sind die Zahlen $x_1, x_2, \ldots, x_n$. Zeigen Sie durch vollständige Induktion für $n \geq 2$ [kniffelig!]:

$$n \sum_{i=1}^{n} x_i^2 - \left(\sum_{i=1}^{n} x_i \right)^2 = \sum_{1 \leq i < j \leq n} (x_i - x_j)^2 . \tag{7.15}$$

Wir folgen hier einem Beweis, der natürlich erst nach langer Bearbeitung diese elegante und kompakte Form angenommen hat. Es ist praktisch, eine Teilrechnung des Beweises vorab getrennt als Hilfssatz zu behandeln.

(a) Seien $x_1, \ldots, x_n, \bar{x}$ reelle Zahlen und $n \geq 2$. Dann gilt

$$\sum_{i=1}^{n} (x_i - \bar{x})^2 = n\bar{x}^2 - 2\bar{x} \sum_{i=1}^{n} x_i + \sum_{i=1}^{n} x_i^2 . \tag{7.16}$$

Wir rechnen eine Kette von links nach rechts.
$$\sum_{i=1}^{n}(x_i - \bar{x})^2 = (x_1 - \bar{x})^2 + \ldots + (x_n - \bar{x})^2$$
$$= (x_1^2 - 2x_1\bar{x} + \bar{x}^2) + \ldots + (x_n^2 - 2x_n\bar{x} + \bar{x}^2)$$
$$= (x_1^2 + \ldots + x_n^2) + (-2x_1\bar{x} - \ldots - 2x_n\bar{x}) + (\bar{x}^2 + \ldots + \bar{x}^2)$$
$$= n\bar{x}^2 - 2\bar{x} \sum_{i=1}^{n} x_i + \sum_{i=1}^{n} x_i^2 \text{ , was zu zeigen war.}$$

(b) Jetzt wenden wir uns der eigentlichen Aufgabe zu.

Induktions-Anfang: $n = 2$

Linke Seite: $2 \sum_{i=1}^{2} x_i^2 - \left(\sum_{i=1}^{2} x_i \right)^2 = 2(x_1^2 + x_2^2) - (x_1 + x_2)^2$
$$= 2x_1^2 + 2x_2^2 - x_1^2 - 2x_1x_2 - x_2^2 = x_1^2 - 2x_1x_2 + x_2^2 .$$
Rechte Seite: $\sum_{1 \leq i < j \leq 2} (x_i - x_j)^2 = (x_1 - x_2)^2 = x_1^2 - 2x_1x_2 + x_2^2 .$

Die beiden Seiten sind gleich, so dass der Induktions-Anfang bewiesen ist.

Induktions-Sprung: Wir nehmen an, dass die Formel (7.15) Gültigkeit besitze. Zu zeigen ist dann:

$$(n+1) \sum_{i=1}^{n+1} x_i^2 - \left(\sum_{i=1}^{n+1} x_i \right)^2 = \sum_{1 \leq i < j \leq (n+1)} (x_i - x_j)^2 . \tag{7.17}$$

7. Anwendungen der Differentialrechnung

Wir rechnen eine Kette von rechts nach links. Es ist klar, dass wir die Summe der rechten Seite von (7.17) so umformen müssen, dass die rechte Seite von (7.15) entsteht. Dann können wir die Formel (7.15) anwenden und hoffen, dass sich nach einigen Umformungen die linke Seite von (7.17) ergibt.

$$\sum_{1\leq i<j\leq(n+1)} (x_i - x_j)^2 = \sum_{1\leq i<j\leq n} (x_i - x_j)^2 + \sum_{i=1}^{n} (x_i - x_{n+1})^2$$

(jetzt können wir (7.15) anwenden!)

$$= n \sum_{i=1}^{n} x_i^2 - \left(\sum_{i=1}^{n} x_i\right)^2 + \sum_{i=1}^{n} (x_i - x_{n+1})^2$$

(auf die letzte Summe können wir (7.16) anwenden!)

$$= n \sum_{i=1}^{n} x_i^2 - \left(\sum_{i=1}^{n} x_i\right)^2 + \left[n x_{n+1}^2 - 2 x_{n+1} \sum_{i=1}^{n} x_i + \sum_{i=1}^{n} x_i^2\right]$$

(einfache Umordnung)

$$= \left[n \sum_{i=1}^{n} x_i^2 + n x_{n+1}^2\right] + \left[\sum_{i=1}^{n+1} x_i^2 - x_{n+1}^2\right] - \left(\sum_{i=1}^{n} x_i\right)^2 - 2 x_{n+1} \sum_{i=1}^{n} x_i$$

(Zusammenfassung und erneute Umordnung)

$$= n \sum_{i=1}^{n+1} x_i^2 + \sum_{i=1}^{n+1} x_i^2 - \left[\left(\sum_{i=1}^{n} x_i\right)^2 + 2 x_{n+1} \sum_{i=1}^{n} x_i + x_{n+1}^2\right]$$

(erneute Zusammenfassung)

$$= n \sum_{i=1}^{n+1} x_i^2 + \sum_{i=1}^{n+1} x_i^2 - \left[\sum_{i=1}^{n} x_i + x_{n+1}\right]^2$$

(erneute Zusammenfassung)

$$= (n+1) \sum_{i=1}^{n+1} x_i^2 - \left(\sum_{i=1}^{n+1} x_i\right)^2. \quad \text{Das war zu zeigen.}$$

A7.3.9 Betrachtet wird die Funktion $f(x,y) = x \cdot y$.

(a) Berechnen Sie einige Schnittfunktionen und ermitteln Sie daraus die Gestalt der Funktion.

(b) Berechnen Sie die Höhenlinien zu den Höhen $z = -4, -3, -2, -1, 0, 1, 2, 3, 4$, und fertigen Sie ein Diagramm an.

(c) Berechnen Sie die kritischen Punkte und entscheiden Sie durch besondere Schnittfunktionen, ob ein Extremwert vorliegt.

(d) Wie lautet die Tangentialebene zum Berührpunkt $(x_0, y_0, f(x_0, y_0))$?

(e) Wie groß ist der lineare Fehler um den Punkt (x_0, y_0)? Welche Differenz besteht zum exakten Fehler?

(a) Wir betrachten einige Schnittfunktionen, die eine klare Auskunft über die Funktion $f(x,y) = xy$ geben.

Zunächst $f(x,0) = x \cdot 0 = 0$. Die Funktion f verläuft also durch jeden Punkt der x-Achse. Ist $\bar{y} \in \mathbb{R}$ fest gewählt, so ist $f(x, \bar{y}) = \bar{y} \cdot x$, also ein zur x-Achse "parallele" Gerade durch den Punkt $(0, \bar{y})$ mit der Steigung $\bar{y}$. Folglich besteht die Oberfläche von f aus "nebeneinander liegenden" Geraden.

Wir betrachten noch die Schnittfunktion $f(x,x) = x^2$ über der positiven Winkelhalbierenden $y = x$ in der x-y-Ebene. Dieser Schnitt ist eine Parabel und verdeutlicht, wie die "parallelen" Geraden zusammengeklebt sind. Figur 7.3.31 zeigt das fertige Netzbild.

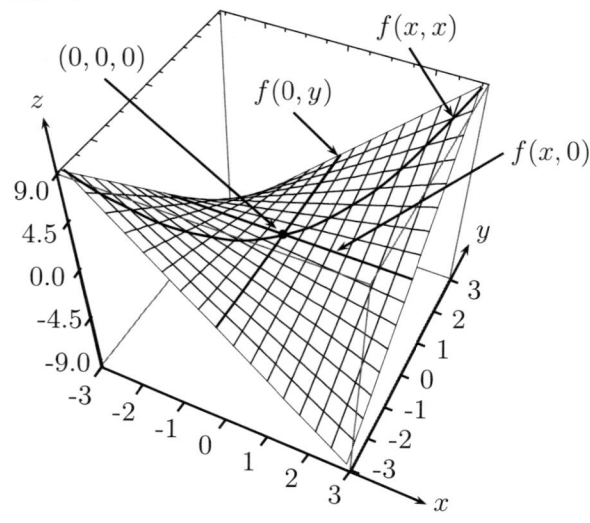

Figur 7.3.31

(b) Die Berechnung von Höhenlinien ist aufgrund der einfachen Berechnungsformel von f leicht: die Höhenlinie zur Höhe z ist gegeben durch

$$\mathcal{L}_z := \{(x,y) \in \mathbb{R}^2 \mid f(x,y) = z\} = \{(x,y) \in \mathbb{R}^2 \mid x \cdot y = z\}$$
$$= \{(x,y) \in \mathbb{R}^2 \mid y = \tfrac{z}{x}\} \ .$$

Die Höhenlinien sind also einfache Hyperbeln, wie sie in Figur 7.3.32 dargestellt sind. Zur Höhe $z = 2$, beispielsweise, ist die zugehörige Höhenlinie durch die Hyperbel $y = \tfrac{2}{x}$ gegeben.

(c) Zur Berechnung der kritischen Punkte benötigen wir die ersten und zweiten partiellen Ableitungen.

$f_x(x,y) = y, \quad f_y(x,y) = x,$
$f_{xx}(x,y) = 0, \quad f_{xy}(x,y) = f_{yx}(x,y) = 1, \quad f_{yy}(x,y) = 0$.
$f_x(x,y) = 0 \Leftrightarrow y = 0; \quad \text{und} \quad f_y(x,y) = 0 \Leftrightarrow x = 0$.

Damit haben wir nur den einen kritischen Punkt $P = (0,0)$ gefunden. Wir berechnen jetzt den K-Wert von P:

7. Anwendungen der Differentialrechnung

$$K(x,y) = f_{xx}(x,y) \cdot f_{yy}(x,y) - f_{xy}^2(x,y) = -1 .$$

Gemäß Satz 7.3.16 hat f in P einen Sattelpunkt, was durch die Figuren 7.3.31 und 7.3.32 augenfällig bestätigt wird.

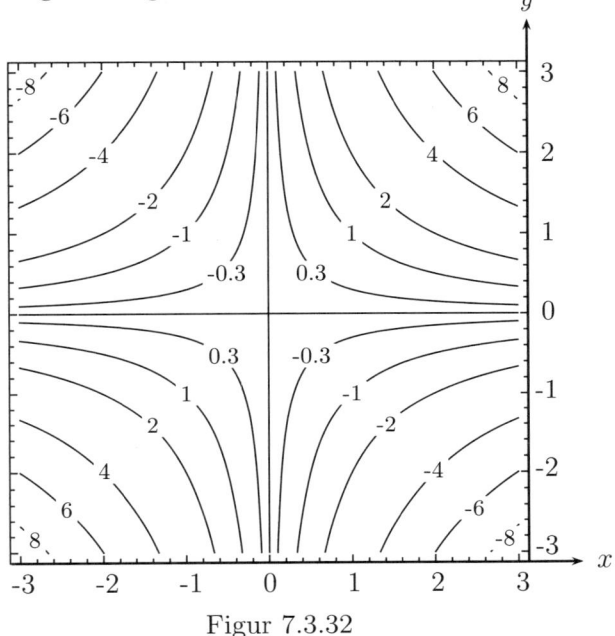

Figur 7.3.32

Die Sattelstruktur der Funktion um den Punkt $(0,0,0)$ wird durch die Schnittfunktionen $f(x,x) = x^2$ und $f(x,-x) = -x^2$ besonders deutlich zum Ausdruck gebracht. Die beiden Schnittfunktionen liegen über den beiden Winkelhalbierenden $y = \pm x$ in der x-y-Ebene und stellen eine Normalparabel im Fall $y = x$ und eine nach unten geöffnete gespiegelte Normalparabel im Fall $y = -x$ dar. Die erste Schnittfunktion ist in Figur 7.3.31 eingezeichnet.

(d) Die Tangentialebene $t(x,y)$ zu dem Berührpunkt $(x_0, y_0, f(x_0, y_0))$ lautet gemäß Satz 7.3.6:

$$\begin{aligned} t(x,y) &= f(x_0, y_0) + f_x(x_0, y_0)(x - x_0) + f_y(x_0, y_0)(y - y_0) \\ &= x_0 y_0 + y_0(x - x_0) + x_0(y - y_0) = x_0 y_0 + y_0 x - x_0 y_0 + x_0 y - x_0 y_0 \\ &= y_0 x + x_0 y - x_0 y_0 . \end{aligned}$$

(e) Wir folgen der Bemerkung 7.3.25 und erhalten für den linearen Fehler df_{lin} um $P_0 = (x_0, y_0)$ den Ausdruck

$$df_{\text{lin}} = f_x(x_0, y_0) dx + f_y(x_0, y_0) dy = y_0 dx + x_0 dy .$$

Der exakte Fehler df_{ex} um $P_0 = (x_0, y_0)$ ist gegeben durch

$$\begin{aligned} df_{\text{ex}} &= f(x_0 + dx, y_0 + dy) - f(x_0, y_0) = (x_0 + dx) \cdot (y_0 + dy) - x_0 y_0 \\ &= x_0 y_0 + x_0 dy + y_0 dx + dx\, dy - x_0 y_0 = x_0 dy + y_0 dx + dx\, dy . \end{aligned}$$

Der Unterschied zwischen linearem Fehler und exaktem Fehler ist demnach für "kleine" Entfernungen dx und dy bei der Funktion $f(x,y) = xy$ sehr klein: er beträgt nur $dx\,dy$.

A7.3.10 Betrachtet wird die Funktion
$$p(p_0, h) = p_0 e^{-\frac{h}{p_0}}, \quad p_0, h \in \mathbb{R}.$$

(a) Berechnen Sie die partiellen Ableitungen von p.

(b) Berechnen Sie den maximalen linearen Fehler für die ungenauen Argumente $p_0 = 10 \pm 0.8$ und $h = 5 \pm 0.5$.

(c) Ordnen Sie die Variablen gemäß ihrem Beitrag zum maximalen Fehler.

(a) Die partiellen Ableitungen:
$$p_{p_0}(p_0, h) = e^{-\frac{h}{p_0}} + p_0 e^{-\frac{h}{p_0}} \cdot \frac{h}{p_0^2} = \left(1 + \frac{h}{p_0}\right) e^{-\frac{h}{p_0}}.$$

$$p_h(p_0, h) = p_0 e^{-\frac{h}{p_0}} \cdot \left(-\frac{1}{p_0}\right) = -e^{-\frac{h}{p_0}}.$$

(b) Da $p_0 = 10 \pm 0.8$ und $h = 5 \pm 0.5$ folgt gemäß Satz 7.3.27:
$dp_{max} = |(1 + \frac{5}{10})\, e^{-\frac{5}{10}} \cdot 0.8| + |-e^{-\frac{5}{10}} \cdot 0.5| = 1.2 \cdot e^{-\frac{1}{2}} + 0.5 \cdot e^{-\frac{1}{2}} = 1.7 e^{-\frac{1}{2}} = 1.03.$
Daraus folgt: $p(10, 5) = 10 e^{-\frac{1}{2}} \pm dp_{max} = 6.07 \pm 1.03$.

(c) Da $1.2 \cdot e^{-\frac{1}{2}} > 0.5 \cdot e^{-\frac{1}{2}}$, trägt der Fehler in der ersten Variablen mehr als das Doppelte des Fehlers in der zweiten Variablen zum Gesamtfehler bei.

A7.3.11 Drei Widerstände R_1, R_2 und R_3 sind in Entsprechung zu Figur 7.3.33 parallel geschaltet. Der Widerstand R zwischen A und B ist dann durch die Formel
$$R = \frac{R_1 R_2 R_3}{R_1 R_2 + R_1 R_3 + R_2 R_3}$$
gegeben.

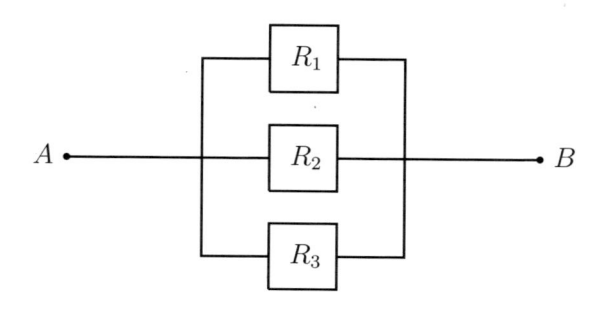

Figur 7.3.33

(a) Berechnen Sie die partiellen Ableitungen von R.

(b) Berechnen Sie den Wert von R und den maximalen linearen Fehler für die ungenauen Argumente $R_1 = 20 \pm 2\,\Omega$, $R_2 = 30 \pm 2\,\Omega$ und $R_3 = 40 \pm 2\,\Omega$.

(c) Bei welchem Widerstand sollte man die Abweichung zuerst verringern, um den Gesamtfehler möglichst wirksam einzuschränken?

(a) Wir formulieren die Aufgabe für die Variablen a, b, c anstelle von R_1, R_2, R_3, um die Darstellung zu vereinfachen:
$$f(a,b,c) = \frac{abc}{ab+ac+bc}, \quad f(20,30,40) = \frac{20 \cdot 30 \cdot 40}{20 \cdot 30 + 20 \cdot 40 + 30 \cdot 40} = 9.23\,\Omega.$$

(b) Die partiellen Ableitungen lauten:
$$f_a(a,b,c) = \frac{bc(ab+ac+bc) - abc(b+c)}{(ab+ac+bc)^2} = \frac{ab^2c + abc^2 + b^2c^2 - ab^2c - abc^2}{(ab+ac+bc)^2}$$
$$= \frac{b^2c^2}{(ab+ac+bc)^2} = \left[\frac{bc}{ab+ac+bc}\right]^2.$$

Die Berechnung von f_b und f_c erfolgt auf dieselbe Weise und ergibt symmetrische Ausdrücke, in denen die Variablen ausgetauscht sind.
$$f_b(a,b,c) = \left[\frac{ac}{ab+ac+bc}\right]^2, \quad f_c(a,b,c) \left[\frac{ab}{ab+ac+bc}\right]^2.$$

Man rechnet weiter:
$$f_a(20,30,40) = \left[\frac{1200}{2600}\right]^2 = \frac{36}{169} = 0.213,$$
$$f_b(20,30,40) = \left[\frac{800}{2600}\right]^2 = \frac{16}{169} = 0.095,$$
$$f_c(20,30,40) = \left[\frac{600}{2600}\right]^2 = \frac{9}{169} = 0.053.$$

$df_{max} = |0.213 \cdot 2| + |0.095 \cdot 2| + |0.053 \cdot 2| = 0.426 + 0.189 + 0.106 = 0.72$.

Somit gilt: $R = 9.23 \pm 0.72\,\Omega$.

(c) Den größten Beitrag zum Fehler liefert R_1 mit 0.426. Diesen Fehler sollte man zuerst bekämpfen. Den zweitgrößten Fehler verursacht R_2 mit 0.189. Der Beitrag von R_3 ist mit 0.106 am kleinsten.

A7.3.12 Betrachtet wird die Funktion
$$f(x,y,z,\alpha) = x^z - \frac{y^2}{\sin\alpha}.$$

Dabei sind $x, y, z, \alpha \in \mathbb{R}$, α ein Winkel im Bogenmaß, $\sin\alpha \neq 0$, $x > 0$.

(a) Berechnen Sie die partiellen Ableitungen von f.

(b) Berechnen Sie den maximalen linearen Fehler für die ungenauen Argumente $x_0 = 2 \pm 0.1$, $y_0 = 3 \pm 0.2$, $z_0 = 2 \pm 0.1$ und $\alpha_0 = 0.8 \pm 0.1$.

(c) Ordnen Sie die Variablen gemäß ihrem Beitrag zum maximalen Fehler.

Zunächst bringen wir f in eine einfachere Form:
$$f(x,y,z,\alpha) = x^z - \frac{y^2}{\sin \alpha} = e^{z \ln x} - \frac{y^2}{\sin \alpha}.$$

(a) Jetzt sind die partiellen Ableitungen leicht berechenbar:

$$f_x(x,y,z,\alpha) = z\, x^{z-1}, \quad f_y(x,y,z,\alpha) = \frac{-2y}{\sin \alpha},$$

$$f_z(x,y,z,\alpha) = x^z \cdot \ln x, \quad f_\alpha(x,y,z,\alpha) = \frac{y^2 \cos \alpha}{\sin^2 \alpha}.$$

(b) Wir setzen die Argumente in die Funktionen ein:

$$f(2,3,2,0.8) = 2^2 - \frac{3^2}{\sin 0.8} = -8.546.$$

$f_x(2,3,2,0.8) = 4, \qquad f_y(2,3,2,0.8) = -8.364,$

$f_z(2,3,2,0.8) = 2.773, \quad f_\alpha(2,3,2,0.8) = 12.185.$

Den maximalen Fehler ermittelt man nun durch die Formel des Satzes 7.3.27:

$df_{max} = 4 \cdot 0.1 + 8.364 \cdot 0.2 + 2.773 \cdot 0.1 + 12.185 \cdot 0.1 = 0.4 + 1.67 + 0.28 + 1.22 = 3.57$.

Das Ergebnis lautet somit: $f(2,3,2,0.8) = -8.55 \pm 3.57$.

(c) Ordnet man die Variablen in Entsprechung zu ihrem Beitrag zum maximalen Fehler in absteigender Form, ergibt sich die Reihenfolge α, y, x, z, da $12.185 > 8.364 > 4 > 2.773$. Will man den Gesamtfehler möglichst wirksam bekämpfen wollen, sollte man die Ungenauigkeiten in den Messungen in dieser Reihenfolge zu reduzieren versuchen.

Berliner Studienreihe zur Mathematik

Bislang erschienene Titel:

Band 1	*H. Herrlich*: Einführung in die Topologie. Metrische Räume
Band 2	*H. Herrlich*: Topologie I: Topologische Räume
Band 3	*H. Herrlich*: Topologie II: Uniforme Räume
Band 4	*K. Denecke, K. Todorov*: Algebraische Grundlagen der Arithmetik
Band 5	*E. Eichhorn, E.-J. Thiele (Hrsg.)*: Vorlesungen zum Gedenken an Felix Hausdorff
Band 6	*G. H. Golub, J. M. Ortega*: Wissenschaftliches Rechnen und Differentialgleichungen
Band 7	*G. Stroth*: Lineare Algebra
Band 8	*K. H. Hofmann*: Analysis I: an Introduction to Mathematics via Analysis in English and German
Band 9	*Th. Ihringer*: Diskrete Mathematik
Band 10	*Th. Ihringer*: Allgemeine Algebra
Band 11	*E. Landau*: Grundlagen der Analysis
Band 12	*D. M. Burton, H. Dalkowski*: Handbuch der elementaren Zahlentheorie
Band 13	*K.-H. Fieseler, L. Kaup*: Algebraische Geometrie-Grundlagen
Band 14	*G. Köhler*: Analysis
Band 15	*Th. Camps, S. Kühling, G. Rosenberger*: Einführung in die mengentheoretische und die algebraische Topologie
Band 16	*H. Havlicek*: Lineare Algebra für Technische Mathematiker
Band 17	*M. Drmota, B. Gittenberger, G. Karigl, A. Panholzer*: Mathematik für Informatik
Band 18	*W. Rautenberg*: Messen und Zählen. Eine einfache Konstruktion der reellen Zahlen
Band 19	*Th. Camps, V. große Rebel, G. Rosenberger*: Einführung in die kombinatorische und die geometrische Gruppentheorie
Band 20	*J. Flachsmeyer*: Origami und Mathematik. Papier falten – Formen gestalten
Band 21	*N. Heldermann*: Höhere Mathematik 1
Band 22	*N. Heldermann*: Höhere Mathematik 1. Aufgabenlösungen

Heldermann Verlag